中国地质大学(武汉)国家一流本科专业建设规划教材
中国地质大学(武汉)2023年教学改革研究项目资助
勘查地球物理系列教材

固体矿产重磁勘探方法及案例分析
GUTI KUANGCHAN ZHONGCI KANTAN FANGFA JI ANLI FENXI

刘天佑　杨宇山　李媛媛　张世晖　编著

图书在版编目(CIP)数据

固体矿产重磁勘探方法及案例分析/刘天佑等编著.—武汉:中国地质大学出版社,2024.8
ISBN 978-7-5625-5829-3

Ⅰ.①固… Ⅱ.①刘… Ⅲ.①固体-矿产资源-重磁勘探-高等学校-教材 Ⅳ.①P624

中国国家版本馆CIP数据核字(2024)第077531号

固体矿产重磁勘探方法及案例分析	刘天佑 杨宇山 李媛媛 张世晖 编著
责任编辑:韩 骑 选题策划:韩 骑	责任校对:何澍语

出版发行:中国地质大学出版社(武汉市洪山区鲁磨路388号)	邮编:430074
电 话:(027)67883511 传 真:(027)67883580	E-mail:cbb@cug.edu.cn
经 销:全国新华书店	http://cugp.cug.edu.cn
开本:787mm×1092mm 1/16	字数:674千字 印张:27
版次:2024年8月第1版	印次:2024年8月第1次印刷
印刷:武汉中远印务有限公司	
ISBN 978-7-5625-5829-3	定价:88.00元

如有印装质量问题请与印刷厂联系调换

序 1

人类文明史也是人类开发和利用矿产资源的历史。尽管我国已经步入工业化后期发展阶段,矿产资源仍然是未来一段时间我国经济社会发展中重要的物质基础。我国金属矿藏重磁勘探从20世纪30年代至今,走过了近百年漫漫历程,在找矿方法与技术实践中不断发展,取得了显著找矿效果,为摸清我国矿产资源蕴藏家底、保障矿产资源安全持续供给提供了有力的技术支撑。

面对国家对矿产资源的重大需求和经济的快速发展,中国地质大学(武汉)刘天佑教授团队坚守在教学和科研一线,在潜心学术研究的同时密切关注现实、服务社会,践行习近平主席在全国科技创新大会、两院院士大会、中国科协第九次全国代表大会上的讲话精神:科学研究既要追求知识和真理,也要服务于经济社会发展和广大人民群众;广大科技工作者要把论文写在祖国的大地上,把科技成果应用在实现现代化的伟大事业中。地质黄金十年(2003—2012)是我国地质勘探的鼎盛时期,金属矿产重磁勘探方法、技术与找矿地质效果也得到很大的提升。刘天佑教授团队总结了从事金属矿勘查的科研实践,编写了《固体矿产重磁勘探方法及案例分析》一书,从三个部分分别阐述了科研项目过程中研发的金属矿重磁勘探新方法和技术,分享了如何科学有效地运用这些方法技术解决实际找矿问题的途径与经验,并从大量的找矿实践中遴选出18个经典找矿案例。

该书的第一部分是新方法与技术,作者研发了重磁2.5D、3D人机交互反演与自动反演、井-地磁测联合反演、重磁联合反演等实用新技术,同时,还进一步开展了3D反演与3D地质建模、微动勘探与重震联合反演解释、人工神经网络与深度学习等前瞻性技术研发,以此提升我国金属矿重磁勘探研究水平。值得一提的是,作者在国内首次提出井-地磁测联合反演理论与方法,并成功地将该方法应用于大冶铁矿老矿山的探边摸底及第二深度空间找矿,取得可喜的地质效果。

该书的第二部分是方法技术的运用与要求,作者根据自己多年的工作积累与经验介绍了如何做到项目精细设计、精细施工与精细处理解释,并给出了实例。

该书的第三部分是找矿案例,作者从地质黄金十年以来完成的金属矿勘查项目中精选了18个找矿案例,每个案例都各具特色。其中前3个案例展示了作者在2005—2021年间接续完成湖北大冶铁矿、鄂州莲花山-黄石铁多金属矿产勘查、1∶5万大冶幅与铜绿山矿集区等多个项目过程中,针对危机矿山第二深度空间找矿的实际需求,对深部矿体弱磁异常的提取识别和反演解释这一关键问题进行长期探索和自主创新。从直接找矿(强磁性铁矿)到间接找矿(弱磁性多金属),拓展了磁法勘探方法的应用与成效。在案例吉林板石沟铁矿勘查中,对鞍山式沉积变质铁矿复式向形褶皱构造所引起的复杂磁异常,运用2.5D、3D人机交互反演方法精细地解释了磁异常，指导钻探验证取得良好地质效果。在案例加拿大世纪 DSO 项目重力、航磁解译及资源潜力评估中，运用重磁异常关系的泊松公式，从贫矿中分离出富矿。在案例南澳 Eyre 半岛高分辨低空航磁资料解释 BIF（Banded Iron Formations，条带状含铁建造）中，根据高分辨低空航磁与重力资料解释形成于早前寒武纪 BIF 并用重磁解释结果直接估计铁矿的资源量（334），缩短了勘探与评价周期。作者在每一个案例中都简要介绍案例的背景、存在的问题、研究思路及案例的看点，具有鲜明的找矿勘探导向和目标，相信无论是院校师生、科研工作者，还是物探外业技术人员，乃至大型矿产勘查项目组织者、管理者、决策者都可从不同角度得到裨益。

该书是作者多年实践经验和研究成果的回顾与总结，面向国家经济建设与发展的现实，内容丰富、论述翔实。该书可为院校地球物理专业相关师生、科研人员，及一线勘探地球物理工作者提供有益参考。

滕吉文

2023 年 8 月 2 日

序 2

本书作者刘天佑教授及其团队在教书育人的同时,长期坚持金属矿重磁勘查方法技术的研究,注重方法技术在实际工作中的应用并追求实用效果。他们研发了重磁 2.5D、3D 人机交互反演与自动反演、井-地磁测联合反演、重磁联合反演、3D 地质建模等实用型新技术,并在支撑全国危机矿山接替资源勘查专项和全国找矿突破战略性行动等找矿实践中获得进展。同时,团队还开展了 3D 反演与 3D 地质建模、微动勘探与重震联合反演解释、人工神经网络与深度学习等前瞻性技术研发,提升了国内重磁技术研究水平。

该书系统梳理和总结了作者团队近年来取得的科研和应用成果,主要包括三部分内容:一是介绍针对固体矿产勘查所研发的新方法新技术,二是总结作者团队应用重磁方法找矿的经验体会,三是分享固体矿产重磁勘探案例。

地球物理勘查是一门技术,与科学研究的目标重在发现不同,技术应用和研究的目标重在实用——解决社会需求中尚未解决的某一或某些问题、提高已有技术的产品质量、提高全盘工作的效率、降低总工作成本等。没有实用价值的技术,必然会被社会淘汰。

书中同意本人倡导的"以实际效果为中心的质量管理"(不能只重视数据和图件质量)和"三个精细"(立项与设计精细、数据采集精细和解释推断精细)。工作中贯彻"以实际效果为中心的质量管理"思路,才能体现"重在实用",而不是仅仅自我欣赏。只有全面做到"三个精细",才能实现"以实际效果为中心的质量管理"。一项技术实用还是不实用(含不太实用)、实际效果好不好,应由用户说了算,并非由物探工作者自我界定。

重磁勘查是久经考验的实用技术,其中磁法曾经被誉为"物探工作三朵花"之一(磁法找铁、核方法找放射性矿产和地震方法寻找油气构造)。采用重磁方法已经寻找到大量磁铁矿床,圈定了许多含油气或煤的盆地或发现了大批对找矿有价值的隐伏岩浆岩体。但是,实用技术应用失败或效果不明显的项目也大量存在,并非能够自动"实用"。

当今,无论找矿还是进行地质研究,研究深度都已经大大增加,寻找隐伏、深部目标体已经是主要任务,这比寻找出露或浅埋藏目标体的难度大多了!更需要依靠"三个精细",减少"应用失败或效果不明显"的情况出现。

目前,"立项与设计精细"存在的问题主要是立项论证不够充分、设计前的准备不足;"数据采集精细"存在的问题主要在遇到人文干扰时的应对措施方面;"解释推断精细"的存在问题最为严重和广泛,主要表现在:没有将异常起因定性工作摆在推断解释的首要任务上,做了大量没有必要、实用价值不大的数据处理(化极等数据转换等),反演方法选择没有注意其应用条件,反演过程没有引入一切可信的约束(已知综合信息);对异常起因定性推断结论没有或极少提供依据;对定性、定量解释结果没有进行可能的多解性分析;没有进行验证后的再解释等。找矿项目(或资源量预测)的首要任务是从众多的异常中筛选出矿致异常,无论是将非矿致异常选择为矿致异常,还是漏掉了矿致异常,即异常起因定性错了,对这个(批)异常来说,其资源量预测就是错了,因此异常起因定性是物探解释推断首要任务。

刘天佑教授及其研究团队在克服上述问题的前提下进行了有益的探索,取得了可喜的成绩:

(1)首创了井-地磁联合反演方法技术。对深埋矿体来讲,由于其地表异常平缓,缺少细节,据其反演深部矿体的细节也就少有可能性;新方法由于利用了更靠近深部矿体的井中磁测结果(数据约束),细节丰富,由其反演深部矿体细节就可信了。这种方法已经在湖北大冶铁矿区进行了成功试验。

(2)在他们承担的多项全国"接替资源勘查"物探项目中,努力做到精细反演,提供了用户满意的实用成果,获得合作地质队(用户)的好评。

(3)他们在利用磁测资料进行磁铁矿资源量评价方面,所采用的方法技术严谨,其结果相对可靠,值得推荐。

《固体矿产重磁勘探方法及案例分析》一书内容丰富、资料翔实,对大专院校教学、科研单位和一线矿产勘查工作都具有重要参考价值。

刘士毅

2023 年 7 月 9 日

前　言

一、回顾

1936年，地球物理前辈李善邦等首次在我国开展了金属矿重磁勘探。从那时候起到现在，我国金属矿重磁勘探经历了从新中国成立前的萌芽时期、新中国成立后的大发展时期、改革开放后的重要发展时期和地质黄金十年的鼎盛时期四个阶段。

1. 新中国成立前的萌芽时期

1936年，李善邦等在湖南常宁水口山铅锌矿采用Askania S-20型扭称仪，开展重力探测铅锌矿的试验。

1937年冬，李善邦、秦馨菱等在湖南清水塘等处完成了近1000个测点的重力扭称测量，根据观测结果打到了一个小矿体。

1938年，他们在该矿区开展石英刃口式磁力仪试验，并于次年在四川綦江铁矿开展正式工作，完成了磁异常垂直分量及水平分量观测。由于赤铁矿引起的磁异常弱，又受地表采矿的干扰，用磁法寻找赤铁矿的效果不好。

1940年夏，方俊和秦馨菱到贵州威宁麻姑赤铁矿区开展重力扭称及磁法工作，得出的结果与地质推断的相同，说明矿体范围无扩大。1940—1941年，李善邦和秦馨菱到云南会理毛姑坝铁矿、四川冕宁泸沽铁矿及渡口攀枝花等处做了地面磁测工作，发现了储量较大的钛磁铁矿。

1941年冬，秦馨菱去峨边的金口河采用磁法找大渡河中的砂金矿，发现几处异常，但异常处砂金含量不清楚。

从1939年开始，顾功叙等人在贵州水厂铁矿山铁矿、威宁赫章铁矿，云南易门军哨区铁矿、安宁砂场区铁矿、东川汤丹和落雪铜矿、个旧锡矿、东川矿山厂铅锌矿、迤碌黄铁矿以及昭通煤矿等处开展过物探工作，所用方法包括磁法、自然电位法及电阻率法等。当时，他们不但考虑了直接找矿的问题，而且在个旧老厂西矿区曾用电法作过含矿层埋藏深度的探测。

这个时期，我国还没有组建专门从事金属矿物探的队伍，物探工作是由研究单位进行的，受到人力、财力及设备的限制，开展不了大面积的物探工作，因此限制了重磁勘探的应用效果。从事物探工作的虽然只有少数几个人，这些人后来都成为我国物探事业大发展的奠基人。

新中国成立前，我国重磁勘探工作量虽然不大，但是我国地球物理前辈不仅从事野外工作，也进行理论研究，理论研究和实际调查相结合，对以后物探在中国的发展有重要的影响。

2. 新中国成立后的大发展时期

1949年新中国成立后,我国的地质工作得到了极大的发展。在顾功叙、傅承义及翁文波等前辈的努力下,物探工作也得到了相应的发展,金属矿重磁勘探进入一个大发展时期。

1952年以前,国家主要是结合野外工作,采用讲习班形式培训技术骨干。顾功叙等人曾在辽宁鞍山和弓长岭铁矿做过磁法勘探工作,秦馨菱等人曾在山东金岭铁矿做过磁法勘探工作。20世纪50年代初,地质部物探局首次在内蒙古白云鄂博铁矿和云南小松山铁矿用GS-9重力仪和诺伽(Norgard)重力仪做重力测量试验,并在内蒙古锡盟地区用Z-40扭秤进行探测铬铁矿的试验。1959年应用瓦登(Worden)重力仪在甘肃白银厂多金属矿床上圈出了0.5mGal矿异常。60—70年代,地质部门的重力队在新疆、甘肃、河南、安徽等地区开展了寻找铁、铬和其他金属矿的重力勘探工作。

1952年秋,一批大学物理系毕业生到地质部门从事物探工作,同时地质部又购进了约100台适合野外使用、生产效率高的悬丝式磁力仪。从1953年开始,地质部先后在辽宁鞍山、湖北大冶、山东金岭、内蒙古白云鄂博、河北邯邢地区、山东历城、四川攀枝花以及江苏南京等地,开展了大规模的地面磁法勘探寻找磁性铁矿的工作,并取得了很好的地质效果。例如,1953年地质部物探队在湖北大冶铁山发现了尖林山隐伏矿床,发现了程潮桐子山异常和大冶金山店异常,钻探验证结果证实了异常是由两个大型铁矿床引起。又例如,1957年冶金工业部物探队在江苏南京附近开展地面磁法,在当时认为无大矿床的火山岩分布区发现了梅山铁矿,揭开了长江中下游火山岩分布区找矿的序幕,从而促进了火山岩铁矿床理论研究的开展,之后在安徽又发现了大型隐伏的铁矿床。

在开展地面磁法勘探的同时,地质部拓展了航空磁测。1953年秋在内蒙古白云鄂博铁矿进行了试飞。到1959年,先后在长江中下游、辽宁鞍山、四川攀枝花、内蒙古白云鄂博等地开展了大面积的航空磁测。航空磁法可以快速地发现大型铁矿床,圈出找矿的远景区及与金属矿产有密切关系的大型构造。例如,地质部航空物探队关于淮北地区找矽卡岩型铁与矿远景地段的预测,已为后来的工作证实。通过航空磁法研究大型构造的典型例子是发现了郯城-庐江大断裂,它对研究我国东部的地质构造有重要意义。

在这个时期,磁法勘探在普查有色及其他金属矿床方面也取得了一定的地质效果,例如冶金系统物探队20世纪50年代初期在辽宁华铜发现了三大井铜矿体,50年代末期在吉林红旗岭发现了镍矿体。此外,磁法在广西大厂锡矿区不仅圈定了已知矿的分布范围,并发现了许多与矿有关的磁异常。

在这个时期,磁法勘探配备精度较高且生产效率高的磁力仪开展大面积地面和航空磁法普查找矿(主要是磁铁矿床)工作,是金属矿区磁法勘探迅速发展并取得突出找矿效果的根本原因。磁法勘探寻找铁矿的效果,对促进金属矿区物探的发展,做出了独特的贡献。

20世纪50年代初期,我国磁法勘探主要学习苏联的理论与方法。由于苏联位于高纬度地区,地质体接近垂直磁化,苏联采用的是垂直磁化解释方法,它与我国,尤其是南方斜磁化的条件不同,简单套用苏联垂直磁化解释方法会造成解释结果的错误。在总结大量实践及理论研究计算的基础上,黄树棠、顾学新先生发展了倾斜磁化条件下三度体磁异常的理论及解释方法并出版了专著。

在这个时期,由于找矿深度增大,埋深几百米的磁铁矿床引起的异常只有几百纳特,与隐伏的磁性岩体的异常特点类似。为此,我国研究了区分矿与非矿低缓磁异常的方法,在河北、山东、安徽及新疆等地发现了一批大型的隐伏矿床。在勘探阶段应用磁法结合钻孔资料绘制矿体剖面图及寻找钻井旁侧和钻井底部的盲矿体,对磁法反演作了较深入的研究,形成了一套"剩余磁异常计算方法",在山东莱芜马庄,湖北大冶铁山及金山店、鄂州程潮,陕西铜厂及新疆天湖等地的应用都取得了很好效果。

20世纪60年代初期,金属矿勘探开始采用井中磁测方法,井中磁测是一个非常有效的找深部盲矿体的方法。

这个时期,金属矿区磁法勘探工作结合我国的实际情况,研究生产中出现的重大技术问题,将生产中积累的大量资料和经验加以归纳,并从理论上进行分析,研究结果及时用于生产,及时验证,然后根据验证结果,修改及充实所提出的理论和方法,使之日趋完善,如熊光楚(1964)编著了《磁铁矿床上磁异常的解释推断》。坚持从生产中找重大技术问题作为研究课题,将研究结果及时用于生产,根据实践结果再进行研究,这是磁法勘探方法技术在我国得以迅速提高的根本原因。

3. 改革开放后的重要发展时期

从20世纪70年代开始,我国金属矿重磁勘探进入了一个新的发展时期,主要工作有:①建立了高精度航空磁测系统;②地面磁法勘探仪器开始更新换代;③计算机开始在重磁资料的预处理与转换处理及反演解释中得到应用。

我国地矿系统已建成高精度航空磁测系统,能进行1:5万高精度航空磁测(包括定位),引进并开发了数据处理、解释和成图计算机软件系统,能用于大比例尺地质填图和金属矿产预测。

20世纪50年代我国从国外引进地面悬丝式和刃口式磁秤以及磁通门航空磁力仪;20世纪60年代以来地质部系统开发研制了地面CSZ-61型悬丝式、CRZ-69型刃口式磁秤、CSS-1水平磁力仪;20世纪70年代相继研制成CCM-2型地面磁通门磁力仪;20世纪80年代,改进与研制成灵敏度0.1nT的CZM-2B型仪器和精度较高的CSC-3型悬丝式磁力仪。同期,我国引进加拿大先达利公司的IGS-2/MP4和美国乔美特利公司的G856微机质子磁力仪,并致力于国产化生产。这些仪器配合我国第二代地面高精度磁测工作,在探寻金多金属、油气田以及工程地质和考古等多方面得到应用并取得成果。

仪器更新换代,提高了观测精度。在许多有色金属矿区的矿床上能够观测到10~20nT或幅值更低一些的弱磁异常,对研究矿区地质构造及找矿起了很好的作用。过去,磁法勘探主要用于找铁矿,铜、铅、锌、金银等多金属矿由于伴生磁黄铁矿、磁铁矿,人们也采用地面磁法,现在地面高精度磁测已成为不可或缺的重要方法之一。由于磁法勘探效率高、成本低,磁法勘探的推广使用,加快了我国金属矿物探工作的进程。

1974年,国家计划委员会地质总局在周口店计算中心(150工程)开办了第一期重磁数据处理学习班,学习时间一年,聘请了北京大学等高校与研究所教师授课,讲授计算机语言、线性代数、计算方法及重磁数据处理的原理及方法,开创了我国运用计算机进行重磁资料数据处理与解释的新时代,昔日利用计算尺、手摇计算机、计算器和量板进行手工计算与解释的时代从此一去不复返。数据处理包括观测数据的各种改正、化极、延拓、高阶导数、分量转换及正反演全部计算工作。

在这个时期,我国许多单位对强磁性、具有磁各向异性的磁性体引起的异常进行了研究,研究了正演计算方法并结合实际资料,总结了矿体形态呈向斜型、背斜型及复杂形态时,在不同走向及倾斜条件下磁异常的特点。研究工作结合生产进行,在实际工作中都取得了很好的效果。例如,山西岚县、五台及河北迁安等地,对已勘探过的矿区及未打过钻的异常用钻探验证,都打到了矿体。

由于固体矿产勘查地质目标体小,且往往在地形起伏的山区,加上仪器精度达不到,在很长一段时间重力勘探主要用于油气勘探查明地质构造,只有20世纪50—60年代用于找铬铁矿。随着新一代微伽级重力仪的问世,如拉科斯特(LaCoste)、CG-2及国产ZSM重力仪,重力勘探方法开始在固体矿产勘查方面发挥作用。

在重力勘探方面,以查明控矿构造、圈定找矿靶区为目标,以地质填图和矿产预测为手段的间接找矿是金属矿重力勘探的主要目的。在地质填图工作中进行1:5万重力测量,划分断裂和基底岩性,确定火山岩盆地范围和火山岩厚度,圈定隐伏岩体并构制三维模型,圈出找矿有利部位。在华北地台北缘、长江中下游、秦巴和华南等成矿远景地区圈出了一批找矿靶区。其中湖南的郴桂多金属成矿区,通过找矿预测圈出坪宝潜在矿田,经钻探验证发现了400m深度以下的中型矿床。在有利条件下,重力勘探可直接寻找与围岩具明显密度差的盲矿体,其中以寻找与铁、铬和其他致密矿体以及岩盐矿的效果较明显。20世纪60—70年代发现了新疆托里的鲸鱼铬铁矿、西藏东巧铬铁矿、安徽大鲍庄富赤铁矿、甘肃黑鹰山富赤铁矿和白家咀子铜镍矿的3号、4号矿;20世纪80年代发现了云南安宁和富民盆地的厚层岩盐矿、新疆黄山铜镍矿床;20世纪90年代发现了新疆小热泉子铜矿等。

4. 地质黄金十年的鼎盛时期

2006年1月20日国务院颁布《国务院关于加强地质工作的决定》,4月3日在京召开全国地质工作会议。

2006年4月3日,全国地质工作会议在北京召开。中共中央政治局常委、国务院总理温家宝就贯彻《国务院关于加强地质工作的决定》做出重要批示,强调要重视和加强地质工作,贯彻科学发展观,努力提高为经济社会发展服务的水平。

温家宝在批示中提出6点要求:

(1)地质工作是经济和社会发展的一项基础性工作,实施"十一五"规划,推进现代化建设,必须重视和加强地质工作。

(2)地质工作必须贯彻科学发展观,把地质找矿、提高资源综合效益、改善生态环境、防治地质灾害作为重要任务。

(3)深化地质工作体制改革,建立和完善与社会主义市场经济体制相适应、富有活力的地质工作新体制。

(4)推进地质科技进步与创新,加快高新技术在地质工作中的应用,实现地质工作现代化。

(5)建立一支精干的高素质的地质队伍,培养杰出地质人才,改善地质人员工作和生活条件,充分发挥他们的积极性和创造性。

(6)加强对地质工作的领导和统筹规划,地质工作要面向经济社会发展的需要,努力提高服务水平。

进入21世纪,由于全球矿业需求拉动,地质勘查市场活跃,地勘队伍发展形势一路向好,形成了地质工作的"黄金期"。

随着工业化、城镇化进程加快和人口增长,我国重要矿产资源短缺已成为制约经济社会发展的瓶颈。2004年国务院常务会议审议通过《全国危机矿山接替资源找矿规划纲要(2004—2010年)》,设立"全国危机矿山接替资源找矿专项",主要目标任务是在大中型矿山资源潜力调查基础上,开展我国短缺、优势矿产矿山勘查和关键勘查技术应用试点、示范。完成预期目标并取得了一批重要成果,如研究与形成了一套适用于矿山深边部找矿全新技术思路、方法技术,系统开展了我国20个矿种230座主要矿山的矿产普、详查工作。新增资源量原煤54.5亿t、铁矿石9.95亿t、锰矿石1 125.7万t、铬铁矿54.3万t、铜金属338万t、铅锌金属816万t、铝土矿1636万t、钨氧化物41.9万t、锑金属33.7万t、金636.6t、银9 229.16t、磷矿石26 348万t。通过矿山接替资源勘查,促进了地方经济发展和社会和谐,推动了我国深部找矿技术的创新和进步,促进了我国深部找矿及矿山地质工作。

近十多年间,中国地质勘查投入如过山车般经历上升期到达顶峰之后,开启了下降期的运行模式。以2002年底为起点,中国地质勘查受国际、国内需求,市场开放等多方面因素影响,以超过20%的增速逐年增长,至2012年达到顶峰。

在地质工作黄金十年中,金属矿重磁勘探的方法技术与找矿地质效果也得到极大的提升。

中国地质调查局发展研究中心在地质工作黄金十年中,对金属矿重磁勘探工作发挥了极其重要的领导作用,刘士毅先生总结了物探方法找矿经验教训,并对遇到的新问题提出了指导性的意见并得到贯彻执行(刘士毅和颜廷杰,2013):

(1)物探工作必须融到整体找矿工作之中,作为一个环节,与地质、钻探等工作有机地联系在一起,避免"各自为战"。

(2)物探异常应得到及时验证。物探异常不被验证,长期停留在推断阶段,不但不能转化为有用的地质找矿成果,就像科研样机不能转化为产品一样,中看不中用,也不利于物探解释推断的水平提高。

(3)老矿山接替资源勘查中的物探工作,较一般的矿产勘查物探工作有两个工作的难点:①人文干扰严重而普遍;②要求达到的探测深度大,通常要求达到500~1000m。

(4)正确地使用方法技术,做到"三个精细"。选择方法的首要原则不是"新、特、奇",而是适用、有效,其次是相对廉价、快速。

(5)重视物性工作,提高异常定性定量解释的可靠性。

(6)重视利用重磁老资料进行二次开发。

(7)数据处理方法如滤波、化极、延拓、位场分离等要有具体的针对性。

(8)异常定性解释(筛选矿致异常)与定量反演相比,前者更重要、更关键。

(9)高维、带地形定量反演效果好。

(10)自动反演的结果若明显不符合地质规律,不能盲目采信。最好是改为人机交互反演。人机交互反演中模型的合理性(地质、物性、地形)比拟合度更重要。

(11)提高反演可靠性的现实、有效途径是尽可能带进各种约束。

(12)井-地磁测联合反演方法在提高推断解释结果可靠性方面有明显的优势。

在地质工作黄金十年中,金属矿重磁勘探的方法技术蓬勃发展,大学、科研院所、生产单位相继研究出更符合我国找矿需要的方法技术,如 2.5D、3D 人机交互反演与自动反演、井-地磁测联合反演、重磁联合反演、3D 地质建模等。这些方法技术更接地气,也取得明显的地质效果,如 2005 年,全国危机矿山接替资源勘查找矿项目"湖北省黄石市大冶铁矿接替资源勘查",运用新方法技术在湖北大冶铁矿找矿工作取得突破性进展。

与此同时,由中国地质科学院组织实施的地球深部探测专项"深部探测技术与实验研究"(SinoProbe)在 2009 年 4 月 22 日正式启动,标志着我国地球深部探测的"入地"计划拉开序幕。随着地质勘探"既要金山银山,又要绿水青山"理念的转变与错综复杂国际形势,重磁勘探在矿产勘查与环境保护等方面将有更多助力国家经济建设和服务民生的新机遇。

二、本书内容简介

本书共分三部分:①新方法与新技术;②方法技术的运用与要求;③案例。本书的方法技术与案例仅限于固体矿产(即主要为金属矿产),不是全面介绍重磁勘探的方法技术及应用。本书的重点是第三部分,我们的初衷是想把地质黄金十年期间团队所完成的部分重磁方法的找矿案例与读者分享。书中的第一部分"新方法与新技术"和第二部分"方法技术的运用与要求"是我们完成国家项目时所研究的针对固体矿产勘查的一些新方法技术和如何运用重磁方法技术找矿的经验体会。

1. 新方法与新技术

本书所介绍的固体矿产重磁勘探新方法技术是完成项目所研发的新方法技术,有针对性与实用性,如 2.5D、3D 人机交互反演、井-地联合反演;有一些则有前瞻性,如 3D 反演与 3D 地质建模、微动勘探与重震联合反演解释、人工神经网络与深度学习。

2. 方法技术的运用与要求

固体矿产重磁勘探方法技术的运用与要求包括:①磁异常处理解释的基本方法与步骤;②关于立项、设计、施工与资料处理解释的一些要求;③关于资料处理解释的一些要求及④处理解释中一些容易出错的问题四个部分。这些要求是根据重磁勘探的基本原理、相关国家规范、中国地质调查局的要求及我们的积累的工作经验编写的。

3. 案例

本书列举的 18 个固体矿产重磁勘探案例是从地质黄金十年以来我们承担的与固体矿产勘查有关的 30 多个项目中遴选出来的。案例不是项目报告的汇总,而是选择其中的亮点,给读者有可读性与可参考性。每个案例都有一个简要的"本案例的看点",方便阅读。

本书可以作为生产一线的地质工作者的参考资料,也可作为在校本科生、研究生教材。

三、致谢

在我国地质黄金十年间,中国地质大学(武汉)重磁勘探团队始终得到中国地质调查局有关领导与专家的指导和支持,刘士毅、叶天竺、吕志成、庞振山、颜廷杰等一直关注我们固体矿产重磁勘探的研究工作并给予指导,在此表示衷心感谢!

衷心感谢"危机矿山接替资源勘查"项目组专家孙文珂、周凤桐、齐文秀、周松对项目的完成给予的支持与帮助!

衷心感谢"危机矿山接替资源勘查"项目聘请各区、省评审专家在资料提供方面与野外工作给予的支持与帮助!

衷心感谢中国地质科学院地球物理地球化学研究所领导与专家高文利、邓晓红、邱礼泉给予的支持与帮助!

衷心感谢中南冶金地质勘探局领导与专家詹应林、高宝龙、杨坤彪对合作项目给予的支持与帮助!

衷心感谢湖北、江西、吉林、西藏、云南、山东、福建、湖南、安徽、江苏、新疆、辽宁、黑龙江、广东、陕西、贵州、宁夏等省、自治区地质矿产勘查开发局(地质局)与科学技术厅,冶金与有色地矿系统湖北、青海、江苏、四川、陕西等省领导专家给予的支持与帮助!

衷心感谢加拿大拉贝克世纪铁矿公司(Labec Century Iron Ore Incorporated)、武汉钢铁(集团)公司与澳大利亚 Centrex Metals Ltd(CXM 公司)领导与专家给予的支持与帮助!

编著者
2023 年 11 月

目 录

第一部分 新方法与新技术

第一章 重磁异常 2.5D、3D 人机交互反演 …………………………………… (2)
　一、重磁场数值计算方法 ………………………………………………………… (3)
　二、2.5D 人机交互反演方法 ……………………………………………………… (7)
　三、3D 人机交互反演方法 ………………………………………………………… (8)

第二章 3D 井-地联合磁化率（与磁化强度）自动反演 ……………………… (17)
　一、磁化率自动反演的基本原理 ………………………………………………… (17)
　二、磁化率成像反演方法 ………………………………………………………… (21)
　三、模型检验 ……………………………………………………………………… (27)
　四、结论 …………………………………………………………………………… (38)

第三章 迭代正则化向下延拓方法 ……………………………………………… (39)
　一、向下延拓方法的一般描述 …………………………………………………… (39)
　二、向下延拓 Tikhonov 正则化方法 …………………………………………… (40)
　三、向下延拓 Tikhonov 正则化迭代方法 ……………………………………… (42)
　四、Landweber 迭代法 …………………………………………………………… (43)
　五、积分迭代法 …………………………………………………………………… (44)
　六、位场下延迭代方法的统一表达 ……………………………………………… (45)

第四章 重磁异常边界识别 ……………………………………………………… (47)
　一、垂向导数边界识别 …………………………………………………………… (47)
　二、水平一阶方向导数边界识别 ………………………………………………… (48)
　三、解析信号振幅边界识别 ……………………………………………………… (48)
　四、归一化标准差边界识别 ……………………………………………………… (50)
　五、倾斜角边界识别 ……………………………………………………………… (50)
　六、θ 图边界识别 ………………………………………………………… (52)
　七、总水平导数边界识别 ………………………………………………………… (53)
　八、各向异性归一化方差边界识别 ……………………………………………… (57)

第五章 奇异谱分析方法 ………………………………………………………… (61)
　一、基本原理 ……………………………………………………………………… (61)

二、重磁场的奇异谱特征 ……………………………………………………………… (65)
三、参数讨论 ……………………………………………………………………… (66)
四、奇异谱分析与传统方法的对比 ………………………………………………… (68)
五、奇异谱分析在鄂东南某矿区的应用 …………………………………………… (71)
六、结论 …………………………………………………………………………… (72)

第六章 磁异常总梯度模量反演 …………………………………………………… (73)
一、方法原理 ……………………………………………………………………… (73)
二、模型实验 ……………………………………………………………………… (76)
三、总梯度模量反演在江苏某铁矿磁测资料中的应用 …………………………… (78)
四、结论 …………………………………………………………………………… (79)

第七章 总磁场异常 ΔT 迭代逼近投影分量 T_{ap} …………………………………… (80)
一、ΔT 与 T_{ap} 的关系 …………………………………………………………… (80)
二、ΔT 与 T_{ap} 的差值 …………………………………………………………… (81)
三、ΔT 直接替代 T_{ap} 的误差对处理结果的影响 ……………………………… (82)
四、ΔT 迭代逼近计算 T_{ap} …………………………………………………… (84)
五、影响 T_{ap} 计算精度的因素分析 ……………………………………………… (87)
六、模型试算 ……………………………………………………………………… (87)
七、应用实例 ……………………………………………………………………… (88)
八、结论 …………………………………………………………………………… (89)

第八章 金属矿床背景噪声地震成像与重震联合反演 …………………………… (90)
一、方法原理 ……………………………………………………………………… (90)
二、曹四夭斑岩矿床成像 ………………………………………………………… (94)
三、重震联合反演 ………………………………………………………………… (101)
四、结论 …………………………………………………………………………… (102)

第九章 三维地质-地球物理建模技术 ……………………………………………… (103)
一、三维地质建模方法 …………………………………………………………… (104)
二、三维地质建模国内外软件 …………………………………………………… (106)
三、应用实例 ……………………………………………………………………… (109)

第十章 基于卷积神经网络的智能矿产资源预测 ………………………………… (111)
一、方法原理 ……………………………………………………………………… (112)
二、地质背景和数据 ……………………………………………………………… (114)
三、结果与讨论 …………………………………………………………………… (116)
四、总结 …………………………………………………………………………… (119)

第二部分 方法技术的运用与要求

第十一章 磁异常处理解释的基本方法与步骤 …………………………………… (122)
一、磁测资料的预处理和预分析 ………………………………………………… (122)

二、磁测资料的处理解释 ···（123）
　三、磁异常的定性、半定量解释 ···（123）
　四、磁异常的定量解释 ···（124）
　五、结论与成果图示 ··（126）
　六、方法使用建议 ···（126）

第十二章　关于立项和设计的一些要求 ···（127）
　一、立项 ···（127）
　二、设计 ···（127）

第十三章　关于资料处理解释的一些要求 ···（132）
　一、化极要合理选择参数 ···（132）
　二、老旧 ΔZ 资料可转化成 ΔT 与新 ΔT 资料进行对比 ·······················（133）
　三、通过迭代向下延拓技术可突出深部弱异常 ···（135）
　四、方向滤波方法可压制具有一定方向性的干扰,突出主体异常 ····························（135）
　五、重磁联合反演提高反演解释的准确性和可靠性 ··（137）
　六、老方法新应用有可能得到意想不到的良好效果 ··（140）

第十四章　处理解释中的易错问题 ···（144）
　一、为什么说"ΔT 受斜磁化影响比 Z_a 大?" ···（144）
　二、南半球的磁场特征 ···（144）
　三、化极用什么参数? ··（145）
　四、向上延拓两个异常变成一个异常与物体是否在深部相连? ·····························（146）
　五、磁场正演计算的单位问题 ···（151）
　六、为什么2.5D人机交互反演要用原始资料与带地形? ·······································（152）

　　　　　　　　　　　　　第三部分　案　例

第十五章　大冶铁矿深边部找矿勘查 ···（154）
　一、利用地面高精度磁测资料的精细处理与三维反演解释进行深部找矿阶段 ·········（155）
　二、井-地磁测资料联合反演深部找矿阶段 ···（160）
　三、综合利用重磁电资料以"三位一体"找矿理论为指导的间接找矿阶段 ···············（163）
　四、结论 ···（165）

第十六章　1∶5万湖北大冶幅重磁资料处理解释 ···（167）
　一、地质概况 ··（168）
　二、岩矿石与地层物性及地质地球物理模型 ··（168）
　三、岩体分布特征 ···（171）
　四、岩体局部重力异常与矿床矿点关系 ··（174）
　五、根据重力航磁初步解释远景区 ···（174）
　六、2.5D、3D反演与建模 ··（177）
　七、结论 ···（179）

第十七章　铜绿山矿集区 1∶1 万重磁 3D 反演解释 ………………………………………………(181)
　　一、地质地球物理概况 ………………………………………………………………………(181)
　　二、铜绿山矿集区重磁异常特征 ……………………………………………………………(183)
　　三、根据重磁异常解释铜绿山岩株体 ………………………………………………………(184)
　　四、局部重磁叠加异常特征与成矿远景初步分析 …………………………………………(190)
　　五、重点矿床、矿点重磁异常特征分析 ……………………………………………………(192)
　　六、铜绿山矿集区 2.5D、3D 地质建模 ……………………………………………………(195)
　　七、结论 ………………………………………………………………………………………(201)
第十八章　江西朱溪铜钨矿区重力、磁法野外施工及解释 …………………………………(202)
　　一、地质地球物理概况 ………………………………………………………………………(203)
　　二、1∶20 万重力、1∶5 万航磁资料处理解释 ……………………………………………(205)
　　三、朱溪重磁试验剖面的处理解释 …………………………………………………………(206)
　　四、结论 ………………………………………………………………………………………(210)
第十九章　吉林板石沟铁矿勘查 ………………………………………………………………(211)
　　一、地质地球物理特征 ………………………………………………………………………(211)
　　二、板石沟铁矿区 ΔZ 磁异常小波分析与 3D 反演 ……………………………………(215)
　　三、8 矿组 2.5D、3D 反演解释 ……………………………………………………………(216)
　　四、结论与建议 ………………………………………………………………………………(223)
第二十章　云南省鹅头厂铁矿区接替资源勘查 ………………………………………………(224)
　　一、地质地球物理概况 ………………………………………………………………………(224)
　　二、出现环状正异常包围负异常,且负极大值到达－20 000nT 的问题 …………………(225)
　　三、ΔZ 磁异常平面资料处理与解释 ………………………………………………………(227)
　　四、剖面资料反演与解释 ……………………………………………………………………(229)
　　五、结论 ………………………………………………………………………………………(232)
第二十一章　山东金岭铁矿区接替资源勘查 …………………………………………………(233)
　　一、地质地球物理概况 ………………………………………………………………………(233)
　　二、典型剖面解释 ……………………………………………………………………………(235)
　　三、结论 ………………………………………………………………………………………(242)
第二十二章　江苏韦岗铁矿接替资源勘查 ……………………………………………………(243)
　　一、地质地球物理概况 ………………………………………………………………………(243)
　　二、韦岗矿区 ΔZ 磁异常解释 ………………………………………………………………(245)
　　三、韦 Ⅰ 线精测剖面反演与解释 ……………………………………………………………(246)
　　四、结论 ………………………………………………………………………………………(247)
第二十三章　青海尕林格铁矿区高精度磁测资料处理与解释 ………………………………(251)
　　一、地质地球物理概况 ………………………………………………………………………(251)
　　二、向下延拓识别深部矿异常 ………………………………………………………………(252)
　　三、尕林格矿区 Ⅴ 矿群磁测资料处理解释 ………………………………………………(253)
　　四、结论 ………………………………………………………………………………………(261)

第二十四章 西藏朗县秀沟铬铁矿重磁勘探 (263)
- 一、地质地球物理概况 (263)
- 二、1：5000平面重磁异常处理与解释 (268)
- 三、重磁异常综合分析与地质解释 (270)
- 四、10线精测剖面处理解释 (275)
- 五、结论与建议 (277)

第二十五章 西藏罗布莎铬铁矿床重磁勘探 (279)
- 一、地质地球物理概况 (280)
- 二、消除布格重力异常与地形的正相关 (282)
- 三、隐伏岩体分布及产状解释 (286)
- 四、结论 (287)

第二十六章 新疆喀拉通克铜镍矿床重磁勘探 (288)
- 一、地质地球物理概况 (289)
- 二、根据重磁异常解释隐伏岩体 (290)
- 三、剖面重磁异常2.5D联合反演解释 (295)
- 四、结论 (298)

第二十七章 黔西南卡林型金矿集区重磁勘探 (299)
- 一、地质地球物理概况 (299)
- 二、区域重磁异常特征 (302)
- 三、断裂划分与岩体圈定 (304)
- 四、二度半反演解释 (306)
- 五、圈定找矿远景区 (306)
- 六、综合物探剖面的处理与解释 (307)
- 七、结论 (310)

第二十八章 黑龙江翠宏山铁多金属矿田重磁勘探 (311)
- 一、岩矿石及地层标本采集与物性参数测定及解释 (312)
- 二、翠宏山矿田重磁异常处理解释与找矿远景预测 (317)
- 三、翠宏山-翠中矿床地球物理模型与深部找矿预测 (320)
- 四、结论 (330)

第二十九章 辽东/胶东金多金属矿重磁资料联合反演解释 (331)
- 一、区域成矿背景 (332)
- 二、辽东青城子矿集区重磁异常的处理与解释 (349)
- 三、靶区精测剖面的处理与解释 (355)
- 四、结论 (359)

第三十章 加拿大世纪DSO项目重力航磁解译及资源潜力评估 (361)
- 一、地质地球物理概况 (361)
- 二、研究思路、采用的方法技术及有效性分析 (364)
- 三、乔伊斯湖区重力、航磁异常 (366)

  四、乔伊斯湖区剖面反演解释 …………………………………………………………（367）
  五、结论 ……………………………………………………………………………………（373）
 第三十一章 根据重磁资料研究银川平原地热资源 ……………………………………（374）
  一、地热地质背景 …………………………………………………………………………（374）
  二、根据航磁资料估算银川平原居里等温面 …………………………………………（375）
  三、根据局部重磁异常特征及其对应关系识别基底局部隆起 ………………………（377）
  四、根据区域重磁资料的银川平原地热资源远景预测 ………………………………（378）
  五、结论 ……………………………………………………………………………………（384）
 第三十二章 南澳 Eyre 半岛高分辨低空航磁资料解释 BIF 与资源量估计 …………（385）
  一、地质背景 ………………………………………………………………………………（385）
  二、根据低空高分辨航磁解释估算铁矿资源量流程 …………………………………（386）
  三、Bald Hill 矿区资料处理解释 ………………………………………………………（387）
  四、资源量初步估计 ………………………………………………………………………（390）
  五、结论 ……………………………………………………………………………………（392）
结束语 ……………………………………………………………………………………………（393）
主要参考文献 ……………………………………………………………………………………（394）

第一部分
新方法与新技术

第一章 重磁异常 2.5D、3D 人机交互反演

重磁异常人机交互反演方法是一种利用计算机可视化技术通过人与计算机交互方式进行重磁异常拟合实现重磁异常的反演解释，属形体反演方法。20 世纪 80 年代以来，国内诸多单位开始用二度(2D)或二度半(2.5D)任意多边形截面水平柱体进行实时人机交互反演解释。该方法通过在剖面上不断修改模型角点来实现重磁异常的正演拟合并进行反演解释，是一种方便快捷且实用有效的反演技术。

二度半多边形截面柱体是使用最多的人机交互反演模型，具有计算公式简单、计算速度快、软件编制容易和人机交互操作简单等优点，既可以用于多种单个模型模拟，也可以组合来模拟复杂地质体。所谓二度半是指沿走向截面位置、形状与物性参数不变的有限延伸地质体，Rasmussen 和 Pedersen(1979)推导了二度半多边形截面柱体的重磁场。Talwani(1965)用面元法、线元法与点元法实现了不规则形体重磁场的数值积分计算方法。

目前基于 2.5D 模型的重磁异常人机交互解释已经非常普及，然而，在实际资料处理解释时，经常遇到沿走向变化大的三度体(3D)，在这种情况下不能简单用二度半模型来解释。为此，杨高印等(1995)将三度体沿确定方向剖分成一系列的多边形棱柱体，将三度体转化为二度半体并实现人机联作校正-迭代反演；刘天佑等(1998)在国家 863 计划项目"海洋深部地壳结构探测技术"(820-02-03)子项"重磁地震综合反演方法技术及软件系统"中实现二度半多边形截面柱体与任意形状三度体重磁场正演与人机交互反演，并用于海洋重磁资料解释；姚长利等(1998)和眭素文等(2004)等用一系列有限长的组合多边形棱柱体逼近三度体进行正反演；林振民等(1994,1996)在承担"八五"攻关项目中，采用了一种橡皮膜技术来进行重磁三维可视化反演；吴文鹂(1997)、田黔宁等(2001)采用可视化技术及混合优化算法进行三维重磁反演，实现了三角形多面体模型的人机交互反演及自动反演，并把该方法应用于内蒙古布敦化地区航磁资料反演，取得显著地质效果；杨宇山等(2006)针对基于三角形多面体模型或橡皮膜技术的人机交互反演方法存在模型难以修改、模型难以细化的困难，提出了采用任意三度体模型数值积分法，模型修改的过程在剖面内完成，在直角坐标系下对 XY 平(剖)面逐条修改拟合交互反演，取得了很好的实际效果；骆遥等(2009)针对二度半体重磁异常正演计算中的解析"奇点"问题，建立了无解析奇点正演计算公式；肖敦辉等(2009)提出了一种三维重磁人机交互解释的剖面成体建模和三维显示方法，方便解释人员直观地编辑地质体模型，提高人机交互解释的效率。

一、重磁场数值计算方法

(一)水平多边形平面重磁场正演计算公式

如图 1-1a 所示,令水平多边形平面各个顶点的坐标为 (ξ_i, η_i),埋深 D,观测点 P 位于 (x, y),高程为 h,则水平多边形平面在 P 点引起的重力场和磁场三分量为

$$\Delta g = V_z = G\sigma \sum_{i=1}^{n} \left\{ (y_i \cos\theta_i - x_i \sin\theta_i) \cdot \ln\frac{R_{i+1} + u_{i+1}}{R_i + u_i} \right.$$
$$\left. + 2z \left[\tan^{-1}\frac{u_{i+1} + y_{i+1} + (1+\sin\theta_i)R_{i+1}}{z\cos\theta_i} - \tan^{-1}\frac{u_i + y_i + (1+\sin\theta_i)R_i}{z\cos\theta_i} \right] \right\}$$
(1-1)

$$H_{ax} = \frac{\mu_0}{4\pi} M_n \sum_{i=1}^{n} \sin\theta_i \ln\frac{R_i + u_i}{R_{i+1} + u_{i+1}} \tag{1-2}$$

$$H_{ay} = -\frac{\mu_0}{4\pi} M_n \sum_{i=1}^{n} \cos\theta_i \ln\frac{R_i + u_i}{R_{i+1} + u_{i+1}} \tag{1-3}$$

$$Z_a = \frac{\mu_0}{4\pi} M_n \sum_{i=1}^{n} \left[\arctan\frac{R_i^2 \cos\theta_i - x_i u_i}{R_i z \sin\theta_i} - \arctan\frac{R_{i+1}^2 \cos\theta_i - x_{i+1} u_{i+1}}{R_{i+1} z \sin\theta_i} \right] \tag{1-4}$$

式中:G 为万有引力常数,σ 为剩余密度,M_n 为总磁化强度在平面外法线方向上的分量,$u_i = x_i \cos\theta_i + y_i \sin\theta_i$,$R_i = (x_i^2 + y_i^2 + z^2)^{1/2}$,$\theta_i = \tan^{-1}\frac{y_{i+1} - y_i}{x_{i+1} - x_i}$,$x_i = \xi_i - x$,$y_i = \eta_i - y$,$z = D + h$。

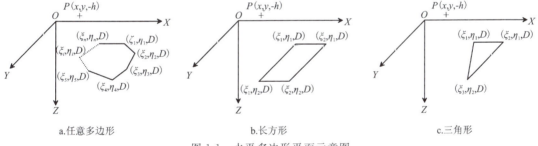

a.任意多边形　　　　　b.长方形　　　　　c.三角形

图 1-1　水平多边形平面示意图

当 $n=4$ 时为水平四边形面元的磁场公式,如图 1-1b 为水平长方形平面,四边与坐标轴平行,此时式(1-1)~式(1-4)中 $n=4$,$\xi_1 = \xi_4$,$\xi_2 = \xi_3$,$\eta_1 = \eta_2$,$\eta_3 = \eta_4$,$\theta_1 = 0$,$\theta_2 = \frac{\pi}{2}$,$\theta_3 = \pi$,$\theta_4 = -\frac{\pi}{2}$,$u_1 = x_1$,$u_2 = y_1$,$u_3 = -x_2$,$u_4 = -y_2$,可以简化水平长方形面元重磁场正演计算公式。

当 $n=3$ 时为水平三角形面元的磁场公式,如图 1-1c 中三角形的一个边平行于 x 轴,此时 $\eta_1 = \eta_2$,$\theta_1 = 0$,$u_1 = x_1$,可以简化该水平三角形面元的平面重磁场正演计算公式。

(二)倾斜多边形平面重磁场的正演计算

在倾斜的多边形平面上任取三个角点可组成如图 1-2

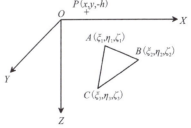

图 1-2　倾斜三角面元示意图

所示的三角形。该三角形通过坐标旋转后可以很容易得到如图1-1c所示的水平三角面元,首先绕 Y 轴旋转 α 角使 A、B 两点在同一水平面上,然后绕 Z 轴旋转 β 角使 AB 平行于 X 轴,最后绕 X 轴旋转 γ 角使 A、B、C 都在同一水平面上,坐标旋转的过程用数学方式表示为点的坐标乘以旋转矩阵,即

$$\begin{bmatrix} \xi' \\ \eta' \\ \zeta' \end{bmatrix} = M \cdot \begin{bmatrix} \xi \\ \eta \\ \zeta \end{bmatrix} \tag{1-5}$$

其中

$$M = \begin{bmatrix} 1 & 0 & 0 \\ 0 & \cos\gamma & \sin\gamma \\ 0 & -\sin\gamma & \cos\gamma \end{bmatrix} \cdot \begin{bmatrix} \cos\beta & \sin\beta & 0 \\ -\sin\beta & \cos\beta & 0 \\ 0 & 0 & 1 \end{bmatrix} \cdot \begin{bmatrix} \cos\alpha & 0 & \sin\alpha \\ 0 & 1 & 0 \\ -\sin\alpha & 0 & \cos\alpha \end{bmatrix} \tag{1-6}$$

因此在旋转后的新坐标系下,根据式(1-1)~式(1-4)可以计算得到 V_z',H_{ax}',H_{ay}',Z_a',再进行投影变换就可以得到原坐标系下的重磁场,即

$$\begin{bmatrix} V_x \\ V_y \\ V_z \end{bmatrix}^T = \begin{bmatrix} 0 \\ 0 \\ V_z' \end{bmatrix}^T \cdot M \tag{1-7}$$

$$\begin{bmatrix} H_{ax} \\ H_{ay} \\ Z_a \end{bmatrix}^T = \begin{bmatrix} H_{ax}' \\ H_{ay}' \\ Z_a' \end{bmatrix}^T \cdot M \tag{1-8}$$

注意:在利用式(1-1)~式(1-4)时,计算点的坐标也需要进行坐标旋转。

(三)二度半多边形截面水平柱体重磁异常

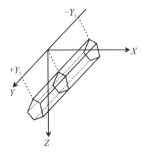

图1-3 二度半任意多边形截面水平柱体模型

如图1-3所示,设二度半多边形截面柱体的密度为 σ,磁化强度为 M,可以看到它是由两个垂直的多边形截面和 n 个倾斜的长方形侧面所围成,其产生的重磁场是所有围成形体的面产生的重磁场叠加。对于垂直的两个多边形端面可只绕 X 轴旋转 $90°$ 使其变为如图1-1a所示的水平多边形进行重磁场计算,而对于第 i 个侧面则可只绕 Y 轴旋转 α_i 角使其变成图1-1b中的水平长方形进行重磁场计算。因此,二度半多边形截面水平柱体重磁场等于各个面元产生的重力场和磁场的总和

$$\Delta g = \sum_{i=1}^{N} V_z^i, \quad H_{ax} = \sum_{i=1}^{N} H_{ax}^i, \quad H_{ay} = \sum_{i=1}^{N} H_{ay}^i, \quad Z_a = \sum_{i=1}^{N} Z_a^i \tag{1-9}$$

式中:V_z^i,H_{ax}^i,H_{ay}^i,Z_a^i 为每个面元产生的重力场和磁场三分量,其中 $i=1,2,\cdots,N$,N 为包围形体的面元个数。每个面元可以利用式(1-5)进行坐标旋转为水平面元后再利用式(1-1)~(1-4)计算 $V_z^{i\prime}$,$H_{ax}^{i\prime}$,$H_{ay}^{i\prime}$,$Z_a^{i\prime}$,然后利用式(1-6)和式(1-7)将 $V_z^{i\prime}$,$H_{ax}^{i\prime}$,$H_{ay}^{i\prime}$,$Z_a^{i\prime}$ 投影到原坐标系下得到 V_z^i,H_{ax}^i,H_{ay}^i,Z_a^i,再代入式(1-9)计算二度半多边形截面水平柱体重磁场。

求出二度半多边形截面水平柱体的磁场三分量后可以按下式求出总磁场 ΔT:

$$\Delta T = H_{ax}\cos I\cos D + H_{ay}\cos I\sin D + Z_a\sin I \tag{1-10}$$

式中:I 和 D 分别为磁化倾角和磁化偏角。

（四）任意形状三度体重磁场三角形多面体近似计算

如图1-4所示，任意形状均匀地质体的表面可用一系列不同的三角形围成的多面体来逼近，其产生的重磁场是所有围成形体的面产生的重磁场叠加，与二度半多边形截面水平柱体类似可以利用式(1-9)、式(1-10)计算其重磁场。

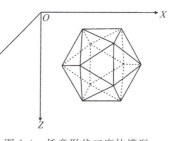

图1-4　任意形状三度体模型

（五）任意形状三度体重磁场面元、线元及点元数值积分法近似计算

1. 方法原理

利用重磁位场关系的泊松公式，并令$G\rho=1$，同时假设地质体均匀磁化，则可得P点磁位，并由$T=-\mu_0\mathrm{grad}_p U=-\mu_0\nabla U$，可求出$P$点磁场3个分量：

$$\begin{aligned}
X_a &= -\mu_0\frac{\partial U}{\partial x} = \frac{\mu_0}{4\pi}\left[M_X\frac{\partial^2 V}{\partial x^2} + M_Y\frac{\partial^2 V}{\partial x\partial y} + M_Z\frac{\partial^2 V}{\partial x\partial z}\right] \\
Y_a &= -\mu_0\frac{\partial U}{\partial y} = \frac{\mu_0}{4\pi}\left[M_X\frac{\partial^2 V}{\partial x\partial y} + M_Y\frac{\partial^2 V}{\partial y^2} + M_Z\frac{\partial^2 V}{\partial y\partial z}\right] \\
Z_a &= -\mu_0\frac{\partial U}{\partial z} = \frac{\mu_0}{4\pi}\left[M_X\frac{\partial^2 V}{\partial x\partial z} + M_Y\frac{\partial^2 V}{\partial y\partial z} + M_Z\frac{\partial^2 V}{\partial z^2}\right] \\
\Delta T &= X_a\cos I\cos A' + Y_a\cos I\sin A' + Z_a\sin I
\end{aligned} \qquad (1-11)$$

式中：M_X,M_Y,M_Z为磁化强度的三分量；V为重力位；μ_0为真空中的导磁系数；I为磁化倾角；A'为磁化方位角；R为地质体内一点Q到观测点之间的距离。

上式中的重力位二阶导数可以进一步用对地质体的三重积分表示。

$$\begin{aligned}
V_{XZ} &= \iiint_Q \frac{3(x_Q-x_P)(z_Q-z_P)}{R^5}\mathrm{d}x_Q\mathrm{d}y_Q\mathrm{d}z_Q \\
V_{YZ} &= \iiint_Q \frac{3(y_Q-y_P)(z_Q-z_P)}{R^5}\mathrm{d}x_Q\mathrm{d}y_Q\mathrm{d}z_Q \\
V_{ZZ} &= \iiint_Q \frac{3(z_Q-z_P)^2-R^2}{R^5}\mathrm{d}x_Q\mathrm{d}y_Q\mathrm{d}z_Q \\
V_{XX} &= \iiint_Q \frac{3(x_Q-x_P)^2-R^2}{R^5}\mathrm{d}x_Q\mathrm{d}y_Q\mathrm{d}z_Q \\
V_{XY} &= \iiint_Q \frac{3(x_Q-x_P)(y_Q-y_P)}{R^5}\mathrm{d}x_Q\mathrm{d}y_Q\mathrm{d}z_Q \\
V_{YY} &= \iiint_Q \frac{3(y_Q-y_P)^2-R^2}{R^5}\mathrm{d}x_Q\mathrm{d}y_Q\mathrm{d}z_Q
\end{aligned} \qquad (1-12)$$

对于球体、棱柱体等规则几何形体，三重积分可以解析求出，而对于不规则形体，则只能采用数值积分方法。

Talwani(1965)用面元法、线元法与点元法实现了不规则形体数值积分方法。

如图1-5所示,用两组相互垂直的截面可以把任意三度体分割成许多小棱柱体,每个棱柱体相当于一个直立线元。沿 Z 轴用解析方法实现一重积分,求出各线元的磁异常值,然后在垂直线元的 X 和 Y 方向分别作数值积分,即可得出整个地质体的近似磁异常值。

2. 精度分析

下面以球体模型为例来分析面元、线元及点元数值积分法的精度。设置球体中心位于(50m,50m,20m),球体半径为8m,球体的总磁化强度为 500×10^{-3} A/m,总磁化倾角 $45°$,总磁化偏角 $0°$,测线方位角 $90°$(东西测线),点距2m,线距10m,钻孔平面位置位于(40m,40m),井深40m,垂直井,磁测井点距2m。

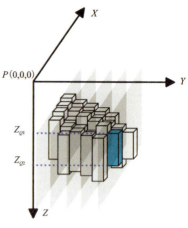

图1-5 任意形状三度体模型积分法示意图

表1-1是在不同埋深不同勘探线数(即不同积分步长)近似计算与解析式计算的误差统计表。结果表明,近似计算与解析式计算的误差很小,并且积分步长越小精度越高,要提高精度必须缩小积分步长。

由表1-1还可以看出,当中心埋深10m,勘探线数由17条减为3条时,地面磁测的计算均方误差由0.113nT增大到3.16nT,井中磁测的计算均方误差由0.33nT增大到6.293nT;当中心埋深20m,勘探线数由17条减为3条时,地面磁测的计算均方误差由0.038nT增大到0.647nT,井中磁测的计算均方误差由0.33nT增大到6.43nT。可见中心深度一定,勘探线数越多(即积分步长越小),正演近似计算的误差就越小。

表1-1 球体三度积分计算误差分析表

中心深度/m	勘探线数/条	地面磁测					井中磁测				
		最小误差/nT	最大误差/nT	平均误差/nT	均方误差/nT	最大相对误差/%	最小误差/nT	最大误差/nT	平均误差/nT	均方误差/nT	最大相对误差%
20	17	−0.187	0.077	−0.004	0.038	1.15	−0.861	0.849	−0.086	0.33	1.87
	9	−0.162	0.075	−0.005	0.039	0.99	−0.841	1.004	0.031	0.337	2.18
	5	−0.499	0.225	−0.01	0.095	3.06	−4.297	3.597	0.303	1.666	9.33
	3	−3.122	1.293	−0.059	0.647	19.15	−18.78	12.18	−0.638	6.43	40.83
10	17	−0.795	0.306	−0.007	0.113	1.06	−0.861	0.849	−0.046	0.33	1.87
	9	−0.493	0.247	−0.008	0.099	0.66	−0.841	1.004	0.065	0.324	2.18
	5	−5.828	3.789	−0.015	0.597	7.77	−4.297	3.597	0.349	1.637	9.33
	3	−29.40	14.705	−0.072	3.16	39.19	−18.78	12.18	0.004	6.293	40.83

类似的分析方法还可以得出,当勘探线数一定,地质体中心深度越大,正演近似计算的误差就越小。通过以上分析得出,正演近似计算的误差与勘探线数和地质体的中心深度密切相关。合理的勘探线数是提高本方法精度的重要因素。

二、2.5D 人机交互反演方法

(一) 已知地质体的数字化

在勘探剖面内已经被钻孔控制的地质体为已知地质体,首先应根据钻孔确定的地质剖面取下已知地质体的角点坐标,这一过程称为已知地质体的数字化。注意在数字化之前应该建立统一的坐标系统,数字化可以在 Surfer 软件中进行,导入基面图绘制勘探剖面图,并调整勘探剖面坐标,利用 Surfer 软件的数字化功能取下每个已知地质体的角点坐标,将已知地质体截面多边形保存成 bln 文件,再将 bln 文件转成反演软件的模型数据格式。数字化也可在具有数字化功能的 2.5D 人机交互反演软件中进行,导入勘探剖面图片作为底图进行已知地质体的数字化。

(二) 已知地质体正演,提取剩余异常

运行 2.5D 人机交互反演程序,读入观测数据和数字化得到的初始模型,即可进行已知地质体的重磁异常的正演计算和 2.5D 人机交互反演。在进行交互反演时,需要根据地质、物探资料选择合适的剩余密度、磁化强度、磁化倾角、地质体在勘探剖面两侧的延伸长度等参数,以保证提取的剩余异常可靠,防止出现虚假的剩余异常,如果此时已知矿体正演的异常与实测异常能较好拟合,即没有剩余异常存在,推测可能无其他异常源;反之,说明存在剩余异常,还需添加地质体来拟合观测数据。

(三) 分析剩余异常,合理修改地质体形态和添加地质体

在存在明显剩余异常的情况下,则需要分析剩余异常的原因,可结合地质、钻孔资料等从剩余异常的位置、宽度和幅值等特征进行分析,如果勘探剖面内地质钻孔不能对钻孔和钻孔之间的地质体进行查明和控制,且剩余异常是当前所添加地质体形态和物性参数不准确造成的,则需要对钻孔以外的地质体角点进行修改,并赋予更加准确的物性参数;如果勘探剖面内浅部的勘探程度已经非常高,浅部以及钻孔之间的地质体已被控制和查明,则需要判断剩余异常是否为深部或边部地质体的反映,以便添加新的地质体来拟合剩余异常。由于实际问题的复杂性及反演的多解性,需要对深边部地质体的是否存在进行客观的综合分析。我们在寻找固体矿时,首先需要掌握工区的地质构造及地质演化方面的资料,弄清楚成矿模式和矿山类型,从地质的角度佐证深部或边部有没有矿体存在的可能性。例如某矿区成矿类型为沉积变质型铁矿,铁矿呈层状,产状受围岩控制,经后期构造运动岩层倾斜,后期的构造运动、岩浆活动对矿体的破坏有限,矿体有往深部延伸的可能。同样,若某矿区成矿类型为接触交代型,矿体主要产于沉积岩与火成岩的接触带上,主要经过炙热岩浆的烘烤而结晶、交代形成,显然在没有接触带处,矿体存在可能性不大;岩体的内部也不太可能有相当规模的矿体存在,可能只是一些小的捕虏体。其次,影响剩余异常的因素很多,要确保提取的剩余异常充分可靠。已知地质体的形状、密度和磁性大小对异常的正演影响比较大,由于剩磁的存在,可能导致磁化强度取值不准,同时,深部矿体磁异常信号微弱、地面干扰严重,进一步加大提取深部剩余异常的难度。

三、3D人机交互反演方法

基于三角面元多面体模型采用橡皮膜技术的人机交互反演方法尽管十分先进,但是在实际应用中有如下的困难:①模型难以修改,实际操作困难。在三维空间里通过拉动控制点来观测模型理论值是否与实测值拟合不容易实现,它远不如在一个剖面、截面内修改方便;②模型难以细化。如大冶铁矿,大量已知的勘探线已准确地控制了矿体形态,且矿体形态十分复杂,多个矿体、磁性岩体等很难用简单的三角形多面体来组合。由此可见,基于三角形多面体模型或橡皮膜技术的人机交互反演更适合于未知地下地质体情况的普查、详查阶段,而不适合于开采阶段的交互反演解释。

针对勘探程度高的矿区实际情况,杨宇山等(2006)研究了有别于基于三角面元多面体模型的三维可视化人机交互反演技术。该项技术的主要内容是:①采用任意三度体模型,其正演计算用面元法;②模型修改的过程在剖面内完成,对 X,Y 不同方向剖面逐条修改拟合;③初始模型由已知的勘探线所控制的矿体、围岩形成,在此基础上交互反演主要用于解释深部矿体;④在 Windows 环境下,用 Visual C 语言与 OpenGL 函数实现重磁场的三维可视化反演。

(一)三维可视化反演方法的实现

所谓"可视化"反演就是指实际观测的位场曲线(曲面或等值线图)、重磁地质模型及其正演计算的位场曲线在计算机屏幕上始终以图形或图像实体出现,解释人员可以直接对地质模型进行操作(修改、反演),实时地计算修改地质模型并将所产生的位场值与实际观测值进行比较,通过地质模型形态、物性的不断修改,使得位场正演计算值与实际观测值的逐步拟合以达到反演目的。在图形显示上,提供了3种模式:活动截面平面模式(可编辑状态)、三维断面排列模式以及三维立体显示模式,通过切换按钮进行切换显示。在模型编辑上提供了添加(删除、移动)地质体、添加(删除、移动)地质体截面、修改地质体物性参数、添加(删除、移动)地质体截面角点、图形缩放、图形平移滚动、勘探线与测网相对位置预览、读写地质模型等功能,从而可以实现可视化反演过程中的所有操作。

(二)模型的数据结构

按照从小到大(即点组成线、线组成面、面组成体)的原则来构造重磁场的几何地质模型。如图1-6所示,可以采用两种结构来组成一个地质模型:a 是为三维显示而设计,b 是为编辑地质体而设计。对于第一种结构,地质模型由一个观测面(地形)和多个具有不同物性参数的三维地质体组成。每个三维地质体则被一组相互平行的地质断面所切,得到一组数量不等、形状各异的地质体截面,而地质体截面则用任意形状的多边形来描述,每个多边形由多边形的顶点(角点)组成。对于第二种结构,是将地质模型描述为由一组相互平行的断面(勘探线处的地质端面)组成,这些断面切过三维地质体和地形,因此,每个断面有来自不同地质体的截面以及一条地形线,不同的地质体截面有其不同的参数,各个地质体截面是任意形状的多边形,多边形由角点组成。在数据存储方式上,构成地质模型的各个元素都采用指针链表,以使两种结构紧密关联,即对其中一种结构中元素的修改同时使另一种结构中的相应元素也得到同步改变。

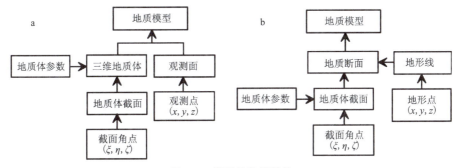

图 1-6 模型的数据结构

(三)模型的建立

获得地质地球物理模型的一个常用方法是综合已知信息,如地震解释结果、钻井、测井、物性等建立初始模型,在此基础上计算重磁场,并与观测场进行对比,在不满足精度要求时对模型进行修改,再进行计算和对比,上述过程可迭代多次直到满足精度要求为止,最终获得地质地球物理模型,图1-7是可视化反演流程图。下面就可视化过程中的一些关键技术进行说明。

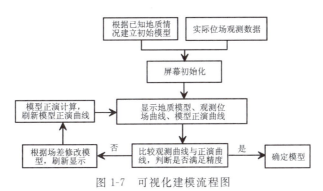

图 1-7 可视化建模流程图

1. 添加三维地质体

在建模过程中,已有的三维重磁地质体已经无法对观测数据进行拟合时,需要添加一个或多个地质体,同样可以删除一个或多个地质体。地质体添加是通过添加地质体截面来实现的。首先设置要添加地质体的参数(包括每个地质体的编号、密度、总磁化强度,总磁化倾角及两端尖灭点离两端截面的距离等),然后选择所有能够切过该地质体的地质断面,在这些断面上添加地质体截面,这些地质体截面在空间上相互连接就构成了一个三维的地质体。当所给定的一组地质断面并不是恰好切过一个地质体的前后两个端点时,可以采用尖灭点的方法来描述,如图 1-8 所示,存在四种情况:第一种情况如图 1-8 中的地质体 1,其前端尖灭点位置按照其参数设置中尖灭点离x_1断面的距离来确定,后端尖灭点位于$(x_3+x_4)/2$;第二种情况如图1-8中的地质体2,其前端尖灭点位于$(x_2+x_3)/2$,后端尖灭点位于$(x_5+x_6)/2$;第三种情况如图1-8中的地质体3,其前端尖灭点位于$(x_5+x_6)/2$,后端尖灭点位置按照其参数设置中尖灭点离x_7断面的距离来确定;第四种情况如图1-8中的地质体4,其前端尖灭点位置按照其参数设置中尖灭点离x_1断面的距离来确定,后端尖灭点位置按照其参数设置中尖灭点离x_7断面的距离来确定。如果要删除一个地质体则通过删除地质体的所有截面来实现。

2. 添加地质断面

如图1-9所示,已有的地质断面无法精细刻画地质体时,就需要增加(插入)地质断面。以图1-8和图1-9为例,至少需要插入x_4、x_5两个断面。由于地质体具有连贯性,为了不让使用者在增加断面后要逐个地绘制被插入断面切过的地质体截面,可以采取拷贝最近相邻的地质断面作为该插入断面的初始值,然后使用者就可以根据重磁异常对该断面上的地质体截面进行编辑。

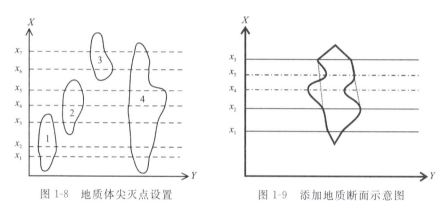

图1-8 地质体尖灭点设置　　　　图1-9 添加地质断面示意图

3. 相邻地质体截面的连接成体方案

由于三维地质体在几何上是十分复杂的,要利用地质体截面重构地质体的三维立体图像是一项十分困难的事。下面就介绍如何将两相邻的截面相连构成一个地质体的表面。

首先是尖灭点与相邻截面的连接。这种情况比较简单,只要将尖灭点与相邻截面角点相连组成三角扇(如图1-10a所示),就可利用OpenGL绘制出表面图。

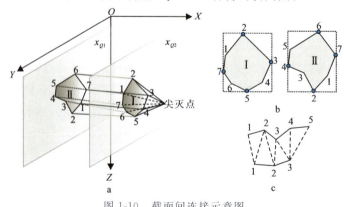

图1-10 截面间连接示意图

两截面之间的连接比较复杂,如图1-10b所示。首先将两截面角点按顺时针(或逆时针)方向排列,然后寻找各个截面最左端、最上端、最右端、最下端的角点,如图1-10b截面Ⅰ的7、2、3、5角点和截面Ⅱ的4、6、7、2点。然后将截面分成4段进行连接,即截面Ⅰ的7号到2号之间的角点与截面Ⅱ的4号到6号之间的角点相连,截面Ⅰ的2号到3号之间的角点与截面Ⅱ的6号到7号之间的角点相连,截面Ⅰ的3号到5号之间的角点与截面Ⅱ的7号到2号之间的角点相连,截面Ⅰ的5号到7号之间的角点与截面Ⅱ的2号到4号之间的角点相连。各段之间的连接采取如图1-10c的方式进行连接组成三角条,这样就可以方便地利用OpenGL绘制该段的地质体表面,截面的4段都连接好了,也就绘制出了从截面Ⅰ到截面Ⅱ的地质体表面。

依照上述方式将所有尖灭点和地质体截面相连后我们就得到了一个立体的地质体。

(四)3D人机交互反演的步骤

1. 建立测区三维坐标系统

建立和确定测区的三维坐标系统是3D人机交互反演的第一步,通常3D人机交互反演软件所采用的是直角坐标系统。如图1-11所示,地理坐标系通常选取正东向为 X 轴,正北向为 Y 轴,高程 H 轴垂直向上,而为了正演计算方便,3D人机交互反演通常是采用勘探线坐标系,即 X 轴为勘探线方向,或垂直于地质体或构造的走向,Y 轴为地质体走向或构造的走向,Z 轴垂直向下,坐标系的原点可以根据实际需求设定。

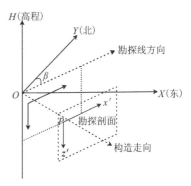

图1-11 3D人机交互反演软件的坐标系统

2. 选取合适的、一定数量的勘探剖面对已知地质体截面进行数字化

在实际工作中,工区可能已经做了大量前期工作,其成果多为剖面图。为了更多地利用工区已知的先验信息,如地质剖面、前人解释成果等,需要将剖面数字化用于2.5D和3D反演。

3. 逐条勘探剖面2.5D人机交互反演

进行3D人机交互反演的难度不仅仅体现在如何使模型的正演计算能够实时,使模型能够很好地进行三维显示和通过鼠标和键盘方便地进行人机交互的操作,还体现在反演过程中如何能够使异常拟合。我们知道勘探剖面内某一点的重磁异常不仅仅是由其所处的勘探剖面内所有地质体共同引起的,也是由其旁侧勘探剖面中所有地质体共同引起的,在3D人机交互反演过程中往往会遇到这样的情况,即当已经拟合好一条勘探线后,并对下一条勘探剖面进行修改拟合时,上一条已经拟合好的异常又不拟合了。因此,在进行3D人机交互反演中一个良好的初始模型是非常重要的,2.5D反演结果使3D反演在每条勘探剖面上具有较为准确的结果,使3D人机交互反演拟合更容易实现。

4. 将多条勘探线 2.5D 反演模型连成 3D 反演的初始模型

每条勘探剖面上通常存在多个多边形地质体截面,相邻勘探线上地质体截面正确相连非常重要,因此,需要结合异常的走向方位、宽度、走向长度、位置等分布情况,以及地质构造、矿床类型、断裂分布和产状等,合理地对相邻勘探剖面上的地质体截面进行相连构成 3D 模型。

5. 修改 3D 模型使异常拟合

在 2.5D 基础上建立的 3D 模型对实测异常的拟合程度通常会比较高,不拟合可能主要反映在一些局部范围上或一些细节上,因此,通常只需要对不拟合异常的附近勘探剖面或地质体进行局部的微调就可能实现异常的拟合,得到最终的反演结果。

(五)3D 井-地磁异常联合人机交互反演

3D 井-地磁异常联合反演方法是全国危机矿山接替资源勘查专项"井-地磁异常联合反演技术示范"项目的成果。该项目的目标是研究井-地磁测资料联合反演方法与软件,并应用于实际资料处理,以找矿成果来说明其有效性。立项的初衷是想通过地面高精度磁测与井中三分量磁测异常的联合反演来提高井、地磁测反演的精度与可靠性。

地面高精度磁测对深部矿体的细节反映不够清晰,甚至没有反映。井中磁测仪器由于可以靠近深部矿体,对深部矿体的细节反映清晰,但是受钻井的限制,控制的范围有限。如果将地面高精度磁测资料和井中磁测资料结合起来,进行联合反演解释,势必能够发挥两种方法的优点,达到优势的互补。

国外有关井-地磁异常联合反演的研究不多见。2000 年,Li 和 Oldenburg 利用井、地磁测资料进行磁化率成像。该方法采用自动反演技术,把地下剖分成小长方体,只反演磁化率参数,由于该方法采用自动反演与磁化率渐变模型的限制尚无法解决复杂矿山的深部找矿问题。

磁异常正演可采用任意形状 3D 模型面元、线元及点元数值积分法近似计算与三角形多面体模型近似计算两种方法,在 Windows 环境下,用 Visual C 语言、OpenGL 函数可编制可视化软件,实现井-地磁测资料人机交互反演。下面介绍反演的步骤。

1. 对磁测资料的预处理

(1)地面磁测资料的预处理。在解释前应分析磁测精度的高低,测网的疏密,系统误差的有无和大小,正常场选择是否正确,图件拼接是否合理,资料是否齐全,是否有干扰影响存在等。若有问题,应改正或处理解决。此外,还应该注意分析磁性地质体的磁性特征和磁性的均匀性、方向性和大小。

(2)井中磁测资料的预处理。实际工作中,经常遇到钻孔穿过磁性不均匀地层,如比较小的磁性体,或者穿过矿层时其井壁不平整,使得实测的曲线呈锯齿状。为了对磁异常曲线进行解释,必须消除干扰,这就需要对有干扰的磁异常曲线进行处理。常用的消除干扰方法有圆滑、滑动平均等,也可以用小波分析方法。小波分析方法是近年来发展起来的新的数学方法,广泛地应用于信号处理、图像处理、模式识别等众多的学科和相关技术研究中,在地球物理数据处理中也得到广泛应用。利用小波多尺度分析方法,可以将异常分解为不同阶的细节部分和逼近部分,细节部分表示随机干扰,逼近部分表示消除了随机干扰后的磁异常。图 1-12 是利用小波分析方法处理的 Z_a 曲线。利用 5 点、7 点圆滑无法消除干扰,而利用小波分析方法得出一阶逼近和二阶逼近则能够较好地消除随机干扰,阶数越高则越光滑。

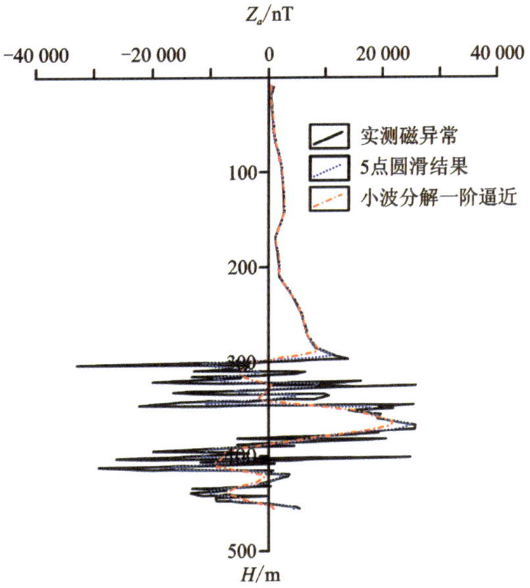

2. 引起异常的原因分析

与其他反演软件一样,应先对磁异常进行定性解释,确定异常的地质起因。定性解释的方法与步骤与地面磁测一样,不再赘述。

3. 判断磁性体在井旁或井底

图 1-12 利用小波分析方法处理的 Z_a 曲线

矿体与钻孔的相对关系在正常磁化情况下有如下 3 种情况:

(1) 盲磁性体在钻孔的旁侧,所测的 Z_a 曲线应是比较完整的,即 Z_a 曲线的下部正极值或零值点已出现,至此 Z_a 曲线的负极值已明显出现; T_a 矢量有两个交会中心,一般情况下,只要发散中心在钻孔已达到的深度之上即可(图 1-13a);

(2) 盲磁性体在钻孔下方,一般所测的结果仅是异常的上部值; Z_a 曲线多为正值, T_a 矢量无明显的收敛中心或仅有一定的收敛趋势,并指向钻孔的下部;如综合地质及其他物探资料判断盲磁性体的倾向,向下加深钻孔见盲磁性体的可能性就增大,否则,见矿的可能性就较小(图 1-13b);

(3) 盲磁性体上部在井旁,其下部尚在钻孔的下面,这种情况介于上述的两种情况之间(图 1-13c)。

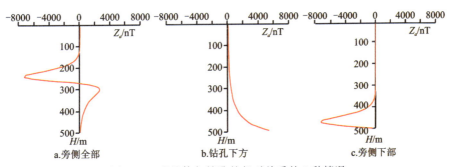

图 1-13 磁性体与钻孔的相对关系的 3 种情况

4. 判断磁性体相对钻孔的方位

利用 T_a 矢量聚焦情况,可大致判断盲磁性体的所在方位。利用井中 Z_a 曲线判断方法如下:以斜磁化球体为例,如图 1-14 所示,斜磁化球体的异常在南北侧钻孔中,曲线不对称,在南侧钻孔为反"S"形,在北侧钻孔为"S"形;在球体的东西侧钻孔中,曲线都是两侧为正值、中部为负值的对称异常。据此,Z_a 曲线为"S"形可以推断磁性体在钻孔的南侧;Z_a 曲线为反"S"形可以推断磁性体在钻孔的北侧;Z_a 曲线若两侧为正的对称异常,则磁性体在钻孔的东侧或西侧。

判断推断磁性体所在方位,还应考虑地面磁异常特点。

5. 盲磁性体定性和半定量分析

解释人员根据工区的地质情况、钻孔及物探异常的特征进行定性解释,初步得出具磁性地质体的形态、产状和大小,以此作为下一步定量解释的初始模型。

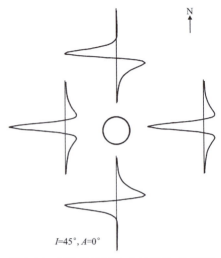

图1-14 球体的不同方位钻孔的 Z_a 特征

6. 井-地磁测资料联合反演解释

1) 建立测区三维坐标系

建立和确定测区的三维坐标系是井-地磁联合反演的第一步。软件所采用的是直角坐标系,选取正东向为 X 轴,正北向为 Y 轴,H 轴垂直向上,原点 O 可以根据实际需求设定,勘探线方向垂直磁性体的走向。

2) 地面磁测数据整理

将地面磁测资料整理为4列数据,分别是测点的 X、Y、H 坐标(正东向为 X 轴,正北向为 Y 轴,垂直向上为 H 轴)和异常值(可以为总磁场 ΔT 或磁场分量)。

3) 井中磁测数据整理

利用所测得的测斜数据和磁测数据,计算出井中测点的真实坐标 X、Y、H 以及磁场分量 ΔX、ΔY、ΔZ。

首先,把将要转换的井轴数据和磁测数据整理到一个数据文件中,文件整理为6列,分别为测点深度 z、井斜方位角 β、顶角 δ 和磁测观测数据的 X、Y、Z 分量。经过上一步的资料整理得出不同井的数据文件。

4) 勘探剖面数字化

进行井-地磁异常联合反演之前,除了需要收集地面磁测、井中磁测等资料外,还要收集已有的勘探剖面资料,将这些已知矿体、围岩形态、物性与埋深的信息转化为实际坐标数据,这一过程称为数字化,亦称矢量化。利用这些剖面数字化的数据来构建反演的模型。

在进行数字化之前需要建立勘探剖面的坐标系,然后在剖面图上找到需要数字化的矿体与围岩,沿着矿体与围岩的边界线依次单击鼠标左键,绘制出的折线表示矿体或围岩的边界,得到数字化后矿体或围岩的 X、Z 坐标值。注意在数字化矿体与围岩时,用鼠标连接矿体或围岩都要按照同一个旋转方向。

5) 井-地磁异常联合反演

(1) 进入三维井-地磁异常联合反演系统。在井地磁异常联合反演主系统界面上,单击菜单项上的"三维井地磁测联合反演",进入三维井-地磁异常联合反演系统,导入地面与井中磁测数据文件。

三维井-地磁异常联合反演主界面的主窗口上半部分窗口显示每条测线的地面异常,其中蓝线为地面观测值,红线为地质模型的正演值或者拟合值,滚动该窗口可以观测其余测线的地面异常拟合情况。窗口下半部分显示当前勘探剖面的地质模型,包括围岩、矿体等。

同时主窗口右侧有两个小窗口,分别为勘探线和测线预览窗口、井中异常窗口。勘探线和测线预览窗口显示了测线和勘探线的平面图,红线为测线,蓝线为勘探线,绿线表示当前剖面所在的勘探线位置。井中异常窗口显示井中的观测异常和模型正演值,其中蓝线为井中测量值,红线为地质模型的正演值或者拟合值(图 1-15)。

(2)修改地质体模型拟合井、地磁测曲线。三维井-地磁异常联合反演是通过修改三度地质模型,对地面磁异常及井中磁异常进行拟合来实现的,该系统可同时对地面磁异常和井中磁异常曲线进行拟合。三度地质模型的修改包括修改地质模型物性及形状、添加或删除地质体、添加或删除勘探剖面。交互反演的过程就是不断修改地质模型的过程,在拟合过程中要注意以下 4 点。

①修改磁化强度大小。模型正演的磁异常大小和磁化强度大小是成比例的,如果正演曲线与实测曲线拟合不好,尤其修改模型位置和形态后,仍有系统偏高或偏低,那么可以适当修改磁化强度的大小。

②修改磁化倾角。强磁性体一般具有剩磁,加之磁性体都有与形状有关的退磁效应,因而一般不能简单的把感磁方向当作总磁化强度的方向,总磁化强度的方向往往也是待反演的参数。反演前,应依据实测定向标本物性数据、推断磁性体形态等综合拟定初始磁化方向,当正演曲线与实测曲线拟合欠佳时,尤其强度、形态接近,一侧负值差异较大时,应考虑修改模型的磁化倾角。

③考虑旁侧剖面的影响。由于三维井-地磁联合反演是对三维模型进行计算的,因此测线上正演值是三维模型叠加的结果。当修改单个剖面的模型不能较好地拟合磁异常曲线时,可以修改相邻剖面的模型。

④考虑异常曲线的变化特征。根据磁异常特征修改相应的模型。一般变化较平缓,范围较大的异常是由远离测线的地质体引起;而变化较快,范围较小的异常则是由近测线的地质体引起。

按照上述的方法,不断对模型进行修改,直到所有正演计算磁异常曲线与观测磁异常曲线均拟合较好为止。

(3)三维模式下观察分析地质体模型。模型修改、交互反演只在剖面模式下进行,三维模式只是提供地质模型的一种显示方式,该模式下不能对模型进行修改。三维显示可以分为 3D 立体模式(图 1-15b)和 3D 切片模式(图 1-15c)。在三维模式下可以利用鼠标和功能键,实现地质模型的直观观察。

6)三维反演结果输出

反演完成后保存反演数据文件,可以将计算结果以截面 2D 模型文件输出。为了更好地显示三维地质体的形态,可以利用 AutoCAD 显示矿体形态,从不同角度观察矿体形态或者打印反演结果的图形。

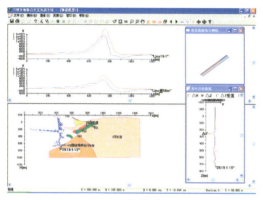
a. 2D剖面模式

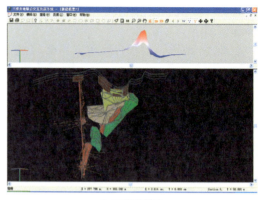
b. 3D立体模式

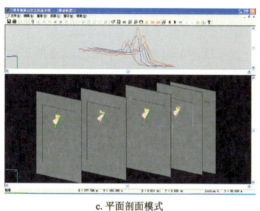
c. 平面剖面模式

图1-15　系统可视化交互反演界面

（六）3D井-地磁联合反演软件（SWMI3D）

刘天佑等（2006）和Yang等（2011）根据我国复杂矿区、复杂磁异常深部找矿遇到的问题，提出并实现任意形状3D井-地磁测人机交互反演方法，并在国内深部找矿中得到广泛应用。任意形状3D井-地磁测人机交互反演方法被认为是目前解决复杂矿区、复杂磁异常深部找矿的一种有效的反演解释方法。SWMI3D是中国地质大学（武汉）自主研发的3D井-地磁测资料联合人机交互反演软件，该软件采用数值积分和三角面元两种方法实现了任意形状三度体地面与井中磁异常的正演计算，在Windows环境下，用Visual C语言，OpenGL函数实现人机交互反演。将该方法用于湖北大冶铁矿与山东金岭铁矿资料的处理与解释得出，利用井-地磁联合反演方法能够确定深部盲矿体的存在、产状及空间位置。

在此之前，我国的井中磁测通常只能进行半定量反演或简单定量反演，如切线法、特征点法等，由于这类方法只利用极大值、极小值及拐点等特征点，并且这类方法多是基于简单的模型得出的，因此反演精度不高；同时，这类方法采用人工作图解释，效率也不高。SWMI3D井-地磁测联合反演软件也同时给出多种井中磁测资料的定量反演方法，除3D任意形状地质体人机交互反演方法以外，还提供了2.5D任意截面水平柱体人机交互反演、2D磁化强度成像、粒子群非线性反演等多种方法。

第二章　3D井-地联合磁化率(与磁化强度)自动反演

磁化率(与磁化强度)自动反演又称为磁化率(与磁化强度)成像,它与密度成像、地震层析成像方法类似,它可以将地下三维空间划分为诸多小的长方体磁性模型,通过最优化反演方法,在空间域对所建立的目标函数进行求解,最终得到地下三维空间的磁性分布情况。

磁异常是由地下磁性体在地磁场的作用下引起的,而地下介质是连续分布的,地下空间中的磁性体可视为由一系列较高或者较低磁化率块体组成的磁异常区域。根据地面观测的磁异常反演地下磁性体分布时,可将观测区域地下空间介质划分为一系列块体单元,当块体单元足够小时,假设每个块体单元内部磁化率均匀分布,允许不同块体单元具有不同的磁化率。根据位场理论,当不考虑剩磁和退磁影响时,磁化率均匀的块体单元所产生的磁异常与磁化率成正比,比例系数仅仅与块体单元形状及空间坐标有关。当块体单元大小位置固定时,比例系数可以预先确定出来,在反演过程中,磁化率值是唯一描述地质体和需要反演的参数。这样,根据磁异常反演磁性体的问题就转变为求解磁化率在地下三维空间的分布问题,这种反演方法称为磁化率成像(或磁化率自动反演)法。

本章只考虑感磁情况。

一、磁化率自动反演的基本原理

(一)模型网格单元的划分

直立长方体是任意3D体的基本单元,对模型的离散化方式主要有两种:一种是棱柱体的尺寸随深度增加而增大,地表的棱柱体单元最小,深度越大,棱柱体的尺寸越大,这种划分方法是为了确保地下不同深度的棱柱体单元在地面上的磁异常处于同一数量级上,从而克服深度的影响;另一种是将地下空间划分为大小相等的棱柱体,深度的影响通过选择合适的深度加权函数来克服。由于第一种方式的分辨率随深度增大而减小,目前采用较多的是第二种方式(图2-1)。

将地下空间划分为大小相等的棱柱体单元矩阵,块体单元大小的划分应遵循一定的规则。在实际工作中,磁化率单元的划分受到计算机内存、速度等因素的限制,在处理实际资料时,单元个数太少,不足以客观地反映地下磁化率分布情况,单元个数较多时,计算量大,需要大量的存储空间和运算时间,一般的计算机难以胜任。Boulanger和Chouteau(2001)讨论了设置块体单元大小的标准,提出两条准则:①块体单元应足够小,使得观测数据中波长短、频率高的分量能在模型中得以体现;②块体单元应足够大,使得模型参数数量有限,可以在合理时间内完成反演。这两条准则看起来似乎相互矛盾,需要寻找一种折衷方案。

实际上,块体单元的大小与观测数据的波长有关。观测数据中的最短波长来源于浅层地质体,波长越大,反映的地质信息应该越深。Bhattachayya 和 Leu(1977)根据功率谱,分析了模型体顶层的能拟合观测数据最高频率(Nyquist 频率)的最大块体,指出块体单元的大小应满足

$$a \leqslant 1.2\delta_x \tag{2-1}$$

式中:δ_x 为观测数据在 X 轴方向上的点距;a 为矩阵棱柱体在 X 轴方向上的边长。这一关系在 Y 轴方向也同样成立,即块体单元的边长与观测数据的点距接近时,能够比较理想地满足上述两条准则。

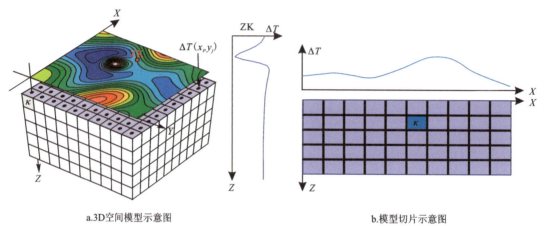

a.3D空间模型示意图　　　　　　　　　　b.模型切片示意图

图 2-1　三维磁化率成像模型示意图(用长方体单元离散地下空间,每一个长方体单元磁化率 κ 为常数,允许不同长方体单元的磁化率不同。假设长方体宽和长分别等于观测点在 X 轴和 Y 轴方向上的点距,·点表示磁测点的位置,位于顶层长方体上顶面中心,观测面高程为常数 z_0,ZK 表示钻孔)

(二)直立长方体的磁场

设地下有一直立长方体,a,b,c 分别为它的半长、半宽、半高,长方体的中心坐标为 (ξ_c,η_c,ζ_c)。利用重磁位场理论的泊松公式可以计算出磁异常的表达式。在笛卡儿坐标系中,以观测平面上任意一点为坐标原点,Z 轴向下为正,X,Y 轴在水平面内,地质体走向为 Y 轴。设长方体的体积为 v,剩余密度为 σ,G 为万有引力常量,取长方体内任一点 (ξ,η,ζ),该点的体积元为 $\mathrm{d}v=\mathrm{d}\xi\mathrm{d}\eta\mathrm{d}\zeta$,那么,观测点 $P(x,y,z)$ 处的引力位为

$$V(x,y,z)=G\sigma\iiint_v \frac{\mathrm{d}\xi\mathrm{d}\eta\mathrm{d}\zeta}{r} \tag{2-2}$$

式中:r 表示 $\mathrm{d}v$ 到 P 点的距离,即

$$r=\sqrt{(\xi-x)^2+(\eta-y)^2+(\zeta-z)^2} \tag{2-3}$$

这样,P 点处的磁位为

$$U=-\frac{1}{4\pi G\sigma}M\cdot\nabla_P V \tag{2-4}$$

P 点处的磁异常为

$$H_{ax}=-\mu_0\frac{\partial U}{\partial x}=\frac{\mu_0}{4\pi G\sigma}\left[M_X\frac{\partial^2 V}{\partial x^2}+M_Y\frac{\partial^2 V}{\partial x\partial y}+M_Z\frac{\partial^2 V}{\partial x\partial z}\right]$$

$$H_{ay} = -\mu_0 \frac{\partial U}{\partial y} = \frac{\mu_0}{4\pi G\sigma}\left[M_X \frac{\partial^2 V}{\partial x \partial y} + M_Y \frac{\partial^2 V}{\partial y^2} + M_Z \frac{\partial^2 V}{\partial y \partial z}\right]$$

$$Z_a = -\mu_0 \frac{\partial U}{\partial z} = \frac{\mu_0}{4\pi G\sigma}\left[M_X \frac{\partial^2 V}{\partial x \partial z} + M_Y \frac{\partial^2 V}{\partial y \partial z} + M_Z \frac{\partial^2 V}{\partial z^2}\right]$$

$$\Delta T = H_{ax}\cos I\cos A' + H_{ay}\cos I\sin A' + Z_a \sin I \tag{2-5}$$

对于3D磁化率成像，假设已经将地下三维空间划分为直立长方体网格单元模型，总数为 M 个，每个网格单元内的磁化率均匀分布；观测面上有 N 个观测点。那么，第 j 个长方体在第 i 个观测点的磁异常可以表示为

$$\Delta T_{ij} = G_{ij}\kappa_j \tag{2-6}$$

式中：κ_j 表示第 j 个直立长方体单元的磁化率；G_{ij} 表示单位大小的磁化率的第 j 直立长方体单元网格在第 i 个观测测点产生的磁异常。根据位场叠加原理，第 i 个观测点的磁异常 ΔT_i 是地下全部 N 个直立长方体单元在该点处的磁异常总和，即

$$\Delta T_i = \sum_{j=1}^{M}\Delta T_{ij} = \sum_{j=1}^{M}G_{ij}\kappa_j \tag{2-7}$$

写成矩阵形式为

$$\begin{bmatrix}\Delta T_1 \\ \Delta T_2 \\ \vdots \\ \Delta T_M\end{bmatrix} = \begin{bmatrix}G_{11} & G_{12} & \cdots & G_{1N} \\ G_{21} & G_{22} & \cdots & G_{2N} \\ \vdots & \cdots & \ddots & \vdots \\ G_{M1} & \cdots & \cdots & G_{MN}\end{bmatrix}\begin{bmatrix}\kappa_1 \\ \kappa_2 \\ \vdots \\ \kappa_N\end{bmatrix} \tag{2-8}$$

即

$$\Delta \boldsymbol{T} = \boldsymbol{G}\boldsymbol{\kappa} \tag{2-9}$$

式(2-7)~式(2-9)中：$\Delta \boldsymbol{T}$ 为 $M\times 1$ 维列向量，表示 M 个观测点上的磁异常；$\boldsymbol{\kappa}$ 为 $N\times 1$ 维列向量，表示 N 个直立长方体单元的磁化率；$\boldsymbol{G}$ 为 $M\times N$ 维核矩阵。

（三）磁异常正演的快速算法

假如地面上有 $P\times Q$ 个观测点，将地下三维空间划分为 L 层，每一层都有 $M\times N$ 个长方体单元，那么，需要完成 $P\times Q\times M\times N\times L$ 个积分运算。在对地下三维空间进行网格划分之后，每一层长方体的大小都相等，地面上为规则网观测点，可以采用快速算法进行正演计算，这样不但可以节省时间，还可以大大减少运算量。

假设 a,b,c 分别为长方体单元在 X 轴、Y 轴和 Z 轴方向上的半边长，(ξ_c,η_c,ζ_c) 为直立长方体的中心点坐标，则它在观测点 $P(x,y,z)$ 处所产生的磁异常为

$$H_{ax}(x,y,z) = \frac{\mu_0}{4\pi}\left\{-M_x\arctan\frac{(\xi-x)(\eta-y)}{(\xi-x)^2+r(\zeta-z)+(\zeta-z)^2} + M_y\ln[r+(\zeta-z)] + M_z\ln[r+(\eta-y)]\right\}\Big|_{\xi_1}^{\xi_2}\Big|_{\eta_1}^{\eta_2}\Big|_{\zeta_1}^{\zeta_2}$$

$$H_{ay}(x,y,z) = \frac{\mu_0}{4\pi}\left\{M_x\ln[r+(\zeta-z)] - M_y\arctan\frac{(\xi-x)(\eta-y)}{(\eta-y)^2+r(\zeta-z)+(\zeta-z)^2} + M_z\ln[r+(\xi-x)]\right\}\Big|_{\xi_1}^{\xi_2}\Big|_{\eta_1}^{\eta_2}\Big|_{\zeta_1}^{\zeta_2}$$

$$Z_a(x,y,z) = \frac{\mu_0}{4\pi}\{M_x\ln[r+(\eta-y)] + M_y\ln[r+(\xi-x)] -$$

$$M_z\arctan\frac{(\xi-x)(\eta-y)}{r(\zeta-z)}\}\Big|_{\xi_1}^{\xi_2}\Big|_{\eta_1}^{\eta_2}\Big|_{\zeta_1}^{\zeta_2}$$

$$T(x,y,z) = \frac{\mu_0}{4\pi}M\{k_1\ln[r+(\xi-x)] + k_2\ln[r+(\eta-y)] + k_3\ln[r+(\zeta-z)] +$$

$$k_4\arctan\frac{(\xi-x)(\eta-y)}{(\xi-x)^2+r(\zeta-z)+(\zeta-z)^2} + k_5\arctan\frac{(\xi-x)(\eta-y)}{(\eta-y)^2+r(\zeta-z)+(\zeta-z)^2} +$$

$$k_6\arctan\frac{(\xi-x)(\eta-y)}{r(\zeta-z)}\}\Big|_{\xi_1}^{\xi_2}\Big|_{\eta_1}^{\eta_2}\Big|_{\zeta_1}^{\zeta_2}$$

(2-10)

令 L_0, M_0, N_0 及 α, β, γ 分别是地磁场和总磁化强度的方向余弦，则

$$\begin{aligned} M_x &= M \cdot \alpha & \alpha &= \cos I \cdot \cos A' \\ M_y &= M \cdot \beta &, \quad \beta &= \cos I \cdot \sin A' \\ M_z &= M \cdot \gamma & \gamma &= \sin I \end{aligned}$$

(2-11)

$$\begin{aligned} k_1 &= M_0 \cdot \gamma + N_0 \cdot \beta; k_2 = L_0 \cdot \gamma + N_0 \cdot \alpha & L_0 &= \cos I_0 \cdot \cos A'_0 \\ k_3 &= L_0 \cdot \beta + M_0 \cdot \alpha; k_4 = L_0 \cdot \alpha &, \quad M_0 &= \cos I_0 \cdot \sin A'_0 \\ k_5 &= M_0 \cdot \beta; k_6 = -N_0 \cdot \gamma & N_0 &= \sin I_0 \end{aligned}$$

(2-12)

式中：I_0、A'_0 分别为地磁场的倾角和地磁场水平分量 H 相对 x 轴方向的偏角（y 为地质体走向）；I, A' 分别为总磁化强度的倾角和 M_H 相对 x 轴方向的偏角（y 为地质体走向）。其中

$$\begin{aligned} r &= \sqrt{(\xi-x)^2+(\eta-y)^2+(\zeta-z)^2} \\ \xi_1 &= \xi_c - a - x, \eta_1 = \eta_c - b - y, \zeta_1 = \zeta_c - c - z \\ \xi_2 &= \xi_c + a - x, \eta_2 = \eta_c + b - y, \zeta_2 = \zeta_c + c - z \end{aligned}$$

(2-13)

令 $\Delta x = \xi_c - x, \Delta y = \eta_c - y, \Delta z = \zeta_c - z$，则

$$\begin{cases} \xi_1 = \Delta x - a, \eta_1 = \Delta y - b, \zeta_1 = \Delta z - c \\ \xi_2 = \Delta x + a, \eta_2 = \Delta y + b, \zeta_2 = \Delta z + c \end{cases}$$

(2-14)

在磁化率成像过程中，长方体单元的大小在地下三维空间网格划分的时候就已经确定好了，长方体半边长 a, b, c 为常数。因此，磁异常的幅值变化只和 $(\Delta x, \Delta y, \Delta z)$ 有关，也就是说磁异常的幅值变化只和长方体单元的中心坐标与观测点坐标的相对位置有关。

令观测面为水平面，观测点按规则网排列，观测点有 $M \times N$，X 方向有 M 个观测点，点距为 δ_x；Y 方向有 N 个观测点，点距为 δ_y。现将观测区域的地下三维空间划分为 $M \times N \times L$ 个大小相等的直立长方体单元，半边长 $a=\delta_x/2, b=\delta_y/2$，观测点在直立长方体单元的正上方中心，则式(2-14)中的 Δx 和 Δy 分别为 δ_x 和 δ_y 的整数倍，即

$$\begin{aligned} \Delta x_i &= (i-1) \cdot \delta_x, (i=1,2,\cdots,M) \\ \Delta y_j &= (j-1) \cdot \delta_y, (j=1,2,\cdots,N) \end{aligned}$$

(2-15)

那么，对于第 k 层的直立长方体单元，Δz_k 不变，在计算该层直立长方体在地面所产生的磁异常时，只需要计算 $M \times N$ 个不同的积分项，即

$$G^{(k)} = \begin{bmatrix} G_{11}^{(k)} & G_{12}^{(k)} & \cdots & G_{1N}^{(k)} \\ G_{21}^{(k)} & G_{22}^{(k)} & \cdots & G_{2N}^{(k)} \\ \vdots & \vdots & \ddots & \vdots \\ G_{M1}^{(k)} & G_{M2}^{(k)} & \cdots & G_{MN}^{(k)} \end{bmatrix} \quad (2\text{-}16)$$

其中，$G_{ij}^{(k)}$ 为由 $\Delta x_i, \Delta y_j$ 和 Δz_k 的积分项，则第一个观测点 (x_1, y_1) 处的磁异常为

$$\Delta T(x_1, y_1) = \sum_{i=1}^{M} \sum_{j=1}^{N} \kappa_{ij} G_{ij}^{(k)} \quad (2\text{-}17)$$

沿 X 方向增加 m 个步长，则在 $(x_1 + m \cdot \delta_x, y_1)$ 点处的磁异常为

$$\Delta T(x_1 + m \cdot \delta_x, y_1) = \sum_{i=1}^{M} \sum_{j=1}^{N} \kappa_{ij} G_{t,j}^{(k)}$$

其中，当 $m < i \leqslant M$ 时，$t = i - m$；当 $1 \leqslant i \leqslant m$ 时，$t = (m+2) - i$。

沿 y 方向增加 n 个步长，则在 $(x_1, y_1 + n \cdot \delta_y)$ 点处的磁异常为

$$\Delta T(x_1, y_1 + n \cdot \delta_y) = \sum_{i=1}^{M} \sum_{j=1}^{N} \kappa_{ij} G_{i,p}^{(k)}$$

其中，当 $n < j \leqslant N$ 时，$p = j - n$；当 $1 \leqslant j \leqslant n$ 时，$p = (n+2) - j$。

那么，第 k 层的直立长方体在每一个观测点产生的磁异常为

$$\Delta T^{(k)}(x_1 + m \cdot \delta_x, y_1 + n \cdot \delta_y) = \sum_{i=1}^{M} \sum_{j=1}^{N} \kappa_{ij} G_{t,p}^{(k)} \quad (2\text{-}18)$$

式中：

$$t = \begin{cases} (m+2) - i & \text{当 } 1 \leqslant i \leqslant m \text{ 时} \\ i - m & \text{当 } m < i \leqslant M \text{ 时} \end{cases}$$
$$p = \begin{cases} (n+2) - j & \text{当 } 1 \leqslant j \leqslant n \text{ 时} \\ j - n & \text{当 } n < j \leqslant N \text{ 时} \end{cases} \quad (2\text{-}19)$$

由此可见，在计算第 k 层直立长方体所产生的磁异常时，由于观测点数据在 $M \times N$ 的规则网的节点上，如果采用快速算法，仅需计算式(2-16)中 $M \times N$ 个不同的积分项即可。如果按照原来的算法，则需计算 $M \times N \times M \times N$ 个积分项，运算量是前者的 $M \times N$ 倍。所以采用快速算法，能大大提高磁化率成像正演计算线性方程组中核矩阵的生成速度。

令 $k = 1, 2, \cdots, L$，就可以计算出各层直立长方体单元产生的磁异常值，将每一个观测点上的磁异常值进行叠加，就得到地下三维空间模型所产生的总磁异常。

二、磁化率成像反演方法

(一) Occam's 最小构造反演法

Occam's 准则是现代科学研究中的一种不要把简单问题复杂化的简化准则，即对于某一个科学问题而言就是应该尽可能地用简单方法去解决。对磁化率成像而言，地下相邻网格单元之间的磁性强弱一般相差不大，可以将这种光滑约束引入到地球物理反演中。Parker 和 Constable 最先将 Occam's 反演方法应用于大地电磁反演中求解多层地球物理模型的光滑解。随后，Booker 和 Smith 等人推广其为最小构造方法。该方法收敛稳定，运算速度快，抗干扰能力强，得到的反演结果相对连续和光滑，并且能够客观地反演出地下的物性分布。前人将 Occam's 反演方法用于磁化率成像中，建立了磁化率成像的光滑反演方法。

磁化率成像反演问题可写为

$$\Delta d = G \Delta m \tag{2-20}$$

式中：$\Delta d = d^{obs} - d_0$，表示观测数据d^{obs}与理论值d_0之间的残差；Δm表示对初始模型m_0的修改量；G为核矩阵，将模型从参数空间映射到观测数据空间。

定义模型的粗糙度R_1为

$$R_1 = \|\partial_x \Delta m\|^2 + \|\partial_y \Delta m\|^2 + \|\partial_z \Delta m\|^2 \tag{2-21}$$

$\|\cdot\|$表示L_2范数，式(2-21)为模型向量Δm在x、y和z方向上一阶偏微分的平方和，即

$$R_1 = \left(\int \frac{\partial \Delta m}{\partial x} dv\right)^2 + \left(\int \frac{\partial \Delta m}{\partial y} dv\right)^2 + \left(\int \frac{\partial \Delta m}{\partial z} dv\right)^2 \tag{2-22}$$

根据磁化率成像的网格单元剖分，写为矩阵形式为

$$R_1 = \Delta m^T (R_x^T R_x + R_y^T R_y + R_z^T R_z) \Delta m \tag{2-23}$$

R_x、R_y和R_z是Δm分别在x、y、z方向的有限差分矩阵。令$R_m^T R_m = R_x^T R_x + R_y^T R_y + R_z^T R_z$，则

$$R_1 = \Delta m^T R_m^T R_m \Delta m = \|R_m \Delta m\|^2 \tag{2-24}$$

定义目标函数为

$$\Phi(m) = \varphi_m + \mu^{-1} \varphi_d \tag{2-25}$$

其中，φ_m表示模型的粗糙度，定义为

$$\varphi_m = R_1 = \|R_m \Delta m\|^2 \tag{2-26}$$

φ_d表示数据的拟合差，定义为

$$\varphi_d = \sum_{j=1}^{N} \left(\frac{\Delta d_j - G_j \Delta m}{\sigma_j}\right)^2 = \|W_d (\Delta d - G \Delta m)\|^2 \tag{2-27}$$

式中：σ_j表示第j个观测数据的标准差（$j = 1, 2, \cdots, N$），W_d为加权矩阵

$$W_d = \text{diag}\left\{\frac{1}{\sigma_1}, \frac{1}{\sigma_2}, \cdots, \frac{1}{\sigma_N}\right\} \tag{2-28}$$

通常，令

$$\varphi_d = \|\Delta d - G \Delta m\|^2 \tag{2-29}$$

将式(2-26)、式(2-29)代入式(2-25)，得

$$\begin{aligned}\Phi(m) &= \|R_m \Delta m\|^2 + \mu^{-1} \|\Delta d - G \Delta m\|^2 \\ &= \Delta m^T R_m^T R_m \Delta m + \mu^{-1} (\Delta d - G \Delta m)^T (\Delta d - G \Delta m)\end{aligned} \tag{2-30}$$

实际上是在观测数据拟合差最小的前提下，求目标函数的最小，同时使模型的粗糙度达到最小，以达到对模型解的光滑约束。在目标函数中，不但包含了数据拟合差的约束，还包含了模型的光滑约束。要使目标函数最小，须令$\partial \Phi(m) / \partial \Delta m^T = 0$，得

$$[G^T G + \mu(R_m^T R_m)] \Delta m = G^T \Delta d \tag{2-31}$$

式中：μ为拉格朗日算子（$\mu > 0$）。通过对式(2-31)进行求解，得到模型的改变量Δm，然后对初始模型进行修改，反复迭代至收敛为止。

（二）共轭梯度算法光滑磁化率成像

考虑线性方程组

$$Am = b \tag{2-32}$$

的求解问题,其中 A 为已知 N 阶对称正定方阵,b 为已知 N 维向量,m 为未知 N 维向量。令

$$\Phi(m) = \frac{1}{2} m^{\mathrm{T}} A m - b^{\mathrm{T}} m \tag{2-33}$$

则

$$\Phi'(m) = Am - b \tag{2-34}$$

此时,目标函数 Φ 的极小点为 $m_* = A^{-1}b$,则

$$Am_* = b \Leftrightarrow \varphi(m_*) = \min_m \varphi(m) \tag{2-35}$$

求解方程组(2-32)和求 $\Phi(m)$ 的极小点是等价的,即求解线性方程组(2-32)的问题等价于求式(2-33)极小点的问题,在对式(2-33)的极小点求解之后,得到方程组(2-32)的解。

共轭梯度法是一种用于求解线性或者线性化方程组的迭代算法,优点如下:

(1)迭代次数少,收敛速度快。共轭梯度法是在初始点沿梯度构造的共轭方向对目标函数的极小点进行搜索。由根据共轭方向性质可知,参数空间的正交方向少于或等于参数个数。因此,从理论上说,经过有限次迭代之后,算法就可收敛。实际上由于受到计算机计算精度和舍入误差的影响,迭代次数要远小于参数的个数。

(2)共轭梯度法是矢量运算,其矢量变量可以在迭代过程中循环使用,有利于并行算法的实现。

(3)节约运算时间和存储空间。共轭梯度法是直接从目标函数出发,不需形成式(2-32)的线性方程组。在地球物理反演中,这点至关重要。因为系数矩阵 A 通常是偏导数矩阵即雅克比矩阵,占用了大量的存储空间和运算时间。共轭梯度法迭代过程只需要实现正演计算,不用计算 A 和 A^{T},所以可以大大节省运算时间和存储空间。共轭梯度法还可以充分利用系数矩阵的稀疏性来降低运算成本。目前已有很多较成熟的共轭梯度算法,如不完全分解预优共轭梯度法、预优共轭梯度法、广义共轭梯度法等。

将共轭梯度的基本算法进行改造后,得到如下光滑磁化率成像的共轭梯度法:

①给定观测值数据 d^{obs},初始模型 m_0^k;

②令 $k = 1, 2, \cdots, N_{\mathrm{invmax}}$,$N_{\mathrm{invmax}}$ 为反演迭代最大次数;

③计算观测值与初始模型 m_k 正演理论值 d^k 之间的残差 $\Delta d^k = d^{\mathrm{obs}} - Gm_0^k$;

④计算 $b^k = G^{\mathrm{T}} \Delta d^k$;

⑤令 $r_0 = b^k$,$p_0 = r_0$,初始化变量;

⑥令 $ii = 0, 1, 2, \cdots, N_{\mathrm{CGMAX}}$,共轭梯度迭代开始,$N_{\mathrm{CGMAX}}$ 为最大迭代次数,$h_{ii} = [G^{\mathrm{T}}G + \mu R_m^{\mathrm{T}} R_m] \cdot p_{ii} = G^{\mathrm{T}}(G p_{ii}) + \mu R_m^{\mathrm{T}}(R_m p_{ii})$,$\alpha_{ii} = (r_{ii}^{\mathrm{T}} r_{ii})/(p_{ii}^{\mathrm{T}} h_{ii})$,$\Delta m_{ii+1}^k = \Delta m_{ii}^k + \alpha_{ii} p_{ii}$,$r_{ii+1} = r_{ii} - \alpha_{ii} h_{ii}$,$\beta_{ii} = (r_{ii+1}^{\mathrm{T}} r_{ii+1})/(r_{ii}^{\mathrm{T}} r_{ii})$,$p_{ii+1} = r_{ii+1} + \beta_{ii} p_{ii-1}$;

⑦共轭迭代结束,得到 Δm^k,即 $m_1^k = m_0^k + \Delta m^k$;

⑧更新初始模型,回到第③步重新迭代,直到满足收敛标准为止。

为降低迭代次数,提高收敛速度,VanDecar 和 Snieder 在 1994 年提出了通过预优矩阵来改善方程组的条件数,并给出了预优共轭梯度算法来求解类似(2-32)的方程组。

下面对光滑磁化率成像的预优共轭梯度算法进行讨论。光滑磁化率成像的目标函数为

$$\Phi(m) = \| R_m \Delta m \|^2 + \mu^{-1} \| \Delta d - G \Delta m \|^2 \tag{2-36}$$

可以把上式看成是在满足拟合精度 $\| \Delta d - G \Delta m \| < \varepsilon$($\varepsilon$ 为拟合精度)的条件下,令粗糙度

达到最小,即

$$\|\boldsymbol{R}_m \Delta \boldsymbol{m}\|^2 \to \min \tag{2-37}$$

式(2-32)可以转化为下面的方程组形式

$$\begin{bmatrix} \boldsymbol{G} \\ \sqrt{\mu} \boldsymbol{R}_m \end{bmatrix} \cdot \Delta \boldsymbol{m} = \begin{bmatrix} \Delta \boldsymbol{d} \\ 0 \end{bmatrix} \tag{2-38}$$

令

$$\boldsymbol{A} = \begin{bmatrix} \boldsymbol{G} \\ \sqrt{\mu} \boldsymbol{R}_m \end{bmatrix}, \boldsymbol{b} = \begin{bmatrix} \Delta \boldsymbol{d} \\ 0 \end{bmatrix} \tag{2-39}$$

则式(2-38)变为

$$\boldsymbol{A} \Delta \boldsymbol{m} = \boldsymbol{b} \tag{2-40}$$

事实上,$[\boldsymbol{G}^T\boldsymbol{G} + \mu(\boldsymbol{R}_m^T\boldsymbol{R}_m)]\Delta \boldsymbol{m} = \boldsymbol{G}^T \Delta \boldsymbol{d}$

$$\boldsymbol{A}^T \boldsymbol{A} = (\boldsymbol{G}^T \boldsymbol{G} + \mu \boldsymbol{R}_m^T \boldsymbol{R}_m) \tag{2-41}$$

VanDecar 和 Snieder(1994)修改方程组(2-40)为

$$\boldsymbol{S} \boldsymbol{A}^T \boldsymbol{A} \Delta \boldsymbol{m} = \boldsymbol{S} \boldsymbol{A}^T \boldsymbol{b} \tag{2-42}$$

式中:$\boldsymbol{S}$ 为预优矩阵,近似等于$(\boldsymbol{A}^T\boldsymbol{A})^{-1}$,即 $\boldsymbol{S}(\boldsymbol{A}^T\boldsymbol{A}) \approx \boldsymbol{I}$($\boldsymbol{I}$ 为单位阵),这是因为 $\boldsymbol{S}(\boldsymbol{A}^T\boldsymbol{A})$ 的奇异值集中分布在对角线上,非常接近单位阵。这里所说的预优共轭梯度法就是将预优矩阵应用于共轭梯度法中,以达到改善方程组条件数的目的。这种算法在求解大规模线性方程组的时候非常有效,如果预优矩阵 $\boldsymbol{S}$ 选取合适的话,会使得核函数的特征值集中分布在对角线上,从而大大降低了迭代次数。如今,这种预优共轭梯度算法已经被广泛地应用于地球物理数据反演和解释中,下面给出预优共轭梯度算法的流程:

① 给定观测值数据 $\boldsymbol{d}^{obs}$,初始模型 $\boldsymbol{m}_0^k$;
② 令 $k=1,2,\cdots,N_{invmax}$,N_{invmax} 为反演迭代最大次数;
③ 计算观测值与初始模型 $\boldsymbol{m}_k$ 正演理论值 $\boldsymbol{d}^k$ 之间的残差 $\Delta \boldsymbol{d}^k = \boldsymbol{d}^{obs} - \boldsymbol{G} \boldsymbol{m}_0^k$;
④ 令 $\boldsymbol{A} = [\boldsymbol{G} \quad \sqrt{\mu}\boldsymbol{R}_m]^T$,$\boldsymbol{b}^k = [\Delta \boldsymbol{d}^k \quad 0]^T$;
⑤ 令 $\Delta \boldsymbol{m}_0^k = 0$,$\boldsymbol{r}_0 = \boldsymbol{A}^T(\boldsymbol{b} - \boldsymbol{A} \Delta \boldsymbol{m}_0^k)$,$\boldsymbol{z}_0 = \boldsymbol{S}\boldsymbol{r}_0$,$\boldsymbol{p}_0 = \boldsymbol{z}_0$,初始化变量;
⑥ 令 $ii=1,2,\cdots,N_{CGMAX}$,共轭梯度迭代开始,N_{CGMAX} 为最大迭代次数,$\boldsymbol{q}_{ii} = \boldsymbol{A}\boldsymbol{p}_{ii}$,$\alpha_{ii} = (\boldsymbol{r}_{ii-1}^T \boldsymbol{z}_{ii-1})/(\boldsymbol{q}_{ii}^T \boldsymbol{q}_{ii})$,$\Delta \boldsymbol{m}_{ii}^k = \Delta \boldsymbol{m}_{ii-1}^k + \alpha_{ii}\boldsymbol{p}_{ii}$,$\boldsymbol{r}_{ii} = \boldsymbol{r}_{ii-1} - \alpha_{ii}\boldsymbol{A}^T \boldsymbol{q}_{ii}$,$\boldsymbol{z}_{ii} = \boldsymbol{S}\boldsymbol{r}_{ii}$,$\boldsymbol{S}$ 是预优矩阵,$\boldsymbol{z}_k$ 为修改后的搜索方向,$\beta_{ii} = (\boldsymbol{r}_{ii}^T \boldsymbol{z}_{ii})/(\boldsymbol{r}_{ii-1}^T \boldsymbol{z}_{ii-1})$,$\boldsymbol{p}_{ii} = \boldsymbol{z}_{ii-1} + \beta_{ii}\boldsymbol{p}_{ii-1}$;
⑦ 共轭迭代结束,得到 $\Delta \boldsymbol{m}^k$,即 $\boldsymbol{m}_1^k = \boldsymbol{m}_0^k + \Delta \boldsymbol{m}^k$;
⑧ 令 $\boldsymbol{m}_0^k = \boldsymbol{m}_1^k$,更新初始模型,回到第③步重新迭代,直到满足收敛标准。

显然,$\boldsymbol{S}$ 的最佳选择是 $(\boldsymbol{A}^T\boldsymbol{A})^{-1}$,在一次迭代后就可以提供最小二乘解。然而,由于数值方面的原因,想要直接得到这个逆矩阵是不现实的。实际上,$\boldsymbol{A}$ 的简化算子可以由 $\boldsymbol{A}^T\boldsymbol{A}$ 结构导出。比如,对预优矩阵 $\boldsymbol{S}$ 一种普遍的取法是 $\text{diag}\{1/(\boldsymbol{a}_j^T\boldsymbol{a}_j)\}$,$1/(\boldsymbol{a}_j^T\boldsymbol{a}_j)$ 是矩阵 $\boldsymbol{A}^T\boldsymbol{A}$ 的对角线元素。

(三)深度加权函数

在进行磁化率成像反演的过程中会发现,反演结果有趋于地表的现象,通常称之为"趋肤效应"，面对这种情况，可以采用合适的深度加权函数来克服。深度加权函数可以使核函数随着深度的变化自然衰减。深度加权函数可以补偿核函数随深度的这种自然衰减。Li 和 Oldenburg(1998)在 3D 磁化率成像中采用了如下的深度加权函数：

$$w(z) = \frac{1}{(z+z_0)^{\frac{\beta}{2}}} \tag{2-43}$$

式中：z_0 和 β 为常数，z_0 的大小由观测面的高度和网格单元的尺寸决定；z 为块体单元中心点埋深。

设定好观测平面的高度，并对地下三维空间进行网格单元划分之后，通过改变 β 和 z_0 值，该深度加权函数就可以近似地表达核函数随深度的衰减效应。定义目标函数为

$$\begin{aligned}\varphi_m(\kappa) = & \alpha_s \int_V w_s \{w(z)[\kappa(r)-\kappa_0]\}^2 \mathrm{d}v + \\ & \alpha_x \int_V w_x \left\{\frac{\partial w(z)[\kappa(r)-\kappa_0]}{\partial x}\right\}^2 \mathrm{d}v + \\ & \alpha_y \int_V w_y \left\{\frac{\partial w(z)[\kappa(r)-\kappa_0]}{\partial y}\right\}^2 \mathrm{d}v + \\ & \alpha_z \int_V w_z \left\{\frac{\partial w(z)[\kappa(r)-\kappa_0]}{\partial z}\right\}^2 \mathrm{d}v\end{aligned} \tag{2-44}$$

式中：κ 为所要求的磁化率模型；κ_0 为参考模型；w_s,w_x,w_y,w_z 为相关权函数；$\alpha_s,\alpha_x,\alpha_y,\alpha_z$ 为系数，它们用来衡量目标函数中各个分量间的相对重要程度。

$\alpha_x/\alpha_s,\alpha_y/\alpha_s,\alpha_z/\alpha_s$ 都比 1 大很多，随着比值的增大，重构的模型变得更加圆滑。深度权函数 $w(z)$ 可以克服反演结果的趋肤效应。$w(z)$ 中的 z_0 可以近似表示核矩阵随深度的衰减。

可以将同样的方法应用于地面磁测资料和井中磁测资料的联合反演。此时，深度加权函数已不再适合，因为在 3D 空间里，数据的分布非常稀疏，它们用来表示已经建立的磁化率模型。然而，深度加权的意义在于，对那些对于深度不太敏感的方格进行优先加权，使得所有的方格与参考模型之间有近似相等的偏差。对于一般的数据体，3D 加权函数非常重要，因为异常的衰减并不是沿某个特定的方向所决定的。由式(2-44)定义的磁化率目标函数变为

$$\begin{aligned}\varphi_m(\kappa) = & \alpha_s \int_V w_s \{w(r)[\kappa(r)-\kappa_0]\}^2 \mathrm{d}v + \\ & \alpha_x \int_V w_x \left\{\frac{\partial w(r)[\kappa(r)-\kappa_0]}{\partial x}\right\}^2 \mathrm{d}v + \\ & \alpha_y \int_V w_y \left\{\frac{\partial w(r)[\kappa(r)-\kappa_0]}{\partial y}\right\}^2 \mathrm{d}v + \\ & \alpha_z \int_V w_z \left\{\frac{\partial w(r)[\kappa(r)-\kappa_0]}{\partial z}\right\}^2 \mathrm{d}v\end{aligned} \tag{2-45}$$

式中：$w(r)$ 是 3D 加权函数，它优先加权那些对深度敏感度较低的那些方格。

当同时对地面数据和井中数据作联合反演时，存在两个方向的敏感度衰减：地面资料随深度的衰减，井中资料随着与井之间距离的增大而产生衰减。这样，一个联合反演的加权函数可以同时抵消这两种衰减，并且将敏感度高的方格置于与深度和与钻孔的距离都比较合适的位置。

对于数值解来说，将式(2-45)用有限差分近似离散化，得到矩阵形式为

$$\varphi_m(\kappa) = (\kappa-\kappa_0)^{\mathrm{T}} \mathbf{Z}^{\mathrm{T}} \mathbf{W}^{\mathrm{T}} \mathbf{W} \mathbf{Z} (\kappa-\kappa_0) \tag{2-46}$$

对角矩阵 $\boldsymbol{Z}$ 包含了离散的深度加权函数。定义一个加权模型,相对应的加权敏感度为

$$\kappa_z = \boldsymbol{Z} \cdot \kappa$$
$$\boldsymbol{G}_z = \boldsymbol{G} \cdot \boldsymbol{Z}^{-1} \tag{2-47}$$

这样,就得到了数据方程和模型目标函数的一般形式

$$d = \boldsymbol{G}_z \kappa_z \tag{2-48}$$

$$\varphi_m(\kappa) = (\kappa_z - \kappa_{z0})^{\mathrm{T}} \boldsymbol{W}^{\mathrm{T}} \boldsymbol{W} (\kappa_z - \kappa_{z0}) \tag{2-49}$$

加权函数是反演运算中众多重要因素中的一个,它决定了最终的模型。它可以通过降低区域中敏感度较高的方格的权重,将其置于远离观测点的位置。在这种情况下反演,反演结果可以很好地重构观测数据。因此,反演运算过程并不排除那些距离地表和钻孔很近的很重要的磁化率模型。

$$\Phi(m) = \varphi_m + \mu^{-1} \varphi_d = (\kappa_z - \kappa_{z0})^{\mathrm{T}} \boldsymbol{W}^{\mathrm{T}} \boldsymbol{W} (\kappa_z - \kappa_{z0})$$
$$+ \mu^{-1} (\Delta d - \boldsymbol{G} \Delta m)^{\mathrm{T}} (\Delta d - \boldsymbol{G} \Delta m) \tag{2-50}$$

Li 和 Oldenburg(2000)在利用井中三分量磁测资料和地面磁测资料做联合反演时,提出了两种方法来构建 3D 加权函数。第一种是基于敏感矩阵,它依赖于所有数据体对某一个方格的整体敏感度。第二种是地面数据反演方法的一种推广。这两种方法对于地面数据、井中数据或是地面与井中的联合反演,都是有效的。特别是,用这两种方法对地面数据反演得到的结果与使用深度加权函数 $w(z)$ 所得到的结果非常相似。

1. 基于敏感矩阵的加权函数

假设问题已经被离散化,定义一个 rms 敏感量 S_j 来表示所有数据体对第 j 个方格的敏感度:

$$S_j = \left(\sum_{i=1}^{N} G_{ij}^2 \right)^{\frac{1}{2}}, i = 1, \cdots, M \tag{2-51}$$

式中:N 为数据个数;M 是离散化模型的方格数;G_{ij} 为敏感矩阵的元素。

当方格远离所有数据点时,rms 敏感度 S_j 的值很小,当方格靠近一个或多个数据点时,S_j 的值较大。当只有地面数据时,函数近似等于磁核随深度的衰减,当用 $\sqrt{S_j}$ 替换 $w(z)$ 时,反演得到的磁化率模型随深度的分布与重构的异常相对应。这样,就可以扩大 $\sqrt{S_j}$ 的应用范围,当只有井资料时,可以用它来加权,将加权函数写成一个通式。

$$w_j = \left(\sum_{i=1}^{N} G_{ij}^2 \right)^{\frac{\beta}{4}}, 0.5 < \beta < 1.5 \tag{2-52}$$

β 大表示权重大,通常靠近 1。加权函数 w_j 为连续函数 $w(r)$ 的离散化形式。

这个加权函数可以满足一般情况下磁核随距离衰减的变化,但是它有一个小的缺点,因为磁核与方向有关,最终的加权函数也是随方格相对与钻孔的方向而发生变化的。当使用单分量数据反演时,这种变化是显而易见的,但是如果使用三分量的话,这种变化就可以被彻底消除。

2. 基于距离的加权函数

第二种加权函数是通过方格与观测点之间的距离来定义的,它是地面资料反演中深度加权函数的一般形式,令

$$w_j = \left\{ \sum_{i=1}^{N} \left[\int_{\Delta V_j} \frac{\mathrm{d}v}{(R_{ij} + R_0)^3} \right]^2 \right\}^{\frac{\beta}{4}}, j = 1, \cdots, M \tag{2-53}$$

式中:ΔV_j 为第 j 个方格的体积;R_{ij} 为第 i 个观测点与 ΔV_j 内任意点之间的距离;R_0 为一个常

数,反演过程中通常取为方格宽度的1.5倍。式(2-53)中的β范围为$0.5 \leqslant \beta < 1.5$,它决定了反演过程中加权函数的强度。这种加权函数必须将最初使用地面资料反演时的深度加权函数的距离参数表与基于rms敏感矩阵的加权函数的一般形式相结合。它与敏感度的计算无关,并且不受方向变化的影响。

三、模型检验

(一)模型的正演计算

1. 单一倾斜板状体模型

将地下三维空间划分为$25 \times 20 \times 10$个致密排列的直立长方体,直立长方体的单元大小为$40\text{m} \times 50\text{m} \times 50\text{m}$,$X$、$Y$轴位于水平面内,$Z$轴向下,其中$X$方向长1000m,$Y$方向长1000m,$Z$方向长500m。

三维模型中,蓝色直立长方体单元的磁化率为0,红色直立长方体单元的磁化率均为1。图2-2a是单一倾斜板状体的三维模型,图2-2b是ZK001、ZK002、ZK003的井中三分量磁异常正演结果,图2-2c是地面磁异常正演结果(表2-1)。

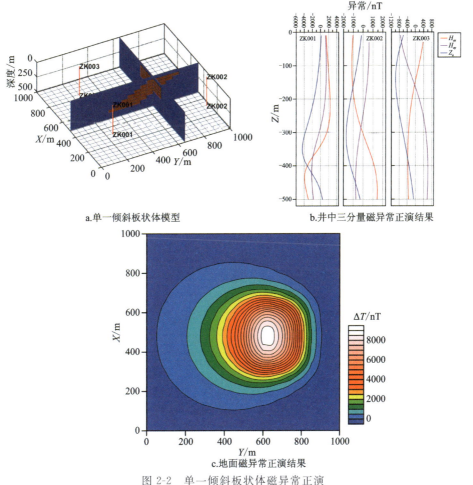

a.单一倾斜板状体模型

b.井中三分量磁异常正演结果

c.地面磁异常正演结果

图2-2 单一倾斜板状体磁异常正演

表 2-1　单一倾斜板状体模型参数(文中所用磁化率单位均为国际单位制 SI)

X 方向延伸长度	320m	总磁化倾角	90°	地磁场强度 B_0	50 000nT
Y 方向延伸长度	250m	测线方位角	0°(南北向)	磁化率 κ	1
倾角	45°	总磁化强度 M	39 789×10^{-3}A/m	井中(测点数×点距)	50×10m

2. 组合倾斜板状体模型

将地下三维空间划分为 25×20×10 个致密排列的直立长方体,直立长方体的单元大小为 40m×50m×50m,X,Y 轴位于水平面内,Z 轴向下,其中 X 方向长 1000m,Y 方向长 1000m,Z 方向长 500m。建立 2 个倾斜板状体模型,模型参数见表 2-2 和表 2-3。

表 2-2　倾斜板状体 1 模型参数

X 方向延伸长度	320m	总磁化倾角	90°	地磁场强度 B_0	50 000nT
Y 方向延伸长度	150m	测线方位角	0°(南北向)	磁化率 κ	1
倾角	45°	总磁化强度 M	39 789×10^{-3}A/m	井中(测点数×点距)	50×10m

表 2-3　倾斜板状体 2 模型参数

X 方向延伸长度	320m	总磁化倾角	90°	地磁场强度 B_0	50 000nT
Y 方向延伸长度	150m	测线方位角	0°(南北向)	磁化率 κ	1
倾角	−45°	总磁化强度 M	39 789×10^{-3}A/m	井中(测点数×点距)	50×10m

备注:板状体 2 与板状体 1 的倾向相反,因此倾角为−45°。

三维模型中,蓝色直立长方体单元的磁化率为 0,红色直立长方体单元的磁化率均为 1。图 2-3a 是组合倾斜板状体的三维模型,图 2-3b 是 ZK001、ZK002、ZK003 的井中三分量磁异常正演结果,图 2-3c 是地面磁异常正演结果。

(二)模型的反演计算

1. 单一倾斜板状体模型

1)单独地面磁测资料的反演结果

图 2-4a 是单一倾斜板状体的三维模型,图 2-4b 是单独用地面磁测资料反演后,得到的结果。

图 2-5 中,磁化率较大的方格和等值线较为集中,它们表示所反演出的地质体的大概位置。在使用单一地面磁测资料反演的过程中,虽然这里采用了深度加权函数,反演结果中磁化率随深度分布较为均匀,没有很明显的"趋肤效应",但是可以发现其位置与理论模型的实际位置偏差较大,而且倾斜板状体的形态和产状也无法分辨,反演结果分辨率较差。

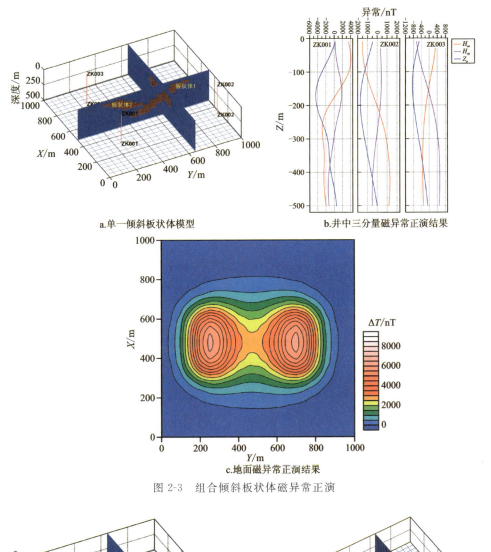

图 2-3 组合倾斜板状体磁异常正演

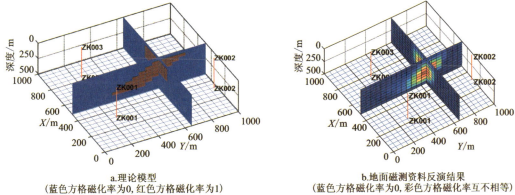

图 2-4 单一地面磁测资料反演结果对比

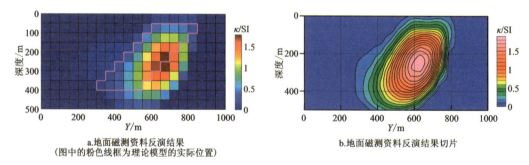

a.地面磁测资料反演结果
（图中的粉色线框为理论模型的实际位置）

b.地面磁测资料反演结果切片

图 2-5　单一地面磁测资料反演结果对比

图 2-6 是单一地面磁测资料反演后，地面磁异常的拟合情况。图 2-6a 是理论模型的地面磁异常，图 2-6b 是利用单一地面资料反演的结果正演得到的地面磁异常。通过对比可以发现二者的绝对误差为 22.49nT，相对误差为 2.23%，地面异常的拟合精度较高。

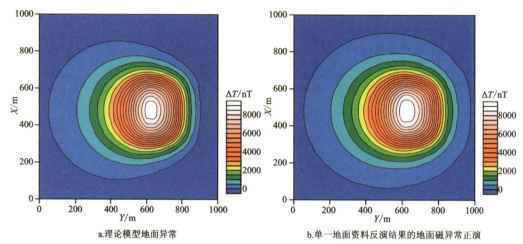

a.理论模型地面异常

b.单一地面资料反演结果的地面磁异常正演

图 2-6　单一倾斜板状体地面磁异常反演对比

2）单独井中三分量磁测资料反演

图 2-7a 是进行单独井中三分量反演所建立的理论模型，图 2-7b 是反演结果。

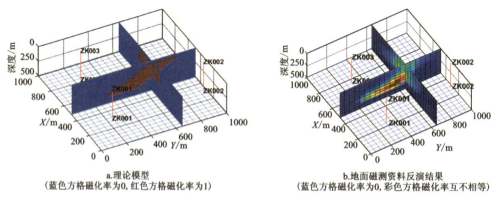

a.理论模型
（蓝色方格磁化率为0，红色方格磁化率为1）

b.地面磁测资料反演结果
（蓝色方格磁化率为0，彩色方格磁化率互不相等）

图 2-7　井中磁测资料反演结果对比

图 2-8 是 3 个钻井的井中三分量磁测曲线的拟合情况。通过对比各个钻井的各个分量，可

以发现平均绝对误差为56.9nT,相对误差为4.55%,拟合精度控制在5%以内,拟合结果较好。

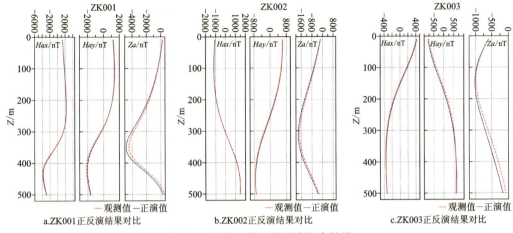

图2-8 井中三分量磁异常拟合结果

图2-9是利用井中磁测资料单独反演得到的结果,图中磁化率较大的方格和等值线表示反演出的地质体大概位置。从图中可以看出,磁化率较大的方格和等值线位置在粉色线框范围内,且地质体的边界较为清晰,这说明井中三分量磁测资料的纵向分辨率较高,所反演出的地质体位置基本在理论模型的范围之内,可以大致反映出倾斜板状体的形态。由于井中磁测资料受钻孔影响,控制范围有限,虽然具有很高的纵向分辨率,但在横向上的分辨率较差,因此从图2-9的反演结果中,仅能大致看出反演结果在深度方向的变化,而板状体的上顶位置却无法判断。

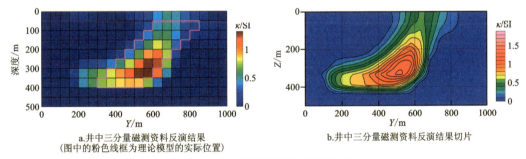

图2-9 井中磁测资料反演结果对比

3)井地磁测资料的联合反演

图2-10是3D井地磁测联合反演结果。图2-11、图2-12分别是3D井地联合反演结果对地面磁异常和井中磁异常的拟合情况。

图2-13是3D井地联合反演的结果与理论模型的对比。从图中可以看出,磁化率较大的方格基本位于粉色方框内,在横向和纵向,都可以清晰地看出地质体的边界,且均在理论模型的范围之内。从磁化率等值线切片上,也可以看出磁化率较高的等值线在横向和纵向都有着明显的边界,可以大致看出板状体的形态和位置。以上结果说明,3D井地磁测资料的联合反演,充分利用了地面磁测资料横向分辨率高和井中磁测资料纵向分辨率高的优点,反演出的结果最接近理论模型,要优于单一磁测资料的反演结果。

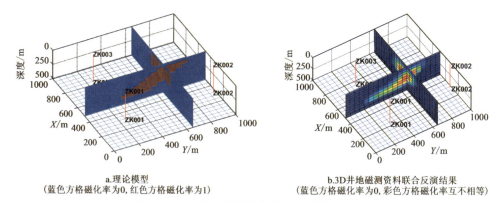

图 2-10　3D 井地磁测资料联合反演结果对比

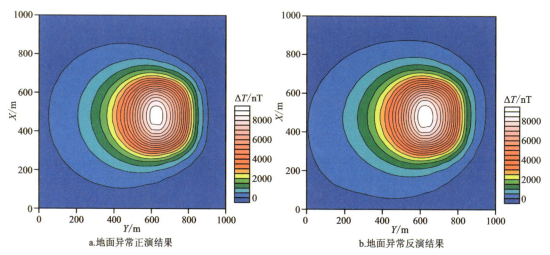

图 2-11　3D 井地联合反演地面磁异常

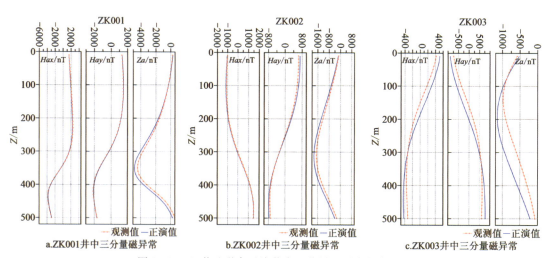

图 2-12　3D 井地联合反演井中三分量磁异常拟合结果

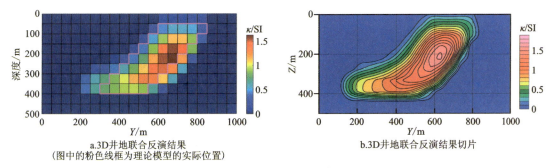

a.3D井地联合反演结果
(图中的粉色线框为理论模型的实际位置)

b.3D井地联合反演结果切片

图 2-13 3D井地磁测资料联合反演对比

表2-4是井中三分量磁测资料反演与3D井地磁测资料联合反演的结果对比。

表2-4 两种方法反演误差结果统计表

误差评估参数	地面磁测资料反演	井中三分量磁测资料反演结果/nT								
		ZK001			ZK002			ZK003		
		H_{ax}	H_{ay}	Z_a	H_{ax}	H_{ay}	Z_a	H_{ax}	H_{ay}	Z_a
绝对误差	22.49	77.50	64.03	183.50	19.93	3.35	84.35	2.38	8.00	69.37
拟合精度	2.23	3.66	5.00	9.33	2.09	0.703	7.57	0.889	1.71	10.04
误差评估参数	地面曲线	3D井地磁测资料联合反演结果/nT								
		ZK001			ZK002			ZK003		
		H_{ax}	H_{ay}	Z_a	H_{ax}	H_{ay}	Z_a	H_{ax}	H_{ay}	Z_a
绝对误差	17.28	61.55	1.08	177.12	19.43	40.21	117.80	47.82	82.12	188.71
拟合精度	1.71	2.80	0.08	9.94	2.08	8.38	11.43	17.69	17.88	30.35

2. 组合倾斜板状体模型

1) 单独地面磁测资料的反演结果

图2-14a是组合倾斜板状体的三维模型,由两个倾向相反的板状体组成。ZK001、ZK002和ZK003三个钻井分别位于板状体的周围,图2-14b是单独用地面磁测资料反演后,得到的结果。

图2-15是利用地面磁测资料单独反演得到的结果,图中磁化率较大的方格和等值线表示反演出地质体的大概位置。从图2-15中可以看出,反演出的结果基本上为两个对称分布的板状体,且磁化率较大的方格和等值线均不在理论模型的范围之内。这里设计的理论模型是长短不一,倾向相反的两个板状体。虽然地面磁测资料的反演结果能够从横向上把两块板分开,但是这两块板的产状和位置却与理论模型相差甚远,结果再次证明地面磁测资料横向分辨率较高,但纵向分辨率相对较低。

图2-16是地面磁异常的拟合结果。通过对比,可以发现地面异常的拟合绝对误差为27.40nT,相对误差为2.58%,拟合精度较高,符合要求。

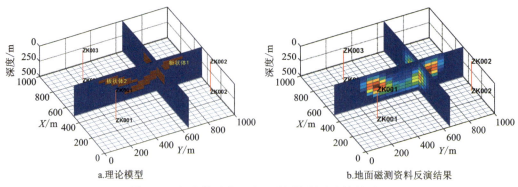

图 2-14 组合模型单一地面磁测资料反演结果对比

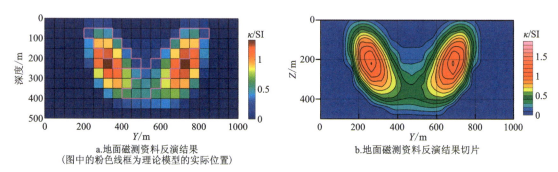

图 2-15 组合模型单一地面磁测资料反演结果对比

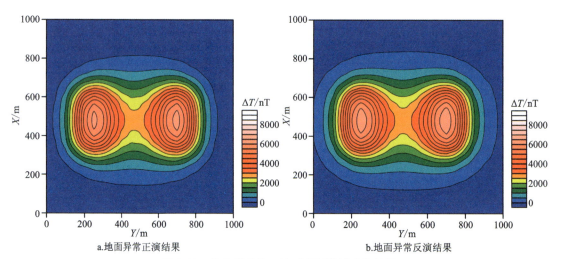

图 2-16 组合模型单一地面磁测资料反演结果

2)单独井中三分量磁测资料反演

图 2-17 是单独井中三分量反演的理论模型和反演结果。

图 2-18 是 3 个钻井的井中三分量磁测曲线的拟合情况。通过对比各个钻井的各个分量，可以发现平均绝对误差为 69.79nT，相对误差为 6.58%，拟合结果较好。

第二章 3D井-地联合磁化率(与磁化强度)自动反演

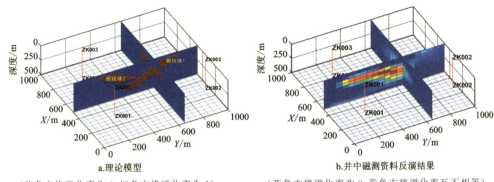

（蓝色方格磁化率为0，红色方格磁化率为1）　　（蓝色方格磁化率为0，彩色方格磁化率互不相等）

图2-17　组合模型井中磁测资料反演结果

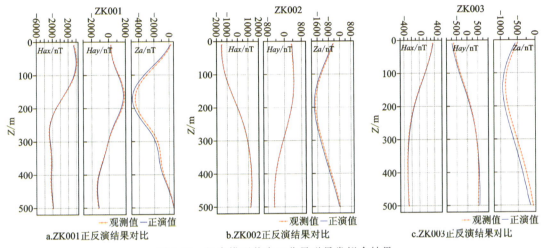

图2-18　组合模型井中三分量磁异常拟合结果

图2-19是利用井中磁测资料单独反演得到的结果，图中磁化率较大的方格和等值线表示反演出的地质体大概位置。从图中可以看出，磁化率较大的方格和等值线位置大部分在粉色线框范围内，且地质体的边界较为清晰，但是从反演结果的断面图和磁化率等值线切片中，无法从横向上识别出两块板的形态和位置，这个例子更加清楚地说明井中资料由于受井的限制，探测范围有限，且横向分辨率较差。

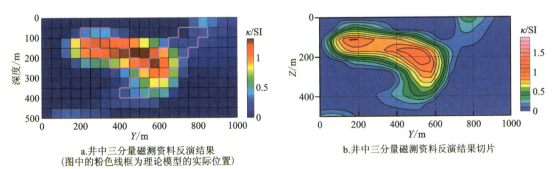

a.井中三分量磁测资料反演结果　　　　　　　　　b.井中三分量磁测资料反演结果切片
（图中的粉色线框为理论模型的实际位置）

图2-19　组合模型井中磁测资料反演结果对比

3)井地磁测资料的联合反演

图 2-20 是 3D 井地磁测理论模型和联合反演结果。图 2-21、图 2-22 分别是 3D 井地联合反演结果对地面磁异常和井中磁异常的拟合情况。

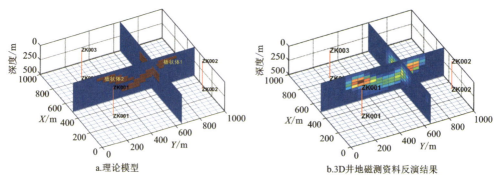

a.理论模型
（蓝色方格磁化率为0，红色方格磁化率为1）

b.3D 井地磁测资料反演结果
（蓝色方格磁化率为0，彩色方格磁化率互不相等）

图 2-20　组合模型 3D 井地磁测资料联合反演结果对比

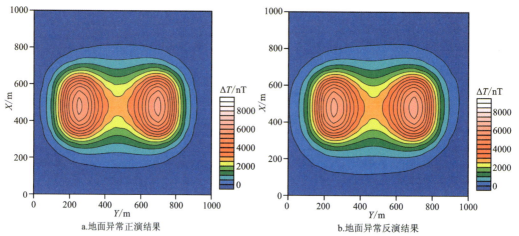

a.地面异常正演结果　　　　　　　　　　　　b.地面异常反演结果

图 2-21　组合模型 3D 井地联合反演地面磁异常

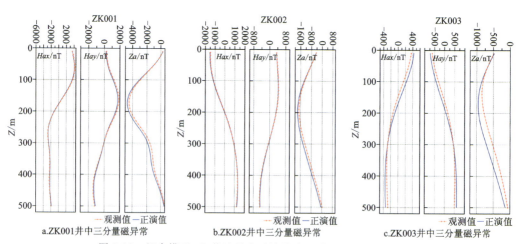

a.ZK001井中三分量磁异常　　　b.ZK002井中三分量磁异常　　　c.ZK003井中三分量磁异常

图 2-22　组合模型 3D 井地联合反演井中三分量磁异常拟合结果

图 2-23 是 3D 井地联合反演的结果对比。从图中可以看出,磁化率较大的方格基本位于粉色方框内,在横向和纵向上,反演出的地质体都与周围有着明显的分界线,且均在理论模型的范围内。从磁化率等值线切片上,也可以看出磁化率较高的等值线在横向和纵向上都有着明显的边界,可以看出两块倾向相反、长短不一的板状体的形态和位置。通过对模型的对比,组合板状体的例子较单一板状体更能体现出 3D 井地磁测资料的联合反演的优越性,单一地面磁测资料的反演,可以从横向上将两块板分开,但是从纵向上无法识别两块板的大小和产状;井中磁测资料的单一反演,从纵向上大致可以识别出两块大小不一的板状体,但是无法从横向上区分两块板的位置和形态;3D 井地磁测资料的联合反演,无论从横向还是从纵向上都能够区分开两个板状体,且板状体的边界和形态都较为清晰,反演结果具有更高的横向和纵向分辨率,更加接近理论模型,反演效果优于单一磁测资料的反演结果。

表 2-5 是井中磁测资料反演与 3D 井地联合反演的结果对比。

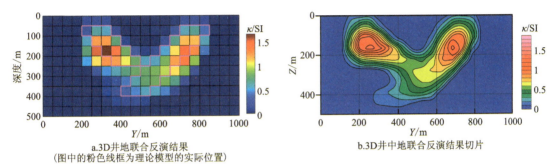

图 2-23 组合模型 3D 井地磁测资料联合反演对比

表 2-5 井中三分量反演与 3D 井地联合反演误差结果统计表

误差评估参数	地面磁测资料反演	井中三分量磁测资料反演结果/nT								
		ZK001			ZK002			ZK003		
		H_{ax}	H_{ay}	Z_a	H_{ax}	H_{ay}	Z_a	H_{ax}	H_{ay}	Z_a
绝对误差	27.40	107.47	65.41	227.56	16.41	4.92	83.82	2.38	28.30	91.83
拟合精度	2.58	4.27	6.50	11.83	1.66	1.44	8.08	1.02	7.20	17.26
误差评估参数	地面曲线	3D 井地磁测资料联合反演结果/nT								
		ZK001			ZK002			ZK003		
		H_{ax}	H_{ay}	Z_a	H_{ax}	H_{ay}	Z_a	H_{ax}	H_{ay}	Z_a
绝对误差	4.69	48.48	84.20	164.16	20.08	15.077	92.02	30.70	51.45	117.13
拟合精度	0.44	1.92	8.36	8.53	2.03	4.42	8.88	13.15	13.08	22.02

通过对比发现:①单一地面磁化率反演中,可以从横向上区分开两块倾向相反的板状体,具有较高的分辨率,但是在纵向上却反演出两个大小相同的板状体,与理论模型不符;②井中磁测资料的单一反演,在纵向上大致可以区分开两个大小不同的板状体,但是横向上却十分模糊,无法区分开两个板的水平位置;③3D 井地磁测联合反演后,反演结果在横向和纵向上

都具有非常清晰的边界,很容易识别出两个大小不同、倾向相反的板状体,具有较高的横向分辨率和纵向分辨率。

由此说明,3D井地磁测资料的联合反演,可以充分发挥地面磁测资料横向分辨率高和井中磁测资料纵向分辨率高的优点,反演出的地质体边界更加清晰,符合实际情况。

四、结论

磁化率成像反演过程采用Occam's反演方法,利用粗糙度矩阵,建立了光滑磁化率成像的目标函数,并采用共轭梯度算法求解磁化率成像大规模线性方程组,在加快运算速度的同时,大大节省了存储空间。为了克服成像过程中的"趋肤效应",采用Li和Oldenburg提出的深度加权函数,使得反演结果能够合理地分布在不同的深度范围内。在解算过程中,引入了预优矩阵,将深度加权信息包含在预优矩阵中,形成磁化率成像的预优共轭梯度算法,不但可以降低迭代次数,而且有效地克服了"趋肤效应"。

理论模型试验表明,3D井地磁测资料的联合成像反演,可以充分发挥地面磁测资料横向分辨率高和井中磁测资料纵向分辨率高的优点,反演出的地质体边界更加清晰,符合实际情况。

第三章 迭代正则化向下延拓方法

20世纪70年代初,我国开始推广计算机在地球物理数据处理中的应用。重磁异常的向上、向下延拓方法是重磁数据处理的一种重要方法,从一开始就得到广泛的应用。延拓方法分为空间域的积分插值法,以及利用快速傅立叶变换法的频率域方法。

向上延拓相当于低通滤波,很稳定,因此用得十分广泛;但是向下延拓是一个不适定问题,相当于高通滤波,向下延拓过程具有不稳定性,一般只能向下延拓2~3个资料点距。为了改善向下延拓的稳定性,提高向下延拓的深度,20世纪70年代初就采用了吉洪诺夫(Tikhonov)正则化方法,以及补偿圆滑、奇异值分解法等方法。2006年,徐世浙院士提出向下延拓积分迭代法,在无噪声的模型中可以将延拓的距离提高到20倍点距;在实际资料处理中,向下延拓的深度也达到好的效果,这一研究结果引起国内广泛关注。最近几年,国内以很高的热情探讨向下延拓方法,推动这一领域的研究,提出了向下延拓的Tikhonov迭代正则化方法、Landweber迭代法等各种向下延拓新方法。

一、向下延拓方法的一般描述

如图3-1所示,以二度向下延拓为例。设z轴向下为正,场源位于$z=h$平面以下($h>0$),若$z=0$观测平面上的位场值$f(x,0)$为已知,则由$f(x,0)$求$z=h$平面上的位场值$f(x,h)$称为向下延拓。

由第一边值的狄利克雷(Dirichlet)问题得到向上延拓公式为

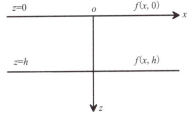

图3-1 向下延拓示意图

$$f(x,0) = \frac{h}{\pi} \int_{-\infty}^{+\infty} \frac{f(\xi,h)}{(x-\xi)^2+h^2} d\xi \quad (3-1)$$

式(3-1)表示,利用$z=h$平面上的位场值$f(x,h)$可以求$z=0$观测平面上的位场值$f(x,0)$,该式是一个向上延拓表达式。反之,利用$z=0$观测平面上的位场值$f(x,0)$求$z=h$平面上的位场值$f(x,h)$是向下延拓。可见,式(3-1)右端为$f(\xi,h)$与核$\frac{h}{(x-\xi)^2+h^2}$的卷积,令

$$f(x) = f(x,0)$$
$$\varphi(x) = \frac{h}{\pi(x^2+h^2)}$$
$$g(x) = f(x,h)$$

则式(3-1)可表示为

$$f(x) = \varphi(x) * g(x) \tag{3-2}$$

对于向下延拓因子$\Phi^{-1}(\omega) = e^{\omega h}$,当$\omega > 0$,由于其频率响应$e^{\omega h}$随$\omega$呈指数规律增加,所以当观测平面上的位场数据$f(x)$存在高频噪声,则解$g(x)$将不稳定,可见向下延拓是一个不适定问题,我们用Tikhonov正则化方法来求解。

二、向下延拓Tikhonov正则化方法

目前处理不适定问题较完善的方法是正则化方法,由Tikhonov和Philips于20世纪60年代分别提出。

正则化算法的实质就是通过选择合适的正则化参数来抑制观测噪声高频部分对参数估值的影响,以求得精确、稳定的解。Tikhonov较早的用正则化方法研究了位场向下延拓问题,推导出了稳定的频率域延拓算子;北京大学陈亚浙(1974)在国内最早实现了级数正则化延拓,栾文贵(1989)从理论上系统地研究了位场延拓问题,根据正则化理论,给出了稳定数值算法;梁锦文(1989)研究了四种由正则化方法推导出的频率域延拓算子。

正则化算法的实质就是通过选择合适的正则化参数来抑制观测噪声对参数估值的影响,以得到稳定、精确的解。在众多的正则化方法中,以Tikhonov正则化方法应用最为广泛。

(一)方法原理

定义第一类Fredholm积分算子$K: g(x) \to f(x)$

$$Kg(x) = \varphi(x) * g(x) = \int_{-\infty}^{+\infty} \varphi(x, \xi) g(\xi) d\xi \tag{3-3}$$

则式(3-1)和式(3-2)可表示为

$$Kg(x) = f(x) \tag{3-4}$$

对于求解形如式(3-2)的不适定问题,Tikhonov正则化是一种广泛应用的方法,它指的是求解一个极小化的正则化泛函

$$\min\{\|Kg(x) - f(x)\|^2 + \alpha\|g(x)\|\} \tag{3-5}$$

式中:α为正则参数,用于平衡不稳定性及光滑性。

上式等价于如下的欧拉方程:

$$K^* Kg(x) + \alpha g(x) = K^* f(x) \tag{3-6}$$

K^*为算子K的伴随算子,由于位场向下延拓的Fredholm算子K显然为对称的线性紧算子,则有$K^* = K^T = K$,如此,式(3-6)可表示为

$$K^2 g(x) + \alpha g(x) = Kf(x) \tag{3-7}$$

$$\varphi(x) * \varphi(x) * g(x) + \alpha g(x) = \varphi(x) * f(x) \tag{3-8}$$

对式(3-8)两边同时做傅立叶变换得

$$\Phi(\omega)\Phi(\omega)G(\omega) + \alpha G(\omega) = \Phi(\omega)F(\omega)$$

$$G(\omega) = \frac{\Phi(\omega)}{\Phi^2(\omega) + \alpha} F(\omega) \tag{3-9}$$

将 $\Phi(\omega)=\mathrm{e}^{-\omega h}$ 代入式(3-9)，即得位场向下延拓的 Tikhonov 正则化对应的波数域算子为

$$\frac{\Phi(\omega)}{\Phi^2(\omega)+\alpha}=\frac{\mathrm{e}^{-\omega h}}{\mathrm{e}^{-2\omega h}+\alpha}=\frac{1}{1+\alpha\mathrm{e}^{2\omega h}}\mathrm{e}^{\omega h} \tag{3-10}$$

式(3-10)的波数域向下延拓算子就是梁锦文(1989)导出的正则化算子。

图 3-2 是按向下延拓算子 $\Phi^{-1}(\omega)=\mathrm{e}^{\omega h}$ 画出的滤波特性曲线，当 $\omega>0$，因为其频率响应 $\mathrm{e}^{\omega h}$ 随着 ω 呈指数增加，为高通滤波，因此，当观测平面上的位场数据 $f(x)$ 存在有高频噪声时，其解 $g(x)$ 会非常不稳定，这就是位场下延不稳定的本质。

图 3-3 是按向上延拓算子 $\Phi(\omega)=\mathrm{e}^{-\omega h}$ 画出的滤波特性曲线。

图 3-4 是按 Tikhonov 正则化下延算子 $\dfrac{1}{1+\alpha\mathrm{e}^{2\omega h}}\mathrm{e}^{\omega h}$ 画出的滤波特性曲线。可见，Tikhonov 正则化下延算子具有压制高频的特征。

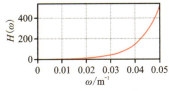
图 3-2 下延算子滤波特性

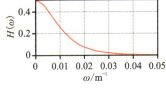
图 3-3 上延算子的滤波特性曲线

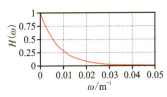
图 3-4 Tikhonov 正则化下延算子的滤波特性曲线

(二)其他向下延拓正则化算子

Tikhonov 等人给出的正则化方法的频率响应公式为 $H_1(\omega)=\dfrac{\mathrm{e}^{\omega z}}{1+\alpha_1\omega^2\mathrm{e}^{\omega z}}$；1977 年陈亚浙等应用同样的正则化泛函，采用不同的处理方法后，得出另一频率响应 $H_2(\omega)=\dfrac{\mathrm{e}^{\omega z}}{1+\alpha_2\omega^2\mathrm{e}^{2\omega z}}$；1983 年栾文贵采用另一种正则化泛函，引出另一个频率响应 $H_3(\omega)=\dfrac{\mathrm{e}^{\omega z}}{1+\alpha_3\mathrm{e}^{\omega z}}$；1989 年梁锦文根据同一正则化泛函，采用与陈亚浙相同的处理方法，推出了另一响应公式 $H_4(\omega)=\dfrac{\mathrm{e}^{\omega z}}{1+\alpha_4\mathrm{e}^{2\omega z}}$，该式对高频压制能力强，在下延深度大时误差也很小，并且能够对中频段进行放大，适于了解近场源位场的分布特征。公式中 ω 为角频率($\omega>0$)，α_1、α_2、α_3、α_4 是正则化参数，h 为场源的最小埋深，要求 $h>z>0$。

(三)理论模型试验

如图 3-5 所示，模型中有两个磁性体 A、B，其截面为长方形，间距 150m，为使在下延处理后能够把旁侧异常完全分离出来，取点距 Δx 为 10m，点数为 170。计算磁性体在不同埋深情况下的下延效果。

模型参数见表 3-1，表中 x_1、x_2、y_1、y_2 代表模型体的坐标值；M 为磁化强度；I 为磁倾角；D 为磁偏角。模型的磁异常正演结果如图 3-5 所示，产生的磁场极大值为 174.125nT。

表 3-1　理论模型参数

磁性体	x_1/m	x_2/m	y_1/m	y_2/m	$M/(\times 10^{-3}\text{A}\cdot\text{m}^{-1})$	$I/(°)$	$D/(°)$
A	600	800	100	200	1000	90	90
B	950	1150	150	250	800	90	90

在加了白噪声的理论模型中应用 Tikhonov 正则化方法下延 $z=5\Delta x$、$z=8\Delta x$,结果见表 3-2、表 3-3 和图 3-5、图 3-6。由结果可知,该方法对高频噪声有较好的压制作用;但是当 Tikhonov 正则化方法在延拓至 8 倍点距($z=0.8h$,h 为上顶埋深)时精度降低,该正则化因子在压制噪声的同时也压制了信号中的有用成分,可知直接的 Tikhonov 正则化方法在延拓深度较大时精度会下降。

表 3-2　在有噪声情况下 $z=5\Delta x$ 的下延结果比较

正则化参数确定方法	L 曲线准则法(L-curve)	广义交叉校验准则法(GCV)	准最优准则法(Quasi-opti)
正则化参数	0.045 4	0.054 5	0.114 1
均方误差 u_{rms}/nT	11.278 5	12.846 7	21.430 4

表 3-3　在有噪声情况下 $z=8\Delta x$ 的下延结果比较

正则化参数确定方法	L 曲线准则法(L-curve)	广义交叉校验准则法(GCV)	准最优准则法(Quasi-opti)
正则化参数	0.032 0	0.033 1	0.062 6
均方误差 u_{rms}/nT	32.382 0	32.901 2	43.626 7

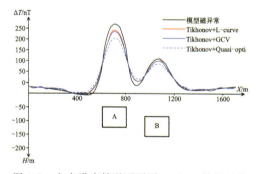

图 3-5　在有噪声情况下下延 $z=5\Delta x$ 结果对比　　图 3-6　在有噪声情况下下延 $z=8\Delta x$ 时结果对比

三、向下延拓 Tikhonov 正则化迭代方法

Tikhonov 正则化方法存在饱和效应,所得的正则解与准确解的误差估计因此不能达到阶数最优,为此采用迭代 Tikhonov 正则化方法对 Tikhonov 正则化方法进行了改进,取初值 $g_0(x)=0$,其迭代形式如下:

$$(\mathbf{K}^{\text{T}}\mathbf{K}+\alpha I)g_n(x)=\mathbf{K}^{\text{T}}f(x)+\alpha g_{n-1}(x) \tag{3-11}$$

进一步变换为

$$g_n(x) = \left(\frac{\boldsymbol{K}^{\mathrm{T}}}{\boldsymbol{K}^{\mathrm{T}}\boldsymbol{K}+\alpha\boldsymbol{I}}\right)f(x) + \left(\frac{\alpha}{\boldsymbol{K}^{\mathrm{T}}\boldsymbol{K}+\alpha\boldsymbol{I}}\right)g_{n-1}(x) \tag{3-12}$$

令 $a_{\mathrm{til}} = \dfrac{\boldsymbol{K}^{\mathrm{T}}}{\boldsymbol{K}^{\mathrm{T}}\boldsymbol{K}+\alpha\boldsymbol{I}}$, $b_{\mathrm{til}} = \dfrac{\alpha}{\boldsymbol{K}^{\mathrm{T}}\boldsymbol{K}+\alpha\boldsymbol{I}}$, 得

$$g_n(x) = a_{\mathrm{tik}} f(x) + b_{\mathrm{tik}} g_{n-1}(x) \tag{3-13}$$

对上式两边做傅立叶变换可得

$$G_n(\omega) = A_{\mathrm{tik}} F(\omega) + B_{\mathrm{tik}} G_{n-1}(\omega) = G_{n-1}(\omega) + A_{\mathrm{tik}}[F(\omega) - \Phi(\omega) G_{n-1}(\omega)] \tag{3-14}$$

式中：$A_{\mathrm{til}} = \dfrac{\Phi(\omega)}{\Phi^2(\omega)+\alpha}$, $B_{\mathrm{til}} = \dfrac{\alpha}{\Phi^2(\omega)+\alpha} = 1 - \Phi(\omega) A_{\mathrm{til}}$。

由数学归纳法可得

$$\begin{aligned} G_n(\omega) &= A_{\mathrm{tik}} F(\omega) + B_{\mathrm{tik}} G_{n-1}(\omega) \\ &= A_{\mathrm{tik}} F(\omega) + B_{\mathrm{tik}} [A_{\mathrm{tik}} F(\omega) + B_{\mathrm{tik}} G_{n-2}(\omega)] \\ &= (I+B) A_{\mathrm{tik}} F(\omega) + B_{\mathrm{tik}}^2 G_{n-2}(\omega) \\ &= (I + B + \cdots + B^{n-1}) A_{\mathrm{tik}} F(\omega) + B_{\mathrm{tik}}^n G_0(\omega) \\ &= \left(\frac{I-B^n}{I-B}\right) A_{\mathrm{tik}} F(\omega) \end{aligned} \tag{3-15}$$

将上延算子 $\Phi(\omega) = \mathrm{e}^{-\omega h}$ 代入上式，即得到位场下延的迭代 Tikhonov 正则化方法对应的波数域算子：

$$\left(\frac{I-B^n}{I-B}\right) A_{\mathrm{tik}} = \mathrm{e}^{\omega h} \left[1 - \left(\frac{\alpha}{\alpha + \mathrm{e}^{-2\omega h}}\right)^n\right] \tag{3-16}$$

四、Landweber 迭代法

Landweber 迭代法是最先被研究的求解线性离散不适定反问题的迭代方法，该方法在求解大规模问题有优势，而且比较稳定。目前，Landweber 迭代法已进一步发展于求解非线性的不适定问题。

由式 $\boldsymbol{K}g(x) = f(x)$ 可知，位场下延问题就是求解 $g(x)$。首先构建目标函数：

$$Q(x) = \frac{1}{2} \|\boldsymbol{K}g(x) - f(x)\| \tag{3-17}$$

为了使 $Q(x)$ 最小，以求得最小平方解。函数 $Q(x)$ 的梯度可以表示为

$$\mathrm{grad}[Q(x)] = \boldsymbol{K}^{\mathrm{T}} \boldsymbol{K} g(x) - \boldsymbol{K}^{\mathrm{T}} f(x) \tag{3-18}$$

Landweber 正则化迭代法是最速下降法的一种变形，取初值 $g_0(x) = 0$，其迭代形式如下：

$$g_n(x) = g_{n-1}(x) + \alpha \boldsymbol{K}^{\mathrm{T}} [f(x) - \boldsymbol{K} g_{n-1}(x)] \tag{3-19}$$

进一步变换为

$$g_n(x) = \alpha \boldsymbol{K}^{\mathrm{T}} f(x) + (1 - \alpha \boldsymbol{K}^{\mathrm{T}} \boldsymbol{K}) g_{n-1}(x) \tag{3-20}$$

令 $a_{\mathrm{land}} = \alpha \boldsymbol{K}^{\mathrm{T}}$, $b_{\mathrm{land}} = 1 - \alpha \boldsymbol{K}^{\mathrm{T}} \boldsymbol{K}$, 得

$$g_n(x) = a_{\mathrm{land}} f(x) + b_{\mathrm{land}} g_{n-1}(x) \tag{3-21}$$

对上式两边做傅立叶变换可得

$$G_n(\omega) = A_{\text{land}} F(\omega) + B_{\text{land}} G_{n-1}(\omega) \quad (3\text{-}22)$$
$$= G_{n-1}(\omega) + A_{\text{land}} [F(\omega) - \Phi(\omega) G_{n-1}(\omega)]$$

式中:$A_{\text{land}} = \alpha \Phi(\omega)$,$B_{\text{land}} = 1 - \alpha \Phi^2(\omega) = 1 - A_{\text{land}} \Phi(\omega)$。

由数学归纳法可得

$$G_n(\omega) = G_{n-1}(\omega) + \alpha \Phi(\omega) [F(\omega) - \Phi(\omega) G_{n-1}(\omega)] \quad (3\text{-}23)$$
$$= \Phi^{-1}(\omega) \{1 - [1 - \alpha \Phi^2(\omega)]^n\} F(\omega)$$

将上延算子 $\Phi(\omega) = e^{-\omega h}$ 代入上式,即可以得到位场向下延拓的 Landweber 迭代法对应的波数域算子为

$$\Phi^{-1}(\omega) \{1 - [1 - \alpha \Phi^2(\omega)]^n\} = e^{\omega h} [1 - (1 - \alpha e^{-2\omega h})^n] \quad (3\text{-}24)$$

五、积分迭代法

徐世浙(2006)提出了位场向下延拓的积分迭代法,该方法简单实用,且易于理解(图 3-7)。对向下延拓平面位场 $u_h(x,y)$ 的计算,徐世浙提出的空间域迭代过程设 Γ_B 平面的位 u_B 是已知的,其下 Γ_A 平面的位 u_A 是待求的,Γ_A、Γ_B 之间没有场源。迭代法向下延拓的步骤如下:

图 3-7 迭代法向下延拓示意图

(1)将 Γ_B 上的位 u_B,垂直放置在 Γ_A 的对应点上,作为 u_A 的初值:

$$u_{Ai}^{(1)} = u_{Bi},\text{或记作 } u_A^{(1)} = u_B \quad (3\text{-}25)$$

(2)从 u_A 的初值,用上延公式计算 Γ_B 上的位。

(3)根据 Γ_B 上原始值与计算值的差值,对 Γ_A 上的 u_A 进行校正:

$$u_A^{(2)} = u_A^{(1)} + s(u_B - u_B^{(1)})$$

(4)如此反复迭代,直至观测面上的实测值与计算值的差值小到可以忽略。一般,迭代 20～50 次即可:

$$u_A^{(n+1)} = u_A^{(n)} + s(u_B - u_B^{(n)}) \quad (3\text{-}26)$$

我们把它归纳成与前面 Tikhonov 正则化迭代方法、Landweber 迭代法相同的形式,式(3-25)、式(3-26)迭代形式如下:

$$g_1(x) = f(x)$$
$$g_n(x) = g_{n-1}(x) + \alpha [f(x) - \mathbf{K} g_{n-1}(x)]$$

进一步变换为

$$g_n(x) = \alpha \mathbf{K}^T f(x) + (1 - \alpha \mathbf{K}) g_{n-1}(x) \quad (3\text{-}27)$$

令 $a_{\text{inte}} = \alpha$,$a_{\text{inte}} = 1 - \alpha \mathbf{K}$,得

$$g_n(x) = a_{\text{inte}} f(x) + b_{\text{inte}} g_{n-1}(x) \quad (3\text{-}28)$$

对上式两边做傅立叶变换可得

$$G_n(\omega) = A_{\text{inte}} F(\omega) + B_{\text{inte}} G_{n-1}(\omega) \quad (3\text{-}29)$$
$$= G_{n-1}(\omega) + A_{\text{inte}} [F(\omega) - \Phi(\omega) G_{n-1}(\omega)]$$

式中:$A_{\text{inte}} = \alpha$,$B_{\text{inte}} = 1 - \alpha \Phi(\omega) = 1 - A_{\text{inte}} \Phi(\omega)$。

由数学归纳法可得

$$G_n(\omega) = G_{n-1}(\omega) + \alpha[F(\omega) - \Phi(\omega)G_{n-1}(\omega)] \tag{3-30}$$
$$= \Phi^{-1}(\omega)\{1 - [1 - \alpha\Phi(\omega)]^n\}F(\omega)$$

将上延算子 $\Phi(\omega) = e^{-\omega h}$ 代入上式，即可以得到位场向下延拓的积分迭代法对应的波数域算子为

$$\Phi^{-1}(\omega)\{1 - [1 - \alpha\Phi(\omega)]^n\} = e^{\omega h}[1 - (1 - \alpha e^{-\omega h})^n] \tag{3-31}$$

六、位场下延迭代方法的统一表达

（一）迭代式的统一表达

由式(3-14)、式(3-22)、式(3-29)可得，Tikhonov 正则化迭代方法、Landweber 迭代法及积分迭代法的迭代式可以统一表示为

$$G_n(\omega) = AF(\omega) + [1 - A\Phi(\omega)]G_{n-1}(\omega) = G_{n-1}(\omega) + A[F(\omega) - \Phi(\omega)G_{n-1}(\omega)] \tag{3-32}$$

对于 Tikhonov 正则化迭代方法：

$$A = \frac{\Phi(\omega)}{\Phi^2(\omega) + \alpha} \tag{3-33}$$

对于 Landweber 迭代法：

$$A = \alpha\Phi(\omega) \tag{3-34}$$

对于积分迭代法：

$$A = \alpha \tag{3-35}$$

由以上结果可知，3 种迭代法的迭代式具有统一的形式，下面从迭代式方面作如下分析：

(1) 积分迭代法的迭代误差直接利用了观测位场值与延拓值的误差，迭代因子相当于只对观测位场值与延拓值误差的幅度进行了修改，没有对高频噪声进行压制，抗噪能力很弱，所以在运用积分迭代法时需要先做平滑处理，才能得到满意的结果。

(2) Tikhonov 正则化迭代方法的迭代误差是对观测位场值与延拓值的误差进行了 Tikhonov 正则化向下延拓后的结果，即 $\frac{\mathbf{K}^T}{\mathbf{K}^T\mathbf{K} + \alpha\mathbf{I}}[f(x) - \mathbf{K}g_{n-1}(x)]$。在波数域中，$\frac{\Phi(\omega)}{\Phi^2(\omega) + \alpha}[f(\omega) - \Phi(\omega)G_{n-1}(\omega)]$，一方面该过程是下延过程，造成其误差修正幅度相较大，进而导致 Tikhonov 正则化迭代方法的收敛速度非常快；另一方面由于 Tikhonov 正则化向下延拓具有抑制高频噪声的能力，所以 Tikhonov 正则化迭代方法具有较强的抗噪能力。

(3) Landweber 迭代法的迭代误差是对观测位场值与延拓值的误差进行了向上延拓的结果，即 $\mathbf{K}^T[f(x) - \mathbf{K}g_{n-1}(x)]$。在波数域中，$\alpha\Phi(\omega)[f(\omega) - \Phi(\omega)G_{n-1}(\omega)]$，一方面，该过程是上延过程，造成其误差修正幅度相较小，这样将导致 Landweber 迭代法的收敛速度变慢；另一方面，向上延拓具有平滑效果，误差 $f(x) - \mathbf{K}g_{n-1}(x)$ 包含观测位场值的高频噪声，对其进行平滑后再进行迭代初值的修正可以减少高频噪声在迭代过程中的干扰。所以，从理论上讲，Landweber 迭代法的抗噪能力较强。

(二)波数域算子的统一表达

由式(3-14)、式(3-22)、式(3-29)可得,Tikhonov 正则化迭代方法、Landweber 迭代法及积分迭代法的波数域算子可以统一表达为

$$H = \Phi^{-1}(\omega)\{1-[1-A\Phi(\omega)]^n\} = e^{\omega h}[1-(1-Ae^{-\omega h})^n] \tag{3-36}$$

对于 Tikhonov 正则化迭代方法,$A_{tik} = \dfrac{e^{-\omega h}}{e^{-2\omega h}+\alpha}$,$H_{tik} = e^{\omega h}\left[1-\left(\dfrac{\alpha}{\alpha+e^{-2\omega h}}\right)^n\right]$,其滤波特性曲线见图3-8;对于 Landweber 迭代法,$A_{land} = \alpha e^{-\omega h}$,$H_{land} = e^{\omega h}[1-(1-\alpha e^{-2\omega h})^n]$,$H_{land}$ 的滤波特性曲线见图3-9;对于积分迭代法,$A_{inte} = \alpha$,$H_{inte} = e^{\omega h}[1-(1-\alpha e^{-\omega h})^n]$,$H_{inte}$ 的滤波特性曲线见图3-10。

由以上推导过程可知,3种迭代法的波数域算子同样具有统一的形式,下面从波数域算子的滤波特性方面作如下分析:

(1)Tikhonov 正则化迭代下延方法波数域算子 H_{tik} 滤波特性曲线见图3-8,为带通滤波,可以有效地压制高频噪声。

(2)Landweber 迭代下延方法波数域算子 H_{land} 滤波特性曲线见图3-9,为带通滤波,同样可以有效地压制高频噪声。

(3)积分迭代下延方法波数域算子 H_{inte} 滤波特性曲线见图3-10,为高通滤波,没有对高频噪声进行压制,这样会导致积分迭代法受噪声的影响较大,抗噪能力非常弱。

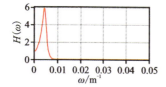
图 3-8 迭代 Tikhonov 正则化下延方法波数域算子滤波特性曲线

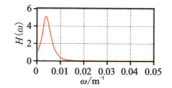
图 3-9 迭代 Landweber 方法下延方法波数域算子滤波特性曲线

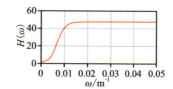
图 3-10 积分迭代下延方法波数域算子滤波特性曲线

赵亚博和刘天佑(2015)实现了 Tikhonov 正则化迭代位场向下延拓方法并在厚覆盖的尕林格铁矿应用获得良好的地质效果。

第四章　重磁异常边界识别

地质体边界具有一定密度或磁性差异,在地质体的边界附近,重磁异常变化率较大,边界识别方法中很多就是基于此特点。

利用重磁位场识别地质体边界的方法分三大类:数理统计、导数计算、其他方法。导数计算类边界识别方法是研究最多、应用最广的边界识别方法。此类方法有:①垂向导数(VDR);②水平一阶方向导数;③解析信号振幅(ASM,也称总梯度模量);④归一化标准差;⑤倾斜角(tilt-angle);⑥θ图(theta map);⑦总水平导数(THDR);⑧各向异性归一化方差。

导数异常常用来分析地质体的边界,我们以垂直台阶重力为例,其计算式为

$$\Delta g = 2G\Delta\sigma \int_0^\infty d\xi \int_h^H \frac{\zeta d\zeta}{(\xi-x)^2+\zeta^2} \tag{4-1}$$
$$= G\Delta\sigma\left[\pi(H-h) + x\ln\frac{x^2+H^2}{x^2+h^2} + 2H\tan^{-1}\frac{x}{H} - 2h\tan^{-1}\frac{x}{h}\right]$$

式中各参数含义如图 4-1 所示。

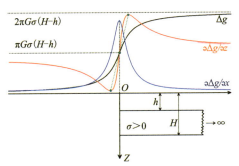

图 4-1　垂直台阶模型的重力异常及其水平一阶导数和垂向一阶导数

一、垂向导数边界识别

该方法最初由 Hood 和 McClure 在 1965 年提出,利用磁异常垂直分量的垂向导数与垂向二阶导数零值位置来确定铅垂台阶的边界(图 4-2)。

同年,Bhattacharyya 给出了频率域计算垂向导数和垂向二阶导数的方法,并用化极磁异常垂向二阶导数的零值位置来确定棱柱体模型的边界。1989 年,Hood 和 Teskey 也利用化极磁异常垂向导数零值位置确定垂直地质体的边界,并首次提出了利用垂向导数极大值和极小值的连线与垂向导数的交点来准确定位倾斜地质体上顶边界的方法。由于该方法只适用于二度体,不适用于三度体,故没有得到很好的发展。

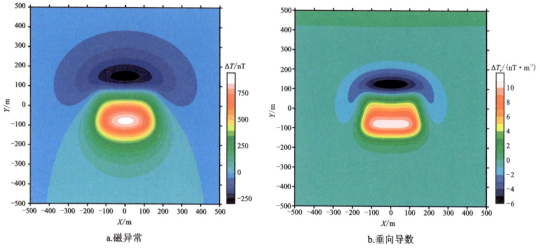

图 4-2 磁异常与垂向导数

二、水平一阶方向导数边界识别

利用水平一阶导数的极大值可以识别垂直台阶的边界位置。可以想象,如果我们对重磁异常沿某一方向求一阶导数,那么就可以突出与它正交方向的地质边界,通常我们对南北(0°)、北东(45°)、东西(90°)与北西(135°)4 个方向求水平一阶导数,利用它来突出与它们正交的 4 个方向,即东西向、北西向、南北向与北东向的地质边界。我们把求不同方向的水平一阶导数称为水平一阶方向导数。

若 l 是实测平面上任意一方向,它与 x 的夹角为 α,则 l 方向水平一阶导数为

$$\frac{\partial \Delta T(x,y,z)}{\partial l} = \cos\alpha \frac{\partial \Delta T(x,y,z)}{\partial x} + \sin\alpha \frac{\partial \Delta T(x,y,z)}{\partial y} \qquad (4\text{-}2)$$

上述运算通常在频率域中进行,ΔT 在 l 方向水平一阶导数的傅立叶变换为

$$\frac{\partial s_T(u,v,z)}{\partial l} = \cos\alpha \frac{\partial s_T(u,v,z)}{\partial u} + \sin\alpha \frac{\partial s_T(u,v,z)}{\partial v} \qquad (4\text{-}3)$$

三、解析信号振幅边界识别

(一)方法原理

解析信号振幅(analytical signal amplitude,ASM),也称总梯度模量,其计算公式为

$$\text{ASM} = \sqrt{\text{THDR}^2 + \text{VDR}^2} \qquad (4\text{-}4)$$

式中:THDR,VDR 分别是异常的总水平导数与垂直导数。

对于 2D,上式为

$$\text{ASM}(x,0) = \sqrt{\left[\frac{\partial f(x,0)}{\partial x}\right]^2 + \left[\frac{\partial f(x,0)}{\partial z}\right]^2} \qquad (4\text{-}5)$$

对于 3D,上式为

$$\mathrm{ASM}(x,y,0) = \sqrt{\left[\frac{\partial f(x,y,0)}{\partial x}\right]^2 + \left[\frac{\partial f(x,y,0)}{\partial y}\right]^2 + \left[\frac{\partial f(x,y,0)}{\partial z}\right]^2} \quad (4\text{-}6)$$

解析信号振幅也是利用极大值位置来确定地质体的边界,适用于重力异常和磁力异常。对于二度体磁异常,解析信号振幅不受磁异常分量和磁化方向的影响;但对于三度体磁异常,则受磁异常分量和磁化方向的影响,但所受影响比其他所有边缘识别方法均小,这是解析信号振幅的最大优点。

1972 年 Nabighian 首次提出了二维解析信号,证明了二维解析信号振幅不受磁异常分量和磁化方向的影响,并用于二度体磁力异常的边缘识别。1984 年 Nabighian 提出了三维解析信号的理论,但没有实际应用结果。直到 1992 年,Roest 等(1992)和 Qin(1994)才利用磁异常三维解析信号振幅确定地质体的边界。通过这些研究奠定了解析信号振幅的理论基础。1995 年胡中栋等利用磁异常三维解析信号振幅进行磁性体的边缘识别以及参数反演。在很长一段时间内,人们均将二维解析信号振幅不受磁异常分量和磁化方向影响的结论用于三维解析信号振幅,直到 1996 年,Aqarwal 和 Shaw 证明了三维磁异常解析信号振幅与磁异常分量和磁化方向有关。随后,管志宁和姚长利(1997)、黄临平和管志宁(1998)经过研究指出,三维解析信号振幅受磁异常分量和磁化方向的影响,只是没有其他方法受磁异常分量和磁化方向的影响大。2006 年 Li 撰文进一步明确了三维解析信号与二维解析信号的区别,并明确指出三维解析信号振幅受磁异常分量和磁化方向的影响。至此,解析信号振幅的理论研究才趋近完善。

解析信号振幅的优点是受磁异常分量和磁化方向的影响最小,其缺点是计算结果的横向分辨能力较低。为了克服这个缺点,解析信号振幅的提出者 Nabighian 早在 1974 年就利用二维台阶水平导数解析信号振幅与解析信号振幅的比值来提高横向分辨率。1996 年 Hsu 等提出了三维台阶垂向导数解析信号振幅,并称为增强解析信号(enhanced analytic signal);1997 年 Debeglia 和 Corpel 又提出了三维台阶水平导数和垂向导数解析信号振幅,并称之为解析信号导数(analytic signal derivative)。此外,以解析信号振幅为基础发展了一些新的边缘识别方法,如:1998 年秦葆瑚提出的解析信号振幅倾斜角方法;2001 年 Bournas 和 Baker 提出的解析信号振幅总水平导数方法。我们通过研究认为,虽然解析信号振幅类方法具有受磁异常分量和磁化方向影响小和受倾斜地质体影响小的优点,但存在分辨能力低这一缺点影响了解析信号振幅类边界识别方法的实际应用效果,必须对此做进一步的理论研究和使用效果对比研究。

(二)方法应用效果

设 3 个直立长方体 A、B、C,它们的几何参数和密度参数如表 4-1 所示。它们产生的重力异常如图 4-3a 所示,并将该异常值作为检验解析信号振幅边界识别的应用效果。

表 4-1 理论模型参数

模型编号	中心坐标(x,y)/m	上顶埋深/m	x、y、z 方向长度/m	剩余密度/$(g \cdot cm^{-3})$
A	(200,400)	10	80、100、200	0.1
B	(400,400)	10	80、100、200	0.2
C	(600,400)	10	80、100、200	0.01

如图 4-3b 所示,解析信号振幅圈定的 A、B 模型的边界与真实值一致,同时,解析信号振幅没有圈定出 C 模型的边界。

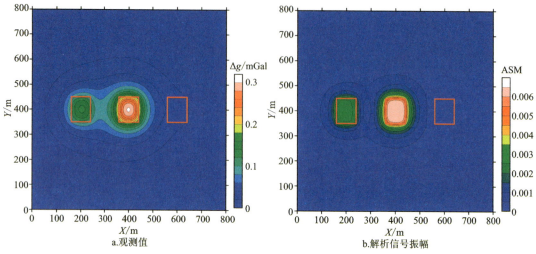

图 4-3　解析信号振幅计算结果

四、归一化标准差边界识别

(一)方法原理

该方法计算一个滑动窗口内垂向坐标方向一阶导数的标准差与 3 个坐标方向一阶导数标准差之和的比值,将该比值记为滑动窗口中心点的归一化标准差 NSTD,并利用极大值位置来识别地质体的边界。

$$\text{NSTD} = \frac{\sigma\left(\frac{\partial f}{\partial z}\right)}{\sigma\left(\frac{\partial f}{\partial x}\right) + \sigma\left(\frac{\partial f}{\partial y}\right) + \sigma\left(\frac{\partial f}{\partial z}\right)} \tag{4-7}$$

2008 年,Cooper 和 Cowan 首次提出了归一化标准差,并进行了实际资料处理试验,取得了很好的识别效果。数理统计类方法的优点是可以通过选择不同的窗口大小来压制噪声干扰、提高信噪比,其缺点是难以比较边缘识别结果的精度。

(二)方法应用效果

表 4-1 中的理论模型产生的 ΔT 异常的归一化标准差如图 4-4b 所示。磁异常归一化标准差圈定的 A、B、C 模型的边界与真实值一致。

五、倾斜角边界识别

(一)方法原理

Miller 和 Singh(1994)将解析信号相位的概念引入了边界识别,称倾斜角(tilt-angle),有

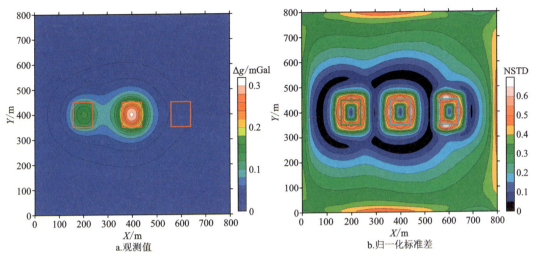

图 4-4　归一化标准差计算结果

的作者称为斜导数(Tilt derivative)。倾斜角的计算公式为

$$TA = \tan^{-1}\left(\frac{VDR}{THDR}\right) \tag{4-8}$$

式中：VDR，THDR 分别是异常的垂直导数与总水平导数。对于 3D 模型，上式为

$$TA(x,y,0) = \tan^{-1}\left[\frac{\left[\frac{\partial f(x,y,0)}{\partial z}\right]}{\sqrt{\left[\frac{\partial f(x,y,0)}{\partial x}\right]^2 + \left[\frac{\partial f(x,y,0)}{\partial y}\right]^2}}\right] \tag{4-9}$$

倾斜角实质上是垂向导数和总水平导数的比值。由于倾斜角为一阶导数的比值，所以能很好地平衡高幅值异常和低幅值异常，起到边缘增强的效果。

Miller 和 Singh(1994)以二度体为例，对比了总水平导数、垂向导数、解析信号振幅、垂向二阶导数以及倾斜角这 5 种方法在确定地质体边缘时的效果，认为倾斜角优于其他方法。其他学者也对倾斜角进行了理论模型试算以及实际资料处理，均认为有较好的效果。

我们通过试验和研究认为，倾斜角的识别结果和垂向导数的识别结果完全相同，并且当总水平导数等于 0 时倾斜角存在"解析奇点"，会使得计算结果不稳定，这是该方法的缺点。

为了提高倾斜角的横向分辨能力，2004 年 Verduzco 等提出了倾斜角总水平导数边界识别方法，其基本思想是对倾斜角 TA 再求总水平导数。

对平面网格数据，倾斜角总水平导数的计算公式为

$$TA_{THDR(x,y,0)} = \sqrt{\left[\frac{\partial TA(x,y,0)}{\partial x}\right]^2 + \left[\frac{\partial TA(x,y,0)}{\partial y}\right]^2} \tag{4-10}$$

该方法利用极大值位置确定地质体的边界，适用于重力异常和磁异常。Verduzco 等(2004)对二度体磁异常计算了倾斜角总水平导数，通过模型计算认为倾斜角总水平导数不受磁异常分量和磁化方向的影响，比解析信号振幅的横向分辨能力强，但没有从理论上加以证明。另外，Verduzco 等没有对三度体磁力异常进行模型验证，也没有指出三度体磁力异常倾斜角总水平导数是否受磁异常分量和磁化方向的影响。

我们通过研究认为:二度体磁力异常倾斜角总水平导数不受磁异常分量和磁化方向的影响,但三度体磁力异常倾斜角总水平导数受磁异常分量和磁化方向的影响,只是受影响的程度较低,与解析信号振幅基本相当。故对三度体磁力异常必须换算成磁源重力异常或化极磁力异常以后才可以使用倾斜角总水平导数进行边界识别,不能直接使用磁异常。需要特别强调指出,倾斜角总水平导数受地质体倾斜边界的影响,只是该影响比其他几个方法影响小,这是其优点。但当解析信号振幅等于0时该方法存在"解析奇点",故其数值计算稳定性较差,这是该方法的缺点。

(二)方法应用效果

表 4-1 的理论模型产生的 ΔT 异常(图 4-5a)的倾斜角如图 4-5b 所示。磁异常倾斜角圈定的 A、B、C 模型的边界与真实值一致。

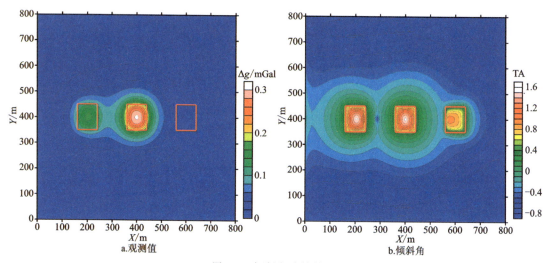

图 4-5　倾斜角计算结果

六、θ 图边界识别

(一)方法原理

Wijns 等在 2005 年首次提出了 θ 图法,该法利用解析信号振幅(ASM)对总水平导数(THDR)进行归一化。其计算公式为

$$\cos\theta = \frac{\text{THDR}}{\text{ASM}} = \frac{\sqrt{\left[\frac{\partial f(x,y,0)}{\partial x}\right]^2 + \left[\frac{\partial f(x,y,0)}{\partial y}\right]^2}}{\sqrt{\left[\frac{\partial f(x,y,0)}{\partial x}\right]^2 + \left[\frac{\partial f(x,y,0)}{\partial y}\right]^2 + \left[\frac{\partial f(x,y,0)}{\partial z}\right]^2}} \quad (4-11)$$

该方法利用极大值位置确定地质体的边界。由于 θ 图是基于导数的比值而来,所以 θ 图能很好地平衡高幅值异常和低幅值异常,起到边界增强的效果。Wijns(2005)完成了二度体磁力异常和三度体磁力异常的模型试算以及实际资料处理实践,认为 θ 图不受磁异常分量和

磁化方向的影响，并且比解析信号振幅的分辨能力更强。刘金兰等(2007)通过模型以及实际资料处理试验认为 θ 图比总水平导数和倾斜角的识别效果好。我们通过研究认为：θ 图受磁异常分量和磁化方向的影响与倾斜角和垂向导数所受的影响相同，且所确定的地质体边界也完全相同。此外，该方法的数值稳定性较差，这是由于解析信号振幅趋于 0 所造成的，即在解析信号振幅等于 0 的地方存在"解析奇点"，这是该方法的缺点。

（二）方法应用效果

表 4-1 的理论模型产生的 ΔT 异常的 θ 图如图 4-6b 所示。磁异常 θ 图圈定的 A、B、C 模型的边界与真实值一致。

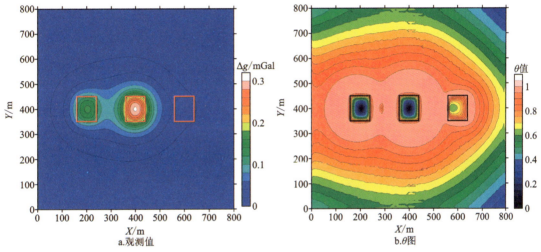

图 4-6 θ 图计算结果

七、总水平导数边界识别

总水平导数（水平一阶导数与垂直一阶导数的模，或称水平总梯度模）是边界识别应用最多的方法之一。1979 年，Cordell 利用重力异常总水平导数识别地质体的边界；1985 年，Cordell 和 Grauch 将磁力异常换算成磁源重力异常，计算磁源重力异常的总水平导数来识别磁性体的边界；1994 年，余钦范、楼海利用二度体模型研究了倾斜边界对边界识别的影响；2006 年、2007 年，钟清等研究了重力异常总水平导数确定地质体边界的误差。人们在应用总水平导数边界识别中发现，重力异常总水平导数随着地质体埋深的增大，其极大值位置偏向地质体外侧的距离越大。为了提高总水平导数的横向分辨能力，2001 年 Fedi 和 Florio 提出了增强总水平导数(enhanced horizontal derivative，EHD)；2000 年王万银等提出了总水平导数峰值等。

高阶导数是一种高通滤波，它对数据误差有很强的放大作用，在一个计算点上两种导数的比值可能会有比较大的波动，导致实际资料计算结果无法利用。为了避免在一个点计算比值造成波动的影响，采用总水平导数均值归一的方法，避免了实际资料处理结果的振荡；同时,由于对不同强度的总水平梯度异常采用不同的均值进行归一,这样就突出了埋深大、体积小的地质体的边界信息,均衡了不同幅值的异常。

(一)方法原理

1. 重磁异常总水平导数(total horizontal derivative,THD)

THD 的计算公式为

$$\mathrm{THD}(x,y,0) = \sqrt{V_{xz}^2 + V_{yz}^2} = \sqrt{\left(\frac{\partial T}{\partial x}\right)^2 + \left(\frac{\partial T}{\partial y}\right)^2} \qquad (4\text{-}12)$$

式中:重磁场沿 x 方向导数 $\frac{\partial T}{\partial x}$ 和沿 y 方向导数 $\frac{\partial T}{\partial y}$ 是通过数据处理方法在频率域换算得到的。其过程如下:

(1)把实测的磁异常值 $T(x,y,0)$ 通过傅立叶变换得到频谱 $S_T(u,v,z)$;

(2)将 $T(x,y,0)$ 的频谱 $S_T(u,v,z)$ 乘以频率响应函数 $2\pi iu$ 和 $2\pi iv$ 得到水平导数的频谱 $S_{T_x}(u,v,z)$ 和 $S_{T_y}(u,v,z)$,即

$$S_{T_x}(u,v,z) = 2\pi iu\, S_T(u,v,0) e^{2\pi(u^2+v^2)^{\frac{1}{2}}z}$$

$$S_{T_y}(u,v,z) = 2\pi iv\, S_T(u,v,0) e^{2\pi(u^2+v^2)^{\frac{1}{2}}z}$$

(3)对 $S_{T_x}(u,v,z)$,$S_{T_y}(u,v,z)$ 反傅立叶变换得到水平导数值 $\frac{\partial T}{\partial x}$,$\frac{\partial T}{\partial y}$;

(4)由 $\frac{\partial T}{\partial x}$,$\frac{\partial T}{\partial y}$ 计算 $\mathrm{THD}(x,y,0)$。

2. 均值归一总水平导数(ETHD)

首先,对磁异常利用式(4-12)求总水平导数 $\mathrm{THD}(x,y,0)$。对于归一值的求取,采用计算点附近一定范围内的总水平导数 $\mathrm{THD}(x,y,0)$ 求平均值的办法,由于在计算点附近,其总水平导数 $\mathrm{THD}(x,y,0)$ 与其周围一窗口内的平均值 $\mathrm{EQU}(x,y,0)$ 有着大小相近的幅值,因此利用平均值 $\mathrm{EQU}(x,y,0)$ 归一,压制了强总水平导数异常,突出了弱总水平导数异常,达到均衡总水平导数异常的目的。具体步骤如下:

(1)选取合适的窗口计算总水平导数 $\mathrm{THD}(x,y,0)$ 的平均值 $\mathrm{EQU}(x,y,0)$

$$\mathrm{EQU}(x,y,0) = \frac{1}{m \times n} \sum_{i=1}^{m} \sum_{j=1}^{n} \sqrt{\left(\frac{\partial T}{\partial x}\right)^2 + \left(\frac{\partial T}{\partial y}\right)^2} \qquad (4\text{-}13)$$

(2)用 $\mathrm{EQU}(x,y,0)$ 对总水平导数 $\mathrm{THD}(x,y,0)$ 归一

$$\mathrm{ETHD}(x,y,0) = \frac{\mathrm{THD}(x,y,0)}{\mathrm{EQU}(x,y,0)} = \sqrt{\left(\frac{\partial T}{\partial x}\right)^2 + \left(\frac{\partial T}{\partial y}\right)^2} \bigg/ \frac{1}{m \times n} \sum_{i=1}^{m} \sum_{j=1}^{n} \sqrt{\left(\frac{\partial T}{\partial x}\right)^2 + \left(\frac{\partial T}{\partial y}\right)^2}$$

(4-14)

式(4-13)、式(4-14)中,m、n 表示计算总水平导数 $\mathrm{THD}(x,y,0)$ 的平均值所取窗口大小的点线数。

(二)理论模型

1. 模型参数选择

为了试验均值归一总水平导数法的有效性,我们选取了3个不同大小与埋深的垂直磁化棱柱体模型,用来检验具体参数,见表4-2。

表 4-2 模型参数

模型编号	中心坐标(x,y)/m	上顶埋深/m	x、y、z方向长度/m	磁化强度/($\times 10^{-3}$ A·m^{-1})
A	(200,200)	10	80、100、200	10 000
B	(400,200)	10	80、100、200	80 000
C	(600,200)	10	80、100、200	1000

2. 模型正演

图4-7是正演得到的ΔT异常,可以看出,其中B异常最强,A异常次之,这两个异常都很显著。而地质体C的磁化强度很小,加之处于B异常的叠加干扰中,难以识别边界。

3. 计算总水平导数(THD)

图4-8为理论模型总水平导数(THD)的计算结果,可见,通过总水平导数(THD)法可较正确地识别A、B地质体边界,不足之处是C异常未能够显示。可见如上所说,总水平导数(THD)法的极大值能够识别地质体的边界,但其对弱异常的识别效果差,在异常强弱差别较大复杂异常区,另外总水平导数(THD)法对弱异常的识别效果差,可能会导致对地质边界的错误判断。

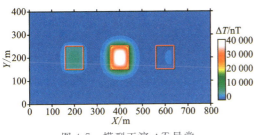

图 4-7 模型正演 ΔT 异常

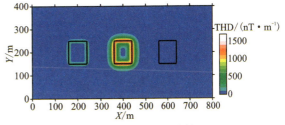

图 4-8 ΔT 异常总水平导数(THD)

4. 计算均值归一总水平导数 ETHD

为了压制高幅值强异常,突出低幅值弱异常,利用式(4-14),计算得到均值归一总水平导数ETHD$(x,y,0)$如图4-9所示。从图中可明显地看到均值归一总水平导数ETHD不仅与A、B两个较强的异常边界对应良好,而且也很好地识别具有弱异常地质体C的边界位置。

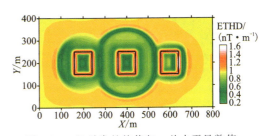

图 4-9 ΔT 异常的均值归一总水平导数值

5. 归一化值 EQU 的选择

以上的归一化处理中,在多次实验后采用 5×5 的窗口求取用于归一化的值,而在对于测区大小不同,地质体磁异常强度不等,测量精度不同的处理中,对于均衡值的求取应通过试验选用适当的窗口,才可以达到最好的效果。对此,给出了以下经验说明,为实际的处理提供参考。

图 4-10 是求归一化值中采用 3×3 窗口处理的结果,可见,窗口选的太小不能很好地对应地质体的边界。图 4-11 是归一化值中采用 9×9 窗口处理的结果,可见,采用过大的窗口地质体边界的分析也受到影响,因此在本例中采用 5×5 的窗口求取用于归一化的值比较合适。

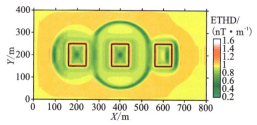 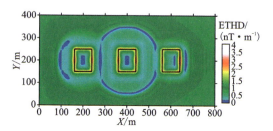

图 4-10　3×3 窗口总水平导数均值归一值　　　图 4-11　9×9 窗口总水平导数均值归一值

(三)应用实例

为了验证均值归一总水平导数法的实用性,将该方法应用于某钒钛磁铁矿远景区实测磁异常的处理,计算中先对磁异常做化极,通过试验采用 40×40 窗口归一化值 EQU。图 4-12a 为某钒钛磁铁矿远景区化极磁异常图,图 4-12b 为均值归一总水平导数,图 4-12c 为该区的地质图。由图可以看出,均值归一总水平导数暖色调部分为高值区,外围环状断续的均值归一总水平导数高值带与辉长岩边界十分对应。环状高值带内北东向的另一条高值异常是磁性较强的辉长岩带,解释为含钒钛磁铁矿脉。由此可见,归一总水平导数高值带较好地反映了该区磁性分布的特征。

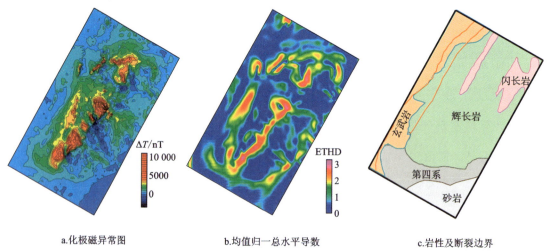

a.化极磁异常图　　　b.均值归一总水平导数　　　c.岩性及断裂边界

图 4-12　某钒钛磁铁矿远景区磁异常均值归一总水平导数

王赛昕和刘林静等(2011)实现了均值归一总水平导数边界识别方法并将其应用于攀枝花外围寻找钒钛磁铁矿。

八、各向异性归一化方差边界识别

(一)方法原理

我们利用一种各向异性的高斯函数,在其二阶导数的基础上,提出了"各向异性归一化方差"识别重磁源边界。

在二维高斯函数的基础上,考虑方向 θ,令 $R_\theta = \begin{pmatrix} \cos\theta & \sin\theta \\ -\sin\theta & \cos\theta \end{pmatrix}$ 表示 θ 角度的旋转,构造各向异性高斯函数

$$G_R[R_\theta(x,y)^T, \sigma_x, \sigma_y] = \frac{1}{2\pi\sigma_x\sigma_y}\exp\left[-\frac{1}{2}\cdot\left(\frac{w_1}{\sigma_x^2}+\frac{w_2}{\sigma_y^2}\right)\right] \quad (4\text{-}15)$$

式中:$w_1 = (x\cos\theta + y\sin\theta)^2$,$w_2 = (-x\sin\theta + y\cos\theta)^2$;$\sigma_x$、$\sigma_y$ 分别为长轴、短轴方向的方差。

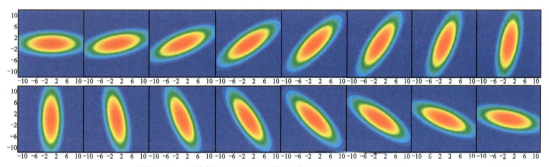

图 4-13　不同方向的 G_R 函数示意图(坐标单位为数据点)

根据以上分析可以看出,函数 G_R 具有明显的方向性,如图 4-13 所示,分别反映 $[0, \pi/16, 2\pi/16, \cdots, \pi)$ 方向的 G_R 函数,体现了其各向异性的特征,可以自适应地分析不同方向的重磁源边界。

根据式(4-15),推导 $\nabla^2 G_R = \frac{\partial^2 G_R}{\partial x^2} + \frac{\partial^2 G_R}{\partial y^2}$ 得

$$Q = \nabla^2 G_R[R_\theta(x,y)^T, \sigma_x, \sigma_y]$$
$$= \frac{1}{2\pi\sigma_x^5\sigma_y^5}\cdot(w_1\sigma_y^4 + w_2\sigma_x^4 - \sigma_x^2\sigma_y^4 - \sigma_x^4\sigma_y^2)\cdot\exp\left[-\frac{1}{2}\cdot\left(\frac{w_1}{\sigma_x^2}+\frac{w_2}{\sigma_y^2}\right)\right] \quad (4\text{-}16)$$

对 $(M+1)\times(M+1)$ 大小的 Q,定义位场数据 $f(x,y)$ 的各向异性归一化方差如下:

$$f_{\text{var}}(x,y) = \frac{\sum_{i,j=-\frac{M}{2}}^{i,j=\frac{M}{2}}[f(x+i,y+j)-\overline{f}(x,y)]\cdot Q\left(i+\frac{M}{2}+1, j+\frac{M}{2}+1\right)}{\sqrt{\sum_{i,j=-\frac{M}{2}}^{i,j=\frac{M}{2}}[f(x+i,y+j)-\overline{f}(x,y)]^2}\sqrt{\sum_{i=1,j=1}^{i,j=M+1}Q(i,j)^2}} \quad (4\text{-}17)$$

式中:$\overline{f}(x,y) = \frac{1}{(M+1)^2}\sum_{i,j=-M/2}^{i,j=M/2}f(x+i,y+j)$。

(二)算法的物理意义与计算流程

对于式(4-17),其分子部分是一个离散的褶积计算形式,我们假设用 $f_s * Q$ 来表示这个过程,考虑到 $Q = \nabla^2 G$,根据褶积性质,$f_s * Q$ 可以表示成如下形式:

$$\nabla^2 (f_s * G) \quad (4-18)$$

结合式(4-17)可以很明显的发现,$f_{var}(x,y)$ 实质上就是一种广义化的二阶导数的计算形式。据此分析,对位场数据而言,其场源边界位置对应于标准化方差 $f_{var}(x,y)$ 的零值点位置。

根据上文分析知,构造各向异性函数 Q 需要确定参数 σ_x、σ_y(它们的大小决定 Q 的作用范围与各向异性尺度)以及方向 θ。首先根据先验信息给定初值 σ_0,计算 $\sigma_x = \sigma_0$,$\sigma_y = \sigma_x / \text{cof}$,cof 表示比例系数,在场源边界处,cof 值大,即函数 Q 的长短轴差异大,有利于边界分析,在非边界处,cof 的取值对结果影响不大,本文取 cof=1,体现常规的高斯函数特征。另外,本文采用全方位扫描确定 θ 值,具体计算流程如下(图 4-14):

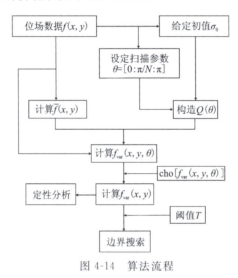

图 4-14 算法流程

(1)根据先验信息给定位场异常的初值 σ_0,设定全方位扫描参数 $\theta = [0 : \frac{\pi}{N} : \pi)$,$N$ 为正整数;

(2)计算 σ_x、σ_y,构造各向异性函数 $Q(\theta)$;

(3)根据式(4-17)计算 $f_{var}(x,y,\theta)$;

(4)计算 $f_{var}(x,y) = \text{cho}[f_{var}(x,y,\theta)]$(cho 为选择算法,即选择经过全方位扫描后得到的最可能的边界值),得到扫描后的各向异性归一化方差;

(5)可以利用 $f_{var}(x,y)$ 定性分析重磁源边界,也可以选择阈值,自动搜索边界位置,得到定量的解释图件。

(三)理论模型分析

为对方法进行验证,我们进行模型数值实验,并在此基础上做算法稳定性分析。首先设计一个组合模型(模型位置如图 4-15 所示),4 个形体均为向下无限延深,磁化倾角 I 取 90°,然后正演得到的磁异常,如图 4-16 所示。为了检验方法的稳定性,我们同时对含 20% 随机噪声的数据(图 4-17)进行分析对比。

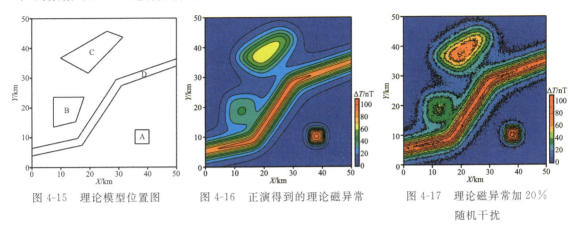

图 4-15　理论模型位置图　　　图 4-16　正演得到的理论磁异常　　　图 4-17　理论磁异常加 20% 随机干扰

从图 4-16 可以看出,地质体 A、D 产生的是强磁异常,边界位置明确,地质体 B、C 由于埋深大磁化强度小,异常梯度平缓、幅值相对微弱,边界位置不容易确定。此外由于地质体 B 和 D 相邻,异常叠加,增加了地质体 B 的边界确定难度。我们首先采用常用的水平总梯度模方法来进行边界定位,通过计算 $T=\sqrt{(\partial f/\partial x)^2+(\partial f/\partial y)^2}$,在 T 的极大值处解释边界位置。对该方法而言,随着地质体变深,总磁场强度异常会变宽缓,异常幅值降低,一阶水平方向导数强度也会降低,造成深部地质体的边界难以识别,另外,相邻异常的叠加也会对边界的识别造成影响。从图 4-18a 可以看出,水平总梯度模将地质体 A、D 的边界较好地反映出来,而对地质体 B、C 的边界反映的相对模糊,尤其对地质体 B,其与地质体 D 相邻,受异常叠加的影响,水平总梯度模反映的边界有缺失现象。另外图 4-18b 是对加了噪声干扰后的磁异常分析水平总梯度模的结果,受干扰的影响,该方法已经很难识别出边界信息,除了地质体 A 的边界信息有模糊的反映外,其他 3 个地质体几乎没有信息反映。

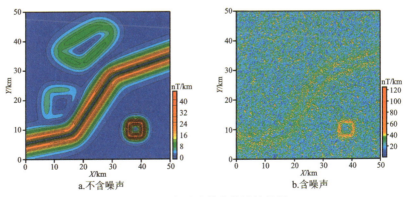

a.不含噪声　　　　　　　　　　b.含噪声

图 4-18　水平总梯度模计算结果

图 4-19a 是采用各向异性归一化方差计算场源边界的结果,可以看出,各向异性标准化方差清晰地反映出了各个场源边界,尤其对深部的地质体 B、C 的边界也有很明确的反映,没有发生诸如图 4-18a 出现的地质体 B 的边界模糊缺失现象。为了检验方法的稳定性,我们对加

59

噪异常同样计算各向异性标准化方差,如图4-19b所示,在高频干扰的情况下,该方法还是能有效地反映出4个地质体的边界信息,尤其对地质体B、C,深源场的弱信息边界都得到比较客观的反映,场源边界两侧各向异性标准化方差值正负差异明显,很容易判别。值得注意的是,地质体B和D相邻部分的边界也被较好地反映出来,边界形状没有发生严重的扭曲,表明了新方法在识别弱异常、叠加异常边界的有效性。

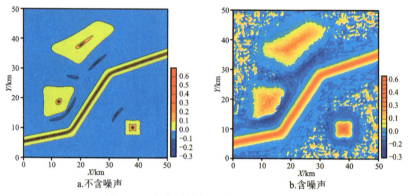

图4-19 各向异性标准化方差计算结果

我们还进一步改进了上述各向异性归一化方差方法,它克服了繁琐的全方位扫描搜索最大值,改进了方法的计算过程(张恒磊,2011)。

第五章 奇异谱分析方法

奇异谱分析(singular spectrum analysis, SSA)是一种近年兴起的时间序列分析方法,最早由 Robert 等(1989)提出,自提出以来,SSA 分析被广泛应用于多领域的信号处理中。

SSA 分析是信号去噪和预测的一种方法。该方法从 Karhumen-Loeve 分解理论的基础上发展而来。SSA 分析是将原信号变换成 Hankel 矩阵,再对 Hankel 矩阵进行分解和重构,从而实现信号和噪声的分离。SSA 分析能够实现信号和噪声分离的依据是它们具有不同特征的奇异谱。

Read 等(1993)在 SSA 的基础上提出了用于多道信号处理的 MSSA 方法,Liberty 等(2007)提出减少计算量的 RSVD 方法,Huang 等(2016)提出提升去噪效果的阻尼 MSSA (multivariate singular systems analysis)方法。在地球物理领域,Oropeza(2011)、Chiu(2013)、Huang(2016)等利用 SSA 分析对一维和多维地震信号进行去噪和重建。

重磁场是由具有密度与磁性差异的不同规模、不同深度、不同形状地质体共同引起,即为不同尺度、不同幅值异常的叠加。多种异常的混叠,给目标地质体的反演和解释带来困难。如何从混叠重磁场中分离出目标地质体引起的异常,是重磁勘探的研究方向之一。

早期人们采用滑动平均和多项式拟合的方法实现不同尺度重磁异常的分离,后来人们用频率域的概念描述重磁场,通过傅立叶变换将重磁场由空间域变换到频率域,用振幅和相位来描述重磁场的特征。通常浅部地质体产生的重磁场频率高,深部地质体产生的重磁场频率低。Spector 和 Grant(1970)推导了航磁异常的能谱公式,提出利用能谱分析粗略估计块状体埋深的方法,并在 1975 年提出匹配滤波法分离重磁场。1990 年,文百红和程方道(1990)提出插值切割法分离磁异常。1991 年,Mickus 首次将最小曲率法应用于美国某地区的布格重力异常分离中。随着 20 世纪 70 年代小波分析方法的提出,Fedi 和 Quarta(1998)提出一种基于离散小波变换的重磁位场分离方法。这些方法为位场分离提供不同的思路与解决方法并取得好的地质效果,但是在应用中也有诸如窗口大小、拟合阶数、小波基的选择、区域场与局部场能谱斜率位置不好确定等问题。

一、基本原理

实际工作中,重磁剖面数据是一维的,平面数据经过网格化后可以表示成二维矩阵的形式。剖面和平面重磁数据分别采用 SSA 和 MSSA 进行分析。

(一)奇异谱分析

设有剖面重磁数据 $x=[x_1,x_2,\cdots,x_N]$,将该重磁数据以窗口 M 重新排列如下:

$$X = \begin{bmatrix} x_1 & x_2 & \cdots & x_{N-M+1} \\ x_2 & x_3 & \cdots & x_{N-M+2} \\ \vdots & \vdots & \ddots & \vdots \\ x_M & x_{M+1} & \cdots & x_N \end{bmatrix} \tag{5-1}$$

矩阵 X 称为时滞矩阵(Vartaud et al,1989),其自协方差矩阵表示如下:

$$T_x = \begin{bmatrix} C(0) & C(1) & \cdots & C(M-1) \\ C(1) & C(0) & \cdots & C(M-2) \\ \vdots & \vdots & \ddots & \vdots \\ C(M-1) & C(M-2) & \cdots & C(0) \end{bmatrix} \tag{5-2}$$

T_x 是 Toeplitz 矩阵。因变量 C 是序列 $x_1,x_2,\cdots,x_N$ 的自相关函数:

$$C(\tau) = \frac{1}{N-\tau} \sum_{t=1}^{N-\tau} x_\tau x_{t+\tau}, \tau = 0,1,2,\cdots,M-1 \tag{5-3}$$

求 T_x 的特征值向量 $\boldsymbol{\lambda}$ 和对应的特征向量矩阵 E,特征值向量表示如下:

$$\boldsymbol{\lambda} = [\lambda_1,\lambda_2,\cdots,\lambda_M], |\lambda_1| \geqslant |\lambda_2| \geqslant \cdots \geqslant |\lambda_M| \tag{5-4}$$

特征向量矩阵表示如下:

$$E = [E_1,E_2,\cdots,E_M] = \begin{bmatrix} E_{1,1} & E_{1,2} & \cdots & E_{1,M} \\ E_{2,1} & E_{2,2} & \cdots & E_{2,M} \\ \vdots & \vdots & \ddots & \vdots \\ E_{M,1} & E_{M,2} & \cdots & E_{M,M} \end{bmatrix} \tag{5-5}$$

式中: $E_1,E_2,\cdots,E_M$ 是列向量,分别表示矩阵 T_x 的 M 个特征向量,并与 $\lambda_1,\lambda_2,\cdots,\lambda_M$ 对应。同时,矩阵 T_x 的奇异值向量 $\boldsymbol{\sigma}$ 可以表示如下:

$$\boldsymbol{\sigma} = [\sigma_1,\sigma_2,\cdots,\sigma_M] = (\sqrt{|\lambda_1|},\sqrt{|\lambda_2|},\cdots,\sqrt{|\lambda_M|}) \tag{5-6}$$

通常,将奇异值向量 $\boldsymbol{\sigma}$ 称为 x 的奇异谱,其中明显大于 0 的奇异值称为有效奇异值。在实际情况中,信号奇异谱 $\boldsymbol{\sigma}$ 中的元素均大于 0,其中较小的奇异值十分接近于 0,而有效奇异值可以看成是非接近于 0 的奇异值。

通过矩阵 X 和特征向量矩阵 E 求得权矩阵 A(王解先等,2013)如下:

$$A = [A_1,A_2,\cdots,A_M] = X' \cdot E = \begin{bmatrix} a_{1,1} & a_{1,2} & \cdots & a_{1,M} \\ a_{2,1} & a_{2,2} & \cdots & a_{2,M} \\ \vdots & \vdots & \ddots & \vdots \\ a_{N-M+1,1} & a_{N-M+1,2} & \cdots & a_{N-M+1,M} \end{bmatrix} \tag{5-7}$$

权矩阵 A 反映了特征向量矩阵 E 在矩阵 X 中权重,那么通过权矩阵 A 和特征向量矩阵 E 可以重构出一维重磁数据 x 的 M 个不同尺度的细节 $\hat{x}_i$ ($1 \leqslant i \leqslant M$),细节可以用下式表示:

$$\hat{\boldsymbol{x}} = \begin{bmatrix} \hat{\boldsymbol{x}}_1 \\ \hat{\boldsymbol{x}}_2 \\ \vdots \\ \hat{\boldsymbol{x}}_M \end{bmatrix} = \begin{bmatrix} \hat{x}_{1,1} & \hat{x}_{1,2} & \cdots & \hat{x}_{1,N} \\ \hat{x}_{2,1} & \hat{x}_{2,2} & \cdots & \hat{x}_{2,N} \\ \vdots & \vdots & \ddots & \vdots \\ \hat{x}_{M,1} & \hat{x}_{M,2} & \cdots & \hat{x}_{M,N} \end{bmatrix} \qquad (5\text{-}8)$$

式(5-8)中 $\hat{\boldsymbol{x}}_1, \hat{\boldsymbol{x}}_2, \cdots, \hat{\boldsymbol{x}}_M$ 都为 $(1 \times N)$ 的向量,其中 $\hat{\boldsymbol{x}}_i$ 可由以下求得:

$$\hat{x}_{i,k} = \begin{cases} \dfrac{1}{i} \sum_{j=1}^{i} a_{k-j+1,i} E_{j,i}, & 1 \leqslant k \leqslant M-1 \\ \dfrac{1}{M} \sum_{j=1}^{M} a_{k-j+1,i} E_{j,i}, & M \leqslant k \leqslant N-M+1 \\ \dfrac{1}{N-k+1} \sum_{j=k-N+M}^{M} a_{k-j+1,i} E_{j,i}, & N-M+2 \leqslant k \leqslant N \end{cases} \qquad (5\text{-}9)$$

不同尺度的细节 $\hat{\boldsymbol{x}}_i$ 对应于奇异值 $\boldsymbol{\sigma}_i$,奇异值 $\boldsymbol{\sigma}_i$ 越大,$\hat{\boldsymbol{x}}_i$ 与一维重磁数据 $\boldsymbol{x}$ 的近似程度越高,并且一维重磁数据 $\boldsymbol{x} = \hat{\boldsymbol{x}}_1 + \hat{\boldsymbol{x}}_2 + \cdots + \hat{\boldsymbol{x}}_M$,那么一维重磁数据 $\boldsymbol{x}$ 的近似 $\tilde{\boldsymbol{x}}$ 可以用前 K 个 $\hat{\boldsymbol{x}}_i$ 的和表示

$$\tilde{\boldsymbol{x}} = \sum_{i=1}^{K} \boldsymbol{x}_i \qquad (5\text{-}10)$$

(二)多元奇异系统分析

设有大小为 $N_r \times N_c$ 平面重磁数据如下:

$$\boldsymbol{F} = \begin{bmatrix} f(1,1) & f(1,2) & \cdots & f(1,N_c) \\ f(2,1) & f(2,2) & \cdots & f(2,N_c) \\ \vdots & \vdots & \ddots & \vdots \\ f(N_r,1) & f(N_r,2) & \cdots & f(N_r,N_c) \end{bmatrix} \qquad (5\text{-}11)$$

通过 $\boldsymbol{F}$ 建立窗口大小 $L_r \times L_c$ 的轨迹矩阵 $\boldsymbol{F}_{i,j}$ (Read et al,1993;Oropeza et al,2011;Huang et al.,2016):

$$\boldsymbol{F}_{i,j} = \begin{bmatrix} f(i,j) & f(i,j+1) & \cdots & f(i,j+L_c-1) \\ f(i+1,j) & f(i+1,j+1) & \cdots & f(i+1,j+L_c-1) \\ \vdots & \vdots & \ddots & \vdots \\ f(i+L_r-1,j) & f(i+L_r-1,j+1) & \cdots & f(i+L_r-1,j+L_c-1) \end{bmatrix} \qquad (5\text{-}12)$$

令 $K_r = N_r - L_r + 1$ 和 $K_c = N_c - L_c + 1$,那么 $1 \leqslant i \leqslant K_r, 1 \leqslant j \leqslant K_c$。构建 Hankel 矩阵 $\boldsymbol{H}_i$,$\boldsymbol{H}_i$ 表示如下:

$$\boldsymbol{H}_i = \begin{bmatrix} f(1,i) & f(2,i) & \cdots & f(K_r,i) \\ f(2,i) & f(3,i) & \cdots & f(K_r+1,i) \\ \vdots & \vdots & \ddots & \vdots \\ f(L_r,i) & f(L_r+1,i) & \cdots & f(N_r,i) \end{bmatrix} \qquad (5\text{-}13)$$

然后,结合 Hankel 矩阵 $\boldsymbol{H}_i$,构建块 Hankel 矩阵 $\boldsymbol{W}$,矩阵 $\boldsymbol{W}$ 表示如下:

$$W = \begin{bmatrix} H_1 & H_2 & \cdots & H_{K_c} \\ H_2 & H_3 & \cdots & H_{K_c+1} \\ \vdots & \vdots & \ddots & \vdots \\ H_{L_c} & H_{L_c+1} & \cdots & H_{N_c} \end{bmatrix} \qquad (5\text{-}14)$$

矩阵 W 可以进一步表示成如下形式：

$$W = U\Sigma V' \qquad (5\text{-}15)$$

式中：U 和 V 是正交矩阵，Σ 是对角矩阵。为了方便计算，令 W 是 $N \times N$ 的方矩阵，那么 U 和 V 是大小为 $N \times N$ 的正交矩阵，对角矩阵 Σ 可以表示成以下形式：

$$\Sigma = \begin{bmatrix} \Sigma_1 & & & \\ & \Sigma_2 & & \\ & & \ddots & \\ & & & \Sigma_N \end{bmatrix} \qquad (5\text{-}16)$$

式中：$|\Sigma_1| \geqslant |\Sigma_2| \geqslant \cdots \geqslant |\Sigma_N|$，那么矩阵 W 的奇异值向量 σ 表示如下：

$$\sigma = [\sigma_1, \sigma_2, \cdots, \sigma_N] = (\sqrt{|\Sigma_1|}, \sqrt{|\Sigma_2|}, \cdots, \sqrt{|\Sigma_N|}) \qquad (5\text{-}17)$$

令 Σ_K 为对角矩阵 Σ 的截断位置，那么矩阵 W 的奇异值分解可以表示如下：

$$W = \begin{bmatrix} U_S & U_M \end{bmatrix} \begin{bmatrix} \Sigma_S & 0 \\ 0 & \Sigma_M \end{bmatrix} \begin{bmatrix} (V_S)' \\ (V_M)' \end{bmatrix} \qquad (5\text{-}18)$$

式中：$\Sigma_S = \mathrm{diag}(\Sigma_1, \Sigma_2, \cdots, \Sigma_K)$，$\Sigma_M = \mathrm{diag}(\Sigma_{K+1}, \Sigma_{K+2}, \cdots, \Sigma_N)$，$U_S$ 是 U 的第 1 到 K 列，U_M 是 U 的第 $K+1$ 到 N 列，V_S 是 V 的第 1 到 K 列，V_M 是 V 的第 $K+1$ 到 N 列。那么，块矩阵 W 的近似可以表示如下：

$$\widetilde{W} = U_S \Sigma_S (V_S)' \qquad (5\text{-}19)$$

最后，通过对近似矩阵 $\widetilde{W}$ 采取平均逆投影变换（Golyandina et al., 2007）就能够得到平面重磁数据 F 的近似 $\widetilde{F}$。

（三）实现步骤

通常情况，信号的时滞矩阵是低秩的，而噪声会增加矩阵的秩。分解的过程可以看成时滞矩阵向低维子空间的投影，这些子空间的性质可以用奇异值来表征。重构的过程则是对奇异值分类，并选取特定奇异值所对应的子空间进行逆投影。分解和重构的过程实际上是矩阵降秩的过程。SSA 和 MSSA 的实现步骤可以归纳为以下 3 点：

（1）原始数据的重新排列。利用一维窗口将一维重磁数据重新排列成时滞矩阵 X，X 是 Hankel 矩阵。二维重磁数据 F 则采用二维窗口重构块 Hankel 矩阵 W。

（2）矩阵的奇异值分解。对时滞矩阵 X 的自协方差矩阵或块 Hankel 矩阵 W 进行奇异值分解，得到奇异值和对应的特征向量。

（3）重磁数据的重构。在合适位置将奇异值截断，并用截断的奇异值重构位场数据。

二、重磁场的奇异谱特征

下面我们分析不同尺度（不同埋深）、不同幅值重磁异常及噪声的奇异谱特征。

（一）幅值相同、尺度不同（埋深不同）的重磁异常的奇异谱特征

建立4个埋深不同磁化强度不同的模型,4个模型分别产生4组幅值相同,尺度不同的磁异常,如图5-1所示,磁异常点数是800。分别对这4组磁异常做SSA分析,SSA分析窗口长度是400点数（采用较大窗口可以得到更多奇异值,其谱特征反映的更细致,窗口400是最大窗口,以下其他3种情况分析的点数窗口大小相同）。从不同尺度磁异常的奇异谱中可以看出,随着磁异常尺度的增大,奇异值下降速度变快,有效奇异值的个数增多。这表明尺度大（埋深大）的重磁异常其奇异谱曲线陡峭,主要集中在奇异值较大的部分,尺度小（埋深小）的重磁异常其奇异谱曲线趋平缓,其特征与傅立叶分析的功率谱相似。

（二）尺度相似（埋深相同）、幅值不同的重磁异常的奇异谱特征

建立4个埋深相同磁化强度不同的模型,4个模型分别产生4组尺度相似,幅值不同的磁异常如图5-2所示。从不同幅值磁异常的奇异谱中可以看出,随着磁异常幅值的增大,奇异值下降速度变快,但有效奇异值的个数几乎不变。说明相同埋深的地质体奇异谱具有相似的特征,时滞矩阵的秩几乎不变。

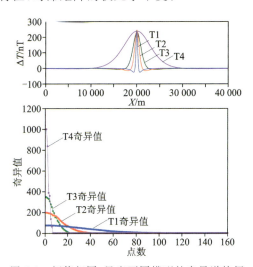

图5-1 幅值相同、尺度不同模型的奇异谱特征

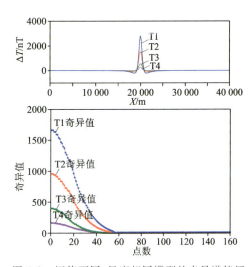

图5-2 幅值不同、尺度相同模型的奇异谱特征

（三）尺度相同、幅值相同、水平位置不同的重磁异常的奇异谱特征

对于同一模型,水平位置不同所产生的3组尺度相同,幅值相同,水平位置不同的磁异常如图5-3所示。从图中可以看出,同一异常,分布在不同位置,其奇异谱相同。说明地质体的

水平位置不影响奇异谱的分布。

（四）高斯白噪声的奇异谱特征

从图 5-4 中可以看出，3 组不同强度噪声的奇异值在横坐标上都有分布。说明噪声的时滞矩阵是高秩的，噪声强度只决定奇异值的大小，而不会改变秩的大小。

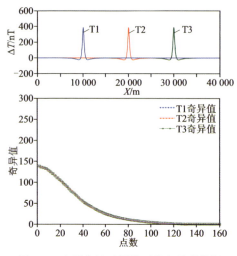 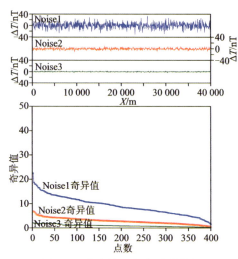

图 5-3　水平位置不同模型的奇异谱特征　　　　图 5-4　噪声模型的奇异谱特征

通过上面的理论模型计算分析可以知道，重磁场的奇异谱包含尺度（埋深）和幅值（物性）的信息，其中尺度决定奇异谱的下降速度和时滞矩阵的秩，幅值决定奇异谱的下降速度但不改变时滞矩阵的秩。对于重磁场，异常尺度越大，奇异谱下降速度越快，秩越低；异常幅值越高，奇异谱下降速度越快，但时滞矩阵的秩不变。噪声的奇异值在横坐标上都有分布，说明噪声的时滞矩阵是高秩的。

异常的尺度（埋深）和幅值（物性）决定了奇异谱的特征，这是利用奇异谱进行场源分离的基础。

三、参数讨论

构建时滞矩阵的窗口与重构信号所选择的奇异值是 SSA 分析的两个参数，下面讨论在位场分离中如何选择这些参数。

（一）构建时滞矩阵的窗口选择

时滞矩阵的自协方差矩阵 T_x 的大小由窗口决定，若窗口取 M，矩阵 T_x 的奇异值个数也为 M，这表示我们可以将总场分解成 M 个细节。因此，窗口的选择直接影响区域场和局部场的分离效果。在信号分析中，通常窗口取 $M/2$（Golyandina，2007；Chiu，2013；Huang，2016）。通过理论模型计算分析发现，由于分离目标和信号特征的差异，这种窗口选择方式并不适用于解决重磁位场分离问题(图5-5c给出了窗口与均方差的关系)。图5-5是垂向叠加模型的奇异谱分析,剖面点数是240,点距50m,化极磁异常零值点之间宽约1200m,最优窗口在25个点左右,当窗口选择10个点时,区域场和局部场没有完全分离,当窗口选择90个点时,区域场过拟合,局部场出现波动。

由图5-5可知,窗口选取过小会导致异常分离不完全,重构的区域场中仍包含过多局部场的信息,但是当窗口选取过大时,重构得到的区域场过拟合,导致分离得到的局部场产生波动。在重磁位场分离中,SSA分析的窗口取决于所要分离目标异常的尺度。当目标异常尺度较大时,应该选取较大的窗口进行SSA分析,当目标异常尺度较小时,则应选取较小的窗口进行SSA分析。通过理论模型计算发现,最优窗口的宽度近似等于待分离目标异常零值线的宽度。但是,窗口的改变对分离效果的影响是渐变的,因此最佳窗口可以不是某一确定的值,而是一个区间,窗口在这个区间内取值,得到的分离效果是相似的。

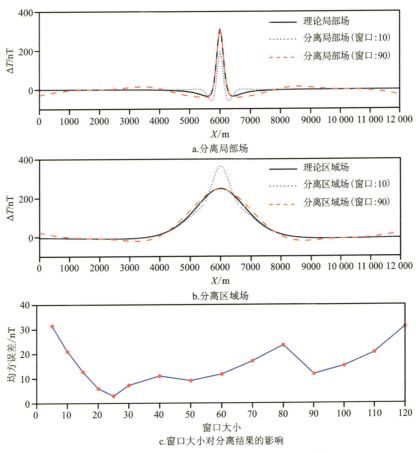

图5-5 过小和过大窗口的理论模型奇异谱分析

(二)重构阶数的选择

很多学者利用SSA分析去噪时,采用均值截断法、二分法等方法重构信号(Oropeza et al.,2011;王解先,2013),为了探究这些方法在探究重磁位场分离的应用效果,我们建立理论叠加模型,该模型引起的磁异常如图5-6右上所示,其中总场是区域场、局部场和噪声的叠加。对理论模型的总场、区域场、局部场和噪声分别做奇异谱分析。奇异谱分析窗口长度是400,截前60个奇异值如图5-6所示。为了阐述方便,这里令总场、理论区域场、理论局部场和噪声的奇异值分别为σ_i、σ_i^R、σ_i^L和σ_i^N,其中$1 \leqslant i \leqslant 400$。图5-6中,总场的奇异谱包含了理论区域场、局部场和噪声的奇异谱特性,其中总场奇异值σ_1、σ_2与理论区域场奇异值σ_1^R、σ_2^R相似,总场奇异值$\sigma_3,\cdots,\sigma_{30}$与理论局部场奇异值$\sigma_3^L,\cdots,\sigma_{30}^L$相似,总场奇异值$\sigma_{31},\cdots,\sigma_{400}$则与噪声的奇异值$\sigma_{31}^N,\cdots,\sigma_{400}^N$相似。根据上述对应关系,将总场的奇异谱分解成$[\sigma_1,\sigma_2]$、$[\sigma_3,\cdots,\sigma_{30}]$、$[\sigma_{31},\cdots,\sigma_{400}]$三个部分,这三个部分分别是区域场、局部场和噪声的奇异谱的主要成分。可以用它们去重构区域场、局部场和噪声[采用公式

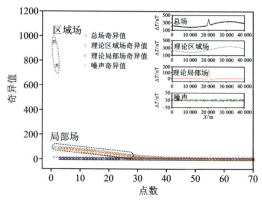

图5-6 重构阶数的选择方法

(5-9)]。由上可知,总场的奇异谱包含其各成分的奇异谱特征,这为奇异值的分类提供参考。在实际问题中,我们可以根据奇异值的大小和下降趋势来进行划分,如图5-6中区域场和局部场。一般来说,奇异值大且快速下降的部分反映的是区域场的特征,奇异值较小且缓慢下降的部分反映的是局部场的特征,奇异值近似为0且分布在整个横坐标的部分反映的是噪声的特征。

四、奇异谱分析与传统方法的对比

下面以不同的理论模型对比SSA分析和传统方法的分离效果,并从应用的角度讨论SSA分析在解决重磁位场分离问题中的可行性。

(一)理论模型试验

建立地球物理模型如图5-7b、图5-8b和图5-9b所示。图5-7b是横向叠加模型的磁异常场,共有800个数据点,点距是50m,其中局部场由模型1(5000×10^{-3}A/m)、模型2(2500×10^{-3}A/m)和模型3(1500×10^{-3}A/m)正演构成,区域场由模型4(2000×10^{-3}A/m)正演构成。图5-8b是垂向叠加模型的磁异常场,总共有241个观测点,点距是50m,其中局部场由模型5(3000×10^{-3}A/m)正演构成,区域场由模型6(5000×10^{-3}A/m)正演构成。图5-9b是斜向叠加模型的磁异常场,总共有241个观测点,点距是50m,其中局部场由模型7(1000×10^{-3}A/m)正演构成,区域场由模型8(4000×10^{-3}A/m)正演构成。

图5-7c和图5-7d是窗口大小为400(以模型4为分离目标)的横向叠加模型SSA分析结果。该模型的奇异谱(图5-7e)可以依据奇异值的大小和下降速度分成两部分,第一个部分是σ_1和σ_2,剩余奇异值是第二个部分。这两个部分的奇异值由大到小,下降速度由快到慢。容易知道,奇异谱的第一个变化过程由区域场引起,那么采用奇异值σ_1和σ_2对应的细节重构信号就

能够得到分离的区域场(图 5-7c),采用剩余奇异值对应的细节重构信号就能够得到分离的局部场(图 5-7d)。从图中可以看出,奇异谱分析在横向叠加模型上具有良好的分离效果。

图 5-8c、图 5-8d 是窗口大小为 25(以模型 5 为分离目标)的垂向模型 SSA 分析结果。该模型的奇异谱(图 5-8e)能够分成两个部分,第一个部分是 σ_1,剩余奇异值是第二个部分,这两个部分分别对应地质体 6 和地质体 5 产生的异常。那么,可以将奇异值 σ_1 对应的细节作为区域场(图 5-8c),将剩余奇异值对应的细节重构作为局部场(图 5-8d)。从分离结果可以看出,奇异谱分析能够实现垂向叠加模型的分离。

图 5-9c、图 5-9d 是窗口大小为 50(以模型 7 为分离目标)的斜向模型 SSA 分析结果。该模型的奇异谱(图 5-9e)能够分成两个部分,第一个部分是 σ_1、σ_2 和 σ_3,剩余奇异值是第二个部分,这两个部分分别对应地质体 8 和地质体 7 产生的异常。那么,可以将奇异值 σ_1、σ_2 和 σ_3 对应的细节作为区域场(图 5-9c),将剩余奇异值对应的细节重构作为局部场(图 5-8d)。从分离结果可以看出,奇异谱分析能够实现斜向叠加模型的分离。

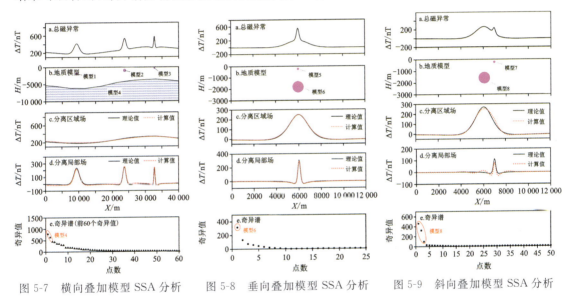

图 5-7 横向叠加模型 SSA 分析　　图 5-8 垂向叠加模型 SSA 分析　　图 5-9 斜向叠加模型 SSA 分析

(二)传统场源分离方法的分离

本小节主要利用小波分析法、匹配滤波法、插值切割法(文百红和程方道,1990)、多次迭代趋势分析法(李春芳,2011)、最小曲率法(纪晓琳等,2015;王万银等,2009)这 5 种传统重磁位场分离方法对图 5-7 中的模型异常进行分离。这些分离方法的参数都是在多次实验并与理论模型对比得到最好的分离效果下确定的。由于每种方法所针对的异常特点不同,每种模型采用效果最好的两种传统方法进行对比。

(三)方法对比

重磁位场分离方法的优劣可以从两个方面判别,一是分离效果的好坏,二是参数选取的难易。重磁位场分离效果的好坏可以用理论场与分离场的均方差表示,均方差越小,表示分离场与理论场更接近。参数选取的难易程度又包括:①最优参数是否容易确定;②选取参数所带来的误差对分离结果的影响程度。通常,分离效果是判断方法好坏的先行标准,当方法的分离效果满足一定标准时,才有讨论参数选取难易程度的意义。

从表5-1可以看出,奇异谱分析能够用于三种不同模型(横向、垂向、斜向叠加模型)的异常分离,并具有很好的分离效果。小波分析、匹配滤波和插值切割均能用于三种模型的异常分离,但均方误差大于奇异谱分析。迭代趋势分析对横向叠加模型具有较好的分离效果,但是无法分离垂向和斜向叠加模型。最小曲率法对局部异常尺度较小的斜向叠加模型具有较好的分离效果,但是无法分离局部异常尺度较大的横向和垂向叠加模型(图5-10~图5-12)。

表5-1 各方法分离理论模型的均方差表

方法	均方差/nT		
	横向叠加模型	垂向叠加模型	斜向叠加模型
奇异谱分析法	9.71	2.77	7.99
小波分析法	25.26	10.30	9.69
匹配滤波法	25.93	12.59	13.69
插值切割法	21.45	5.68	13.71
迭代趋势分析法	20.12	—	—
最小曲率法	—	—	7.82

注:"—"表示该方法分离效果差,未列出。

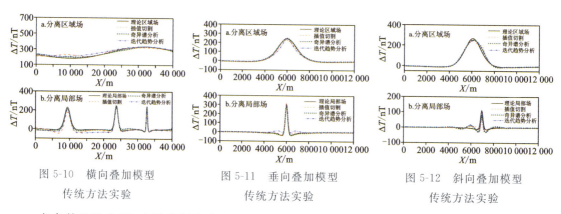

图5-10 横向叠加模型传统方法实验

图5-11 垂向叠加模型传统方法实验

图5-12 斜向叠加模型传统方法实验

在参数选取方面,小波分析存在如何根据哪一阶细节重构区域场与局部场的问题;匹配滤波存在功率谱估计场源深度误差较大的问题;插值切割需要设置插值半径和迭代次数,这两个参数对结果都有较大影响;多次迭代趋势分析参数只需设置迭代次数;最小曲率法需要设置迭代步长和迭代次数,两个参数对结果有一定影响;SSA分析需要先确定窗口大小,然后根据奇异谱分布确定重构阶数。

奇异谱分析具有适用性强,分离效果好的优点,并通过奇异谱的变化,容易选择重构阶数。但是,在二维数据的奇异谱分析中,其时滞矩阵大小是 $N_r N_c (N_r - L_r)(N_c - L_c) \times N_r N_c (N_r - L_r)(N_c - L_c)$,因此在 N_r 和 N_c 较大的情况下,需要较多的计算时间。

五、奇异谱分析在鄂东南某矿区的应用

鄂东南矿集区以接触交代型铁矿床为主，它们主要形成于燕山期中酸性侵入岩与碳酸盐岩接触带附近。区内出露白垩纪砂岩、粉砂岩和燕山期闪长岩、石英斑岩（图 5-13），地层北倾。区内铁矿以赤铁矿为主，伴有磁铁矿，其中赤铁矿相对围岩的剩余密度为 0.55g/cm^3，磁铁矿相对围岩的剩余密度为 1.47g/cm^3，高密度的赤铁矿和磁铁矿能够引起局部高重异常。从布格重力异常图（图 5-14）中可以看出，布格重力异常值在 -28mGal 到 -22mGal 之间，由北东高过渡到南西低。矿体产生的重力异常相对较弱，难以直接从布格重力异常图中分辨。

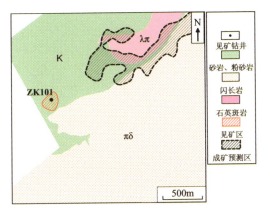
图 5-13 研究区地质图

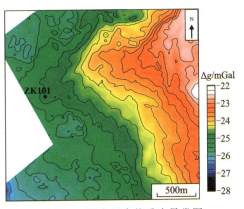
图 5-14 研究区布格重力异常图

由于中浅部地质体引起的重力异常尺度较小，因此采用 10×10（点线距 $20\text{m}\times20\text{m}$）的窗口进行多道奇异谱分析，奇异谱如图 5-15 所示。根据奇异谱的特征分类，用奇异值 σ_1 重构区域场（图 5-16a），用奇异值 σ_2 和 σ_3 重构局部场（图 5-16b），其余的奇异值则视为由噪声引起。

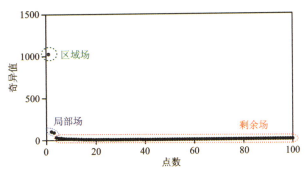
图 5-15 布格重力异常奇异谱分布图

区内岩体和沉积岩的接触带是成矿的有利位置，分离的局部场在接触带附近存在多个局部高重异常。西缘的局部高重异常位于闪长岩和沉积岩的接触带上，形状近圆形，极大值是 0.08mGal。东缘的局部高重异常位于石英斑岩、闪长岩和沉积岩的接触带上，该接触带具有成矿的地质条件。东缘局部高重异常形状近条带状，规模比西缘局部高重异常大，极大值是 0.16mGal。由于区内岩体和沉积岩密度低，因此推断这两个局部高重异常由中浅部的高密

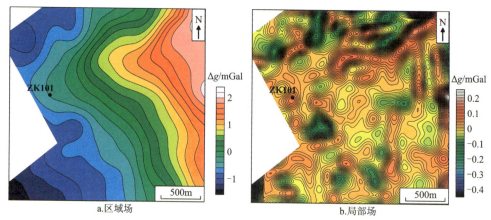

图 5-16　鄂东南某工区多道奇异谱分析结果

度地质体引起,该地质体可能是赤铁矿、磁铁矿或蚀变岩体。2014 年施工的 ZK101 孔位于西缘局部高重异常的中心位置,钻井见矿,层厚 117m,其中 59m 到 159m 处为赤铁矿,159m 到 177m 处为磁铁矿。结合地质和钻井资料,圈定接触带东缘局部重力大于 0.03mGal 的区域作为成矿远景区(图 5-13)。

六、结论

奇异谱分析是一种近年兴起的时间序列分析方法,它利用降秩原理实现信号分离,其过程包括变换、分解和重构。分解的过程可以看成时滞矩阵向低维子空间的投影,这些子空间的性质可以用奇异值来表征。重构的过程则是对奇异值分类,并选取特定奇异值所对应的子空间进行逆投影。结合理论模型计算分析,我们发现区域场具有低秩高奇异值的特征,局部场具有低秩中低奇异值的特征,噪声具有高秩低奇异值的特征,这是利用降秩原理进行场源分离和去噪的基础。我们通过理论模型试验发现,最优窗口的宽度近似等于待分离目标异常零值线的宽度,重构阶数则根据奇异谱的特征来选择。结合理论模型和实际数据,该方法能够实现重磁位场的分离,并具有适用性强、分离效果好的优点,但相比于传统方法,其计算效率稍低。

朱丹等(2018)实现了基于奇异谱分析的重磁位场分离方法,并将该方法用于鄂东南某矿区的重力资料处理中,实现弱异常的识别和分离。

第六章　磁异常总梯度模量反演

磁异常解释通常依赖于准确的磁化方向,若磁化方向未知或者不准确,解释的结果就会受到影响。总梯度模量具有不受或弱受磁化方向影响的特点,我们实现了磁异常总梯度模量的最优化反演,用于解决磁化方向未知或者不准确情况下的反演问题。通过分析二度体的总梯度模量公式,指出二维总梯度模量的曲线形态与磁化方向参数无关,但幅值与磁化方向参数有关,因此对反演中二维总梯度模正演值采用了归一-还原的方法,使得正演总梯度模量能够保幅,且与磁化方向参数完全无关;以直立长方体模型计算结果说明三维总梯度模受磁化方向的影响比总磁场异常小。通过二度板状体和直立长方体模型的反演试验,说明了利用总梯度模数据反演的结果不受或少受磁化方向的影响,可用于磁化方向未知或不准确情况下的反演。该方法在江苏某铁矿实例中取得了良好的地质效果。

一、方法原理

(一)二度板状体总梯度模量公式推导与分析

总梯度模量又称解析信号振幅,即水平梯度和垂直梯度的模量,其计算公式为

$$\Delta T_G = \sqrt{\Delta T_x^2 + \Delta T_y^2 + \Delta T_z^2} \tag{6-1}$$

式中:ΔT_x、ΔT_y、ΔT_z分别是异常的水平x、y方向导数与垂直z方向导数。对于2D情况,上式为

$$\Delta T_G = \sqrt{\Delta T_x^2 + \Delta T_z^2} \tag{6-2}$$

考虑如图6-1所示沿走向无限延伸斜磁化二度板状体模型,中心点坐标为(x_0,z_0),宽度为$2b$,延深长度为$2l$,倾角为α,有效磁化强度为M_s,有效磁化倾角为i_s,地磁场倾角为I,地磁场方向和磁化强度方向一致。则该板状体在点$P(x,z)$产生的磁异常可表示为

$$H_{ax} = \frac{\mu_0}{2\pi} \frac{M_s \sin\alpha}{}[\cos(\alpha-i_s)U - \sin(\alpha-i_s)V] \tag{6-3}$$

$$Z_a = \frac{\mu_0}{2\pi} \frac{M_s \sin\alpha}{}[\sin(\alpha-i_s)U + \cos(\alpha-i_s)V] \tag{6-4}$$

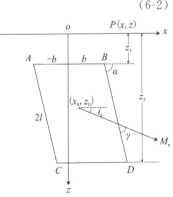

图 6-1　二度板状体坐标示意图

$$\Delta T = \frac{\mu_0 M_s \sin\alpha}{2\pi} \cdot \frac{\sin I}{\sin i_s} [\cos(\alpha - 2i_s)U - \sin(\alpha - 2i_s)V] \quad (6-5)$$

式中：$U = \frac{1}{2}\ln\frac{(x_2^2+z_2^2)(x_3^2+z_1^2)}{(x_1^2+z_1^2)(x_4^2+z_2^2)}$；$V = \arctan\frac{z_1}{x_3} - \arctan\frac{z_1}{x_1} + \arctan\frac{z_2}{x_2} - \arctan\frac{z_2}{x_4}$；

$$x_1 = x - x_0 + b + l\cos\alpha; \quad x_2 = x - x_0 + b - l\cos\alpha;$$

$$x_3 = x - x_0 - b + l\cos\alpha; \quad x_4 = x - x_0 - b - l\cos\alpha;$$

$$z_1 = z_0 - z - l\sin\alpha; \quad z_2 = z_0 - z + l\sin\alpha。$$

由 ΔT 分别对 x、z 求导得到

$$\Delta T_G = \frac{\mu_0 M_s \sin\alpha}{2\pi} \cdot \frac{\sin I}{\sin i_s} \sqrt{U_x^2 + V_x^2} \quad (6-6)$$

U_x、V_x 为 U、V 对 x 偏导数，将(6-6)式改写为

$$\Delta T_G = K \cdot \sqrt{U_x^2 + V_x^2} \quad (6-7)$$

式中：$K = \frac{\mu_0 M_s \sin\alpha}{2\pi} \cdot \frac{\sin I}{\sin i_s}$。

从式(6-7)中可以看出，系数 K 中含有与磁化方向相关的量，只有在地磁倾角和有效磁化倾角相同时，二度板状体模型的总梯度模量才与磁化方向无关，而实际中由于两者不一致导致磁化方向参数不能消去。从式(6-7)中可以看出总梯度模量形态与磁化方向参数无关，只有幅值与系数 K 有关。

(二)二度总梯度模量的保幅归一-还原法

为了消除磁化方向的影响，将观测数据和模型正演数据按式(6-8)进行归一化处理，消除式(6-7)中的 K 系数，那么归一化的数据不受磁化方向和磁化强度的影响。

$$\begin{cases} \overline{\Delta T_G^{obs}} = \dfrac{\Delta T_G^{obs} - \Delta T_{Gmin}^{obs}}{\Delta T_{Gmax}^{obs} - \Delta T_{Gmin}^{obs}} \\ \overline{\Delta T_G^{pre}} = \dfrac{\Delta T_G^{pre} - \Delta T_{Gmin}^{pre}}{\Delta T_{Gmax}^{pre} - \Delta T_{Gmin}^{pre}} \end{cases} \quad (6-8)$$

式中：ΔT_G^{obs}、ΔT_G^{pre} 分别为观测数据计算得到的总梯度模量值和模型正演的总梯度模量值；ΔT_{Gmax}^{obs}、ΔT_{Gmin}^{obs} 分别为 ΔT_G^{obs} 的最大值和最小值；ΔT_{Gmax}^{pre}、ΔT_{Gmin}^{pre} 分别为 ΔT_G^{pre} 的最大值和最小值；$\overline{\Delta T_G^{obs}}$、$\overline{\Delta T_G^{pre}}$ 分别为归一化后的观测和模型正演的总梯度模量值。

归一化后的数据值在 $0\sim1$ 之间，相对模型值较小，使得迭代反演中的矩阵容易出现病态而导致结果不易收敛。为了消除归一化对数值幅值的改变，本书提出利用观测数据总梯度模量最大值对观测和模型正演数据进行归一-还原的改正方法，即先按式(6-8)对观测和模型正演数据归一化，然后对归一化后的数据乘以观测数据总梯度模量的最大值 ΔT_{Gmax}^{obs}，即式(6-9)。那么对观测和模型正演数据按式(6-9)改正后，观测和模型正演数据均消除了式(6-7)K 系数的影响，同时由于还原所乘的 ΔT_{Gmax}^{obs} 是一个常数，并不会使磁化方向参数对观测和模型正演数据有影响，这样不仅消除了磁化方向和磁化强度对反演结果的影响，同时观测和模型正演数据的幅值没有改变，保证了反演的收敛性。

$$\begin{cases} \overline{\Delta T_{\mathrm{G}}^{\mathrm{obs}}} = \Delta T_{\mathrm{Gmax}}^{\mathrm{obs}} \cdot \dfrac{\Delta T_{\mathrm{G}}^{\mathrm{obs}} - \Delta T_{\mathrm{Gmin}}^{\mathrm{obs}}}{\Delta T_{\mathrm{Gmax}}^{\mathrm{obs}} - \Delta T_{\mathrm{Gmin}}^{\mathrm{obs}}} \\ \overline{\Delta T_{\mathrm{G}}^{\mathrm{pre}}} = \Delta T_{\mathrm{Gmax}}^{\mathrm{obs}} \cdot \dfrac{\Delta T_{\mathrm{G}}^{\mathrm{pre}} - \Delta T_{\mathrm{Gmin}}^{\mathrm{pre}}}{\Delta T_{\mathrm{Gmax}}^{\mathrm{pre}} - \Delta T_{\mathrm{Gmin}}^{\mathrm{pre}}} \end{cases} \quad (6-9)$$

(三)直立长方体总梯度模量与磁化方向关系分析

我们利用直立长方体模型总梯度模量公式,通过不同磁化条件下的模型正演计算结果说明总梯度模量与磁化方向的关系。

图 6-2 是长方体模型在不同磁化方向下的异常平面图。其中图 6-2a、b 为不同磁化方向下的总磁场异常 ΔT 平面图,图 6-2c、d 为不同磁化方向下的总梯度模量异常平面图。从图中可以看出,在不同的磁化方向下计算得到的总磁场异常 ΔT 正负伴生,受磁化方向影响明显,而总梯度模量异常差异小,且图 6-2d 中异常形态接近图 6-2c,可见总梯度模量受磁化方向的影响较总磁场异常要小。

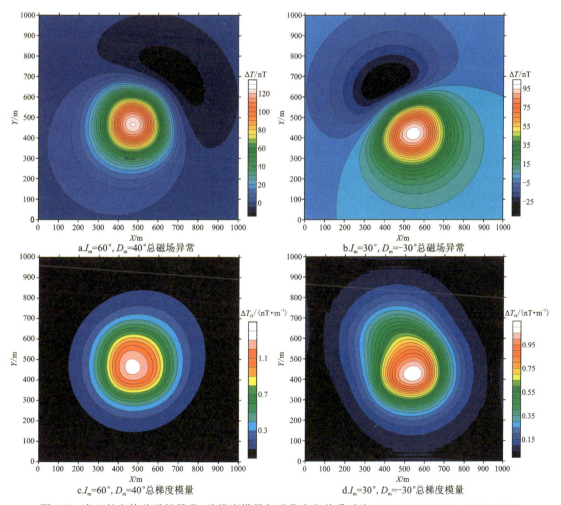

图 6-2 直立长方体总磁场异常、总梯度模量与磁化方向关系对比(I_{m} 为磁化倾角,D_{m} 为磁化偏角)

(四)反演的基本方法

利用总梯度模量反演的目标函数可以写为

$$\varphi = \sum_{i=1}^{M_T} [\overline{\Delta T_{G_i}^{obs}} - \overline{\Delta T_{G_i}^{pre}(m)}]^2 \tag{6-10}$$

式中：$\overline{\Delta T_{G_i}^{obs}}$、$\overline{\Delta T_{G_i}^{pre}}$ 为由观测数据和模型正演数据经过式(6-9)改正后的总梯度模量值；M_T 为观测点个数；m 为待反演的模型参数。

在实际的磁法勘探中，地面磁测多是测量总磁场异常 ΔT，因此 $\Delta T_{G_i}^{obs}$ 是通过计算 ΔT 在各个方向的梯度得到的。

得到反演的目标函数后，就可以利用马奎特法、广义逆法、遗传算法等解决目标函数最优化问题的方法得到反演的结果。

二、模型实验

(一)二度板状体模型

理论模型为一个沿走向无限延伸斜磁化二度板状体，板状体的几何参数见表6-1所示。观测剖面长度1000m，点距20m，磁性体有效磁化强度 $M_s=30\text{A/m}$，有效磁化倾角 $i_s=60°$，地磁倾角 $I=45°$。按照式(6-6)计算得到板状体的总梯度模量值，将该值作为反演中的观测数据。

表6-1 二度板状体模型反演结果对比

项目		中心坐标 x_0/m	中心埋深 z_0/m	宽度 $2b$/m	延伸长度 $2l$/m	板状体倾角 $a/(°)$	磁化强度 $M_s/(\text{A}\cdot\text{m}^{-1})$	磁化倾角 $i_s/(°)$	相对拟合偏差/%
理论模型		500	200	100	300	100	30	60	
初始模型		700	300	50	385	120	10	45	
ΔT反演	6个参数	600.87	182.65	40.81	295.25	54.15	72.85		9.96
	7个参数	502.35	190.94	80.28	264.71	100.59	41.26	59.82	1.29
ΔT_G反演		499.29	202.98	100.06	306.06	100.06			0.42

由于退磁和剩磁等因素的影响，利用实测数据并不能准确估计磁性体的磁化方向，因此可以将磁化倾角作为未知参数参与反演，或者将地磁倾角作为磁化倾角反演其他6个参数，而对于改进的二度总梯度模量数据反演，反演结果与磁化方向和磁化强度均无关，因此只需要反演确定板状体形态的5个参数。

对比不同的方案选取相同的初始模型，设计了3组对比实验，利用马奎特法反演迭代200次。第一组利用 ΔT 数据反演包括磁化倾角的7个参数，反演拟合曲线(图6-3a中拟合曲线2)和理论曲线形态拟合很好，反演结果(图6-3a中4)位置也与理论模型接近，板状体大小与理论模型还存在一定差异；第二组将地磁倾角作为磁化倾角利用 ΔT 数据反演6个参数，得到的结果为图 6-3a 中的模型 3,其倾向和理论模型不一致;第三组利用总梯度模量数据反演,由于与磁化方向和磁化强度无关,因此不需要反演或设定磁化倾角和磁化强度大小,得到的模型位置和形态参数几乎和理论模型一致,利用改进后二维总梯度模量进行反演,反演的结果更加准确。

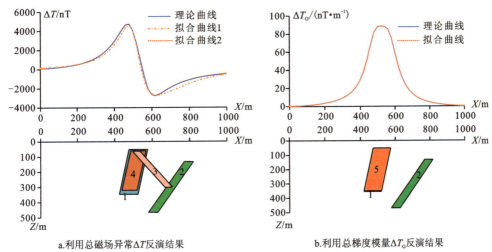

a.利用总磁场异常 ΔT 反演结果　　　　b.利用总梯度模量 ΔT_G 反演结果

1.理论模型;2.初始模型;3.ΔT 反演 6 个参数结果;4.ΔT 反演 7 个参数结果;5.ΔT_G 反演结果

图 6-3　二度板状体反演结果对比图

(二)直立长方体模型

长方体模型是重磁三维物性反演中的基本单元,研究磁性长方体总梯度模量的反演具有一定的现实意义。理论模型为一个直立长方体模型,长方体的几何参数见表 6-2 所示。观测点都在 xoy 平面内,点线距均为 50m,观测网格大小为 21×21,正演计算总梯度模量"观测数据"的磁化强度 $M=30\text{A/m}$,磁化倾角 $I_m=60°$,磁化偏角 $D_m=-10°$,地磁倾角 $I=45°$,地磁偏角 $D=0°$。

表 6-2　直立长方体模型反演结果对比

项目			中心坐标 x/m	中心坐标 y/m	中心埋深 z/m	长度 a/m	宽度 b/m	高度 c/m	相对拟合偏差/%
理论模型			500	500	300	300	100	200	
初始模型			700	700	500	300	300	300	
ΔT 反演	①	$I_m=60°$　$D_m=-10°$	499.90	499.77	298.44	299.92	101.07	196.57	0.74
	②	$I_m=45°$　$D_m=0°$	539.78	510.74	315.64	337.99	71.41	280.63	12.85
ΔT_G 反演	③	$I_m=60°$　$D_m=-10°$	500.00	500.00	299.99	300.00	99.99	199.98	0.000 2
	④	$I_m=45°$　$D_m=0°$	496.06	504.55	298.25	281.37	113.45	210.79	6.4

注:①、②、③、④为实验组号。

由于三维总梯度模量弱受磁化方向的影响，在反演中依然需要磁化方向参数参与计算。为了比较正演磁化方向参数对反演结果的影响，设计了4组对比实验，选取相同的初始模型，分别按照准确的磁化方向和地磁场方向来计算正演模型，利用马奎特法反演确定长方体形态的6个参数。①组和③组实验，正演的磁化方向与理论相同，利用 ΔT 数据反演和总梯度模量数据反演均得到较好的反演结果（图 6-4a 和图 6-4b）；②组和④组实验，正演的磁化方向为地磁场方向，与理论磁化方向不一致，利用 ΔT 数据反演结果出现了较大偏差（图 6-4b），利用总梯度模量数据反演，结果虽然并不完全与理论模型一致，但比②组准确（图 6-4d）。在正演磁化方向确定不准确的情况下，利用总梯度模量数据反演得到了比利用总磁场异常数据反演更准确的结果，因此利用三维总梯度模量数据反演的结果受磁化方向的影响较总磁场异常要小。

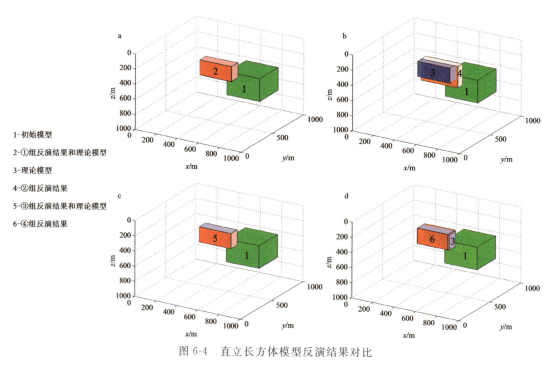

图 6-4 直立长方体模型反演结果对比

通过二度板状体和直立长方体模型实验表明，利用归一一还原方法改正的二维总梯度模量数据与磁化方向和磁化强度无关，因此反演结果更加准确，而利用三维总梯度模量数据反演的结果受磁化方向的影响较小，因此在磁化方向未知或者不准确时，利用总梯度模量数据反演依然能得到准确的结果。

三、总梯度模量反演在江苏某铁矿磁测资料中的应用

根据江苏某铁矿区的数据资料情况，选取异常特征较明显的 I 线精测剖面上的地面 ΔT 异常资料作为原始数据，首先对地面 ΔT 异常进行分离，得到浅部磁性体的异常，计算 ΔT 异常水平梯度和垂直梯度得到该剖面的总梯度模量，考虑到实测资料受浅层干扰，使得总梯度模量数据噪声较大，因此对数据进行了适当的圆滑处理。

第六章 磁异常总梯度模量反演

图 6-5 是利用 ΔT_G 数据反演的拟合结果,计算曲线和拟合曲线比较接近,将地质剖面上矿体位置和反演所得二度板状模型投影到 I 线上,由于设置的模型为简单的二度板状体模型,所以反演得到的模型不能完全和实际矿体一致,但可以看出,利用总梯度模量数据反演的模型长、宽、倾向都能够大致反映矿体的形态,为进一步精细解释提供了基础,由此也验证了利用总梯度模量数据反演的有效性。

四、结 论

本章实现了利用总梯度模量数据反演的基本方法,提出了总梯度模量保幅的归一-还原方法,通过模型实验和实际案例说明了在磁化方向未知或者不准确的情况下,利用总梯度模量数据反演依然能得到准确的结果。

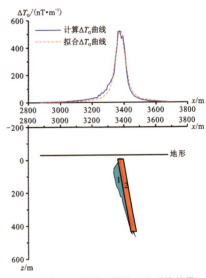

1.地质模型;2.总梯度模量 ΔT_G 反演结果

图 6-5 I 线总梯度模量反演结果图

由于难以获取地下磁性体准确的磁化方向参数,那么在磁化方向未知或者不准确的情况下,利用总梯度模量数据反演具有实际意义,同时由于减少了对磁化方向参数的直接反演,降低了参数空间的维数,使得总梯度模量反演更加稳定和收敛。

欧洋等(2013)实现了磁异常总梯度模量反演,并将该方法应用于江苏某铁矿取得了良好的地质效果。

第七章 总磁场异常 ΔT 迭代逼近投影分量 T_{ap}

目前地面高精度磁测与航空磁测,基本都是直接测量地磁场总强度 T 的大小,再减去正常地磁场 T_0 得到总磁场异常 ΔT 后进行处理与地质解释。显然从 ΔT 的定义其严格上其不是调和场,不满足拉普拉斯方程,因此,适用于磁异常分量的处理与反演方法对于 ΔT 异常来说就失去了方法的物理基础。Blakely(1995)指出当磁异常矢量 T_a 的大小远小于当地正常地磁场 T_0 时,可将 ΔT 异常近似为磁异常矢量 T_a 在正常地磁场方向上的投影 T_{ap}。另外,由于 T_0 在相当大的区域内,方向是几乎不变的,因此,在不大的区域内当 $T_a \ll T_0$ 时,可把 ΔT 看作是 T_a 在固定方向的投影 T_{ap},这样,ΔT 的物理意义就与 Z_a、H_a 相似,都是 T_a 在固定方向的分量。T_{ap} 显然为调和场,ΔT 的这种近似的优势在于,ΔT 与磁性体磁化强度 M 之间是简单的线性关系,ΔT 的延拓、分量换算、化极等处理方法以及反演就有了物理基础。

显然,将 ΔT 异常近似为磁异常矢量 T_a 在正常地磁场方向上的投影分量 T_{ap} 存在误差(图7-1),特别是在磁异常幅值较大时,如地面磁测磁性体埋深较浅、规模较大,或井中磁测探头靠近磁性体,磁异常将非常大甚至超过正常地磁场时,ΔT 近似为 T_{ap} 的误差则不容忽略,其延拓、分量换算、化极等处理以及反演不再具有相应方法的物理基础。

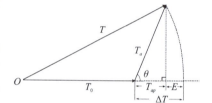

图 7-1 总场异常 ΔT 与磁异常分量 T_{ap} 关系示意图

袁晓雨等(2015)通过实验发现,随着磁异常增大,ΔT 近似为 T_{ap} 的误差 E 迅速增大,在强磁异常情况下误差不容忽视,否则对后续的定量计算和异常的分析解释会造成很大的影响。

如果可以由 ΔT 精确计算 T_{ap},对 ΔT 的处理与反演解释替换成对计算得到的 T_{ap} 进行处理与反演解释,就可以大大降低近似误差所带来的影响。因此,如何利用已有的 ΔT 资料精确地计算 T_{ap} 是当前磁法勘探基础理论的重要研究问题。

一、ΔT 与 T_{ap} 的关系

根据磁法勘探理论,我们知道总磁异常 ΔT 是地磁总场 T 和地磁正常场 T_0 的模量差,而磁异常矢量 T_a 是地磁总场 T 和地磁正常场 T_0 的矢量差

$$\Delta T = |T| - |T_0| = T - T_0 \tag{7-1}$$

$$T_a = T - T_0 \tag{7-2}$$

T_{ap} 是磁异常矢量 T_a 在地磁正常场 T_0 方向上的投影分量,如图7-1所示。

$$T_{ap} = T_a \cos\theta \tag{7-3}$$

式(7-3)中，θ 是磁异常矢量 T_a 和正常地磁场 T_0 之间的夹角。

根据图 7-1 中三角关系可知

$$T = \sqrt{T_0^2 + T_a^2 + 2T_0 T_a \cos\theta} \qquad (7-4)$$

结合式(7-1)、式(7-3)可得

$$\Delta T + T_0 = \sqrt{T_0^2 + T_a^2 + 2T_0 T_{ap}} \qquad (7-5)$$

等式两边平方得

$$\Delta T^2 + 2\Delta T T_0 = T_a^2 + 2T_0 T_{ap} \qquad (7-6)$$

等式两边同时除以 T_0^2 得

$$\left(\frac{\Delta T}{T_0}\right)^2 + 2\frac{\Delta T}{T_0} = \left(\frac{T_a}{T_0}\right)^2 + 2\frac{T_a}{T_0}\cos\theta \qquad (7-7)$$

当 $|T_0| \gg |T_a|$ 时，$\frac{T_a}{T_0}$ 非常小，其平方项可以忽略；又因为 $\Delta T \leqslant T_a$，所以 $\left(\frac{\Delta T}{T_0}\right)^2$ 也可忽略不计，于是式(7-7)可化简为

$$\Delta T \approx T_a \cos\theta = T_{ap} \qquad (7-8)$$

由此可以看出，当 $|T_0| \gg |T_a|$ 时，ΔT 异常可近似为磁异常矢量 T_a 在正常地磁场 T_0 方向上的投影分量 T_{ap}。

二、ΔT 与 T_{ap} 的差值

从 ΔT 与 T_{ap} 的关系可以看出，ΔT 直接近似为 T_{ap} 存在误差 E，可表示为

$$E = \Delta T - T_{ap} \qquad (7-9)$$

由式(7-6)可得

$$2T_0(\Delta T - T_{ap}) = T_a^2 - \Delta T^2 \qquad (7-10)$$

整理后，误差

$$E = \frac{T_a^2 - \Delta T^2}{2T_0} \qquad (7-11)$$

根据图 7-1 中 T_a、T_{ap} 以及 ΔT 的三角关系可知，T_a 始终不小于 ΔT，误差 E 始终不小于 0，总场异常 ΔT 始终不小于 T_{ap}，即

$$T_a \geqslant \Delta T \qquad (7-12)$$
$$E \geqslant 0 \qquad (7-13)$$
$$\Delta T \geqslant T_{ap} \qquad (7-14)$$

根据式(7-11)，很明显若 T_a 幅值不变，当 ΔT 为 0 时产生的误差最大，即

$$E_{\max} = \frac{T_a^2}{2T_0} \qquad (7-15)$$

此时 $\theta = \arccos\left(-\frac{T_a}{2T_0}\right)$，误差上限 $E_{\max}$ 与磁异常 T_a 呈二次函数关系。图 7-2 显示地磁正常场 T_0 为 50 000nT 时，$E_{\max}$ 随磁异常 T_a 的幅值增大以二次函

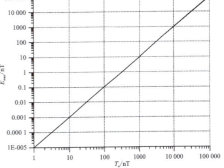

图 7-2 ΔT 直接近似为 T_{ap} 的最大误差 $E_{\max}$ 与磁异常 T_a 的关系曲线（地磁正常场 T_0 为 50 000nT）

数趋势迅速增加。当我们调查区域的磁异常T_a低于1000nT时,ΔT直接近似为T_{ap}的最大误差小于10nT,相对误差小于1%,可忽略不计,但随着T_a的增大,相对误差将以二次函数趋势增加。当T_a达到3000nT和10 000nT时,最大差异可以达到90nT和1000nT。此时的相对误差$\left(\dfrac{E_{max}}{T_a}\right)$分别为3%和10%,误差无法忽略。

三、ΔT直接替代T_{ap}的误差对处理结果的影响

下面以球体模型为例,试验分析ΔT近似为T_{ap}时误差所带来的影响。球体模型参数如表7-1所示,模型理论上产生的ΔT磁异常、T_{ap}磁异常以及两者的差值E如图7-3所示。可以看到,在强磁异常情况下,ΔT与T_{ap}的幅值有很大的差值,最大位于球体中心在地面的投影处,除此之外,ΔT与T_{ap}的极值点位置也不相同,当磁化倾角大于零时,ΔT的极值点位于T_{ap}的极值点北侧,当磁化倾角小于零时,ΔT的极值点位于T_{ap}的极值点南侧,且二者极值位置的偏移量随着异常幅值的增大而增大。

表7-1 球体模型的地磁参数和磁化参数

场源	中心坐标(x,y,z)/m	半径/m	磁化率κ	地磁倾角/(°)	地磁偏角/(°)	地磁场/nT
单一球体模型	(0,0,150)	130	1	45	0	50 000

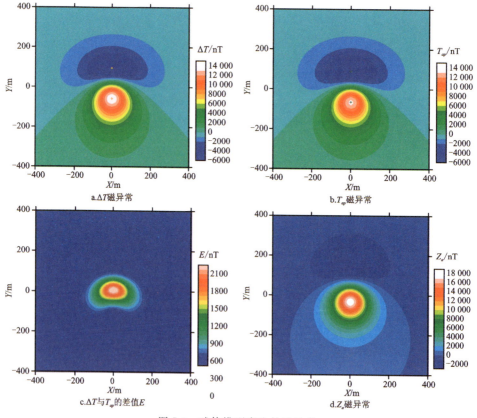

图7-3 球体模型产生的磁异常

由于 T_{ap} 为调和场,满足拉普拉斯方程,具备进行分量换算、化极、延拓等处理的理论基础,因此,其各种转换处理结果误差主要源于傅立叶变换的误差以及计算机的有效数字截断误差,误差非常小(图 7-4 和图 7-5)。

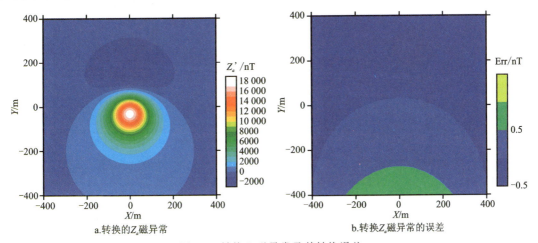

图 7-4 转换 Z_a 磁异常及其转换误差

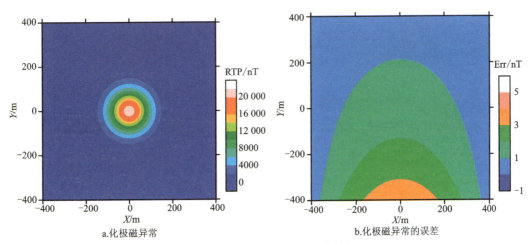

图 7-5 理论 T_{ap} 磁异常化极的结果

图 7-6 是 ΔT 直接替代 T_{ap} 转化 Z_a 磁异常的结果,可以看出转换结果存在很大的误差,这个误差将影响依赖于分量转化方法的解释结果。图 7-7 是 ΔT 直接替代 T_{ap} 进行化极的结果,可以看出 ΔT 化极结果不仅幅值与理论有很大的差异,从而会影响对场源性质的判断,而且化极结果的形态也有一定的畸变,会对场源分布的定性判断和定量计算产生很大的影响。

从上述的分析可以看出,如果可以由 ΔT 精确计算出 T_{ap},再对 T_{ap} 进行处理与反演解释,就可以大大降低近似误差所带来的影响。

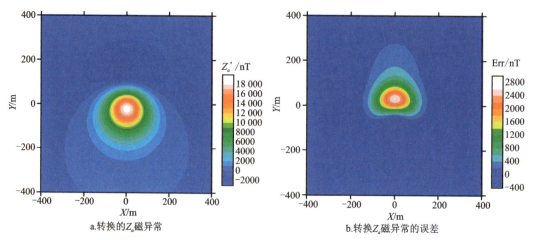

图 7-6 ΔT 直接替代 T_{ap} 转换 Z_a 磁异常的结果

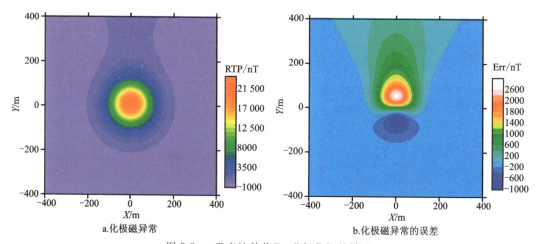

图 7-7 ΔT 直接替代 T_{ap} 进行化极的结果

四、ΔT 迭代逼近计算 T_{ap}

由式(7-10)可以得出

$$\Delta T = T_{ap} + \frac{T_a^2 - \Delta T^2}{2 T_0} \tag{7-16}$$

在不大的区域范围内,正常场 T_0 可看作固定方向的常量,上式中除了 ΔT 和 T_{ap},还存在变量 T_a。如果我们要根据 ΔT 数据计算 T_{ap},就需要先得到 T_a。已知 T_a 可以表示为下式

$$T_a^2 = H_{ax}^2 + H_{ay}^2 + Z_a^2 \tag{7-17}$$

式中:H_{ax},H_{ay} 和 Z_a 分别是磁异常的水平分量和垂直分量,它们可以由 T_{ap} 经过分量转换得到。

设 $F[\ ]$ 为傅立叶正变换,$f(\ )$ 为傅立叶反变换。$F[H_{ax}]$,$F[H_{ay}]$,$F[Z_a]$ 和 $F[T_{ap}]$ 分别表示 H_{ax},H_{ay},Z_a 和 T_{ap} 的频谱。在频率域,$F[H_{ax}]$,$F[H_{ay}]$,$F[Z_a]$ 可以由 $F[T_{ap}]$ 乘转换因子得到

$$F[H_{ax}] = F[T_{ap}] \cdot q_x$$
$$F[H_{ay}] = F[T_{ap}] \cdot q_y \quad (7\text{-}18)$$
$$F[Z_a] = F[T_{ap}] \cdot q_z$$

转换因子表示为

$$q_n = \frac{\Theta'_f}{\Theta_f}, n = x, y, z$$

$$\Theta'_f = \hat{f}'_z + i\frac{\hat{f}'_x k_x + \hat{f}'_y k_y}{|k|}$$

$$\Theta_f = \hat{f}_z + i\frac{\hat{f}_x k_x + \hat{f}_y k_y}{|k|} \quad (7\text{-}19)$$

式(7-19)中,$\hat{f}' = (\hat{f}'_x, \hat{f}'_y, \hat{f}'_z)$和$\hat{f} = (\hat{f}_x, \hat{f}_y, \hat{f}_z)$分别是待计算分量方向和地磁场方向上的单位矢量。我们可以注意到该方法与异常体的总磁化方向无关,因此是否存在剩磁和自退磁对该方法不产生影响。式(7-16)可转换为

$$\Delta T_{\text{pred}} = T_{ap} + \frac{f(q_x \cdot F[T_{ap}])^2 + f(q_y \cdot F[T_{ap}])^2 + f(q_z \cdot F[T_{ap}])^2 - \Delta T_{\text{obs}}^2}{2 T_0}$$

(7-20)

式中:ΔT_{obs}表示观测得到的ΔT,ΔT_{pred}表示根据T_{ap}预测得到的ΔT数据,显然ΔT与T_{ap}之间是复杂的非线性关系,为了精确计算T_{ap},我们可以构建出如下目标函数:

$$\varphi = \min_{T_{ap}} \|\Delta T_{\text{pred}} - \Delta T_{\text{obs}}\|_2^2 \quad (7\text{-}21)$$

采用优化算法通过迭代逼近得到T_{ap}的最优解,迭代过程中可以将ΔT作为T_{ap}的初始值。

求解式(7-21)的最优化问题有以下几个特点:①计算的参数多,平面网格数据上每个测点的T_{ap}值都是待求的参数,大面积的情况下少则几千,多则数十万,在大规模优化参数面前,非线性优化方法的大量计算消耗问题就显得十分严重。②T_{ap}具有良好的初始值,强磁异常情况下ΔT和T_{ap}虽然存在较大的误差,但是该误差相对于整个参数空间来看还是非常小的,所以ΔT可以作为T_{ap}良好的初始值,由于初始值十分接近真实值,在收敛过程中不用担心陷入局部极小值点。因此,线性化优化方法更加适合该问题,可采用有限内存的 BFGS(又称内存受限的拟牛顿法)算法,简称 L-BFGS 算法,该方法是 BFGS 算法的改进,它具有超线性收敛速度,且避免了牛顿法必须计算海森(Hesse)矩阵的逆,同时也不像传统的拟牛顿法需存储矩阵H_k^{-1},它仅存储最近 n 步的向量组就能计算H_k^{-1},从而节省了内存消耗,该方法现已广泛应用于地球物理反演中。

在 BFGS 方法中,d_k可以由 Hesse 矩阵的逆近似H_k^{-1}和梯度g_k表示,$d_k = -H_k^{-1} g_k$,迭代公式可写为

$$m_{k+1} = m_k - \alpha_k H_k^{-1} g_k \quad (7\text{-}22)$$

以H_0^{-1}作为 Hesse 矩阵的逆近似的初值,利用修正公式逐步修正矩阵H_k^{-1}。该修正公式为

$$H_{k+1}^{-1} = (I - \rho_k s_k y_k^T) H_k^{-1} (I - \rho_k y_k s_k^T) + \rho_k s_k s_k^T \quad (7\text{-}23)$$

式中:$y_k = g_{k+1} - g_k$;$s_k = m_{k+1} - m_k$;$\rho_k = 1/(y_k^T s_k)$。

初始矩阵H_0通常设置为单位矩阵I。BFGS 方法的显著缺点是需要在存储器中存储 Hesse 矩阵的逆近似。当要解决的问题很大时,需要大量的计算机内存,因此不适合解决大规模优化问题。

Nocedal 于 1980 提出的 L-BFGS 方法是 BFGS 方法的改进,具有内存占用少和计算操作简便的优点,非常适合解决大规模优化问题。L-BFGS 算法无需存储矩阵 H_k^{-1},仅存储最近的 n 步的向量组 $\{s_i, y_i\}_{i=0}^{k}$ 就能计算 H_k^{-1},计算过程如下

$$\begin{aligned}
H_{k+1}^{-1} = {} & (V_k^T V_{k-1}^T \cdots V_{k-n+1}^T) H_{k_0}^{-1} (V_{k-n+1} \cdots V_{k-1} V_k) + \\
& (V_k^T V_{k-1}^T \cdots V_{k-n+2}^T)(\rho_0 s_0 s_0^T)(V_{k-n+1} \cdots V_{k-1} V_k) + \\
& \cdots + \\
& V_k^T (\rho_{k-1} s_{k-1} s_{k-1}^T) V_k + \\
& \rho_k s_k s_k^T
\end{aligned} \tag{7-24}$$

式中:$V_k = I - \rho_k y_k s_k^T$;$\rho_k = 1/(y_k^T s_k)$;$H_{k_0}^{-1}$ 为第 k 次迭代时 Hesse 矩阵的初始逆近似。

Nocedal 和 Wright 提出了一些关于 $H_{k_0}^{-1}$ 选取的建议,实际使用中常选择下式:

$$H_{k_0}^{-1} = \frac{s_k^T y_k}{\|y_k\|_2^2} I \tag{7-25}$$

向量组参数 n 通常在 3~20 之间选择。当迭代次数 k 超过给定的 n 时,存储最近的 n 步。

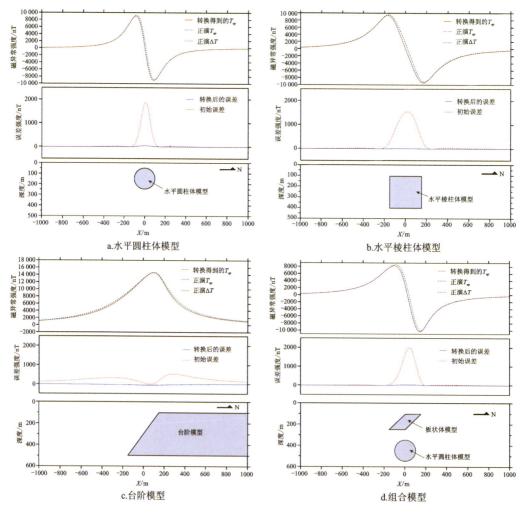

图 7-8 几种二度模型 ΔT 换算 T_{ap} 的结果

五、影响 T_{ap} 计算精度的因素分析

基于 ΔT 计算误差公式构建得到了待求 T_{ap} 的目标函数,并根据问题的特点选用合适的优化算法 L-BFGS 算法。由于该问题具有良好的初始值,利用优化算法很容易收敛到全局最优解。该最优解理论上应该与模型 T_{ap} 的正演值相同,但是在处理中往往发现结果与模型正演的 T_{ap} 仍存在少量的偏差。该误差主要来源于两个方面,一是分量转换存在误差,二是 ΔT 数据有限。ΔT 异常的完整性是保证计算结果精度的必要条件。

强磁异常往往伴随着强剩磁强退磁。剩磁和退磁是否会对 T_{ap} 计算精度产生影响是一个重要问题。由式(7-20)可以看出,T_{ap} 计算只涉及磁异常分量之间的转换,只与地磁场方向有关,而与磁化强度和方向无关,不用考虑磁异常是来源于感磁、剩磁、退磁还是它们相互叠加。

六、模型试算

通过模型试验从剖面和平面两个角度分析此方法的有效性,模型磁异常正演时地磁场参数:总场强度大小 50 000nT,磁倾角 45°,磁偏角 0°,各种模型磁化率均为 1SI(κ)。

图 7-8 是几种二度模型剖面 ΔT 换算 T_{ap} 的结果,图 7-9 和图 7-10 是球体平面 ΔT 换算 T_{ap} 的误差,可以看出采用本方法计算得到的 T_{ap} 误差普遍都下降了 2 个数量级,精度得到了大大的提高。从图 7-11 可以看出换算得到的 T_{ap} 进行化极的结果形态畸变消失了,得到更加准确的结果。

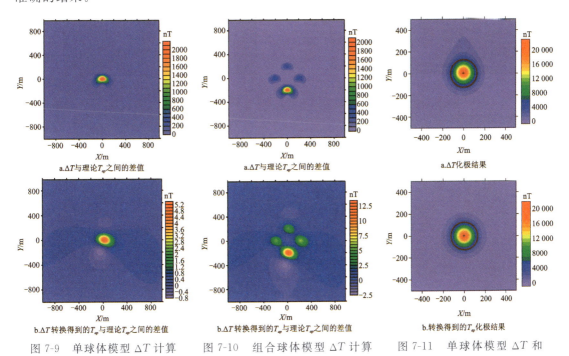

图 7-9 单球体模型 ΔT 计算误差和 T_{ap} 数据转换剩余误差

图 7-10 组合球体模型 ΔT 计算误差和转换得到的 T_{ap} 存在的误差

图 7-11 单球体模型 ΔT 和转换得到的 T_{ap} 化极结果对比

七、应用实例

将方法应用于福建省阳山铁矿的实测 ΔT 数据,该区域主要磁性岩石为磁铁矿,即目标铁矿层,其磁化率为 12 200～179 700($4\pi \times 10^{-6}$ SI)。研究区内矿体具有较强的磁化强度,观测得到的总磁场异常通常为数千纳特,最高幅度可以达到 10 000nT。根据模型试验我们知道,由于 ΔT 计算误差存在,化极后,不仅会影响强磁性体化极后的幅值位置和形状,还会在强磁异常体附近区域产生较大的虚假异常,因此直接用传统的 ΔT 处理解释一定带有误差,对结果会产生较大的影响,因此我们用本文提出的方法来计算得到 T_{ap},再对 T_{ap} 资料进行处理解释,观察二者差别。

本例先将实测 ΔT 数据整理成大小为 150×150 网格数据,共 22 500 个测点,令迭代的终止条件 $\varphi_{\min}=0.001$。转换计算在 9 次迭代后完成,目标函数值为 6.095×10^{-4}。为了更好地描绘矿体,我们分别对 ΔT 和转换得到的 T_{ap} 进行化极(地磁倾角=36°,地磁偏角=−3°)。比较两种化极结果(图 7-12b 和图 7-12c),并求得二者差值(图 7-12d)。图中我们可以看到两种化极结果在它们的异常形态上差别不大,但它们的幅值大小不同,总场异常最高值处,最大差

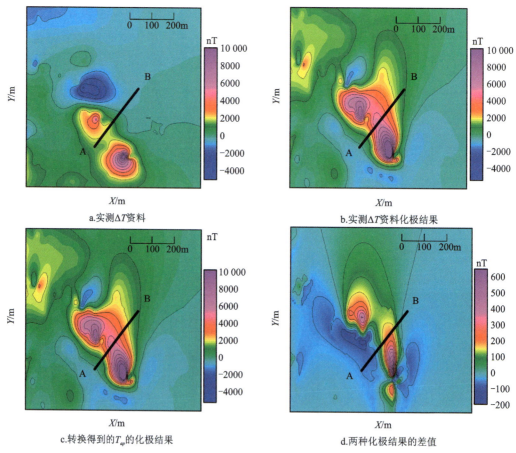

a.实测ΔT资料　　　　　　　　　　　b.实测ΔT资料化极结果

c.转换得到的T_{ap}的化极结果　　　　　　d.两种化极结果的差值

图 7-12　实测 ΔT 资料化极结果与由 ΔT 转换得到的 T_{ap} 的化极结果对比

异可达到600nT。两种化极结果在北部有明显的差异可达到上百纳特，这与模型试验中的结论相吻合，ΔT化极结果会在异常场体的磁偏角方向产生虚假异常，该误差在精细化处理解释中不可忽略。

图7-13显示了AB剖面ΔT与转换得到的T_{ap}反演结果对比。剖面化极曲线的曲线形状与极值点位置均存在差异，对二者采用组合直立长方体自动反演。二者初始模型设置相同，均为深度350m到450m的一个厚100m的层状异常，经过反演后，得到不同的结果。反演结果对比发现见矿钻孔ck40、未见矿钻孔zk4298与ΔT反演结果相互矛盾，而与计算得到的T_{ap}反演结果对应良好，反T_{ap}数据的处理解释结果更加合理。结果对比表明利用T_{ap}数据处理解释与ΔT处理解释存在明显差异，利用T_{ap}数据可以有效提高处理解释的精度，得到更加准确的结果。

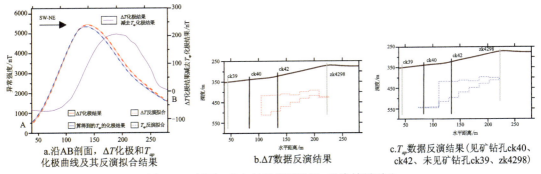

图7-13 剖面ΔT与转换得到的T_{ap}反演结果对比

八、结论

将ΔT看作磁异常T_a在地磁场方向上的投影T_{ap}的这种方式存在近似误差，在具有强磁异常的情况下，如地面磁测时埋深较浅、规模较大的矿体或井中ΔT磁测探头靠近矿体，磁异常非常大甚至超过地磁场，ΔT近似误差不可忽略。利用L-BFGS优化算法反演计算T_{ap}的方法可以得到十分接近真实T_{ap}的结果，存在的反演结果的误差主要来源于目标函数中的傅立叶变换。总体上该方法可以将ΔT最大近似误差降低两个数量级，在此基础上进行处理解释可以得到更加精确的结果，实测资料也证明了该结论。随着磁法勘探的发展和计算能力的提高，使用反演得到的T_{ap}数据进行处理解释，可以很大程度地提高处理解释的精度，符合高精度处理解释的需求。不过该方法的目标函数计算复杂度较高，因此进行大范围T_{ap}反演时计算量很大，未来在如何提高方法的计算效率方面仍需进一步研究。

甄慧翔等（2019）实现了ΔT迭代逼近法。

第八章 金属矿床背景噪声地震成像与重震联合反演

地球物理勘探技术是进行金属矿资源探测的重要手段,其中,反射地震勘探相较于重磁电等勘探方法具有更大的穿透深度和更高的分辨率,可以满足深部探矿的需求。但由于结晶岩地区地质情况复杂,且反射地震勘探存在着成本高昂、环境污染和易受地形条件影响等问题,因此反射地震勘探并未在金属矿勘探中得到广泛使用。

背景噪声成像(也常称为微动勘探)是一种更加便捷、经济、环保且适用性很强的地震方法。其作为一种新兴的被动源地震方法,近十几年来快速发展成为了一种探测地下结构的有效手段。该方法不需要人工震源,而是利用天然或人为产生的地震背景噪声对地下横波速度结构进行成像,因此抗干扰能力强,可以极大地降低勘探成本和保护生态环境。目前,该技术已广泛应用于岩石圈结构成像,尤其是对于岩浆火山或泥火山等深部热液系统的探测,因为地壳中岩浆流体的运移和聚集可能导致横波速度的异常。随着便携式一体化短周期地震仪的发展和完善,基于密集台阵的背景噪声成像方法可以提取到相对高频的面波甚至体波信息,进而获取近地表较小尺度(几千米)的地下高分辨率速度结构。近年来,开始有研究尝试将该技术应用于金属矿勘探中,初步显示出了其在探测深部控矿结构(例如隐伏的花岗岩侵入体)方面的潜力。然而,目前还没有在实际金属矿勘探中使用该方法来寻找矿体位置或沉积地点的应用。斑岩型矿床属于典型的岩浆-热液型矿床,是全球铜、钼、金、银的重要来源,具有极大的经济价值。有学者认为,岩浆热液的矿化和相关蚀变作用会降低介质的弹性波速度,尽管该低速异常远小于火山带或岩浆储层中预期的横波速度变化,但在浅成低温热液型的大型矿床中(如斑岩型 Cu-Mo-Au 矿床),横波速度异常很可能已经大规模发育,因此可以采用基于密集台站的背景噪声成像方法来探测此类矿床。

一、方法原理

(一)互相关函数与格林函数的关系

如图 8-1 所示,两个独立的接收点在平稳随机的波场中接收到的噪声波形往往毫无规律,然而研究人员基于不同的理论证明:计算它们的噪声波形记录的互相关函数可以获得两点之间介质的格林函数。

注:本章由中国地质大学(武汉)地质过程与矿产资源国家重点实验室陈国雄、邓小峰执笔。

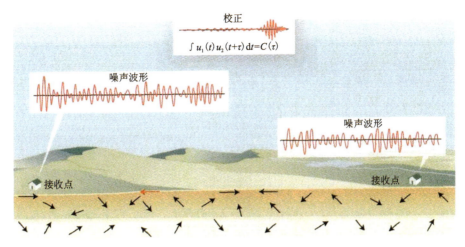

图 8-1 背景噪声互相关提取格林函数示意图

下面以模式均分理论为例，证明背景噪声互相关函数与格林函数之间的等价性。

假设存在一个有限弹性体，在数学上，其内部波场能够表达成叠加无数个波的特征函数的形式：

$$u(x,t) = \sum_n a_n \varphi_n(x) e^{i\omega_n t} \tag{8-1}$$

式中：x 为波场所处的位置；t 为时刻；φ_n 和 ω_n 分别为弹性体的特征函数和特征频率；a_n 为各个特征函数对应的振幅。

对于散射波场来说，特征函数振幅 a_n 两两之间没有相关性，即

$$a_n a_m^* = \delta_{nm} F(\omega_n) \tag{8-2}$$

式中：等式左边表示在长时间段求取平均值；$F(\omega_n)$ 为散射波场在 $[\omega_n - \delta\omega, \omega_n + \delta\omega]$ 频段的能谱密度函数。

为计算散射波场中任意两点 (x,y) 波形记录的互相关函数，将式(8-2)代入式(8-1)，得到

$$\begin{aligned}C(x,y,\tau) &= \int_0^T u(x,t) u^*(y,t+\tau) dt \\ &= \int_0^T \left\{\sum_n a_n \varphi_n(x) e^{i\omega_n t}\right\} \left\{\sum_m a_m^* \varphi_m(y) e^{-i\omega_m(t+\tau)}\right\} dt \\ &= \sum_{n,m} \varphi_n(x) \varphi_m(y) e^{-i\omega_m \tau} \int_0^T a_n a_m^* dt\end{aligned} \tag{8-3}$$

当 T 很大时，即满足时间充分长的要求时，上式的交叉项消失，简化为

$$C(x,y,\tau) = \sum_n F(\omega_n) \varphi_n(x) \varphi_n(y) e^{-i\omega_n \tau} \tag{8-4}$$

此外，任意两点之间的经验格林函数的模态展开形式为

$$G(x,y,\tau) = \sum_n \varphi_n(x) \varphi_n(y) e^{-i\omega_n \tau} \tag{8-5}$$

对比式(8-4)和式(8-5)发现，两点之间的互相关函数和格林函数之间仅仅相差一个振幅因子 $F(\omega_n)$。所以对于一个散射波场中的任意两点，只需要计算它们之间的足够长时间的波形记录的互相关函数，就可以推出其对应的经验格林函数。

(二)面波频散曲线测量

目前,在计算噪声互相关函数后,多重滤波技术较为普遍地运用在提取背景噪声面波群速度和相速度频散上。其基本原理是,采用中心频率为ω_n的无相移高斯带通滤波器对面波信号或(经验)格林函数进行滤波,一般认为其傅立叶反变换后最大振幅的到时即是中心频率(ω_n)群速度波形包络的到时,其基本原理推导如下。

假设背景噪声互相关后经验格林函数为$f(t)$,该记录包含所要提取的面波频散信息,经过傅立叶变换为

$$F(\omega) = \int_{-\infty}^{\infty} f(t) e^{-i\omega t} dt \tag{8-6}$$

在频率域中,中心频率为ω_n的高斯滤波器可表示为

$$G_n(\omega) = e^{-\alpha \left(\frac{\omega - \omega_n}{\omega_n}\right)^2} \quad (\omega > 0) \tag{8-7}$$

式中:α为滤波器的带宽因子,实践显示α与滤波器的频率宽度成反比,一般情况下,在台站间距为0、100km、250km、500km、1000km、2000km时,α分别取值5、8、12、20、25、35。

为了确保滤波后时间域中显示的信号是实数,高斯带通滤波器需要满足无相移且共轭对称的条件:

$$G_n(\omega) = e^{-\alpha \left(\frac{\omega - \omega_n}{\omega_n}\right)^2} + e^{-\alpha \left(\frac{\omega + \omega_n}{\omega_n}\right)^2} \tag{8-8}$$

互相关信号经过高斯窄带滤波后得

$$F(\omega_n, t) = \frac{1}{2\pi} \int_{-\infty}^{\infty} f(\omega) \left[e^{-\alpha \left(\frac{\omega - \omega_n}{\omega_n}\right)^2} + e^{-\alpha \left(\frac{\omega + \omega_n}{\omega_n}\right)^2} \right] e^{-i\omega t} d\omega \tag{8-9}$$

作希尔伯特变换:

$$\bar{F}(\omega_n, t) = \frac{1}{2\pi} \int_{-\infty}^{+\infty} f(\omega)(-i\sin\omega) \left[e^{-\alpha \left(\frac{\omega - \omega_n}{\omega_n}\right)^2} + e^{-\alpha \left(\frac{\omega + \omega_n}{\omega_n}\right)^2} \right] e^{-i\omega t} d\omega \tag{8-10}$$

定义解析函数:

$$\begin{aligned} S_n(\omega_n, t) &= F(\omega_n, t) + i\bar{F}(\omega_n, t) \\ &= \frac{1}{\pi} \int_0^{\infty} f(\omega) \left[e^{-\alpha \left(\frac{\omega - \omega_n}{\omega_n}\right)^2} + e^{-\alpha \left(\frac{\omega + \omega_n}{\omega_n}\right)^2} \right] e^{-i\omega t} d\omega \end{aligned} \tag{8-11}$$

又因$S_n(\omega_n, t) = |A_n(t)| e_n^{if}(t)$,则滤波后的时间函数$F(\omega_n, t)$的包络为

$$A_n(t) = \sqrt{\mathrm{Re}[S_n(\omega_n, t)]^2 + \mathrm{Im}[S_n(\omega_n, t)]^2} \tag{8-12}$$

瞬态相位为

$$f_n(t) = \tan^{-1} \frac{\mathrm{Im}[S_n(\omega_n, t)]}{\mathrm{Re}[S_n(\omega_n, t)]} \tag{8-13}$$

视频率为

$$\Omega_n(t) = \frac{\partial}{\partial t} \varphi_n(t) \tag{8-14}$$

包络函数$A_n(t)$的最大振幅对应中心频率ω_n的群速度走时$t_g(\omega_n)$,把所有$t_g(\omega_n)$连接起来得到群走时曲线$t_g(\Omega_n)$,最终群速度频散曲线计算公式为

$$U(\omega) = \frac{\Delta}{t_g(\omega)} \tag{8-15}$$

式中:Δ为震中距;$t_g(\omega)$由$t_g(\Omega_n)$线性插值得到,代表不同周期的群速度走时。

在实际处理时,一般定义时频函数($\log|A(t,\omega)|^2$)为包络函数平方取对数,这一操作可以把时间-频率域转换到群速度-周期域并绘制二维图像。在二维图像中,追踪每个周期下时频函数的最大值并连接起来得到群速度频散曲线。

提取相速度要特别考虑两个台站之间的相位差,一般情况下,相位差的取值都是在 $0\sim2n\pi$ 之间,但是实际情况中从一个台站传到另一个台站的信号至少需要多个周期的时间,所以实际中真正的相位差还应该加上 $2n\pi$。瞬态相位函数可用来估计相速度:

$$\varphi(t_g,\omega) = k\Delta - \omega t_g + \frac{\pi}{4} + 2n\pi \tag{8-16}$$

式中:ω 为瞬时频率;k 为波数。

由 $t_g = \dfrac{D}{U_g}$,$k = \dfrac{\omega}{c}$,可求相速度为

$$c = \frac{\omega\Delta}{\varphi + \dfrac{\omega\Delta}{U_g} - \dfrac{\pi}{4} - 2n\pi} \tag{8-17}$$

(三)基于"射线追踪"的面波频散直接反演方法

我们采用基于射线追踪的直接反演方法获取曹四夭矿区的三维横波速度结构。与传统的两步法反演不同,该方法无须获取相速度、群速度分布图,可直接由面波频散反演横波速度。并且,该方法使用了频率相关的射线追踪方法,而非使用大圆路径,因此可以更好地模拟不均匀介质中的射线路径弯曲效应,对于横向变化比较剧烈的区域有较大的改善。

在走时计算中,该方法采用了快速行进法的策略,A、B 两点之间在频率 ω 的走时可以表示为

$$t_{AB}(\omega) = \sum_{i=1}^{P} S_i(\omega) \Delta l_{AB} \tag{8-18}$$

式中:$S_i(\omega)$ 表示微元路径 Δl_{AB} 上的相位慢度。

通过在原有网格上线性插值来计算每个频率的面波走时。该反演从某个参考模型开始,第 i 个实际走时测量值与参考模型正演的走时之间的差值可以表达为

$$\delta t_i(\omega) = t_i^{obs}(\omega) - t_i(\omega) \approx -\sum_{k=1}^{K} \mu_{ik} \frac{\delta c_k(\omega)}{\delta c_k^2(\omega)} \tag{8-19}$$

式中:$\mu_{ik} = \sum_{p=1}^{P} v_{pk}^i \Delta l_i$,$v_{pk}^i$ 为插值系数。

为了获得 **G** 矩阵,需要明确测量值与模型参数之间的关系,相速度扰动与模型参数扰动之间的关系可以表达为

$$\delta c_k(\omega) = \int \frac{\partial c_k(\omega)}{\partial \alpha_k(z)} \delta\alpha_k(z) + \frac{\partial c_k(\omega)}{\partial \beta_k(z)} \delta\beta_k(z) + \frac{\partial c_k(\omega)}{\partial \rho_k(z)} \delta\rho_k(z) \tag{8-20}$$

式中:α、β 和 ρ 分别表示横波速度、纵波速度和密度。

将式(8-20)代入式(8-19)中即可得到测量值变化量与模型参数变化量的关系,即获得了 **G** 矩阵。实际上,我们只需要反演横波速度,纵波速度和密度都是通过经验公式来约束的:

$$\begin{aligned}\delta t_i(\omega) &= \sum_{k=1}^{K}\left(-\frac{v_{ik}}{\delta c_k^2(\omega)}\right)\sum_{j=1}^{J}\left[R_\alpha(z_j)\frac{\partial c_k(\omega)}{\partial \alpha_k(z_j)} + R_\rho(z_j)\frac{\partial c_k(\omega)}{\partial \rho_k(z_j)} + \frac{\partial c_k(\omega)}{\partial \beta_k(z_j)}\right]\delta\beta_k(z_j) \\ &= \sum_{l=1}^{M} G_{il} m_l\end{aligned}$$

$$\tag{8-21}$$

我们知道,面波的敏感核矩阵是比较病态的,但是这种情况在小波域中相对于空间域中有所改善,因此也有学者使用了基于小波的稀疏矩阵反演。该反演中的目标函数定义为

$$\chi(\hat{m}) = \|\hat{G}\hat{m} - d\|_2 + \lambda\|\hat{m}\|_2 \tag{8-22}$$

式中:$\hat{G}=GW^T$;$\hat{m}=Wm$;W 为权重矩阵;λ 为平衡数据的残差和模型的稀疏性的因子。

二、曹四夭斑岩矿床成像

(一)地质概况

如图 8-2a 所示,曹四夭勘查区大地构造位于华北克拉通北缘,位于古亚洲洋与环太平洋西部构造体系的交界处,长期复杂的构造岩浆演化赋予了该区丰富的钼、金、铅锌等矿产资源。曹四夭钼矿床是河南地省第二地质勘察院近年来于内蒙古兴和县内找到的一处特大花岗斑岩型钼矿床,初步确定的钼资源量超过 2Mt,是目前华北陆块北缘最大,全国第二大的钼矿床,进一步巩固了钼矿的优势矿产地位。勘查区大部分被古近系—新近系松散沉积物覆盖,曹四夭矿床西部有少量中太古界集宁群变质岩出露,主体岩性为含矽线石榴二长浅粒岩(石英岩)、含黑云矽线石榴钾(二)长片麻岩,底部在黄土窑一带见有透辉大理岩。矿区内断裂构造比较发育,以北东向、北西向为主。其中北东向的大同-尚义断裂规模较大,被认为是华北克拉通西部和中部板块的缝合线。该区大部分矿床(尤其是钼矿床)与中生代斑状花岗岩密切相关,主要分布在北东向和北西向断裂的交会处。然而,这些潜在的花岗岩大部分被厚沉积物所覆盖,给在该地区发现新的矿床带来了极大的挑战。

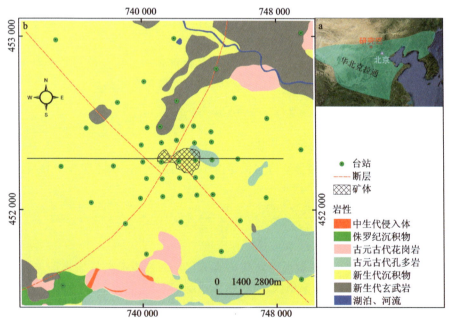

图 8-2 研究区大地构造位置(a)和地震台站分布(b)
(黑色东西向直线为重磁震联合反演剖面)

曹四夭钼矿床由 1 个巨大矿体和 3 个小矿体组成，矿体均呈隐伏状产出，矿体主要由含辉钼矿细脉的集宁岩群浅粒岩、变粒岩、辉绿岩及花岗斑岩构成，西侧受大同-尚义断裂带次级断裂控制。如图 8-3 所示，主矿体形态简单，平面形态为近等轴的椭圆形，剖面上呈近等厚的马鞍状，矿体总体为一反扣的碗状。矿体中心部位无低品位矿及夹石分布，矿体周边低品位矿及夹石增多，急剧分支变薄尖灭。矿体围岩主要为集宁岩群浅粒岩及变粒岩（片麻岩）类，少量辉绿岩、花岗斑岩及断层碎裂岩等。矿化主要与成矿前或成矿过程中形成的构造裂隙有关，裂隙愈发育，矿化愈强。蚀变晕的面积是矿体的两倍，主要岩石蚀变类型为硅质岩和绢云母蚀变，其次为钾长石、萤石和泥质蚀变。

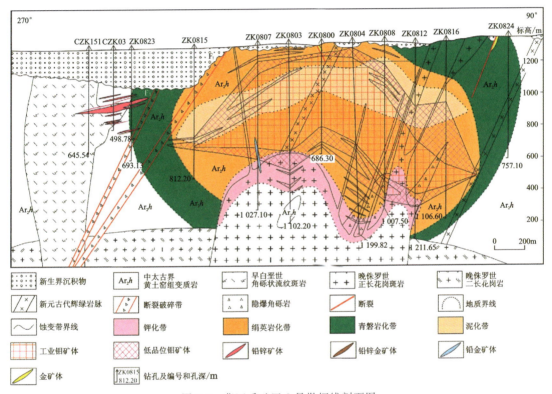

图 8-3　曹四夭矿区 8 号勘探线剖面图

（二）数据处理

如图 8-2b 所示，我们在以曹四夭钼矿床为中心约 14km×14km 的研究区内，采用法国 Sercel 公司的 WTU508 地震仪和 L4C-1Hz 垂直分量低频检波器，布设了短周期密集地震台站共计 49 组，连续观测 28d，采样率为 250Hz。在曹四夭矿床范围内，布设 25 个台站，台间距 1km，以加强对曹四夭浅部三维精细横波速度结构的探测；同时，在曹四夭矿床外围，布设 24 个台站，最大台间距约 20km，以满足几千米的深部探测需求。如图 8-4b 所示，地震检波器频段最低达到 0.1s，能够满足研究区的深部三维结构研究需要。

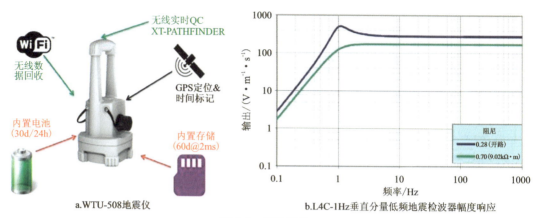

图 8-4 仪器设备

主要参考 Bensen 等总结的背景噪声数据处理流程,首先对单台站原始数据进行了预处理,包括数据分段(3h)、重采样(25Hz)、去均值、去趋势、时间域归一化和频谱白化等操作,得到了真实的背景噪声数据(图 8-5);然后计算了任意两台站对每段数据的相位互相关函数,并对每个站对的所有互相关函数进行了相位加权叠加,进一步提高了互相关函数的信噪比。取最大互相关延滞时间为 15s,并对正负分支进行反序叠加处理,然后挑选出信噪比较高的噪声互相关函数,并按照台间距排列在一起。如图 8-6 所示为 0.2~5s 周期范围内的互相关函数结果,可以从中观察到明显的瑞雷面波信号,并且可以估计出该地区瑞雷面波群速度范围介于 1.5~3.8km/s 之间。

对上述获得的互相关函数结果进行分周期段滤波,其结果如图 8-7 所示。可以看到,互相关函数的信噪比随台站距和信号频率变化。具体而言,高频面波信号在台站距较小时显示出较高的信噪比,随着台站距的增加,由于传播路径变长,高频面波的衰减和散射作用较为明显,因此低频面波能量更加突出,最终确定本次可提取面波频散的有效频带范围为 0.2~2s。

频散曲线测量是利用背景噪声进行地下结构研究中的关键一步。叠加后的互相关函数通过希尔伯特变换转化为经验格林函数,进而可以提取面波群速度和相速度频散曲线。采用 Yao 等(2006)基于时频分析理论和图像分析技术的 EGF Analysis TimeFreq 软件进行频散测量,

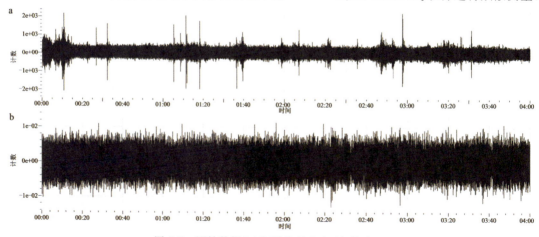

图 8-5 原始数据(a)和预处理后(b)波形对比

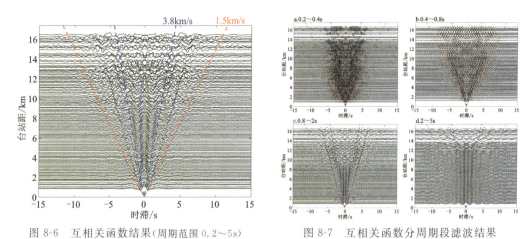

图 8-6　互相关函数结果(周期范围 0.2～5s)　　图 8-7　互相关函数分周期段滤波结果

(对称的红色和蓝色虚线分别表示群速度为 1.5km/s 和 3.8km/s 的时距线)

在舍弃了信噪比小于 10 以及台站距小于 1.5 倍波长的频散数据以后,最终从 1176 个台站对的互相关函数结果中提取到了 0.2～2s 周期范围内的 624 条群速度和 536 条相速度频散曲线(图 8-8a、图 8-8b)。群速度和相速度大致分布在 1.5～3.5km/s 的速度区间内,并且同一周期不同台站对的频散速度范围差异明显,表明曹四夭矿区的速度结构在横向上变化剧烈。此外,通过统计周期 0.2～2s 的群速度和相速度频散数量(图 8-8c,图 8-8d),可以看到 0.2～1s 周期内提取到的频散数量最多,均超过 200 条,由此反演得到的研究区地下约 1km 以浅的横波速度结构分辨率最高。随着周期的增大,频散数量减少,但是群速度和相速度频散在 1.8s 周期以内,均能保持大于 100 条的数量,这为下一步进行横波速度反演提供了良好的数据基础。

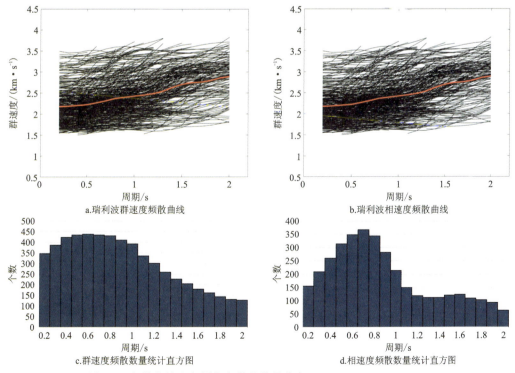

图 8-8　频散曲线和各周期频散的数量分布(红色曲线为平均频散曲线)

(三)结果与讨论

1. 敏感核函数分析

反演前需要建立水平层状初始模型,合理的初始模型对反演结果有重要影响,其将决定反演速度结构时能否快速收敛。传统的地壳模型 CRUST1.0 尺度较大,在浅层结构的分层较少,不适用于本次研究,同时在曹四夭矿区也缺乏可供参考的速度模型。因此,本书利用提取到的频散曲线,借助线性经验关系,建立了曹四夭矿区地下的一维横波速度初始模型(图 8-9)。一般来说,基阶瑞利面波相速度对大约 1/3 波长深度附近介质的 S 波速度最敏感。在均匀半空间泊松固体中,横波速度(v_S)约等于 1.1 倍

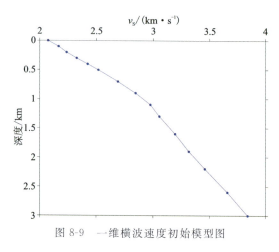

图 8-9 一维横波速度初始模型图

相速度。所以,对于每个周期的平均相速度值,将其乘以 1.1,作为对应波长(相速度×周期) 1/3 深度处的横波速度值。然后再利用线性经验关系,通过每层的横波速度值来计算相应的纵波速度:

$$v_P = 1.16 v_S + 1.36 \tag{8-23}$$

密度 ρ 由经验公式计算得到

$$\rho = 1.6612 v_P - 0.4721 v_P^2 + 0.0671 v_P^3 - 0.0043 v_P^4 + 0.000106 v_P^5 \tag{8-24}$$

基于该模型进行敏感核函数分析,即计算基阶瑞利面波群速度或相速度的变化量与对应的不同深度的横波速度的变化量之比。如图 8-10 所示,可以看到:①受衰减作用的影响,不

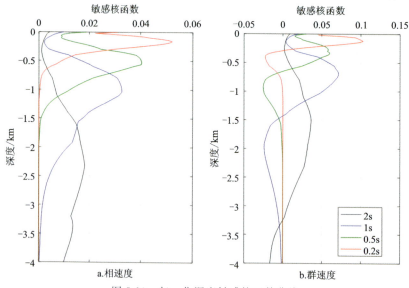

图 8-10 归一化深度敏感核函数曲线

第八章 金属矿床背景噪声地震成像与重震联合反演

同周期面波的敏感深度范围不同,短周期面波对于浅层横波速度的变化较为敏感,而长周期面波的穿透深度更大,因此对于深层介质的横波速度变化更加敏感;不同周期的瑞利波相速度和群速度的敏感核特性不同,正好可以用来研究不同深度的横波速度结构。②短周期面波敏感深度范围窄,但是敏感分辨率高,对浅层约束更好;随着周期不断变长,敏感深度范围变宽,但分辨率变低。③整体来看,本研究提取的面波信息对于0～2km深度范围内的横波速度结构具有较好的约束作用。同一周期的群速度敏感核比相速度敏感核深度浅,而2s周期的瑞利波相速度对于3km深度的横波速度变化仍具有一定的敏感性,所以我们设定反演深度为0～3km。

2. 分辨率分析

利用上一节提取的瑞利面波群速度和相速度频散直接反演曹四夭矿区地下的三维横波速度结构。首先,将研究区速度模型参数化为沿$x、y、z$方向的三维规则网格(38×38×15个节点),将图8-9中的一维横波速度模型扩展成三维模型,平面上的间隔距离为400m,沿深度方向从地表到3km设置了15个网格点,网格间距随深度逐渐增大。另外,为了测试反演结果的空间分辨率,本书基于一维横波速度模型进一步设置了1.2km×1.2km×1.2km的棋盘状网格,向其中加入±20%的速度扰动,构成了正负相间的输入模型,然后按照实际射线路径计算出理论走时,并在

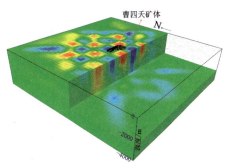

图8-11 不同深度(0～3km)的分辨率测试结果(等值线为输入模型,平面大小为1.2km×1.2km,彩色部分为恢复结果,黑色区域表示曹四夭矿体在平面上的投影)

理论走时的基础上加入2%的随机误差,从而得到用于检测板测试的合成走时数据。最后,对其用与实际数据参加反演时相同的参数进行反演,将该结果与输入模型进行对比,便可评价空间分辨率的优劣。如图8-11所示,除了台站分布稀疏的研究区边缘,大部分地区的扰动样式和幅度均可基本恢复。另外,随着面波周期的增大,射线路径的数量逐渐减少,因此对于地下0～2km深度的分辨能力好于2km以下深度的分辨能力。由于曹四夭矿床位于地震台站阵列中心,射线路径覆盖足够密集,因此在棋盘测试模型中,矿床附近的速度异常可以得到较好的恢复。

3. 三维横波速度反演结果

在实际数据反演中,我们选择0.5的平衡参数用于权衡小波域中的数据残差和模型稀疏性,稀疏度、噪声水平和阻尼系数分别设为0.2、2%和0.1,经过15次迭代反演,走时残差的标准差从412ms减小至380ms,由此获得了研究区三维横波速度模型,其各深度水平切片如图8-12所示。当深度小于400m时,研究区域显示出一系列的横波(高/低)速度异常,这表明近地表岩层存在着显著的横向变化,其中低速异常主要由断裂构造以及断陷盆地内的古近纪—新近纪松散沉积物引起,而中速异常被解释为片麻岩基底,高速异常则可能是花岗岩体。值得注意的是,大同-尚义断裂明显呈北东走向的低速特征,深度为400～800m。深度大于800m时,指示片麻岩基底和花岗岩体的高速响应区域显著增加,横波速度的空间分布变得更

加简化和清晰,留下了包括大同-尚义断裂在内的几条清晰的低速带特征。如图 8-12e 所示,在 1400m 深度附近,横波低速异常分布特征由东北向转为西北向,这可能是与前寒武纪早期构造有关的隐伏断层。本研究成像结果中最引人注目的发现是:三维横波速度结构很好地刻画了曹四夭巨型斑岩钼矿床的成矿系统结构特征。具体而言,从水平或垂直方向来看,曹四夭矿床的矿体和矿化蚀变区域被很好地圈定在横波低速区范围内(图 8-13c),并且在其 800m 深度以下能观察到一个相对较高的横波速度异常,指示了斑岩成矿系统中的下伏花岗岩体,即成矿母岩。

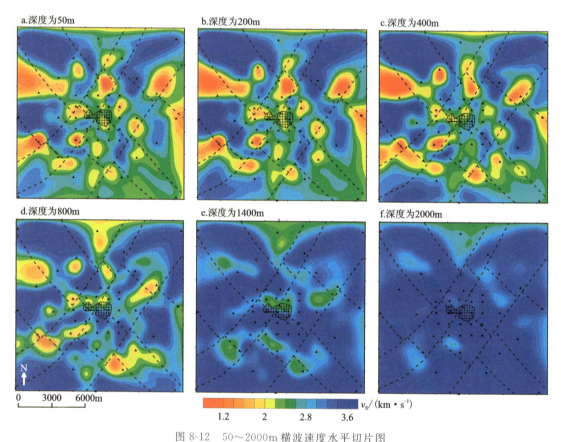

图 8-12　50~2000m 横波速度水平切片图

(网格状多边形为矿体投影,黑色虚线表示由横波低速异常和重力梯度带,三角形表示地震台站的位置)

4. 结果讨论

如果可以进行横波或纵波速度的原位测量,则可以验证我们从地震背景噪声成像中得到的横波速度结果的准确性。然而,目前我们没有任何曹四夭岩(矿)石样品的弹性波速测量数据,但是我们仍然可以借助已有的地质、地球物理和矿床学数据,利用它们之间的相关性来提供佐证。图 8-13d 是利用地质测井资料构建的曹四夭矿床 8 号勘探线地质剖面模型,该模型描绘了矿体、断层系统和主要的岩石类型,包括花岗斑岩、浅粒岩(围岩)和第四纪覆盖物。曹四夭钼矿床是典型的斑岩-浅成低温热液成矿系统,其成矿作用与深部潜在的岩浆房和岩体(矿床成矿物质的主要来源和载体)密切相关,其衍生的侵入岩体、岩墙以及热液流体产生了多期次的矿化或蚀变叠加。我们欣喜地看到,背景噪声层析成像提供了曹四夭矿床的高分辨率三维横波速度模型(图8-13),从而为理解这一深部巨型斑岩成矿系统(包括成矿流体通道、流体驱动器和矿体就位空间)提供了重要线索。从成像结果来看,其主要特征包括:①大同-尚义断裂表现为横波速度低异常,宽度约500m,向下延伸深度超过2km;②矿体及蚀变带表现为800m以浅的横波低速特征;③Mo-Pb-Zn矿体下方呈现"烟囱状"的横波高速特征,并向下延伸至2km深度,指示了下方隐伏的花岗岩岩体。

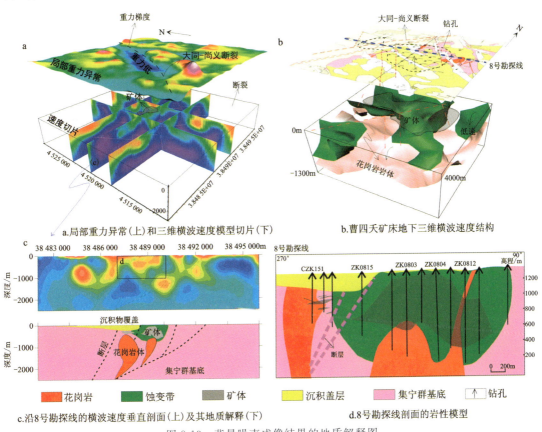

图8-13 背景噪声成像结果的地质解释图

三、重震联合反演

对过矿体的东西向综合地球物理剖面(图8-2中所示的黑线)进行联合反演,结果如图8-14所示,其中图8-14a为该剖面的重力和磁法异常曲线及异常反演拟合曲线;图8-14b为该剖面的视密度反演结果,可以看出位于剖面中部4000m左右存在明显的低密度异常体,该低密度异常体主要为花岗岩体的反映,而矿体和地层则表现为相对密度高;图8-14c为该剖面的视磁化强度反演结果,可以看出已知的矿体和矿化蚀变体对应于磁化强度高部位,该部位均处于低密度岩体的边部,而低密度花岗岩体与弱磁化强度相对应;图8-14d为该剖面人工反射地震解释结果,可以看出其对岩体、地层和矿体等都有较好的分辨能力;图8-14e为以密度、磁化强度反演结果为参考,以地震解释结果和钻孔为约束的重磁联合人机交互反演结果,可以看出在埋深1500m以下存在较大规模的花岗岩体,花岗岩体低密度弱磁性,矿体高密度且具有一定磁性,对应于局部重力高和局部磁力高,在主矿体组合异常东西两侧均还存在相同的组合异常特征,且位于岩体的顶部或边部,是找矿的有利部位。

四、结论

此次背景噪声地震成像技术在探测曹四夭岩浆热液成矿系统中的成功应用,主要归因于该巨型成矿系统空间的高度破碎、蚀变以及矿化特征。所获得的研究区三维横波速度结构与从钻孔、反射地震以及重力数据获得的地质信息对应良好,帮助我们从流体通道、流体驱动器和矿体就位空间等角度系统地解剖曹四夭斑岩型钼矿床的成矿系统结构,为认识大同-尚义岩浆构造带如何控制斑岩型矿床就位提供了深部结构约束,并总结了曹四夭矿床找矿地震异常模式,可以用于该地区未知区域的找矿潜力评价。

金属矿地球物理探测技术的未来发展应侧重于结合区域(大陆)和矿床(勘探)这两种不同的尺度,更全面地表征深部成矿系统结构,而背景噪声地震成像技术正好可以进行这两种尺度的矿产调查。在较大尺度上,基于宽频带长周期地震记录

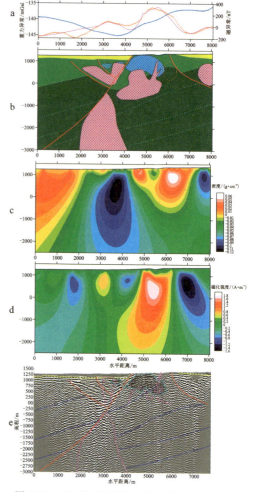

图8-14 重、磁、地震联合人机交互反演结果

的背景噪声方法能够进行岩石圈尺度的结构成像,可用于探测巨型成矿系统或矿集区从地幔发源到浅部地壳就位的空间几何结构,从而有助于我们理解巨量金属元的富集行为、矿床成因机制和区域成矿规律。在较小的勘探尺度上,基于密集地震台网的噪声成像方法能够提供高分辨率的浅地表三维速度模型,结合成矿空间与速度异常之间的经验关系,可以为找矿靶区的确定提供关键的决策信息。

第九章　三维地质-地球物理建模技术

三维地质-地球物理建模(3D geological-geophysical modeling)是一种利用现代空间信息理论来研究地下地质体和断裂构造的三维几何结构及其内部的地球物理属性数据的方法。它是集信息处理、数据组织、空间建模和数学表达、科学计算的三维可视化技术于一体,实现地质体真三维重构和人机交互的科学技术。目前在国内外已经得到广泛重视并取得了一些进展。该技术是由加拿大的 Houlding 在 1993 年初次提出并使用,以往在野外地质勘探、地球物理勘探和钻探完成后,会用类似于平面图或剖面图等二维的表达形式来推断和解译,而三维模型可以更为全面、直观地表达地质构造和地质认识等信息,准确有效地重现各个地质体和断裂构造的空间展布特征及其相互关系,挖掘隐藏的地质信息,用于工程决策及地质分析。

随着三维可视化技术的飞速发展和地质数据的不断丰富,三维地质建模已经成为一种矿产、石油等资源勘探的常规手段,地球物理数据在其中发挥着巨大的作用。许多的地质工作者将重磁数据作为建模的约束信息,结合研究区的地质平面和剖面数据,通过人机交互或这计算机迭代计算的方法来实现重磁数据约束的三维地质建模。Richardson(1989)提出了一种三维多面体模型的非线性反演方法,利用重力场数据估算盆地基底深度。Geoffrey(1994)以自由空间重力数据和地震剖面资料为基础,反演了岛弧俯冲带上地壳的三维结构,说明了重力高异常源于地壳均衡补偿。Sichler(2002)将广义反演应用于磁场数据,计算出地壳等效磁化强度,揭示了磁异常来源于洋中脊扩张中心岩石的延迟磁化。Khan(2006)对比地球的内部圈层结构,分析了阿波罗月球地震数据反演结果,归纳出月球内部各圈层的物质构成和厚度。刘光鼎(1996)利用重磁数据,通过频谱分析计算了我国东部盆地基底、莫霍面和居里面深度、沉积层厚度,同时提出了重磁联合反演的范围只能在居里面之上的观点。朱守彪(2004)通过分析震源机制和地质资料,使用伪三维遗传有限单元法反演了下地壳的应力活动。吕庆田(2014)综合反射地震、大地电磁(MT)及区域重磁数据,反演了研究区的上地壳结构、物质组成和构造形变特点。杨文采(2015)发展了一种区域重力场的多尺度刻痕分析方法,并利用这种方法刻画出地壳分层的三维密度结构、地壳变形带的分布和构造单元分区等特征。

三维地质模型根据空间构模方法可以分为三种:面模型、体模型和混合模型。根据不同地质构造在三维空间中的形态特征,又可将模型分为褶皱模型、断层模型和超体元实体模型。

近年来,国内外越来越多的地质工作者投入到模型可视化的研究中,并设计推出了各种三维建模系统和三维可视化技术来促使地下三维空间"透明化"展示。从最初的 Surfer 软件到现在一系列专门用于解决地质问题的三维软件,法国的 GoCAD 和澳大利亚的 GeoModeller 应运而生。我国的三维可视化的地质建模的研究始于 20 世纪 80 年代,在以前,国内还没有一个真正意义上的集成化的软件系统,以前的软件系统还存在着功能单一、通用性不强,交互性差等不足,无法更好地表达复杂地质等问题。随着我国三维技术的成熟,我国科研人员自主开发了自己的建模软件系统,采用的地质研究方法也迎来的新的突破,如 3D Mine 软件、GeoEngine 软件、GASOR20 软件和中 MinExplorer 探矿者软件等。这些三维建模系统既具备三维可视化功能,又能整合其他建模软件的数据来完成跨学科的课题。

一、三维地质建模方法

(一)三维地质建模要素

(1)点。点是建模中最基础的模型元素。现代三维矿区勘查的规模一般在几十至几百平方千米,单个目标层面上的解释数据点可能多达几百万至几千万个,为了加快后续建模速度,需要对这些原始数据用合适的方法进行粗化(重采样)以减少计算量。实际应用中的点包括控制点和插值点两类。

(2)线。两点确定一条线段,许多线段形成一条三维线。通常的三维线包括地震射线路径、断层线、探井轨迹、断层和地层交线、断层和断层之间交线等。

(3)曲面。单独或综合利用点和线数据均可以形成三维空间曲面。目前在各类三维建模系统中广泛使用带约束的三角剖分曲面。它不仅可以表示一些简单的地层面,也可以用来表示多值曲面。由于数据的多样性和不规则,生成三角剖分曲面时需要做大量编辑工作建立约束,处理重叠和错误连接的点线。

(4)拓扑。从地质学角度看,拓扑即地质对象间相互关系,包括地层与地层之间的关系、断层与断层的关系以及断层与地层之间的关系。它可以由解释建模人员在建模过程中设定,只有拓扑关系正确才能形成正确的三维模型。

(5)块体。块体是由切割曲面封闭的空间体积,它是具有相同沉积特征和构造控制背景的点集。模型拓扑结构应存储封闭块体的曲面或子曲面信息,通过对曲面或子曲面的查询以确定地下某一点属于哪个块体。

(6)网格。网格包括规则网格和非规则网格。地层足够平缓和光滑时,使用规则网格就能实现网格和地层几何与拓扑正确,但对于深部矿体,其网格与封闭块体的区域并不一致。地质建模中非规则网格通常指经德洛内(Delaunay)三角剖分后的三角形集合组成的平面网格或四面体网格。

(7)属性。地质模型包含由点、线、面、块体和网格携带的物性,如磁化率、密度、地震波速度等。属性的插值与估算方法有两大类:确定性建模和随机建模方法。对于区域尺度、矿集区尺度,通常使用确定性建模就能较好满足要求;而对于矿床尺度,需要引入随机建模的手段进行相控约束建模。

在地球物理建模过程中,通常遵循点—线—面—体—属性的建模顺序。其中,空间曲面三角网建模和四面体剖分是关键。

在含有断层、侵入岩体等不规则形体的三维模型中,构建地质界面以后需要将断层面等不连续面和地层面进行切割、封闭处理,以形成拓扑关系正确的块体。这时断层面、侵入岩体分界面对整个模型中的控制作用得到强化。

如何利用有限已知数据进行内插和外推是地质建模的一个重要问题。地质数据的复杂多变和不确定性给三维空间精确插值带来很大困难,插值方法选择也就至关重要。许多地质体具有明显的空间分布特征,如区域构造方向特征;另外一些地质体本身是不连续的,不能在整个工区连续插值,因此需要根据实际情况选择合适的插值方法,有时甚至需要多次迭代优化并引入合适的约束才能得到较理想的插值结果。

(二)三维地质建模插值方法

插值包括面插值和体插值两类。面插值主要指地层面、断层面数据插值;体插值主要指物性(或空间场)数据插值。根据数据类型的不同和具体应用可以使用不同的插值方法。目前的地质建模中常用以下几类插值算法。

(1)距离反比加权法。距离反比加权法的思想是将插值函数定义为各数据点函数的加权平均,并认为与待插值点最近的若干个点对插值点的贡献最大。实际应用中通常使用距离平方反比来估算。它属于全局插值算法。该方法存在明显的缺陷,比如不能适应大数据量插值,只考虑距离而不考虑方向等因素,没有对曲面进行约束等。一个比较典型的例子就是在做复杂构造区层速度模型时如果没有界面约束直接利用井点速度进行横向插值,生成的速度模型与实际速度分布规律有很大差别。常见的改进型距离反比加权法有改进谢别德法。

(2)克立金(Kriging)插值法。克立金插值法是广泛应用于三维空间数据估算的地质统计学方法。它引进以距离为自变量的变差函数计算权值。变差函数可以反映空间数据的结构化成分,又可以反映空间变量的随机分布,同时能描述误差信息。通过设计变差函数,克立金方法很容易实现局部加权值,这样就克服了一般距离反比加权插值方法插值结果的不稳定性。克立金方法具有最优、无偏的性质,最优指估计结果的理论方差最小,无偏指估计结果的期望值等于理论结果的期望值。总的来说,它适合于空间分布上既具有随机性又具有结构特性的地质属性数据插值。克立金插值法有多种类型,如普通克立金法、泛克立金法、对数正态克立金法、指示克立金法、协同克立金法等,其中最常见的是普通克立金法和泛克立金法。普通克立金法利用线性回归分析,无须知道变量的数学期望;泛克立金法可对待插值点样品值、漂移和涨落进行估算。

(3)径向基函数插值法。此方法利用插值点到空间采样点距离构建径向基函数,并转化为求解矩阵方程的问题。在大数据量时需要进行大规模矩阵求逆。如果矩阵是病态的,上述解就是病态的,输入样本有微小扰动或输入新数据时,插值结果将有明显变化。为了克服常规径向基函数插值的缺陷,近年来研究者又利用紧支撑径向基进行大规模散乱数据的插值方法的研究,与通常径向基函数插值相比大大提高了效率。径向基函数与神经网络相结合的插值方法,则适用于逼近任意多变量函数及其导数值,与反向传播(back propagation,BP)网络相比,它计算时间短,且具有唯一最佳逼近插值点。

(4)基于三角网和四面体的插值方法。这类方法具有明显的局部插值的特点,待插值点仅利用所在平面投影网格三角形对应的三个顶点或利用所在四面体的四个顶点插值。常用的方法包括线性插值和高阶插值方法比如CT插值算法、高斯小波函数插值、Gregory面片插值算法、自然邻点插值算法等。这类方法广泛应用于地球物理模型正反演中。该类插值方法引发的一个问题就是插值点在空间三角形或四面体的定位问题。当模型三角形或四面体数量较多时,直接遍历搜索效率是比较低的,后文会结合此方法具体应用讨论加速搜索的方法。

地质数据是复杂的,不同地区数据有其自身特点,无论建模过程中使用哪种插值方法必须充分考虑以下几点:①充分考虑地质背景及相关的属性空间分布特征,分析属性组合之间的约束关系,选择合适的插值方法。②选择插值方法应考虑地质模拟精度要求和计算机运行速度。一般插值函数阶数越高,精度越高,计算耗时越多。在满足精度要求的前提下,应该尽量使用计算量小的插值方法。③数据较少时,线性插值方法一般难以取得理想效果,需要引入额外的约束或手工加入一些合理的控制点,并考虑使用高阶的插值方法。④地质数据是复杂多变的,地质解释和建模也是逐步深化的,需要对各种插值方法进行对比实验并和实际资料对比,最终优选插值方法。

对于含有断层、穿刺等构造的三维模型,三维地质建模方法分为两类:一类是基于地层恢复的建模技术又称为整体法;另一类是基于分区插值的建模技术,又称为局部法。整体法首先将地层恢复到未发生断裂等构造活动时的状态,将原地层面看作是一个连续的整体统一处理,进行插值和层面的拟合,切割求得地层面与间断面的交线,以此交线为基础,根据间断面两侧的位移(断距)对两侧地层层面的边缘线进行调整,最终将地层恢复到有间断面时的状态。局部法利用间断面将地层分割为两个相对独立的地层单元,将间断面两侧的地层层面分别进行插值处理,而不考虑两侧地层数据的相互影响。实际解释的地层边缘控制点并非恰好落在间断面上所以地层层面需要向外拓展或切割,使之与断层面相交,求出地层面与断层面的交线,根据地层交线、地层层面、断层面构造出封闭的实体模型。

二、三维地质建模国内外软件

随着计算机技术的迅猛发展,国内外很多专家学者注意到模型的可视化,开发了一系列建模软件或可视化引擎,方便多元化数据的展示。经过多年的发展,这些国外的三维地质建模软件在功能上都比较稳定与成熟(表9-1),但全英文的操作界面和高昂的软件使用费用,使其在国内的推广应用遇到困难。近年来,一些国外软件,例如Surpac、Micromine等在中国寻找代理推广其产品并提供汉化界面和售后技术支持,使得这些国外产品在中国占有越来越多的市场份额。随着矿产勘查及地质研究的需要,这些软件由于更好地本土化,以及相比于国外软件较低的市场价格,迅速在国内得到了大量的应用和推广。国内在引进了一些国外的成熟的建模软件的同时,也开发出了拥有自主知识产权的建模软件,取得了不错的成果。国内的三维地质建模软件大多是针对特定领域进行的定向研发,经过近年的发展,具备了很好的三维地质建模能力(表9-2)。

表9-1 国外三维地质建模软件产品

软件名称	厂商	软件特色与应用领域
GoCAD	Paradigm公司	基于法国Nance大学的Mallet教授提出的离散光滑插值理论,主要应用于地质领域的三维可视化建模软件,在地质工程、地球物理勘探、矿业发展、水利工程中有广泛的应用

续表 9-1

软件名称	厂商	软件特色与应用领域
Petrel	美国斯伦贝谢公司（Schlumberger）	以三维地质模型为中心的勘探开发一体化平台，集地震解释、构造建模、岩相建模、油藏属性建模和油藏数值模拟显示及虚拟现实于一体的油藏描述软件
MineSight	美国 Mintec 公司	软件可以广泛地应用于勘探和地质模型、露天和地下采矿设计、矿山工程测量、生产计划和开采进度计划、尾矿库和复垦设计等领域
Earth Vision	美国 DGI(Danamic Graphic)公司	面向三维地质建模、分析及可视化的软件系统，可用于快速建立复杂三维模型、储层特征描述、储量分析、模型校验等，其构造建模、复杂断块处理技术是世界一流的
Micromine	澳大利亚 Micromine 公司	面向数字矿山，涵盖了从地质勘查到矿山生产过程控制与管理的全过程，具有勘探数据解译，构建 3D 模型、资源评估和采矿设计、生产管理等功能，是一个处理勘探和采矿数据的软件工具。软件采用模块化结构，可进行勘探数据解译，构建 3D 模型，资源评估和采矿设计
LYNX Micro Lynx	加拿大阿波罗科技集团公司	面向矿产资源勘探的三维建模和分析软件，主要用于矿产资源的三维建模领域
DataMine Studio	英国 DataMine 公司	面向数字矿山，具有地质勘查，储量评估，矿床模型，地下及露天开采设计，矿山辅助生产等功能，以及生产控制和仿真、速度计划编制、结构分析、场址选择，还有环保领域等，是世界矿业领域内具有领先水平的采矿技术应用软件
Vulcan	澳大利亚 Maptek 公司	是经典的三维建模可视化分析工具；其建模、估算资源储量、预测分析等功能在业内都是一流的，主要用于地表及地下三维数据处理，形成三维立体模型，包括地质工程、环境工程、地理地形、测量工程、采矿工程、水库工程、地震分析等方面
Surpac Vision	加拿大 GEMCOM 公司	面向数字矿山，集成了勘探与地质模型，地表和地下采矿设计、矿体工程测量，生产设计和开采进度计划、矿山生产规划及设计、矿山测量及工程量验算、生产进度计划编制等功能
Rock Ware	美国 Rock Ware 公司	面向地质分析，包括钻井记录绘图，测井绘图、地球化学分析、岩石物理参数分析和三维显示等地表数据可视化；主要用于为环境、岩土工程、采矿和石油行业创建 2D 和 3D 地图、测井和横截面、地质模型、体积报告和一般地质图

表 9-2　国内三维地质建模软件产品

软件名称	厂商	软件特色与应用领域
MapGIS K10	武汉中地数码集团 中国地质大学（信息工程学院）	延续了 MapGIS K9，是中国具有完全自主知识产权的地理信息系统，是全球首款云特性 GIS 软件平台，依托全新的 T-C-V 软件结构，具备"纵生、飘移、聚合、重构"四大云特性，自发布以来一直受到行业内外诸多关注
DeepInsight（深探）	北京网格天地软件技术有限公司	以构造建模为核心，形成了构造建模，属性建模，生成数值模拟网格全套流程。可采用多源数据建立任意复杂的高精度三维地质模型，并提供丰富的属性插值算法，同时支持基于所建模型的数值模型与动态更新
Quanty View 3D	武汉地大坤迪科技有限公司	实现对数字盆地、数字矿山、数字城市（地下部分）、数字煤田和水电工程等地质过程的真三维动态可视化模拟
Creatar XModeling	北京超维创想信息技术有限公司	以自动/半自动地质建模，具备处理各种复杂地质现象的建模能力，多种建模方法融合，多种方式数据输出，真实纹理贴图为主要特色的三维重建、展现和分析的软件平台。利用该平台，可展现地层、岩体、构造等地质现象的空间几何特征、内部属性特征以及相互关系等地质信息
3DMine（三地曼）	北京三地曼科技有限公司	3DMine 矿业工程软件是一套重点服务于矿山地质、测量、采矿与技术管理工作的三维软件系统。广泛应用于包括煤炭、金属、建材等固体矿产的地质勘探数据管理、矿床地质模型、构造模型、传统和现代地质储量计算、露天及地下矿山采矿设计、生产进度计划、露天境界优化及生产设施数据的三维可视化管理
Longruan GIS（龙软）	北京龙软科技有限公司，北京大学（北京龙软数字矿山实验室）	面向数字矿山应用领域，国内煤炭行业市场占有率最高，是构建"数字矿山""智能矿山"的基础空间数据集成和管理平台。平台主要包括地测空间管理信息系统、地质测量数据库管理系统、通风安全管理信息系统、采矿设计系统、矿井供电设计与计算系统、"一张图"协同 GIS 系统等
蓝光软件	山东蓝光软件，山东科技大学	是完全自主版权的"智慧矿山"系统平台，以采矿领域信息化为主要研究方向，主要面向数字矿山、数字城市、数字电力等应用领域
Geoview	中国地质大学（武汉）昆迪科技有限公司	主要包括数字地质调查系统、数字矿产勘查系统、数字地质灾害调查系统、数字矿山系统和数字盆地系统等
VRMine（集灵）	西安集灵信息技术有限公司	在数字矿山领域成为产品门类众多，功能强大，覆盖行业范围广，满足各类数字矿山安全信息化建设的矿山 GIS 软件品牌
DIMINE（迪迈）	中南大学数字矿山中心，长沙迪迈信息科技有限公司	面向数字化矿山的整体解决方案，用于地质、地下采矿、露天采矿、测量等领域，已成为我国数字矿山科技的领导者

三、应用实例

东营组东二段为灰色、灰白色含砾砂岩、粉细砂岩与杂色泥岩呈不等厚互层,上部东一段遭剥蚀,东二段与上覆馆陶组,呈不整合接触。下部东三段以深灰色泥岩为主,夹薄层粉细砂岩及浅灰色、灰白色含砾砂岩。东二段共划分为 9 个小层,每个小层又细化为若干砂层。利用 Petrel 软件,开展东二段地层与岩相建模,如图 9-1 所示。

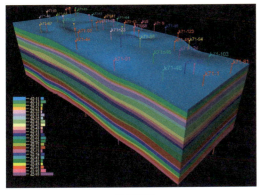

a.地层模型　　　　　　　　　　　　　　b.地层格架

图 9-1　东二段地层建模结果

1. 东二段构造建模

(1)地质界面制作。研究区内,东二段井网密集,密井网研究区分层对比和小层划分结果,可以在深度域直接生成各砂组和小层地质界面。

(2)工区边界设定与网格划分(pillar gridding)。由于密井网研究区内没有大的断层发育,地层起伏相对平缓,工区范围为矩形。为了便于生成三维地震数据体,设定沿矩形边界划分网格,后期生成的三维地震数据体,其线道方向也沿着工区矩形边界。

(3)层面生成(make horizons)。利用各砂组顶底分层结果,利用井约束收敛插值方法,生成各小层顶底地质界面。这些地质界面是用来生成地层模型的界面约束条件。利用这些界面,加上井分层约束,就可以生成地层模型。

(4)地层细分(laying)。根据地层平均厚度,对每个砂组设定垂向划分层数。东二段内部沉积相对稳定,地层基本上以整合或假整合关系接触,需要根据地层变薄情况,调整网格划分尺度,合并薄层网格。

2. 东二段岩相建模

为了简化岩性模型复杂度,将岩性划分为砂岩和泥岩两类。沉积相模型也随之简化为砂岩分布范围和泥岩分布范围。泥岩分布范围以湖泊、沼泽、间湾为主;砂岩赋存范围以河道、决口扇、河口坝和远端坝为主。经过对岩性的统计分析,得到各小层砂体横向和纵向概率分布情况,建立起砂体概率分布函数,能为岩性建模提供合理的约束条件(图 9-2)。

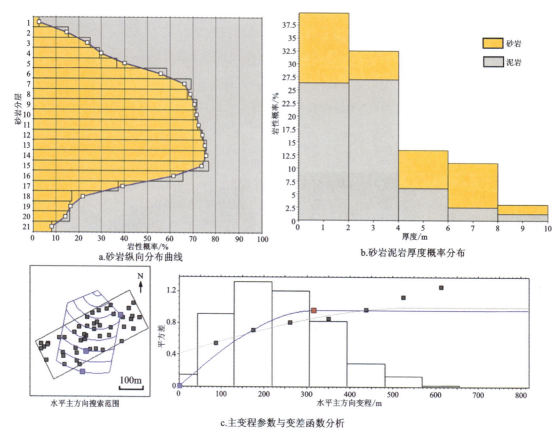

图 9-2 东二段砂泥岩概率分析

对岩性曲线进行粗化后,就可以按照数据分析得到的变差函数进行岩相模拟。相建模模拟方法采用序贯指数模拟(sequential indicator simulation),根据沉积相平面图生成的砂泥岩约束平面图(图9-3)。

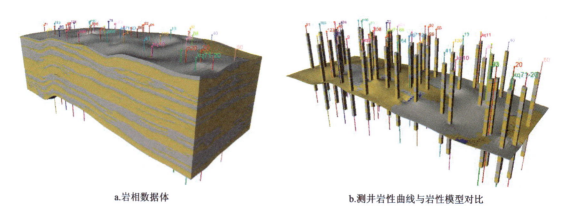

图 9-3 东二段岩相建模结果(黄色为砂岩,灰色为泥岩)

第十章　基于卷积神经网络的智能矿产资源预测

矿产资源对社会发展起着重要作用,2021年全球的矿业总值占比接近7%(谢和平等,2021)。但是随着地表矿床的枯竭,地表矿和浅部矿发现的概率也越来越小,近十年来全球新发现的矿床数量急剧减少(Schodde,2019)。深部和覆盖区找矿是矿产勘探发展的必然(Schodde,2013),但深部和覆盖区找矿有其本身的未知性和片面性,即相对于地表矿和浅部矿,深部和覆盖区矿具有更大的不可知性。同时利用数据驱动单一视角下的矿床勘探和监测数据,如地质(构造、蚀变)、地球物理(重磁、地震)、地球化学以及遥感等,只能看到地下复杂结构或属性的一部分,因此需要从知识驱动转变为数据驱动,进行多尺度、多视角下的数据融合(Chen et al.,2022),从整体去进行找矿信息挖掘,实现从定性到定量的转变,有效地发现覆盖区和深部矿产资源是矿产行业发展的关键挑战和机遇。

随着地质数据的积累,在大数据和人工智能时代下,找矿理论、方法及技术的发展带动了找矿突破。多年来,各种机器学习算法被引入到矿产潜力预测。支持向量机(support vector machines,SVM)是一种二分类监督机器学习方法,通过核函数将样本(矿点和非矿点)与勘探数据的非线性关系转换成线性关系。利用支持向量确定最优超平面,通过最优超平面将样本分为有矿和无矿两类(Maepa et al.,2021;Rodriguez-Galiano et al.,2015)。随机森林(random forest,RF)包含多个基分类器(决策数),每一个分类器对输入样本进行分类,最终分类结果考虑全部的分类器,可以避免误分,有效防止过拟合,提高分类效果(Talebi et al.,2022;Yang et al.,2022a)。人工神经网络(artificial neural networks,ANN)作为深度学习的一个基本结构,具有直接拟合样本和勘探数据之间非线性关系的能力。原理上通过正向传播建立损失函数(输出值和实际值之间的误差),通过反向传播来调整连接神经元的权重和偏差,通过最小化损失函数来获得最合适成矿预测模型进行矿产潜力预测(Chen et al.,2022;Maepa et al.,2021)。逻辑回归(logistic regression,LR)通过逻辑函数实现勘探数据和成矿概率的映射,常利用最大化似然估计确定模型函数的参数,从而得到最合适的逻辑回归模型(Xiong and Zuo,2018;Zhang et al.,2018)。自组织映射网络(self-organizing map,SOM)是一种无监督人工神经网络。输入高维的勘探数据,通过竞争学习策略,生成一个低维、离散的映射,被用于聚类和异常识别(Bigdeli et al.,2022;Zhang et al.,2021)。近年来,随着地质数据进一步的增加,深度学习方法进入人们的视野,在矿产潜力预测领域取得了重大成功。卷积神经网络(convolutional neural network,CNN)是一种深度神经网络,在矿产预测领域通过将勘探数据证据层合成多通道图像数据来适配卷积网络的输入。利用卷积核可以提取空间

注:本章由地质过程与矿产资源国家重点实验室陈国雄、李全可执笔。

特征,符合成矿是一个空间性事件,在矿产潜力预测领域具有很好的分类效果。目前有很多深度卷积网络被用于矿产潜力预测,如 LeNet、AlexNet 和 VNet 等(Li et al.,2021;Michael et al.,2021;Yang et al.,2022b)。自编码器网络(autoencoder,AE)是一种无监督的神经网络模型,在矿产潜力预测领域广泛用于特征提取和异常识别(Xiong et al.,2018;Luo et al.,2020;Yang et al.,2022b)。此外,生成对抗网络(generative adversarial networks,GAN)是一种生成式深度学习方法,在矿产潜力预测领域用于数据增广和异常识别(Luo et al.,2021;Li et al.,2022)。这些数据驱动方法在找矿方面的成功应用,成功掀起了矿产潜力预测新浪潮。

CNN 因其丰富的表征能力,在矿产潜力预测领域具有很好的表现(Sun et al.,2020;Li et al.,2021;Michael et al.,2021;;Li et al.,2022;Yang et al.,2022b)。但是在矿产潜力预测领域使用 CNN 需要解决两个问题。一个是数据集的制作,CNN 的输入是多通道图像数据,而矿产勘探数据是独立的点数据或栅格数据。因此需要以矿点和非矿点(正样本和负样本)为中心,分别在多视角下的矿产勘探栅格数据进行裁剪,经灰度处理后合并成多通道数据。这时每一个通道代表一个成矿证据层。另一个是已知矿床的缺少,成矿是一个罕见的地质事件,这会导致没有足够的训练样本。训练数据的匮乏往往会导致训练过拟合,影响最后的预测精度。近年来,为了改善样本缺少的问题,提出了一些数据增广方法。这些方法力求不改变地质解释的基础上进行数据增广,例如添加高斯噪声进行随机掉落(Li et al.,2021)、GAN 网络(Li et al.,2022)、卷积自编码器(convolutional autoencoder,CAE)(Zhang et al.,2021)和滑动窗口(Yang et al.,2022b)等。CNN 在矿产潜力预测领域的引入,掀起了深度学习矿产预测的浪潮。为此,我们以南岭区域 W-Sn 矿为研究对象,使用滑动窗口对数据进行数据增广,构建数据集。利用训练集对卷积神经网络进行有监督训练,生成矿产潜力图,实现对南岭区域智能矿产潜力预测。

一、方法原理

1.卷积神经网络

CNN 是一种图像深度学习算法。典型的 CNN 主要有三个部分:卷积层、池化层和全连接层。卷积层通过卷积核提取特征(图 10-1)。池化层通过池化核进行数据降维(图 10-2),从而降低模型的参数数量和计算复杂度。全连接层类似人工神经网络的部分,转化输出来适配自己的具体任务。利用 CNN 进行有监督任务时,将多通道数据输入 CNN,经过卷积、池化和全连接正向传播后得到预测值。利用预测值和实际值得到损失函数,然后根据梯度下降来反向传播更新卷积核参数和全连接层参数,使得损失函数最小化。最终根据训练数据得到最合适的 CNN 模型。

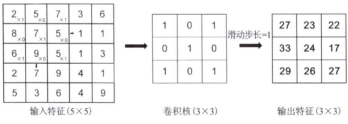

图 10-1 卷积核提取特征

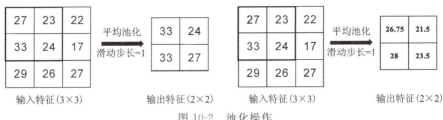

图 10-2　池化操作

我们利用 CNN 进行 W-Sn 矿潜力预测,构建了一个 CNN 网络模型,由 3 个卷积层、3 个池化层、2 层全连接层和 Softmax 分类器构成。网络结构如图 10-3 所示。使用 ReLU 非线性激活函数来缓解梯度消失、梯度饱和问题。ReLU 函数定义为

$$\mathrm{ReLU}(x) = \begin{cases} x & x > 0 \\ 0 & x \leqslant 0 \end{cases} \tag{10-1}$$

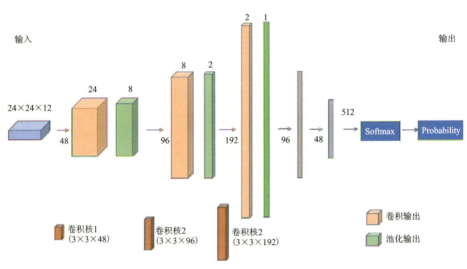

图 10-3　CNN 结构图

分类问题需要将网络的输出转换成对应类别的概率值,我们使用 Softmax 分类器将输出值转换为范围为 0~1 的概率值:

$$\mathrm{Softmax}(y_i) = \frac{\mathrm{e}^{y_i}}{\sum_{j=1}^{n} \mathrm{e}^{y_j}} \tag{10-2}$$

其中:y_i 表示第 i 个输出值;n 表示输出值的个数。

我们使用交叉熵函数作为网络梯度下降优化的 loss 函数,来判定实际的输出概率与真实的输出概率的接近程度:

$$H(p,q) = -\sum_{x} p(x) \log q(x) \tag{10-3}$$

式中:$p(x)$ 表示实际输出的概率分布;$q(x)$ 表示真实输出的概率分布。

在全连接层添加 Dropout 操作,来进一步的缓解过拟合。

二、地质背景和数据

我们选择南岭区域作为研究区。南岭区域（图10-4）位于湖南、广东、广西和江西的交界处，由于与古太平洋板块向华南板块俯冲有关的强烈岩浆活动，自侏罗纪以来，南岭地区存储着大量与燕山期花岗岩岩体成矿系统相关的钨（W）、锡（Sn）、铅（Pb）和锌（Zn）矿产资源南岭地区。

从基于小波神经网络矿产潜力预测文章（Chen et al.，2022）出发，在此研究的基础上，分析矿床成因模型，选择地球化学元素浓度图（W、Sn、Bi、Be、Pb、Ag、Mo、Zn、As）、地质断裂、花岗岩边界和重力梯度勘探数据作为该地区的矿产潜力预测的证据层。图10-5是断裂、花岗岩边界和重力证据图层，图10-6是地球化学证据图层。

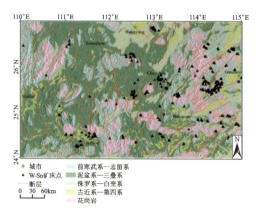

图 10-4　南岭地区地质简图
（Chen et al.，2022）

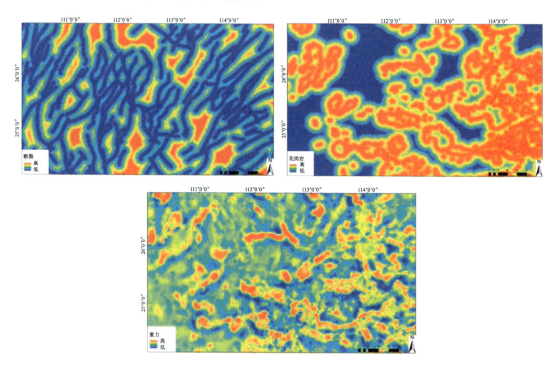

图 10-5　断裂、花岗岩边界和重力（奇异性指数）证据层

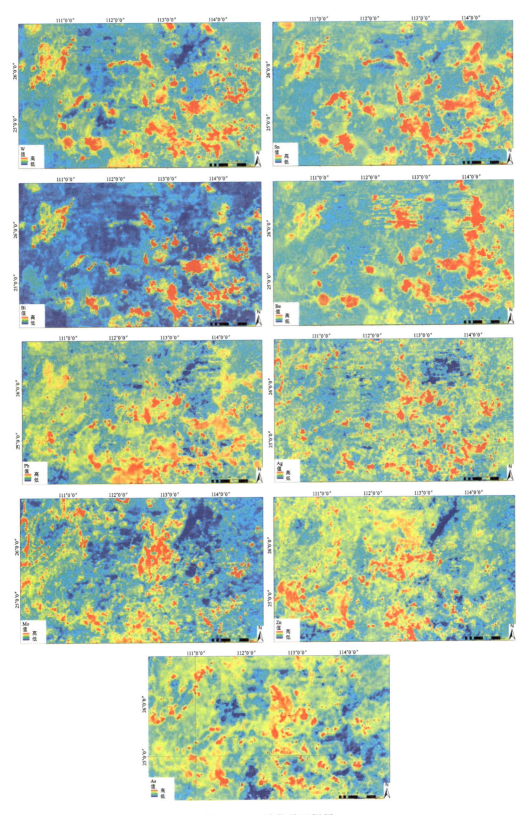

图 10-6 地球化学证据层

成矿是稀有地质事件,需要通过数据增广来增加训练样本。常见的数据增广方法如翻转、旋转和混合等(Shorten et al.,2019)会改变数据本身的地质解释。为不改变地质解释,我们采用了滑动窗口进行数据增广。本章在(Chen et al.,2022)基础上,选取了地球化学浓度图(9种)、花岗岩边界、断裂和重力共12个成矿证据层,同时选取了29个矿点和31个非矿点分别作为正样本和负样本数据。在证据图层上,以样本为中心选择32像素×32像素大小的窗口为核心区域,在核心区域滑动窗口反复重采样得到24像素×24像素窗口大小的增广数据。利用正样本得到的增广数据,被认为是正样本,同时利用负样本得到的增广数据,被认为是负样本。为了避免数据的相似性,我们在数据增广前进行训练集和测试集的划分。具体的滑动窗口数据增广过程如下:①随机生成参数 α 和 β,作为窗口的左上坐标距离中心点(正样本和负样本)距离;②判断生成的窗口是否在核心区域;③若满足第二步,输出截取的窗口,否则返回第一步,直到产生足够数量的样本。利用上述滑动窗口(图10-7)进行数据增广,我们将样本数扩大了12倍,使得正样本和负样本的数量足以训练我们的网络模型。

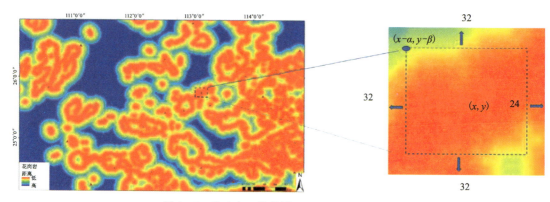

图10-7 滑动窗口结构图[(x,y)为样本的位置]

三、结果与讨论

1. 数据集构建

本章利用已知的29个矿点和31个非矿点,在此基础上进行数据集划分,23个矿点和24个非矿点作为训练数据,6个矿点和7个非矿点作为测试数据。为了避免滑动窗口数据增广带来的相似性,本章先划分数据集再进行数据增广。

本章基于数据增强方法建立了训练集和验证集。图10-8是利用成矿证据层进行数据集制作的具体过程。将地球化学浓度图(9种)、花岗岩边界、断裂和重力共12个成矿证据层灰度处理后存为tif文件。以矿点和非矿点为中心,利用滑动窗口数据增广方法进行滑动裁剪。将裁剪的12个网格合并成多通道图像数据来适配CNN的输入,这时每一个网格大小都为24像素×24像素×12通道。我们利用这种方法生成564个训练数据和156个测试数据。同样在原图层利用滑动窗口技术进行预测集制作,窗口大小为24像素×24像素,步长设置为1。在整个图层依次滑动,合并多个证据图层生成多通道图像数据,每一个网格大小也都为24像素×24像素×12通道,最终生成95 915个预测集。

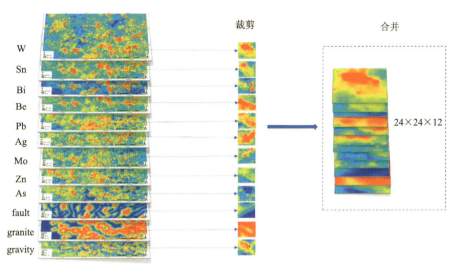

图 10-8 数据集制作

2. 矿产预测图

我们选择了 CNN 模型(图 10-3)进行了研究区域矿产预测图的绘制。在训练模型的过程中,为避免过度训练造成一定程度过拟合,模型的迭代次数设为 60,学习率设为 0.000 5,批处理大小设置为 64。训练过程 CNN 评价指标如表 10-1 所示,模型的训练过程如图 10-9 所示。经过 60 轮的训练,在训练损失方面,CNN 的 Loss 值接近 0.191 0,训练集和测试集曲线趋于收敛。在训练精度方面,CNN 的准确率接近 94.149%。结果表明,CNN 模型可以有效地学习成矿证据层和矿床分布之间的关系。

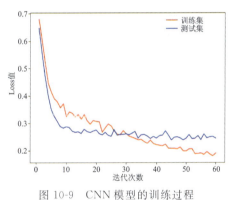

图 10-9 CNN 模型的训练过程

表 10-1 模型训练评价指标

模型	Loss 值	准确率
CNN	0.191 0	94.149%

我们利用混淆矩阵(表 10-2)进一步评价模型在测试集的性能。基于混淆矩阵使用准确率(accuracy)、召回率(recall)、精确率(precision)、Kappa 系数和 F1 Score 值作为评估矿产潜力预测模型的性能(表 10-3)。Accuracy 指标表示正确预测样本占所有样本的比例。Recall 指标表示正确预测的正样本占所有的正样本的比例,偏向查全。Precision 指标表示正确预测的正样本占所有被预测为正样本的比例,偏向查准。F1 Score 综合召回率和精确率,进行综合的评价,它们的计算方法见式(10-4)~式(10-6)。Kappa 系数表示模型预测结果和实际结果一致性指标,Kappa 系数越大,一致性越好,模型的性能越好。

表 10-2　混淆矩阵

样本	正样本(预测)	负样本(预测)
Actual Positive (AP)	真阳性	假阳性
Actual Negative (AN)	假阳性	真阳性

表 10-3　模型训练评价指标

模型	准确率	召回率	精确率	kappa 系数	F1 Score
CNN	91.667%	81.944%	100%	0.830 1	0.900 7

$$Recall = \frac{TP}{TP+FN} \tag{10-4}$$

$$Precision = \frac{TP}{TP+FP} \tag{10-5}$$

$$F1\ Score = 2 \times \frac{Precision \times Recall}{Precision + Recall} \tag{10-6}$$

从表 10-3 可以看出，CNN 模型的 Precision 为 100%，可以看出并没有负样本被预测为正样本，模型没有对负样本进行误判，模型的查准性能很好。在查全方面，CNN 模型的 Recall 为 81.944%。综合 Precision 和 Recall，CNN 模型的 F1 Score 为 0.900 7。总体来看，ATT-CNN 模型 Accuracy 为 92.949%，可以看出整体模型的分类效果比较好。此外利用 Kappa 系数，可以得到 CNN 模型(0.830 1>0.8)都有着几乎完全一致的一致性。通过 CNN 模型在测试集的性能指标，可以得到 CNN 模型很适用于矿产潜力预测领域，在测试集上很好地拟合成矿证据层和已知矿床分布之间的关系。

同时本文利用受试者工作特征曲线(ROC 曲线)和 ROC 曲线下的面积(AUC)来评估矿产潜力预测模型的性能。通过不断调整区分正样本和负样本的阈值，得到对应的假阳性率(FPR)和真阳性率(TPR)。ROC 曲线以真阳性率为纵轴，假阳性率为横轴。当模型的 ROC 曲线越接近左上角，该模型的预测精度更高，性能越好。同时用 AUC 值来定量的分析 ROC 曲线的效果，AUC 值越高，模型的预测性能越好。通过 CNN 模型的 ROC 曲线(图 10-10)，曲线很靠近左上角。CNN 模型的 AUC 值达到 0.984，这表明模型很适用于矿产潜力预测。

我们利用训练好 CNN 网络模型对南岭区域绘制了矿产潜力图(图 10-11)。将矿产预测图分为三类：低潜力区、中潜力区和高潜力区。低潜力区阈值为 0~0.5，中潜力区阈值为 0.5~0.9，高潜力区阈值为 0.9~1。从图中可以看出，大多已知的矿点分布在成矿概率比较高的区域及其周围，模型对矿产潜力预测具有比较好的效果。同时为了进一步的定量分析 CNN 模型，本章统计了概率分布(表 10-4)，从表中可以看 CNN 模型概率最大值为 0.981 632，概率最小值为 0.026 346，概率中值为 0.087 902，比较匹配成矿事件。综上所述，CNN 模型在矿产潜力预测领域具有很高的预测精度。

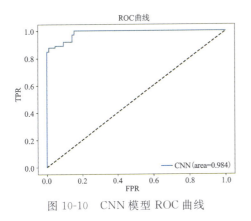 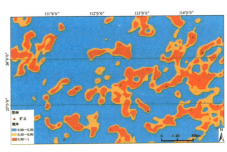

图 10-10 CNN 模型 ROC 曲线   图 10-11 矿产预测图

表 10-4 概率分布

模型	最大值	最小值	平均值	方差	中值
CNN	0.981 632	0.026 346	0.293 257	0.335 287	0.087 902

四、总结

我们以南岭地区 W-Sn 矿为研究对象，利用 CNN 模型实现矿产潜力预测和绘制矿产潜力图。针对 CNN 模型需要充足的训练数据和矿点数据的稀缺，使用滑动窗口对数据进行增广，保留数据的地质解释。利用已知矿床和非矿点样本训练 CNN 模型，然后预测完全未知的区域，生成南岭地区 W-Sn 矿床的矿产潜力图。通过多个角度分析 CNN 模型，CNN 模型在训练过程收敛快，Loss 收敛值比较小，在各项评价指标上比较优秀。同时模型绘制的矿产潜力图与已知的矿床具有较强的空间相关性，同时大多已知矿床都位于高潜力区，可以指导进一步的矿产勘探。

第二部分

方法技术的运用与要求

第十一章 磁异常处理解释的基本方法与步骤

磁测资料解释的内容是由磁测的任务决定的。任务不同,对解释的内容和要求也不同,磁测资料的解释步骤一般为:①磁测资料的预处理和预分析;②磁测资料的处理解释;③磁异常的定性、半定量解释;④磁异常的定量解释;⑤结论与成果图示。

一、磁测资料的预处理和预分析

对资料进行预处理和预分析,要使对资料的解释建立在资料完整、可靠和便于解释的基础上。因此,在解释前应分析磁测精度的高低、测网的疏密,有无系统误差和大小,正常场选择是否正确,图件拼接是否合理,资料是否齐全,是否存在人文与自然干扰,各种岩矿石物性参数测定的数量与质量是否符合要求等,若有问题,应处理解决。

磁测资料进行预处理和预分析的步骤如下。

(1)对所有用于生产的仪器性能,所达到的观测精度和各仪器间的一致性进行校验,计算磁力仪噪声水平、探头一致性、磁力仪观测精度。

(2)正常地磁场改正。根据工区测点的坐标计算正常地磁场(IGRF),如果用 IGRF 做了正常场改正就不必再做水平梯度改正。

(3)高度改正。可以在计算正常地磁场(IGRF)时,同时计算。

(4)日变改正。可以直接用仪器对接方式或仪器随带的日变改正软件进行日变改正,也可以用 MAGS4.0 软件进行日变改正。

(5)计算 ΔT。从观测值中减去正常地磁场值、日变值和正常场高度变化值,得到 ΔT:
$$\Delta T = T_{obs} - T_{rb} + T_0 - T_{IGRF} + \delta T_h$$
式中:T_{obs} 为观测值;T_{rb} 为日变观测值;T_0 为总基点的磁场值;T_{IGRF} 为国际地磁参考场值;δT_h 为高度改正值。

(6)磁测工作精度检测。用磁场观测精度的均方误差作为衡量磁测精度的标准,对于异常磁场应用平均相对误差。

(7)对采集的标本测定与统计磁化率与剩余磁化强度。

(8)对 ΔT 数据(.dat)进行网格化,形成".grd"网格文件,绘制平面等值线图与平剖图。如果原始的观测数据测线不是南北或东西向,用 Surfer 软件对 ΔT 数据(.dat)进行网格化前要进行坐标旋转。

(9)对 ΔT 平面图与平剖图进行预分析。

(10) 如果野外磁测资料的网格（点线距）不符合处理解释的需要，则要加密网格或抽稀网格。

(11) 如果野外磁测资料人文干扰与浅层地质干扰比较多，曲线不光滑，需要剔除干扰点及对曲线进行光滑处理。

二、磁测资料的处理解释

为了便于解释，在解释大面积磁测资料时，常常需要对异常进行分区、分带，确定解释单元。一般情况下，需要对磁测资料进行必要的转换和处理，如延拓、化极、求导等。

数据处理是为定性、定量解释服务的，不要做无针对性的数据处理。原则上，不需要的就不必做。因为数据处理必然带进误差，如延拓、化极、滤波等方法都是建立在平面直角坐标系上的，而观测数据往往在起伏地形上采集的，用平面直角坐标的方法，相当于用水平地形的方法去处理起伏地形的数据，这是不合理的；又如化极参数若不正确，化极结果适得其反。原则上，要采用原始数据进行反演。对起伏地形的数据不必先做曲化平，而是直接采用带地形的 2.5D 人机交互反演方法。

常用的转换和处理方法有：①对磁测资料进行延拓，分析磁异常特征，压制干扰与浅部异常突出深部异常；②对磁测资料进行化极，简化对异常的分析；③对磁测资料进行 0°、45°、90°与 135°水平一阶方向导数计算，或用小波断裂分析、边界识别方法，分析断裂体系；④对磁测资料进行小波分析、匹配滤波等处理，分离不同深度场源引起的区域场与局部场；⑤对磁测资料进行边界识别分析，解释岩体与地质边界。

三、磁异常的定性、半定量解释

磁异常的定性解释包括两个方面的内容：一是初步解释引起磁异常的地质因素；二是根据实测磁异常的特点，结合地质特征运用磁性体与磁场的对应规律，大体判定磁性体的形状、产状及其分布。

对磁异常进行地质解释的首要任务是判断引起磁异常的原因。对于找矿，就是要区分哪些是矿异常，哪些是非矿异常。在实际工作中，由于地质任务和地质条件的不同，定性解释的重点与方法也不同，但一般都从以下几个方面着手。

1. 将磁异常进行分类

根据异常的特点（如极值、梯度、正负伴生关系、走向、形态、分布范围等）和异常分布区的地质情况，并结合物探工作的地质任务进行异常分类。例如，普查时，往往先根据异常分布范围，把异常分为区域异常和局部异常。区域异常往往与大的区域构造或火成岩分布等因素有关；局部异常可能与矿床和矿化、小磁性侵入体等因素有关。为了弄清每个异常的地质原因，对区域异常可结合地质情况，再分为强度大而起伏变化的分布范围也大的异常，异常强度较小而又平静的大范围分布的异常等；对局部性异常，可结合控矿因素等分为有意义异常和非矿异常等。

2. 由"已知"到"未知"

即先从已知地质情况着手,根据岩(矿)石磁性参数,对比磁异常与地质构造或矿体等的关系,找出异常与矿体、岩体或构造的对应规律,确定引起异常的地质原因,并以此确定对应规律,指导条件相同的未知区异常的解释。在推论未知区时,应充分注意某些条件变化(如覆盖、干扰等)对异常的可能影响。

3. 对异常进行详细分析

详细分析研究异常的目的,是为了结合岩石磁性和地质情况确定引起异常的地质原因。在研究异常时,应注意它所处的地理位置、异常的规则程度、叠加特点。同时还应大致判断场源的形状、产状、延深和倾向等。

优选反演方法的原则不是新、特、奇,而是适用与先进,且适用是第一位的。对于剖面异常,常用的定性、半定量解释有如下方法,可以从中选择:

(1) 利用磁异常特征分析方法,通过建立各种正演模型,动态演示了磁异常随场源埋深、宽度、磁化倾角的变化特征,板状体模型在有限延深和无限延深情况下的磁异常变化特征,以及磁异常特征角不变情况下的多解性。让解释人员对磁异常的各种变化特征有一个感性的认识。

(2) 利用磁异常体的水平分量和垂直分量制作双分量参量图判断磁性体的形状和产状。

(3) 根据磁性体在不同高度上的 $Z_{a\max}$ 值来判断磁性体的形状。

(4) 根据磁性体在不同高度上 Z_a 的特征值横坐标连线来判断磁性体的形状、埋深等。

(5) 利用磁异常体的水平分量和垂直分量来判断磁性体的倾向。

(6) 计算磁异常归一化总梯度异常,初步分析确定地质体的位置。

(7) 进行视磁化强度成像方法,反演视磁化强度分布,初步确定磁性体位置和产状等。

对于平面资料,可以利用上述转换处理的结果进行定性、半定量解释,如对异常的描述、极大值、极小值、异常变化梯度、异常走向等,也可以直接对平面资料进行定性、半定量解释。结合重力资料还可以作重磁异常对应分析。

四、磁异常的定量解释

定量解释通常在定性解释基础上进行,其结果常可补充初步定性解释的结果。定性和定量解释两者是相辅相成的,且是紧密相联系的。定量解释的目的在于:根据磁性地质体的几何参量和磁性参量的可能数值,结合地质规律,进一步判断场源的性质;提供磁性地层或基底的几何参量(主要是埋深、倾角和厚度)在平面或沿剖面的变化关系,以便推断地下的地质构造;提供磁性地质体的位置、埋深及倾向等,以便合理布置探矿工程,提高矿产勘探的经济效果。

定量解释方法的选择,应选那些简单、方便、精度高,适用范围广,有抗干扰能力,前提条件少,能自动检验或修正反演结果的方法。在定量解释时要注意:

(1) 一般宜先自动反演,再参考自动反演结果,建立地质体的初始模型,进行 2.5D、3D 人机交互反演。

(2) 2.5D、3D 人机交互反演应尽量利用已知的地质、钻孔资料等作为约束。追求模型的合理性是第一位的，而不是只追求拟合度。

(3) 对反演结果进行合理性分析(与前人反演结果对比，分析是否符合工区地质规律和一般地质规律)，当反演结果明显与实际的地质规律不符合时，应认真分析研究，进行室内及野外的检查。

由于剖面定量解释一般用 2D、2.5D 模型，其结果简单直观、方便实用，因此，磁异常剖面的定量解释应用十分广泛，在磁异常定量解释中占有重要地位。通常，对一个磁测资料的定量解释是先对精测剖面或选择典型剖面解释，在此基础上再对平面资料进行 3D 的定量解释。剖面异常定量解释最基本的方法：

(1) 切线法是利用过异常曲线上的一些特征点(如极值点、拐点)切线之间交点坐标的关系来计算磁性体产状要素的方法。该方法简便、快速、受正常场选择影响小，在磁异常的定量解释中曾获得广泛应用。

(2) 斜磁化二度无限延深板状体经验切线法适用于 ΔT 磁异常。

(3) 剖面磁异常 Werner 反褶积快速反演方法快速反演板体模型的水平位置、上顶埋深、板体倾角及磁化率。

(4) 二维视磁化强度成像方法利用预优共轭梯度法进行二维视磁化率成像，反演出二维剖面上的视磁化率分布(或者视磁化强度分布)，以确定磁性体位置和产状等。

(5) 在上述定量反演得到磁性体初步结果(磁性体埋深、形态和产状等)的基础上，用 2.5D 任意多边形截面水平柱体磁异常人机交互反演进行精细的反演解释。

在剖面反演解释的基础上，进一步进行平面资料的 3D 反演解释，主要的方法如下：

(1) 欧拉齐次方程法确定场源体位置与深度，该方法根据磁测数据利用欧拉齐次方程法确定多个磁性体位置与深度。

(2) 3D 磁化强度成像，计算磁化强度分布。

(3) 不受磁化方向影响的模数反演方法，适用于未知磁化方向的最优化反演解释。

(4) 改进阻尼最小二乘法最优化反演。

(5) 任意形状三度体数值积分法磁场人机交互反演，该方法实现三维任意形状地质体数值积分法可视化重磁交互反演。还可以根据已知钻孔、地层、异常体等信息所预先建立的地质体角点模型直接进行交互反演。根据 2.5D 任意多边形截面柱体磁异常交互反演的解释结果，再用 3D 任意形状三度体数值积分法磁场交互反演方法进一步精细反演。

(6) 反演解释的结果是否正确，还可以用正演计算进一步验证。

(7) 对于区域构造研究与成矿远景分析，常常要对区域航磁资料或大范围资料进行解释，可能要计算结晶基底，居里等温面等，可以选用磁性界面帕克(Parker)法快速反演、磁性界面广义逆矩阵反演、居里等温面反演、视磁化强度填图等方法。

(8) 利用地质、地球物理与地球化学资料进行综合研究，如模糊数学方法综合预测、灰色系统方法综合预测和 BP 神经网络综合预测、深度学习等方法。

以上所列举的方法很多，解释人员只要选择其中合适的方法即可，不必面面俱到。

五、结论与成果图示

结论是磁异常解释的成果,也是磁法勘探工作的最终成果。它是磁场所反映的全部地质情况的归纳和总结,是由定性、定量解释与地质规律结合而作出的推论,它不一定与地质人员的地质推论相同。

图示是磁法勘探工作成果的集中表现。因此,磁法勘探工作成果应尽可能以推断成果图的形式表现出来,如推断地质剖面图、推断地质略图、推断矿产预测略图等。这种图件不仅便于地质单位使用,也便于根据验证结果和新的地质成果进行再推断。

六、方法使用建议

以上所介绍的数据处理与反演解释的方法仅仅是目前国内重磁勘探资料处理解释使用方法的一部分,但选择其中常用、效果好的一部分就足够了。我们建议:

(1)在转换处理时选用频率域向上延拓、化极、小波、匹配滤波,若对重力还可选用滑动平均等方法。

(2)断裂体系、地质边界(如岩体等)分析可选用水平一阶方向导数、小波断裂分析、总梯度模,也可选用垂向导数(VDR)、倾斜角(tilt-angle)、θ图(theta map)等方法。

(3)定性反演解释选用欧拉齐次方程、2D和3D磁化强度成像方法。

(4)定量反演解释选用2.5D、3D人机交互反演、井地磁测联合反演、重磁联合反演;对区域资料反演解释选用帕克法磁性界面反演、空间域广义逆矩阵反演方法等。

第十二章 关于立项和设计的一些要求

一、立项

立项需要科学地论证，要对项目可行性、必要性、经济性、社会效益等诸多方面进行全面的分析和论证，以确定项目是否值得实施。地球物理的立项通常需要考虑以下因素：①物探工作程度（不应同水平重复）；②物性前提；③深部分辨力前提，它是深部找矿必须考虑的问题；④人文干扰水平与抗干扰措施；⑤地质干扰程度（涉及多解性严重的程度）；⑥仪器拥有情况（有无适用的物探仪器以及时间上能否保证）；⑦人员状况。

二、设计

接受任务后，应着手收集与工区有关的地质、物性（主要是岩矿石的磁性）及前人的物探和地形等资料，并到施工现场踏勘。在此基础上编写工作设计，对工作任务、测区、测网、比例尺、方法技术、磁测精度和人员编制、仪器设备、工作进度、施工顺序和经费预算等问题按规范的要求做出设计并报审批。

（一）设计的一些要求

(1)具体任务明确到每种方法的探测目标物。
(2)收集齐全前人资料，理清已解决和未解决的地质、方法技术问题，不要重复工作。
(3)当物性、工作条件不清时，要进行现场踏勘（含方法有效性试验）。
(4)注意发挥物探方法的优势，避免劣势。
(5)依据最小探测目标体的几何、物性参数进行正演，再依据正演结果与人文干扰强度，对网距、仪器技术参数、精度选择、实际探测深度及深部分辨力进行定量论证，依据论证结果确定采用的方法技术，如方法与仪器类型、抗干扰措施（常用方法可能不能解决的问题）、技术参数选择、解释推断方法选择等。
(6)依据已有物性资料情况，确定满足新任务要求的物性采集、统计方案。
(7)设计中要有解释研究工作量（满足定性、定量两方面要求）。
(8)依据工区特点（目标物与围岩、人文干扰、地形、工作程度等）预选解释推断方法。

(二)设计中常见的问题

1. 未通过踏勘对工区的干扰源进行细致的调查

踏勘是地球物理勘探设计和施工中一项必不可少的重要工作,通过踏勘可以较全面地获得工区的交通、人文、气候、地形、地质、地球物理等实际情况及条件,并在设计和施工中布置更加合理的方案,因此,现场踏勘应得到足够的重视。

例1 未进行现场踏勘误把干扰当有用异常

某勘查项目在设计时未进行现场踏勘,误将人文干扰异常当隐伏矿体重复布置野外工作。该勘查项目将地表矿渣填埋体当作深部隐伏矿体重复布置野外工作,认为C3可能是隐伏的磁铁矿引起,2007年在22~46线加密测量(图12-1a)。C3异常被分解为若干个形态复杂、大小各异的孤立异常,具有浅部异常特征(图12-1b)。经实地调查和访问矿山有关人员,异常处原地形为凹地,现已被矿渣填平;且原磁测 ΔZ 无异常显示(图12-1c)。故认为22~46线C3异常是由地表矿渣填埋体内残留磁铁矿石、次火山岩引起,不是深部隐伏矿体的反映。

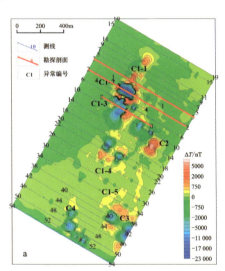

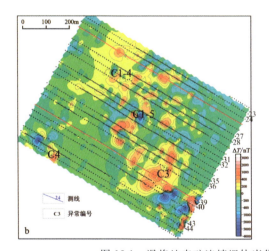
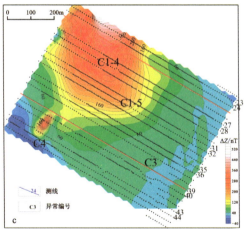

图12-1 误将地表矿渣填埋体当作隐伏矿体再布置野外工作案例图

例2 施工设计没有进行实地的踏勘,未考虑矿区的人文干扰,采集数据不能利用

2013年,某工区1:1万地面高精度磁测(图12-2a、b),受矿山、铁路、高压线、尾砂等干扰严重。其中,受人文干扰畸变的测点1034个,磁异常绝对值在1000nT以上,占总测点数的1/9。虽然删除人文干扰点,资料有一定的改善,但仍然不利于解释(图12-2c)。因此,在做设计时一定要考虑矿区的人文干扰,进行实地的踏勘,分析矿区人文干扰来源,制订消除干扰的措施,说明布置野外工作的可行性。

第十二章 关于立项和设计的一些要求

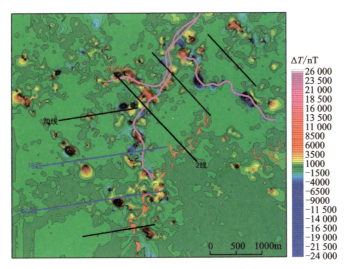

a. 实测的 1∶1 万 ΔT 磁异常平面等值线图

注:玫红色实线为铁路,大红色为地表出露矿;强磁异常为铁路的反映,测区西南一条北西向的异常带为高压线影响所致。

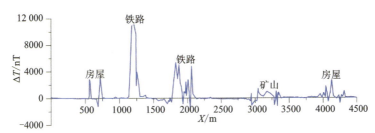

b. 某工区 2 勘探线磁异常图

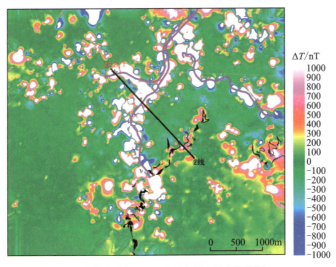

c. 去掉绝对值 1000nT 以上测点的磁异常图

注:图中空白区为磁异常值在 -1000~1000nT 之间的区域;黑点为测点位置;黑色为出露矿层位置

图 12-2 江西某工区地面磁测 ΔT 异常图

2. 测区布置不合理

测区应根据任务要求和工区地质、矿产及以往物化探工作等情况合理确定。测区应该：包含探测对象；尽量使磁测结果轮廓完整规则；尽可能包括地质、物探工作过的地段；周围有一定面积的正常场背景，以利于数据处理与解释推断。

例1 工区大小设计不合理

图 12-3a 所示为某矿区设计的测区太小，获得的异常不完整，不利于异常的处理与解释；图 12-3b 所示为某铜矿区设计的测区太大，北部无异常，造成巨大的浪费。

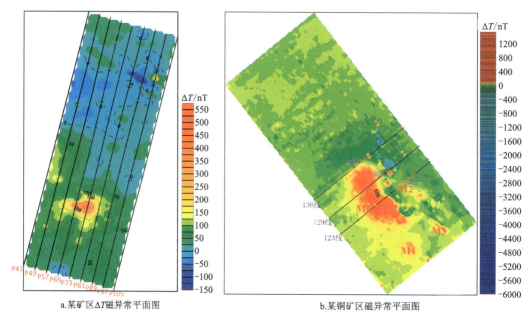

a.某矿区 ΔT 磁异常平面图　　　　b.某铜矿区磁异常平面图

图 12-3　测区布置不合理示意图

例2 设计的测区缺乏全局整体评价思想（不正确地使用物探方式）

物探的最大优势是快速整体评价，在地质界尚未重视的地段有所新发现，找到隐伏主矿体位置，或提出否定结论（在探测深度范围内，不存在规模目标物）。

例3 测区可以合理分区布置

图 12-5 中测线应垂直构造走向，测线可以不同方向。

例4 某铁矿区北部战略性勘查区布置在正异常区，未包括完整的负异常与正常场

2013 年施工的 1:2000 高精度磁法测量 $1.7km^2$，异常不完整，未包括北部与其伴生的负异常（图 12-6a）。由该区的航磁异常图可见，铁矿区是一个完整的正负伴生异常（图 12-6b）。

在施工设计中，要注意我国从南部曾母暗沙到北部漠河，地磁倾角变化 0～50°，受斜磁化影响，磁异常正负伴生，工区一定要包括正负异常与正常场部分。

3. 对物性工作的重要性未能得到足够的重视

物性工作是重磁解释的前提，没有准确、可靠的物性资料，后续的反演解释就是建立在不可靠、不准确与多解的基础。物性工作要求如下：

第十二章 关于立项和设计的一些要求

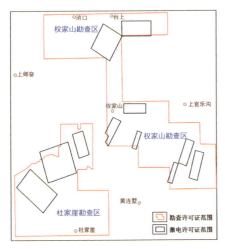

图 12-4 山东某金矿物探测区布置图
（引自刘士毅，2010）

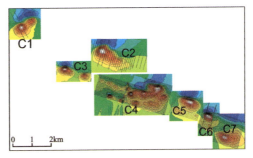

图 12-5 测区合理分区布置图
（青海尕林格工区）

a.2013年施工的1:2000高精度磁法测量（某铁矿勘查区）

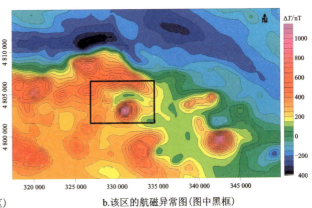

b.该区的航磁异常图（图中黑框）

图 12-6 某铁矿勘查区布置图

（1）收集、分析、利用以往矿区及外围物性资料。

（2）采集、测定矿区钻孔物性标本。第一次投入物探工作的，应在地面和已有钻孔中系统采集、测定物性标本。采集方案应顾及同名岩石在时代、空间（水平与垂向）方面的可能物性变化。每一统计单元的标本数量原则上不得少于 30 块。

（3）凡物探异常验证孔，必须进行岩心物性测定或相应参数的测井。

（4）磁参数测定，必须同时测定磁化率和剩余磁化强度。

（5）物性代表值统计需经分布模式检验，选择近似模式的公式计算统计值。

（6）若钻遇的各类地质体物性差异不大，均无法引起明显的异常，说明未钻遇目标体；应分析失误原因并在实测物性和实见地质体约束下，重新定性解释与定量反演。

2017 年，在"黑龙江省逊克县翠宏山铁多金属矿田找矿模型与找矿方向研究"项目中，通过分析旧物性资料，重新采集测定岩矿石物性与 2.5D、3D 反演解释，取得深部与外围找矿新突破（见本书第三部分案例中的第二十八章）。

第十三章 关于资料处理解释的一些要求

各种转换处理的方法,如延拓、化极、滤波等是为定性解释服务的,有选择、恰当地运用转换处理方法对重磁资料进行处理,会起到好的地质效果,无针对性的数据处理既浪费时间又浪费人力。选择适合的数据处理方法可消除干扰和分离异常等,数据处理是为定量反演服务的,不能以数据处理与转换代替定量反演。

一、化极要合理选择参数

福建某铁矿通过化极处理,使得化极磁异常高值区与见矿钻孔有明显的对应关系。化极前,见矿钻孔与 ΔT 磁异常没有对应关系;化极后,见矿钻孔大多落在 ΔT 磁异常 600nT 等值线范围内。

在垂直磁化条件下,磁异常的形态以及磁异常与磁性体的关系都比较简单,便于进行地质解释。但我国处于中纬度地区,磁性体受斜磁化影响,其异常一般都有正、负两个部分,异常与磁性体的关系也比较复杂,解释时较麻烦。

1. 福建某铁矿化极结果对比

图 13-1a 为化极前,见矿钻孔(图中黑点)既落在正异常也落在负异常,与 ΔT 磁异常没有简单对应关系,图 13-1b 为化极后,见矿钻孔(图中黑点)大多落在 ΔT 磁异常 600nT 等值线范围内。

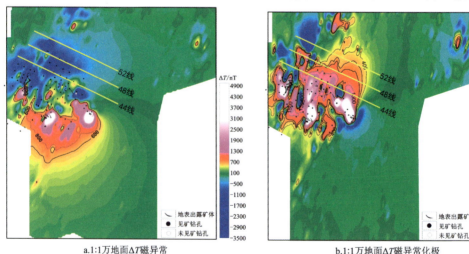

图 13-1 福建某铁矿化极结果对比

2. 不同的化极参数对化极结果的影响

图 13-2 是球体取不同磁化倾角化极结果对比。图 13-2a 为 $I=45°$ 斜磁化正演,图 13-2b 是 $I=90°$ 垂直磁化正演。图 13-2c~f 分别是磁化倾角取 15°、30°、45°、60° 四种情况化极结果。正确的化极参数应该取与正演参数即 45°一样(图 13-2e)。可以看出,图 13-2c~f 磁化倾角分别取 15°、30°、60°三种情况化极,其结果都发生不同程度的畸变,说明正确地选择化极参数十分重要。

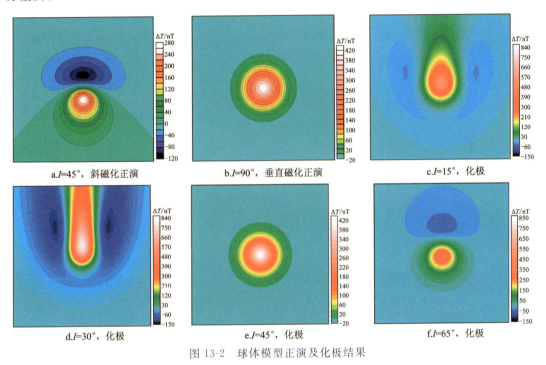

图 13-2 球体模型正演及化极结果

二、老旧 ΔZ 资料可转化成 ΔT 与新 ΔT 资料进行对比

对以往完成的资料进行二次开发,往往会遇到旧资料是垂直磁异常 ΔZ,不能与总磁场强度异常 ΔT 对比。

通常的做法是把 ΔZ、ΔT 化垂直磁化再比较,但是有时会遇到 ΔT 测区不完整、不规则,空白区较大,ΔT 化极误差较大。这里采用把旧资料 ΔZ 转化成 ΔT 再与新资料 ΔT 对比的方法。

在重磁异常转换处理中是把 ΔT 化 ΔZ 先做分量转换,再把 ΔZ 化垂直磁化即磁化方向转换,此过程称为化极。其实,也可以把 ΔZ 化 ΔT,此过程是 ΔT 化 ΔZ 的逆运算。这样做可以避开 ΔT 资料测区不完整、资料受干扰无法做转换处理误差大的问题。

由磁场与磁位的关系可以得到 ΔZ 与 ΔT 之间关系式,即 ΔT 对 z 的偏导数等于 ΔZ 对 t_0 的偏导数:

$$\frac{\partial \Delta T}{\partial z} = \frac{\partial \Delta Z}{\partial t_0} \tag{13-1}$$

式中：t_0 为地磁场方向的单位矢量。

若设 $S_Z(u,v), S_T(u,v)$ 分别为 $\Delta Z(u,v), \Delta T(u,v)$ 的频谱，则由磁异常频谱的规律可得

$$S_T(u,v) = \frac{q_0}{2\pi(u^2+v^2)^{\frac{1}{2}}} S_Z(u,v) \tag{13-2}$$

$$S_Z(u,v) = \frac{2\pi(u^2+v^2)^{\frac{1}{2}}}{q_0} S_T(u,v) \tag{13-3}$$

式中：$q_0 = 2\pi[\mathrm{i}(\alpha_0 u + \beta_0 v) + \gamma_0(u^2+v^2)^{\frac{1}{2}}]$；$\alpha_0 \, 、\beta_0 \, 、\gamma_0$ 为地磁场单位矢量 t_0 的方向余弦，$\alpha_0 = \cos I \cos A'$，$\beta_0 = \cos I \sin A'$，$\gamma_0 = \sin I$；$I$ 为地磁倾角；A' 为测线方向与磁北夹角。

式(13-2)表示，垂直分量 ΔZ 的频谱乘以转换因子就可以得到总场异常 ΔT 的频谱，对 ΔT 频谱作傅立叶变换就可以得到 ΔT 磁异常；式(13-3)也说明可以把 ΔT 异常换算为 ΔZ 异常。

由此可见，频率域由 ΔZ 换算 ΔT 的过程如下。

(1) 利用傅立叶变换，由实测异常求频谱：

$$S_Z(u,v) = \int_{-\infty}^{\infty}\int_{-\infty}^{\infty} \Delta Z(u,v) \mathrm{e}^{-2\pi\mathrm{i}(ux+vy)} \mathrm{d}x\mathrm{d}y$$

(2) 把 ΔZ 频谱 $S_Z(u,v)$ 乘以转换因子 $\dfrac{q_0}{2\pi(u^2+v^2)^{\frac{1}{2}}}$ 得到 ΔT 的频谱 $S_T(u,v)$；

(3) 对 ΔT 的频谱 $S_T(u,v)$ 作反傅立叶变换得到 $\Delta T(x,y)$：

$$\Delta T(x,y) = \int_{-\infty}^{\infty}\int_{-\infty}^{\infty} S_T(u,v) \mathrm{e}^{2\pi\mathrm{i}(ux+vy)} \mathrm{d}u\mathrm{d}v$$

对于 ΔT 换算 ΔZ，其原理域步骤与 ΔZ 换算 ΔT 完全一样，只需改变换算因子。

图 13-3a 是 $I=45°$ 斜磁化球体 ΔZ 异常，异常特征为正负伴生，正值范围与强度比负值大，图 13-3b 是转换后的 ΔT 异常，负值范围明显扩大，符合 ΔT 斜磁化异常特征。应用实例见第三部分案例第十六章。

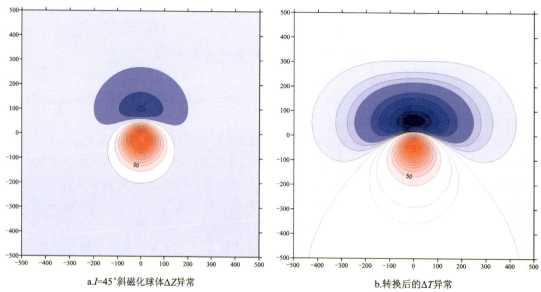

a. $I=45°$ 斜磁化球体 ΔZ 异常　　　　b. 转换后的 ΔT 异常

图 13-3　ΔZ、ΔT 异常互换

三、通过迭代向下延拓技术可突出深部弱异常

向下延拓方法原理见第一部分新方法技术第三章,实例见第三部分案例第二十三章青海尕林格铁矿区高精度磁测资料处理与解释。

四、方向滤波方法可压制具有一定方向性的干扰,突出主体异常

1. 方法原理

在重磁信号处理中,如果区域场和局部场的走向不同,可以通过方向滤波的方法分离不同走向的重磁异常。常用的是扇形窗方向滤波器(王宝仁,1987;熊光楚,1990),滤波器波数响应如图13-4所示,其数学模型为

$$T(k_x, k_y) = \begin{cases} 1 & (k_x, k_y) \in D \\ 0 & (k_x, k_y) \in \bar{D} \end{cases}$$

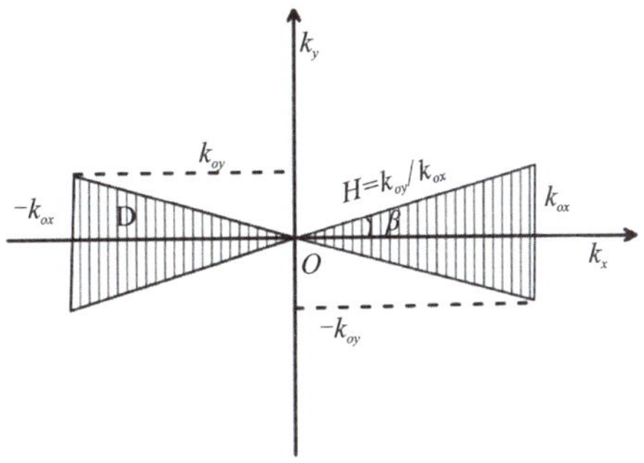

图 13-4 扇形窗方向滤波器

图中 k_{ox} 为 k_x 轴向的截止波数,k_{oy} 为 k_y 轴向的最大截止波数,滤波方向(波数域)截止波数一般为 1/2 取样区间,即 $k_{ox}=1/(2*\Delta x)$。图中 β 为扇形半张角,H 为截止波数比,即 $H=\tan\beta=k_{oy}/k_{ox}$。有了波数响应 $T(k_x, k_y)$,利用傅立叶逆变换即可求出空间域相对应的滤波因子 $t(x,y)$。

2. 理论模型试验结果

1)理论模型正演

为了模拟实际资料中复杂的构造格局,设计了一个"十字"模型来检验方向滤波器的滤波效果,模型如图13-5所示,两个密度体的剩余密度均取 $1g/cm^3$,图13-6为模型的正演结果。

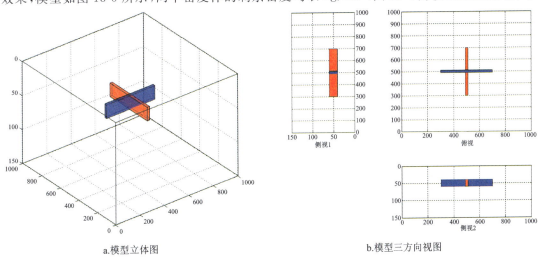

a.模型立体图　　　　　　　　　　b.模型三方向视图

图 13-5 "十字"模型

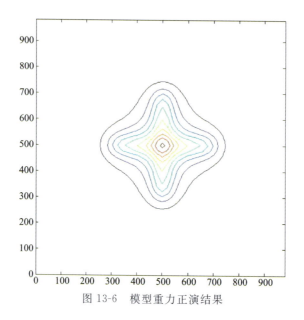

图 13-6　模型重力正演结果

2）方向滤波

影响方向滤波效果的两个因素分别为滤波方向和扇形半张角 β，首先讨论扇形半张角 β 对滤波效果的影响，选取滤波方向为 $0°$，半张角分别为 $5°$、$15°$、$30°$、$45°$、$60°$，结果见图 13-7。由图 13-7 可见，半张角过小会引起滤波方向上异常损失，从而造成异常形态畸变，半张角过大会造成滤波不彻底，半张角在 $15°\sim25°$ 时滤波效果最佳。

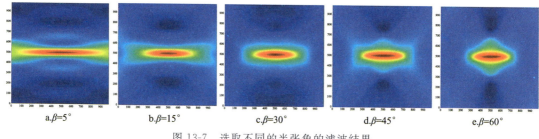

图 13-7　选取不同的半张角的滤波结果

下面讨论滤波方向对滤波效果的影响，选取半张角大小为 $20°$，滤波方向分别选取 $0°$、$30°$、$45°$、$60°$、$90°$，结果见图 13-8。由滤波结果可见，对应于"十字"模型的 $0°$ 和 $90°$ 方向上滤波效果明显，该方向滤波器可以达到压制非滤波方向异常的效果。应用实例见第三部分案例第十八章。

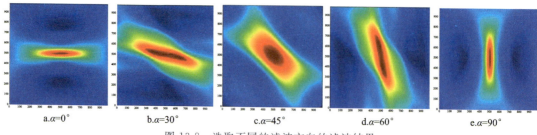

图 13-8　选取不同的滤波方向的滤波结果

五、重磁联合反演提高反演解释的准确性和可靠性

卫宁北山是宁夏金属矿产勘查最重要的地区之一。卫宁北山西部的金场子—二人山北有广泛的矿化现象和多处金等多金属矿点(图13-9),多年来,地质上只见到出露地表的闪长玢岩脉但一直没有找到隐伏的中酸性岩体。在卫宁北山地区如果能找到成矿地质体,即隐伏的中酸性岩体,就有可能拓展地质找矿的思路。

根据岩石物性分析,中酸性侵入岩具较强磁性,密度较低,中酸性侵入岩密度约为 $2.64g/cm^3$,泥盆、石炭系密度约为 $2.65g/cm^3$。

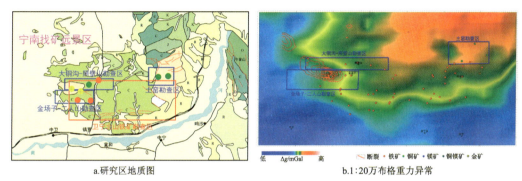

a.研究区地质图　　　　　　　　　b.1:20万布格重力异常

图13-9　金场子—二人山北工区

1. 提取局部重磁异常

(1)L-NS线剖面。图 13-10a 中,底图为重力异常,红色为重力高。图中有一北高南低的区域场,采用滑动平均法提取局部重力异常如图 13-10b 下部。

(2)L-WE线剖面。东西剖面图中红色为重力异常,也有一东高西低的区域场,采用滑动平均法提取局部重力异常如图 13-10c 下部。

2. L-NS线重磁异常解释

南北剖面呈重力低与磁力高,表明场源为低密度、强磁性地质体。对东西剖面重力异常与磁异常分别进行密度反演与磁化强度反演,结果如图 13-11 所示。火成岩体产状陡,略向北倾。重磁反演结果有一定差别,但是总体上,反演结果的火成岩体产状陡,略向北倾。

为了减少单一方法反演的多解性,对南北剖面进行重磁联合反演,结果如图 13-12 所示,岩体产状陡立且略向北倾,上顶埋深约为 1000m,下延深度 5~6km。

3. L-WE线重磁异常解释

东西剖面呈重力低与磁力高,说明场源体为低密度、强磁性。对东西剖面重力异常与磁异常分别进行密度反演与磁化强度反演,结果如图 13-13 所示。火成岩体产状陡立,略向西倾。东西剖面重磁联合反演结果如图 13-14 所示,火成岩体产状陡立。

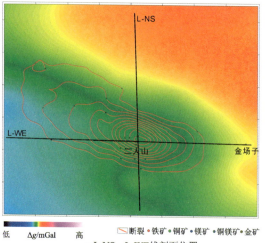

a. L-NS、L-WE线剖面位置

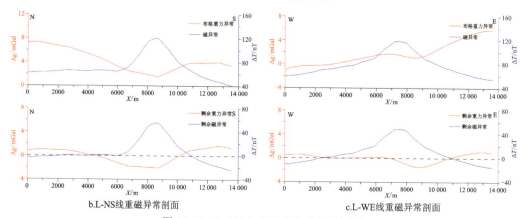

b. L-NS线重磁异常剖面　　　　　　　　c. L-WE线重磁异常剖面

图 13-10　L-NS、L-WE线重磁异常剖面

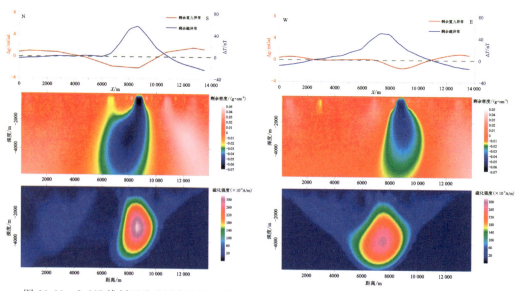

图 13-11　L-NS线剖面重磁异常物性反演　　　图 13-12　L-WE线剖面重磁异常物性反演

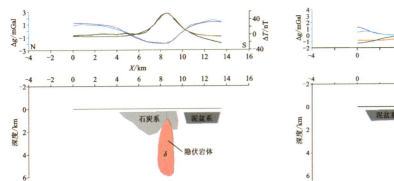
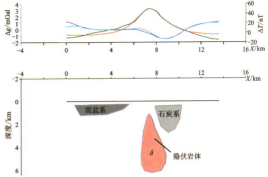

图13-13　L-NS线剖面重磁异常2.5D人机交互反演　　　图13-14　L-WE线剖面重磁异常2.5D人机交互反演

金场子—二人山北西的磁异常与重力异常是高磁低密度火成岩体的反映，火成岩体埋深700~800m，宽约2km(图13-15)。该火成岩体是卫宁北山地区的成矿地质体，在其周围具有进一步找金属矿床的潜力。

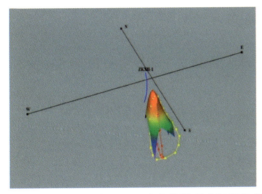
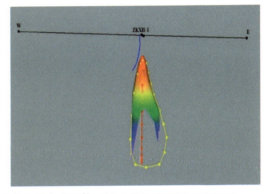

图13-15　金场子—二人山根据重磁解释的高磁低密度火成岩体(图中蓝线是ZKXII-1钻井轨迹)

2015年7月6日，在银川项目进展汇报会上，评审专家提出2011年在卫宁北山为了验证是否有岩体存在，曾部署过ZKXII-1钻孔，孔深1800m未见岩体，对此次物探解释有岩体表示质疑。为了证实物探解释是否正确，会后我们马上在宁夏地调院收集了ZKXII-1钻孔的资料：钻井孔深约1800m，方位角约为225°，倾角由浅到深从88.30°变化到41.90°，钻井整体呈南西走向。

将钻孔位置投影到磁异常反演岩体结果图上(图13-15中蓝线是ZKXII-1钻井轨迹)发现，卫宁北山ZKXII-1钻井位于重磁反演模型中心位置的北西方向，钻井走向为南西方向，钻孔打偏，这是钻井未打到岩体的原因。如果钻井走向为东南方向，或者钻井布置在模型中心位置的北东方向，打到岩体的可能性比较大。ZKXII-1钻孔录井结果表明，该钻孔岩心所见岩脉、矿化非常普遍，如果在钻孔施工中及时进行三分量磁测井就能够发现是否存在岩体以及岩体的位置。

重磁资料的联合解释解决了曾经困扰地质人员的卫宁北山—香山地区有矿及矿化现象但没有火成岩的问题，指出卫宁北山—香山具有进一步找矿的潜力。

六、老方法新应用有可能得到意想不到的良好效果

加拿大魁北克省拉布拉多地槽成矿带中,苏克曼组地层含铁建造地层具磁性且高密度,含铁量较低,为贫矿。地层中的含铁建造受白垩纪热带雨林气候风化淋滤后的富含赤铁矿和针铁矿的碳酸岩和硅质矿物岩石,所以是细颗粒、弱变质的含铁建造,含有较高品位的磁铁矿物,一般被称为磁铁矿含铁建造,直运矿石(direct shipping ore,DSO)为富矿,重磁勘探主要是用来寻找无磁性铁矿体。

根据物性分析,富矿无磁性、高密度,能够产生局部高重力异常;贫矿苏克曼组含铁建造强磁性、高密度,能够产生高磁高重局部异常。如果将磁异常换算为磁源重力异常,则该磁源重力异常为贫矿苏克曼组地层含铁建造引起的,将实测的重力异常减去贫矿苏克曼组含铁建造引起的磁源重力异常,则剩余的重力异常仅为无磁性、高密度的富矿产生,这样就能够从富矿与贫矿共同产生的重力异常中分离出仅由富矿产生的局部重力异常。

下面介绍根据重磁位场的泊松公式,换算磁源重力异常的方法原理及有效性分析。

1. 方法原理

由重磁位场泊松公式,可导出垂直磁化时磁位$U_\perp$与磁源重力异常关系(或称假重力异常)关系:

$$U_\perp = -\frac{M}{4\pi G\sigma}\frac{\partial V}{\partial z} = \frac{M}{4\pi G\sigma}g, \quad g = -\frac{M}{4\pi G\sigma}U_\perp \tag{13-4}$$

将上式转换到频率域,并设化到垂直磁化时磁位及磁源重力异常的频谱为$S_{U_\perp}(u,v,z)$与$S_g(u,v,z)$。对ΔT而言,$U_\perp$相当于ΔT经化到磁极运算得到$Z_{a\perp}$,再利用频谱微分定理关系式$S_{Z_{a\perp}}(u,v,z)=2\pi(u^2+v^2)^{1/2}S_{U_\perp}(u,v,z)$,则可由$S_{Z_{a\perp}}$求$S_{U_\perp}$,最后得到由$\Delta T(u,v,z)$求$S_g(u,v,z)$的转换因子为$\frac{4\pi G\sigma}{M} \cdot \frac{2\pi(u^2+v^2)^{1/2}}{q_{t_0} \cdot q_{t_1}}$。

为使转换因子计算简单,且不影响磁源重力异常的特征,常设$\frac{G\sigma}{M}=1$。

分析ΔT换算磁源重力异常的转换因子可得,该换算因子由三部分组成:由ΔT换算Z_a的分量换算因子为$\frac{2\pi(u^2+v^2)^{\frac{1}{2}}}{q_{t_0}}$,由$Z_a$换算$Z_{a\perp}$的磁化方向换算因子为$\frac{2\pi(u^2+v^2)^{\frac{1}{2}}}{q_{t_1}}$,这两个因子的组合$\frac{4\pi^2(u^2+v^2)}{q_{t_0}q_{t_1}}$即为化极因子。由$Z_{a\perp}$换算$\Delta g$的换算因子为$\frac{4\pi G\sigma}{M} \cdot \frac{1}{2\pi(u^2+v^2)^{1/2}}$。因此,由$\Delta T$换算磁源重力异常的过程包含三步:$\Delta T \to Z_a \to Z_{a\perp} \to \Delta g$。

换算磁源重力异常步骤

(1)把实测的航磁异常通过下延方法换算到地面。

(2)把实测的磁异常换算为"磁源重力异常",该"磁源重力异常"是苏克曼组地层产生的"假重力异常"。

(3)再把实测的重力异常减去"磁源重力异常",剩余的局部重力异常就是富铁矿体产生的。

(4) 采用自动反演或人机交互反演方法反演富铁矿体。

换算磁源重力异常法是根据地质体的物理属性来分离富铁矿体与苏克曼组,它没有因不同地质体场源埋深相似造成不同地质体引起的异常频谱混叠无法分离的问题,是一种理论上完全可行的方法。而若采用直接反演磁异常的方法,由于苏克曼组形态复杂,用自动反演与人机交互反演方法都具有很大的不确定性,难以可靠地确定苏克曼组的形态。

2. 有效性分析

Maurice(1971)在"在拉布拉多地槽中部用物探方法找富铁矿"一文中,描述了用两次滤波提取富铁矿的局部异常的方法,其建立在如下假设的基础上,即"区域性的大的负异常是层位较低的板岩和石英岩引起的,中等强度的异常是没有蚀变的含铁岩层引起的,而强大的高频成分异常是富集的铁矿层,也可能是富铁矿所引起的"。实际上,富铁矿体既可埋深较大,也可以埋深较小,它与苏克曼组产生的频谱相似,并非"强大的高频成分异常",很难从没有蚀变的含铁岩层中分离出来。

图 13-16 是该文在提明兹 2 号异常,用二次滤波方法提取的结果及用于反演的局部异常,可见,所提取的都是浅部的高密度体,而从乔伊斯湖北区的 2.0N、1.0N、0、1.0S、4.0S 等剖面看,富铁矿体主要赋存于向斜的轴部,并非在地表,不是高频的局部重力异常。

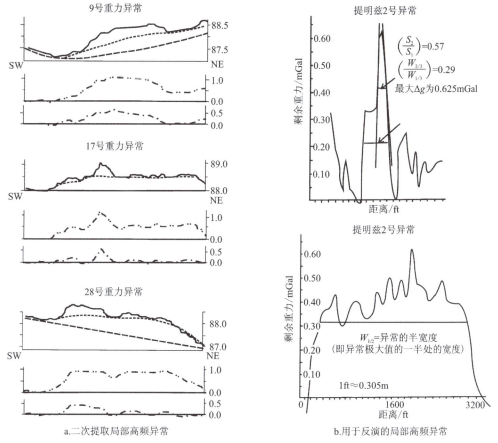

a. 二次提取局部高频异常　　　　b. 用于反演的局部高频异常

图 13-16 提明兹 2 号异常滤波提取的局部异常

3. 利用重磁异常联合反演解释富铁矿体

由于苏克曼组具有高密度、强磁性,能够产生局部高重力异常与高磁异常,而富铁矿体具高密度但不具磁性,因此产生高局部重力异常与低磁异常。利用苏克曼组重磁的同源,而富铁矿体重磁不同源的差异,我们可以采用如下方法反演解释富铁矿体。

图 13-17 是苏克曼组与富铁矿体组合理论模型,该模型含有富铁矿体,其中,图 13-17a 下部是苏克曼组向斜与富铁矿体理论模型,上部曲线是磁异常;图 13-17b 是该模型正演计算的重力异常,它们二者叠合在一起就是乔伊斯湖北 3 号区我们常见苏克曼组产生的低磁高重单峰异常。图 13-17c 为单独富铁矿体正演重力异常,图 13-17d 是由苏克曼组磁异常(即 a 中曲线)换算的磁源重力异常,如果我们把它与苏克曼组的重力异常相减(见 e 中虚线),该虚线与富铁矿体产生的重力异常完全一样,说明通过这种方法可以获得无磁性的富铁矿体产生的剩余重力高异常。进一步可据剩余重力异常反演解释富铁矿体。

此理论模型说明可以得到富铁矿体的剩余异常并反演解释富铁矿体。

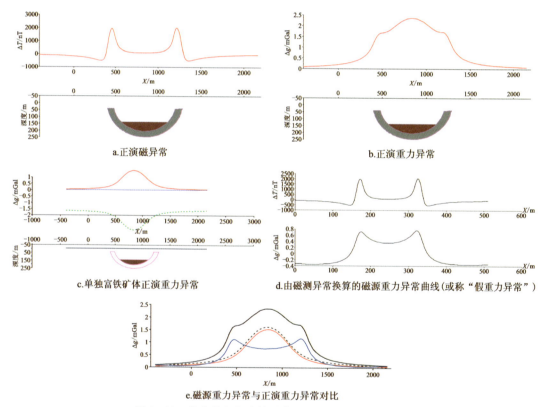

图 13-17 苏克曼组与富铁矿体组合理论模型解释结果

(说明:黑线为苏克曼组与富铁矿体产生的重力异常,蓝线为由磁异常换算的"磁源重力异常",虚线是苏克曼组与富铁矿体产生的重力异常与磁测异常换算的"假重力"异常之差,红线为富铁矿体产生的重力异常。)

4. 结论

单一地根据重力异常反演解释富铁矿体,要从实测重力异常中通过匹配滤波、小波多尺度分解等方法识别与分离富铁矿体的局部高重力异常,有较大的难度。

利用重磁异常联合反演解释富铁矿体。采用换算磁源重力异常等方法,在理论模型上能够很好地从苏克曼组中分离富铁矿体的局部重力异常,如图 13-16 和图 13-17 所示。因此,从物探方法的原理上在乔伊斯湖区利用重磁数据处理方法反演解释富铁矿体具有可行性。但是实际资料中苏克曼组地层密度磁性变化,富铁矿体本身密度也会变化,用该方法解释其结果的可靠性应当结合其他资料分析,准确地说,用换算磁源重力异常法求出的是高密度、弱或无磁性的地质体即富铁矿体。

第十四章 处理解释中的易错问题

一、为什么说"ΔT 受斜磁化影响比 Z_a 大？"

由二度磁异常规格化公式可知：若为 Z_a 时，$\kappa=1$，$\theta=i_s$；若为 H_a 时，$\kappa=1$，$\theta=i_s-90°$；若为 ΔT 时，$\kappa=\dfrac{\sin I}{\sin i_s}$，$\theta=2i_s-90°$。有效磁化倾角为 i_s 的一个二度体 ΔT 曲线相当于有效磁化倾角为 $2i_s-90°$ 的同一个二度体的 Z_a 曲线。若 Z_a 曲线 i_s 从 $90°\sim0°$ 变化，则 ΔT 曲线变化更快，相当于 Z_a 曲线 i_s 从 $90°\sim-90°$ 变化。如 $i_s=45°$ 的 ΔT 曲线，相当于 $i_s=0°$ 时的 Z_a 曲线，这表明 ΔT 受斜磁化影响比 Z_a 大。

图 14-1 是不同有效磁化倾角 i_s 水平圆柱体的 Z_a、ΔT 曲线。

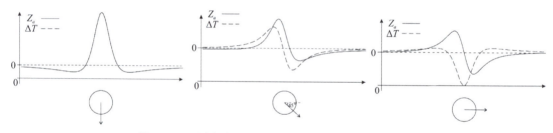

图 14-1　不同有效磁化倾角 i_s 水平圆柱体的 Z_a、ΔT 曲线

二、南半球的磁场特征

在南半球，地磁倾角向上，与北半球相反，其磁场特征与磁化方向关系怎样？下面我们以二度下延无限直立薄板为例讨论。薄板状体磁场的表达式为

$$Z_a = \frac{\mu_0}{2\pi}\frac{2bM_s\sin\alpha}{x^2+h^2}(h\cos\gamma - x\sin\gamma)$$

$$H_{ax} = \frac{\mu_0}{2\pi}\frac{-2bM_s\sin\alpha}{x^2+h^2}(h\sin\gamma + x\cos\gamma) \tag{14-1}$$

$$\Delta T = -\frac{\mu_0 2bM_s\sin\alpha}{2\pi(x^2+h^2)}\frac{\sin I}{\sin i_s}[h\sin(\alpha-2i_s) + x\cos(\alpha-2i_s)]$$

当薄板状体产状直立时，$\alpha=90°$，式 (14-1) 可改为

$$Z_a = \frac{\mu_0}{2\pi} \frac{2bM_s}{x^2+h^2}(h\cos i_s - x\sin i_s)$$

$$H_a = \frac{\mu_0}{2\pi} \frac{-2bM_s \sin\alpha}{x^2+h^2}(h\sin i_s + x\cos i_s) \tag{14-2}$$

$$\Delta T = H_a \cos I \cos A' + Z_a \sin I$$

当测线南北时,$A'=0°$,则

$$\Delta T = H_a \cos I + Z_a \sin I \tag{14-3}$$

在北半球,$I>0$,$\cos I$ 与 $\sin I$ 为正值,由 H_a 与 Z_a 合成的 ΔT 曲线如图 14-2 所示($I=60°$)。而在南半球,$I<0$,$\cos$ 为偶函数,$\cos I$ 取正值,$\sin$ 为奇函数,$\sin I$ 取负值,相当于式(14-3)中的 $Z_a \sin I$ 项反了一个符号,H_a 与 Z_a 合成的 ΔT 曲线如图 14-3 所示($I=-60°$)。因此,南半球 ΔT 曲线正负值比例与磁化倾角的关系与北半球一样,差别仅在于:在北半球,正异常在南,负异常在北;在南半球,则正异常在北,负异常在南。

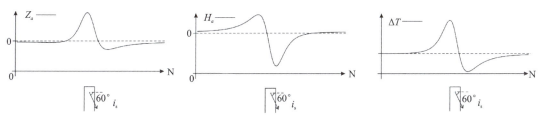

图 14-2 北半球二度下延无限直立薄板 $I=60°$ 的 H_a、Z_a 与 ΔT 曲线

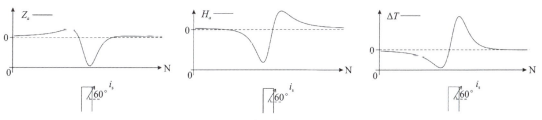

图 14-3 南半球二度下延无限直立薄板 $I=-60°$ 的 H_a、Z_a 与 ΔT 曲线

三、化极用什么参数?

把 ΔT 化到地磁极的过程包含了 ΔT 化 Z_a 的分量换算和斜磁化 Z_a 化垂直磁化 $Z_{a\perp}$ 的磁化方向换算两个步骤。$\Delta T(x,y,z)$ 与 $Z_a(x,y,z)$ 频谱之间的换算为

$$S_z(u,v,z) = \frac{2\pi (u^2+v^2)^{\frac{1}{2}}}{q_{t_0}} \cdot S_T(u,v,z) \tag{14-4}$$

式中:$q_{t_0} = 2\pi [i(L_0 u + M_0 u) + N_0 (u^2+v^2)^{\frac{1}{2}}]$,而 L_0、M_0、N_0 为地磁场单位矢量 t_0 的方向余弦。

原磁化方向 l_1 与垂直磁化方向之间的换算因子为

$$\frac{2\pi (u^2+v^2)^{\frac{1}{2}}}{2\pi [i(\alpha_1 u + \beta_1 v) + \gamma_1 (u^2+v^2)^{\frac{1}{2}}]} = \frac{2\pi (u^2+v^2)^{\frac{1}{2}}}{q_{t_1}} \tag{14-5}$$

式中：$q_{t_1} = 2\pi[i(L_1 u + M_1 u) + N_1(u^2+v^2)^{\frac{1}{2}}]$，而 L_1、M_1、N_1 为原磁化方向单位矢量 t_1 的方向余弦。

因此，由 ΔT 化到地磁极的转换因子为

$$\frac{2\pi(u^2+v^2)^{\frac{1}{2}}}{q_{t_0}} \cdot \frac{2\pi(u^2+v^2)^{\frac{1}{2}}}{q_{t_1}} \tag{14-6}$$

若不考虑剩磁，即地磁场方向的方向余弦 q_{t_0} 与原磁化方向 q_{t_1} 的方向余弦一致，则上式可进一步化简为

$$\left[\frac{2\pi(u^2+v^2)^{\frac{1}{2}}}{q_{t_0}}\right]^2 \tag{14-7}$$

由于这种转换相当于把 ΔT 换算到地磁极的地磁场状态故称为化到地磁极。

注意到式(14-6)，原磁化方向 q_{t_1} 的方向余弦必须根据实际情况取值：

(1) 当仅考虑感磁(通常是测区较大，不知道磁性体的剩磁)时，原磁化方向 q_{t_1} 的方向余弦即与地磁场方向的方向余弦 q_{t_0} 一致。

(2) 当考虑剩磁影响(通常是测区较小，知道磁性体的剩磁，如矿异常或岩体异常)时，原磁化方向 q_{t_1} 的方向余弦必须取剩磁与感磁合成的总磁化方向的方向余弦。

因此，化极参数中的原磁化方向是总磁化方向的方向余弦，若剩磁较强则必须考虑。

四、向上延拓两个异常变成一个异常与物体是否在深部相连？

熊光楚先生(1992)讨论了向上延拓两个异常变成一个异常与物体是否在深部相连的关系，并用模型实验说明：孤立物体引起的孤立异常，在向上延拓一个适当高度后均将合并为一个异常，因此，向上延拓某一个高度后，两个异常相连了，并不说明两个物体在深部相连。

图 14-4 为两个横截面为 20 单位×20 单位的柱体，磁化强度均为 5SI，两个柱体中心相距为 40 单位。上顶埋深为 11 单位，计算了向上延拓 10 单位、20 单位、30 单位及 40 单位共 4 个高度(图上只画了两个异常合并为一个异常时延拓高度的曲线)。从图看出，孤立的物体所引起的两个异常，在向上延拓一个适当的高度后，合并为一个异常。

下面我们通过设置底部相连与不相连两种情况的二度体与三度体理论模型，正演计算它们在不同高度所产生的磁异常，并分析其异常极大值个数和位置变化特征，为利用磁异常来定性判断深部场源分布的问题提供解释依据。

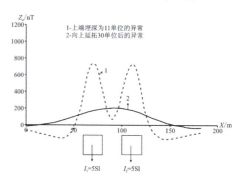

图 14-4 两个相距为 40 单位柱体上的 Z_a 异常(据熊光楚，1992)

我们首先分析二度体的情况，设计的模型如图 14-5 所示，底部不相连模型由两个二度有限延深直立板状体组成，两个板状体的上顶面埋深均为 h，厚度 $2b=100$m，延深 $t=300$m，二者的中心距离为 d；底部相连的模型是在底部不相连的模型基础增加一个二度板状体，其宽度为 $(d-100)$m，上顶埋深为 $(h+200)$m，延深 100m。

第十四章 处理解释中的易错问题

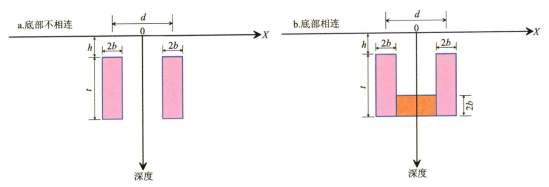

图 14-5 二度理论模型截面图

图 14-6a 是底部不相连模型在 d 分别为 200m、400m、600m、800m、1000m 时，h 从 $0.5d$ 变化到 $1.4d$ 时极大值点的位置变化情况，图中不同颜色的圆点表示不同 d 的极值点。可以看出，在 $d=200$m 情况下，观测面离板状体顶面距离约小于 $0.83d$ 时异常有两个极大值点（如图中原点左右各有一个对称的极值点），大于 $0.83d$ 时只有一个极大值（如图中原点上方只有一个极值点，大于 $0.83d$ 时极大值点重叠在一起，构成一小的线段）；在 $d=400$m 情况下，观测面离板状体顶面距离约小于 $0.95d$ 时异常有两个极大值点，大于 $0.95d$ 时只有一个极大值；在 $d=600$m 情况下，观测面离板状体顶面距离约小于 $1.01d$ 时异常有两个极大值点，大于 $1.01d$ 时只有一个极大值；在 $d=800$m 情况下，观测面离板状体顶面距离约小于 $1.05d$ 时异常有两个极大值点，大于 $1.05d$ 时只有一个极大值；在 $d=1000$m 情况下，观测面离板状体顶面距离约小于 $1.07d$ 时异常有两个极大值点，大于 $1.07d$ 时只有一个极大值。

图 14-6b 是底部相连模型在 d 分别为 200m、400m、600m、800m、1000m 时，h 从 $0.5d$ 变化到 $1.4d$ 时极大值点的位置变化情况，可以看出当 $h>0.8d$ 时，异常均只有一个极大值点。

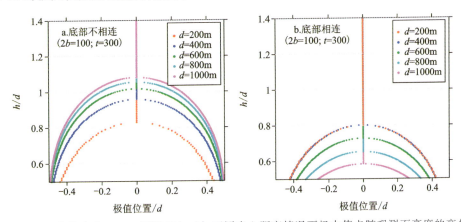

图 14-6 板状体宽度 100m，延深 300m 时，不同中心距离情况下极大值点随观测面高度的变化

对比图 14-6a 和图 14-7b 可以看出，当 h 在约 $0.8d$ 时，底部不相连模型的磁异常仍然为"双峰"而底部相连模型的磁异常则变为"单峰"，但无论磁性体底部是否相连，在观测面离磁性体上顶面距离大于 $1.2d$ 后均将合并为一个异常。

图 14-7～图 14-9 是中心距离分别为 200m、600m、1000m 时，不同延深情况下异常极大值

点随观测面高度的变化，可以看出在底部不相连情况下，当 $h<0.8d$ 时异常呈现"双峰"特征，在底部相连且连接体深度小于 d 的情况下，当 h 约 $0.8d$ 时异常就呈现"单峰"特征。

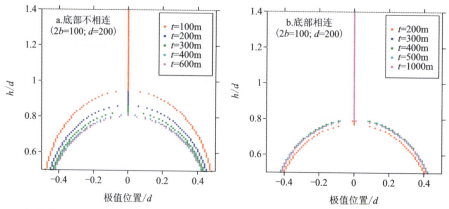

图 14-7　板状体宽度 100m，中心距离 200m 时，不同延深情况下异常极大值点随观测面高度的变化

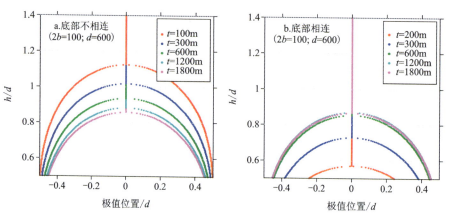

图 14-8　板状体宽度 100m，中心距离 600m 时，不同延深情况下异常极大值点随观测面高度的变化

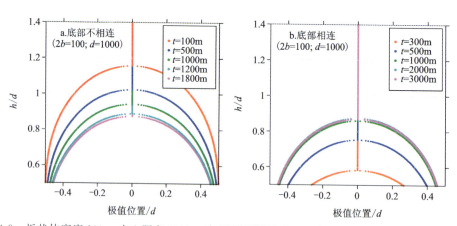

图 14-9　板状体宽度 100m，中心距离 1000m 时，不同延深情况下异常极大值点随观测面高度的变化

下面我们分析三度体的情况，设计的模型如图 14-10 所示，底部不相连模型由两个直立长方体组成，其上顶面埋深均为 h，宽度 $2b=100\text{m}$，走向长度 $L=100\text{m}$，厚度 $t=300\text{m}$，二者的

中心距离为 d；底部相连的模型是在底部不相连的模型基础增加一个长方体，其宽度为 $(d-100)$m，上顶埋深为 $(h+200)$m，厚度 100m。

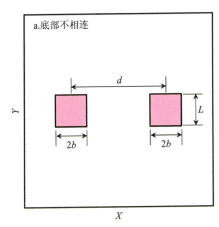
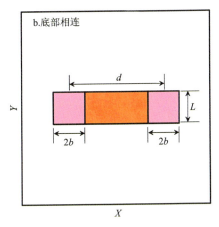

图 14-10　三度理论模型平面投影图（截面图同图 14-5）

图 14-11a 是底部不相连模型在 d 分别为 200m、400m、600m、800m、1000m 时，h 从 $0.6d$ 变化到 $1.5d$ 时极大值点的位置变化情况，可以看出在 $d=200$m 情况下，观测面离板状体顶面距离约小于 $1.12d$ 时异常有两个极大值点，大于 $1.12d$ 时合并成一个极大值；在 $d=400$m 情况下，观测面离板状体顶面距离约小于 $1.24d$ 时异常有两个极大值点，大于 $1.24d$ 时只有一个极大值；在 $d=600$m 情况下，观测面离板状体顶面距离约小于 $1.29d$ 时异常有两个极大值点，大于 $1.29d$ 时只有一个极大值；在 $d=800$m 情况下，观测面离板状体顶面距离约小于 $1.32d$ 时异常有两个极大值点，大于 $1.32d$ 时只有一个极大值；在 $d=1000$m 情况下，观测面离板状体顶面距离约小于 $1.34d$ 时异常有两个极大值点，大于 $1.34d$ 时只有一个极大值。

图 14-11b 是底部相连模型在 d 分别为 200m、400m、600m、800m、1000m 时，h 从 $0.6d$ 变化到 $1.5d$ 时极大值点的位置变化情况，可以看出当 $h>1.10d$ 时，异常均只有一个极大值点。对比图 14-12a 和 b 可以看出，当 h 在约 $1.10d$ 时，底部不相连模型的磁异常仍然为"双峰"而底部相连模型的磁异常则变为"单峰"，但无论磁性体底部是否相连，在观测面离磁性体上顶面距离大于 $1.42d$ 后均将合并为一个异常。

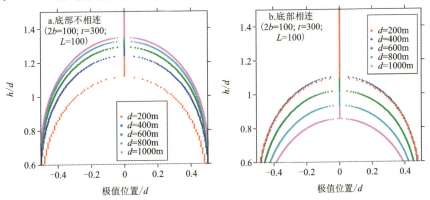

图 14-11　长方体宽度 100m，走向长度 100m，厚度 300m 时，不同中心距离情况下异常极大值点随观测面高度的变化

图 14-12～图 14-14 是中心距离分别为 200m、600m、1000m 时，不同延深（厚度）情况下异常极大值点随观测面高度的变化，可以看出在底部不相连情况下，当 $h<1.1d$ 时异常呈现"双峰"特征，在底部相连且连接体深度小于 d 的情况下，当 h 约 $1.1d$ 时异常就呈现"单峰"特征。

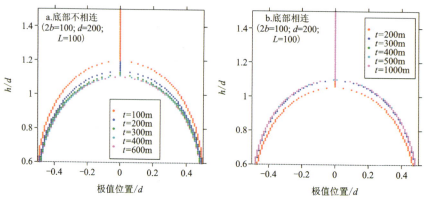

图 14-12　长方体宽度 100m，走向长度 100m，中心距离 200m 时，不同延深情况下异常极大值点随观测面高度的变化

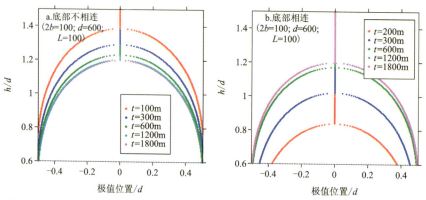

图 14-13　长方体宽度 100m，走向长度 100m，中心距离 600m 时，不同延深情况下异常极大值点随观测面高度的变化

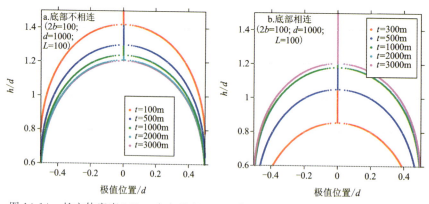

图 14-14　长方体宽度 100m，走向长度 100m，中心距离 1000m 时，不同延深情况下异常极大值点随观测面高度的变化

从上述模拟结果可以看出,在实际中,我们不能简单地将向上延拓后异常从"双峰"合并变为"单峰"来作为磁性体底部相连的判断依据,必须更细致地分析。我们首先根据异常的平面特征判断是二度还是三度异常,然后利用欧拉齐次方程等方法获得磁性体的上顶埋深 h 和中心距离 d,接着进行延拓计算:

(1)在二度磁异常情况下,延拓到小于 $(0.8d-h)$ 高度时,或在三度磁异常情况下,延拓到小于 $(1.1d-h)$ 高度时,异常就由"双峰"变成"单峰",我们可以推测磁性体在深部是相连的。

(2)在二度磁异常情况下,磁异常延拓到 $(0.8d-h)$ 以上高度时,或在三度磁异常情况下,磁异常延拓到 $(1.1d-h)$ 以上高度时,异常仍然呈现"双峰"特征,则在小于 d 的范围内不可能存在厚度规模大于 $0.5d$ 的相连。

值得注意的是:

(1)在二度磁异常情况下,磁异常延拓到大于 $(0.8d-h)$ 高度时,或在三度磁异常情况下,磁异常延拓到大于 $(1.1d-h)$ 高度时,异常仍然呈现"双峰"特征,不能简单判断为磁性体在深部不相连,磁性体可能有很小规模的相连或在深度大于 d 的位置相连。

(2)在二度磁异常情况下,磁异常延拓到大于 $(0.8d-h)$ 高度时,或在三度磁异常情况下,磁异常延拓到大于 $(1.1d-h)$ 高度时,异常合并成"单峰"特征,不能简单判断为磁性体在深部是相连的。

上述根据简单的理论模型分析得出的结果仅供参考,实际的地质情况往往更复杂,要根据重磁异常特征结合地质情况具体分析。

五、磁场正演计算的单位问题

在国际单位制 SI 中,我们以二度下延无限直立薄板为例:

$$\Delta T = -\frac{\mu_0}{2\pi} \frac{2bM_s \sin\alpha}{(x^2+h^2)} \frac{\sin I}{\sin i_s}[h\sin(\alpha-2i_s)+x\cos(\alpha-2i_s)] \tag{14-8}$$

式中:长度参数 x、$2b$、h 的量纲互相抵消了,不必考虑它们单位取 cm、m、km,只要相同量纲就可以。正余弦无量纲,因此 ΔT 的量纲取决于 $\frac{\mu_0 M_s}{4\pi}$ 或 $\left(\frac{\mu_0 M}{4\pi}\right)$,$\mu_0$ 单位为 H/m,M 单位为 A/m,则正演计算所得磁场为 Wb/m^2,即特斯拉(T)。再把特斯拉(T)化为磁法勘探实用单位纳特(nT),$1nT=10^{-9}T$。

我们进一步分析如下:

(1)在国际单位制(SI)中,$M=\frac{\kappa T_0}{\mu_0}$,$\kappa$ 的常用单位 $4\pi \times 10^{-6}$ SI,T_0 常用单位为 $10^{-4}T$,因此有

$$\frac{\mu_0}{4\pi} \cdot \frac{4\pi \cdot 10^{-6}}{\mu_0} \cdot 10^{-4}T = 10^{-10}T = 10^{-1}nT$$

也就是说,在计算中我们 κ 以 $4\pi \times 10^{-6}$ SI 为单位,T_0 以 $10^{-4}T$ 为单位,将计算结果除以 10,得到 ΔT 的单位为纳特(nT)。

(2)在高斯制(CGSM)中,二度下延无限直立薄板公式中要去掉 $\frac{\mu_0}{4\pi}$:

$$\Delta T = -\frac{2b2J_s\sin\alpha}{(x^2+h^2)}\frac{\sin I}{\sin i_s}[h\sin(\alpha-2i_s)+x\cos(\alpha-2i_s)]$$

式中：$J=\kappa T_0$，κ 的常用单位为 10^{-6}CGSM，T_0 的常用单位为奥斯特（Oe）。因此有

$$10^{-6}\text{Oe}=10^{-6}\times 10^5\gamma=10^{-1}\gamma(\text{nT})$$

也就是说，在计算中 κ 以 10^{-6}CGSM 为单位，T_0 以 Oe 为单位，将计算结果除以 10，得到 ΔT 的单位为伽马（γ）或纳特（nT）。

六、为什么 2.5D 人机交互反演要用原始资料与带地形？

通常观测结果经圆滑后会降低精度，化极若不考虑剩磁影响直接采用地磁场倾角偏角，即只考虑感磁也会带来误差甚至化极结果错误。因此，做 2.5D 人机交互反演必须使用原始资料，同时还必须是带高程的原始资料，虽然可以把起伏地形的重磁异常化为水平地形的重磁异常，但是目前的曲化平方法还达不到要求精度。通常，2.5D 人机交互反演软件都是带地形的。

第三部分 案 例

第十五章 大冶铁矿深边部找矿勘查

大冶铁矿是一大型接触交代型铁矿,自公元 226 年(三国·吴·黄武五年)开采迄今已有 1700 余年。历经古代开采、近代开采、日本掠夺及解放后重建开采,大冶铁矿浅部探明的储量开采殆尽,现在已经成为国家危机矿山。大冶铁矿接替资源勘查项目为 2004 年度全国危机矿山接替资源勘查 9 个试点项目之一。

2005—2016 年的 11 年间,中国地质大学(武汉)5 次完成了中国地调局发展研究中心项目(表 15-1),这 5 次的找矿方法研究与应用示范大致可分为 3 个阶段,即 2005 年仅依靠地面高精度磁测资料的精细处理与三维反演解释进行深部找矿阶段、2007—2011 年井-地磁测资料联合的精细反演与解释进行深部找矿阶段、2014—2015 年综合利用重磁电资料以"三位一体"的找矿理论为指导进行深边部间接找矿阶段。

表 15-1 中国地质大学(武汉)在大冶铁矿完成的磁法找矿项目一览表

序号	年度	项目类别	项目名称与编号	备注
1	2005 年	国家危机矿山接替资源勘查项目	湖北省黄石市大冶铁矿接替资源勘查(200442007)	第一阶段
2	2007—2009 年	全国危机矿山接替资源找矿项目	井-地磁测联合反演技术(200799084)	第二阶段
3	2009—2011 年	国土资源部公益性行业科研专项项目	井-地磁测联合解释技术研究与完善(200911017-03)	
4	2014 年	国土资源部整装勘查区找矿预测与技术应用示范项目	湖北鄂州莲花山-黄石铁山铁多金属矿整装勘查区专项填图与技术应用示范(12120114052001)	第三阶段
5	2015 年	国土资源部整装勘查区找矿预测与技术应用示范项目	湖北鄂州莲花山-黄石铁山铁多金属矿整装勘查区专项填图与技术应用示范续作(12120114052001)	

本案例看点

(1)2005 年,国家危机矿山接替资源勘查项目"湖北省黄石市大冶铁矿接替资源勘查"

(200442007)的工作思路是在大冶老矿山"探边摸底",寻找接替资源。我们通过执行该项目认识到:老矿山人文干扰严重、未发现的矿体埋深大、工作程度高,不能采用粗放的工作方式进行研究。通过摸索,我们采用新旧资料的对比、带地形的剖面 2.5D 人机交互反演、小波分析、ΔZ 换算 ΔT、2.5D 到 3D 反演解释新方法技术,发现了深部矿体,初步形成了一套适合老矿山"探边摸底",寻找接替资源精细解释的方法技术。

(2)在承担国家危机矿山接替资源勘查项目工作中,我们认识到仅仅利用地面重磁资料还不够,必须充分利用井中磁测资料,进行井-地磁测资料联合反演。在承担 2007—2009 年全国危机矿山接替资源找矿项目"井-地磁测联合反演技术"(200799084)与 2009—2011 年国土资源部公益性行业科研专项项目"物探和抗干扰电法技术研究与应用示范"(200911017)之"井-地磁测联合解释技术研究与完善"(200911017-03)课题中,我们研究了井-地磁测资料 3D 联合反演技术与软件,并在湖北大冶铁矿深部找矿中发挥了作用,发现了 19 线等深部矿体。

(3)随着我国找矿工作的深入,重磁勘探方法在整装勘查区找矿预测中如何继续发挥作用呢?我们在承担 2014 年国土资源部整装勘查区找矿预测与技术应用示范项目"湖北鄂州莲花山-黄石铁山铁多金属矿整装勘查区专项填图与技术应用示范"(12120114052001)和 2015 年国土资源部整装勘查区找矿预测与技术应用示范项目"湖北鄂州莲花山-黄石铁山铁多金属矿整装勘查区专项填图与技术应用示范"(12120114052001)续做项目中,改变了磁法勘探只用于直接找铁矿的思路,按照中国地质调查局叶天竺教授"三位一体"的理论开拓思路,根据重磁异常研究成矿地质体与成矿构造面,并将研究结果应用于鄂州莲花山-黄石铁山铁多金属矿整装勘查区,结合大地电磁(MT)与地质资料,在深部找矿中又有新发现。

一、利用地面高精度磁测资料的精细处理与三维反演解释进行深部找矿阶段

(一)存在问题

2005 年第一阶段,完成中南冶勘局委托项目国家危机矿山接替资源勘查项目"湖北省黄石市大冶铁矿接替资源勘查"(200442007)的资料处理与解释。对该项目重新部署地面高精度磁测资料及收集的旧资料进行处理解释,在项目执行过程中我们发现存在如下问题:

(1)老矿山多年开采,地面建筑、矿渣等人文干扰十分严重,制约了高精度磁测资料的采集、处理与解释。

(2)深部及外围未发现的铁矿体埋深大、规模小,引起的磁异常弱(识别与提取弱异常必须有相应的新方法技术)。

(3)大冶铁矿属矽卡岩型铁矿,地质构造复杂,铁矿体形态变化大,不能用简单的二度体方法解释,必须研究三维精细反演解释的方法。

(二)研究思路

(1)大冶铁矿有 1970 年完成的地面磁测资料,虽然精度低一些但资料完整可靠,可以对老资料进行二次开发,通过新旧资料的对比发现深部找矿信息。

(2)针对起伏地形与深部铁矿体信号弱,采用小波多尺度分析、磁化强度反演、带地形

2.5D 人机交互反演解释等多种新方法解释接触带、岩体与矿体。

(3)由于大冶接触交代型铁矿多为复杂三度体,必须采用 3D 任意形状地质体人机交互反演与 3D 物性反演方法进行反演解释。

大冶铁矿地质环境见图 15-1。

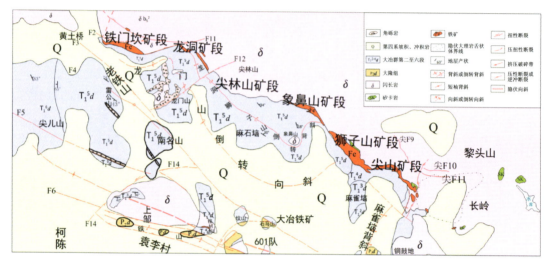

图 15-1 湖北省黄石市大冶铁矿地质图

(三)处理解释结果

1. 通过新旧资料的对比发现深部找矿信息

2004 年采集的地面高精度磁测 ΔT 资料人文干扰严重,测区形状不规则,能够采集到数据的面积不及 1970 年测区面积的二分之一(图 15-2)。1970 年在大冶铁矿区完成的 ΔZ 地面磁测,虽然精度较低(实际上,对于探测强磁性的磁铁矿这个精度足够了),但是受人文干扰小、测区完整,可以进行二次开发。通过与 2004 年采集的地面高精度磁测资料的对比,发现了深部的找矿信息。

ΔZ 是磁异常的垂直分量,而 ΔT 是总磁场强度异常,二者不能直接对比,通常的做法是把 ΔZ、ΔT 化垂直磁化再比较。但是 2014 年完成的 ΔT 测区不完整,面积不及原来测区的二分之一,对总磁场强度异常 ΔT 化极处理,由于测区形状不规则、空白区大,化极处理的误差大且不合理。我们采用把 1970 年采集的磁异常垂直分量 ΔZ 化为总磁场强度异常 ΔT 的方法(见第二部分方法技术的运用与要求),再与 2004 年采集的地面高精度磁测 ΔT 资料做对比解释。

对比图 15-2 与图 15-3 可以看出,在 12~19 线根据 1970 年 ΔZ 换算的 ΔT,1000nT、1500nT、2000nT 的等值线范围明显向南扩张,比 2004 年实测 ΔT 范围要大得多,峰值区范围也大很多(图 15-2b)。经分析得出,2004 年 ΔT 范围缩小的原因是中浅部铁矿经过近 40 年的开采造成的(图 15-4)。只有 12 线南端龙门山变化不大,等值线往南扩展膨胀,龙门山 1000nT 左右异常可能是深部尚未发现与开采的未知铁矿体引起,经 2005 年钻探验证深部见矿。

第十五章 大冶铁矿深边部找矿勘查

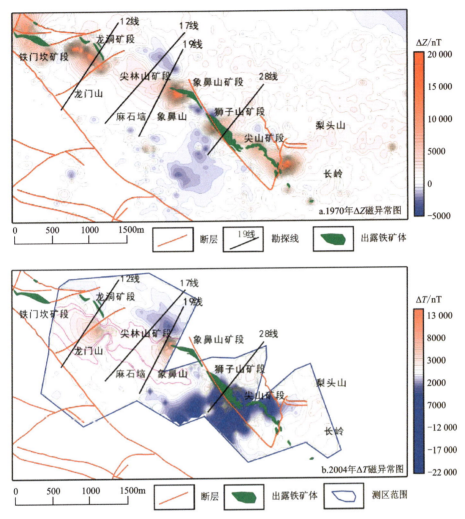

图 15-2 大冶铁矿区新旧磁测资料对比

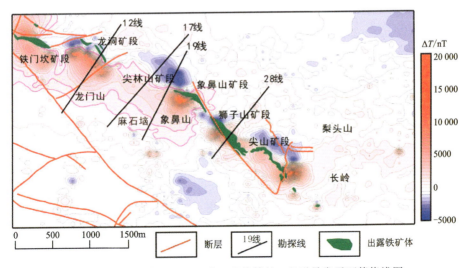

图 15-3 大冶铁矿区 1970 年 ΔZ 换算的 ΔT 磁异常平面等值线图

对 1970 年的 ΔZ 磁异常,还采用小波多尺度分解与功率谱求场源似深度方法进行分析,获得场源似深度为 26m、144m、235m、488m、912m 的局部磁异常,其中场源似深度为 26m 局部异常为浅部人文干扰引起,144m、235m、488m 局部异常呈下延有限特征,符合接触交代型铁矿特征,场源似深度为 912m 的局部磁异常西段已无异常,表明深部无隐伏矿体(刘天佑,2007)。

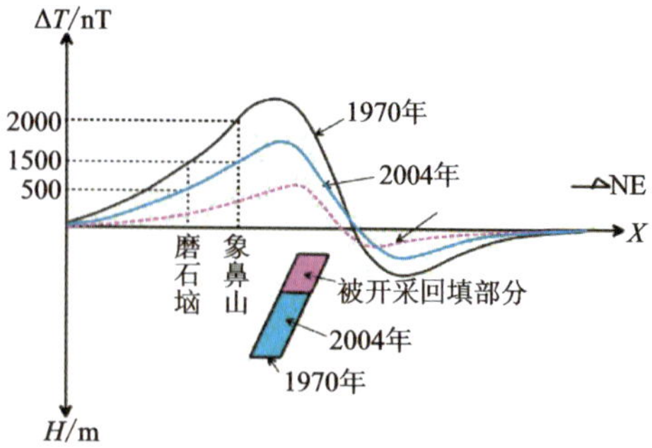

注:1970 年为整个板状体,包括 2004 年以前被开采部分(红色)与 2004 年后剩余部分。

图 15-4 浅部铁矿开采后磁异常变化示意图

2. 起伏地形 2.5D 人机交互反演(与自动反演)解释

项目执行初期,解释人员采用 2D 模型,并且不考虑地形起伏的影响,这种粗放的做法得出的解释结果与实际不符。我们采用带地形的 2.5D 人机交互反演方法重新进行解释。

下面以 19 线为例说明 2.5D 人机交互反演解释的过程,19 线物性参数取值见表 15-2。

表 15-2 19-1 线物性参数取值

序号	磁性体类型	总磁化倾角 $I/(°)$	总磁化强度 $M/\times 10^{-3} A \cdot m^{-1}$	延伸长度/m	备注
1	闪长岩	45	1500	10 000	
2	黑云母辉石闪长岩	45	6000	6000	
3	采空、回填区、剩余铁矿体	70	40 000	300	综合铁矿 M 为 $100\,000\times 10^{-3}$ A/m,回填区 M 为 $10\,000\times 10^{-3}$ A/m,采空区 M 为 $30\,000\times 10^{-3}$ A/m,考虑曲线拟合
4	闪长岩	45	4000	2000	
5	矿化矽卡岩	45	24 000	600	
6,7	矽卡岩	45	2000	600	
Fe1	铁矿体	55	120 000	100 200	根据 606 队,中南地研所及中南地质勘查院,考虑退磁
Fe2	铁矿体	90	120 000	600	根据 606 队,中南地研所及中南地质勘查院,考虑退磁
Fe3	铁矿体	60	120 000	600	根据 606 队,中南地研所及中南地质勘查院,考虑退磁

图 15-5 是 19 线剖面围岩(闪长岩等)、采空回填区矿渣、矽卡岩、铁矿体等分布及由它们引起的磁异常图。由图 15-5a 可以看出,回填区(序号 3)磁异常最强,在横坐标 600~850 处出现峰值达 16 000nT 的陡立的正异常是回填区引起,而深部矽卡岩则为低缓弱背景场(图 15-5b 序号 2)。

图 15-5c 上部黑线为实测磁异常曲线,红线为已知回填区、闪长岩、矽卡岩、铁矿体(磁性体序号分别为 1~7、Fe1、Fe2)正演计算结果。由图 15-5c 可以看出,19 线位于尖林山矿段与象鼻山矿段之间的露天采坑,地形高差达 200m,ΔT 曲线受地形及地表出露的矿渣影响严重,在横坐标 600~850 处出现峰值达 16 000nT 的陡立的正异常。消除序号 1~7,及 Fe1,Fe2 地质体的影响后,在 1~50 号测点,有幅值 400nT 宽缓的剩余正异常存在,相对 19 线最大峰值约 16 000nT,它仅是最大峰值 1/40(图 15-5c 蓝色曲线)。

为了拟合幅值 400nT 宽缓的剩余正异常,在 2.5D 人机交互反演中,沿接触带在 600m 深处添加了 Fe3 铁矿体,结果如图 15-5c 中红色曲线所示。由此得出,在接触带 600m 深处可能存在未知的 Fe3 铁矿体。

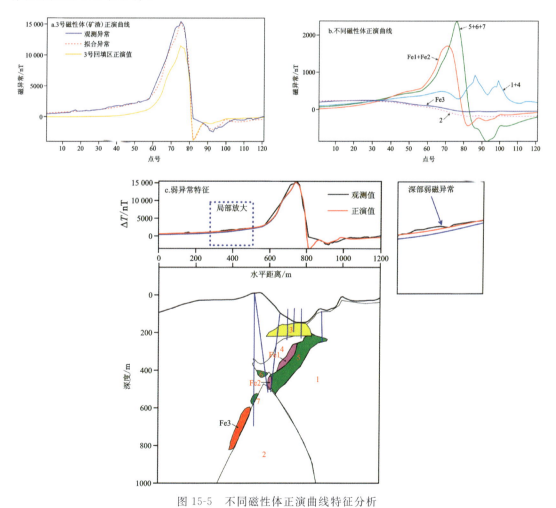

图 15-5 不同磁性体正演曲线特征分析

3. 3D人机交互反演解释

大冶铁矿为接触交代型铁矿地质构造复杂,铁矿体沿走向方向截面变化大,铁矿体、围岩不能简单看作 2D 或 2.5D 模型,必须采用 3D 模型,我们采用任意形状三度体数值积分法正演[见中国地质大学(武汉)磁法勘探软件系统 MAGS4.0],编制了 3D 人机交互反演程序并用该方法对大冶铁矿进行反演解释。

由于当时计算机内存小及运算速度慢,只能选取较小一块区域进行 3D 反演,如图 15-6 所示。我们分别选取了由 15、16、17、18 及 19 勘探线控制的已知铁矿体和围岩的角点,将第一层铁矿体的磁化强度取为 $80\,000\times10^{-3}$ A/m,磁化倾角取为 40°,第二层铁矿体的磁化强度取为 $100\,000\times10^{-3}$ A/m,磁化倾角取为 55°,围岩的磁化强度取为 2000×10^{-3} A/m,磁化倾角取为 45°。

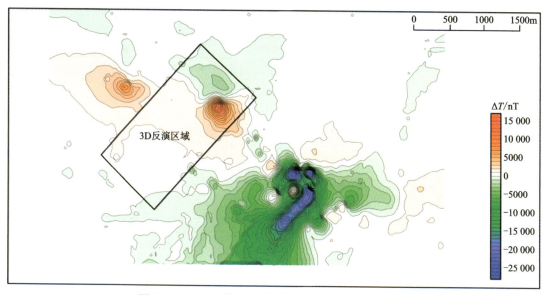

图 15-6　15～19 线 3D 可视化反演解释计算区示意图

根据 2.5D、3D 人机交互反演解释结果(图 15-7),推测 19、17、12 线深部 600m 以下可能还有未知铁矿体。

二、井-地磁测资料联合反演深部找矿阶段

2005 年,第一次采用带地形 3D 任意形状地质体人机交互反演,利用老矿山大量钻孔、勘探剖面已知信息(矿体、矿化体与岩体),通过正演,较准确剥离浅部矿渣、围岩及已知矿体引起的磁异常,在获得深部地质体的剩余异常信息方面起到了重要作用。

但是深部矿体引起的异常弱、形态上呈区域场特征,仅利用地面资料不能准确确定深部是否有未知的铁矿体。为此,我们编制了井地磁测资料联合的 3D 反演方法软件,收集分析井中三分量磁测资料,并采用该方法对大冶铁矿进行解释,提高了识别深部盲矿体的能力。

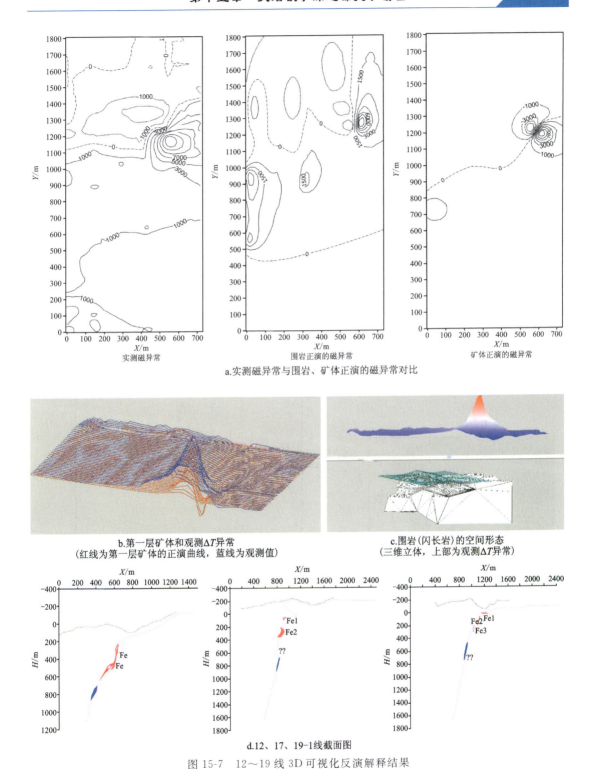

图 15-7 12～19 线 3D 可视化反演解释结果

为了提高计算速度,还采用了并行计算、正演简化快速计算等方法及利用了运算速度与内存更高的硬件工作站。

完善 3D 反演方法技术具体工作包括 3D 物性反演(2000 年)、3D 带地形任意形状地质体人机交互反演(2005 年)、3D 井-地交互反演(2006 年)、3D 井中三分量与地面 ΔT 交互反演与自动反演(2010 年、2011 年)、解析信号模量反演(2012 年)、橡皮膜技术交互反演(2012 年)等。

下面以 19 线为例说明井-地磁测联合反演技术的应用。

如图 15-8 所示,19 线位于尖林山矿段与象鼻山矿段之间的露天采坑。19-1-15 孔为斜孔钻进,孔深 901.75m,钻进方向北偏西,于井深 830.92～831.32m(标高－655m)见 0.4m 铁矿。

19 线地面有一个近 3600nT 的 ΔT 剩余异常,初步推测深部接触带仍有盲矿体存在。ZK19-1-11 孔、ZK19-1-12 孔显示有井旁异常(图 15-8)。ZK19-1-15 孔仅根据井中三分量磁测结果,曾推测在标高－300m 左右和标高－400～－600m 之间有旁侧矿体,但不在 19 剖面内(图 15-8 中红色虚线)。

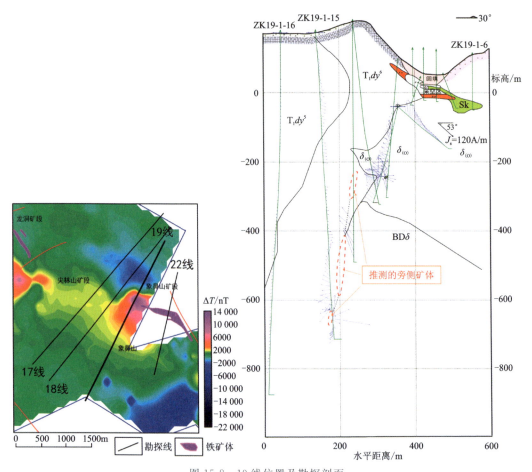

图 15-8　19 线位置及勘探剖面
(图中红色虚线是 ZK19-1-15 孔根据井中三分量磁测结果推测的旁侧矿体)

通过井地联合反演推断:在标高－400～－600m 之间的旁侧矿体(Fe3),位于 19 剖面西,并穿过 19 剖面向东延伸,与 22 线标高－400～－600m 的铁矿体相连,图 15-9a 是 19-1-15 孔井中 ΔZ、ΔH 曲线拟合的结果,图 15-9b 是剖面 A、B、C 和 19 线地面 ΔT 曲线拟合的结果(剖面位置如图 15-10 所示)。

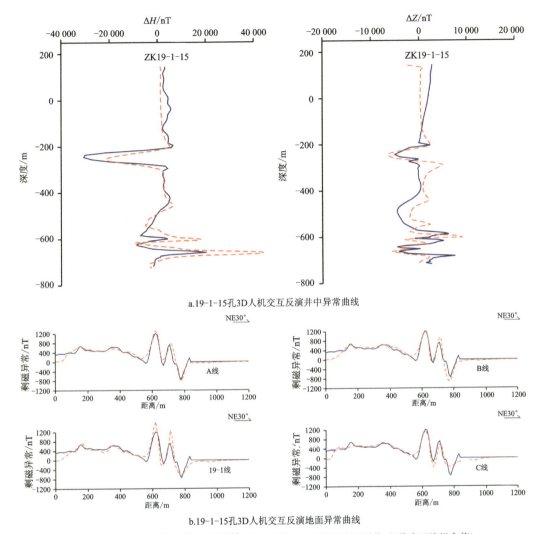

a.19-1-15孔3D人机交互反演井中异常曲线

b.19-1-15孔3D人机交互反演地面异常曲线

图15-9 19-1-15孔人机交互反演(图中蓝线为地面磁异常观测值,红线为正演拟合值)

2008年布置钻孔19-1-17孔,在井深638.32~689.40m处打到一厚层铁矿,视厚度约40m,证实了上述推断。

三、综合利用重磁电资料以"三位一体"找矿理论为指导的间接找矿阶段

第一、二两阶段项目的地质任务是在铁山岩体南缘中段接触带上深部找矿,研究区的范围小,同时也给我们提出了1个问题,铁山岩体北缘接触带有没有矿?燕山期形成的鄂城、铁山、金山店、灵乡四大岩体属地壳重熔型、高碱富钠的中酸性中深成侵

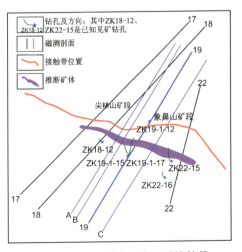

图15-10 19-1线人机交互反演结果

入岩,十分有利于铁组分的分异、分离,形成富铁深源流体。已发现大量的大—中型矽卡岩型铁铜矿和铜金多金属矿,其成矿地质条件十分有利。怎样在大冶铁矿外围利用物探方法进行找矿远景分析,是2014—2015年的目标任务。

本阶段工作主要按"三位一体"的找矿理论,通过建立岩体、矿化体(矽卡岩)与矿体的地质地球物理模型,识别岩体、矿化体,预测找矿远景。

2014年,对1:2.5万航磁资料的二次开发($590km^2$),圈定鄂城、铁山岩体的边界,通过重点剖面的反演与精细分析,获得了鄂城、铁山岩体的产状及深部的关系。其中,在分析岩体边界方面得出铁山岩体在北部有较大范围的隐伏,鄂城岩体在西部有较大范围的隐伏,如图15-11所示。

通过对鄂城和铁山岩体重磁异常2.5D、3D的人机交互反演及自动反演解释得出(图15-12、图15-13),鄂城和铁山岩体都来源于深部的岩体,鄂城和铁山岩体在深1600m左右可能相连。铁山岩体上部稍窄,下部稍宽,上部往南倾斜,下部略往北倾,岩体南缘往南延伸,上缓下陡,北缘浅部往南延伸到深部逐渐转为往北延伸;鄂城岩体上部略宽,下部稍窄,总体往南倾斜,上部较陡倾,下部变平缓,岩体南缘总体往南延深并有弯曲,北缘往南延

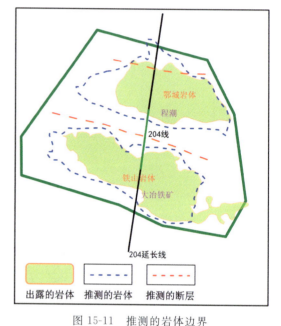

图15-11 推测的岩体边界
(图中蓝色虚线为推测的岩体边界,红色虚线为推断的断裂)

伸,浅部较陡、深部平缓。同时还得出,已知矿点矿区多分布在北缘岩体内部,正是反映接触带在浅部南倾的特征。

图15-14a是204线地面高精度磁测剖面的精细反演结果,204线位于铁山岩体北缘,异常幅值总体由南往北缓慢下降,局部跳跃,反映了岩体内部浅表磁性的不均匀性,在4000m左右异常迅速下降为负磁异常,为岩体与T3地层分界的反映。

204线剖面中央,位于碧石向斜内部,异常幅值在缓慢抬升的背景上于5500m附近有一明显的局部磁异常(图15-14a),推断为断裂的反映,磁性岩脉顺着断裂发育到浅表,产生该幅值强、范围小的局部磁异常。

异常南部缓慢下降,为鄂城岩体南缘南倾的反映,异常最大幅值大于2000nT,根据鄂城岩体的磁性并对比201线,该异常为岩体和矿化磁性体共同产生的。

201线紧邻204线,从两条线的精细反演结果可以看出,铁山岩体北缘的岩体超覆于地层之上,接触带形态复杂,岩体中有地层捕虏体,有利成矿,在鄂城岩体的南缘接触带产状稳定,已有钻孔及剩余磁异常显示深部仍有利成矿,该反演解释结果得到了2017年ZK20103孔验证(图15-15)。

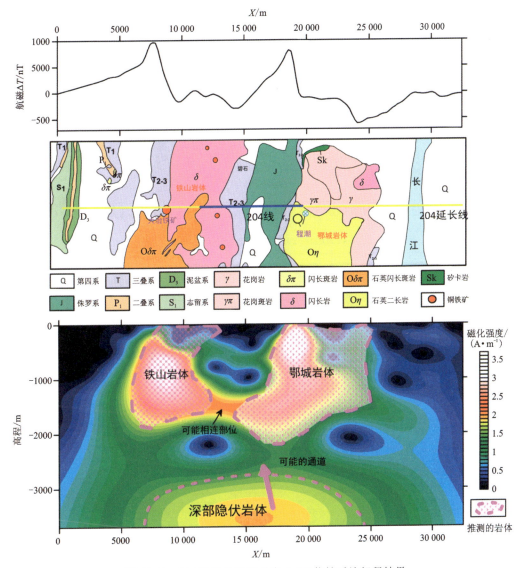

图 15-12 204 延长线航磁异常 2.5D 物性反演解释结果

四、结论

(1) 第一阶段 (2005 年),利用小波多尺度分析、带地形的 2.5D 人机交互反演、3D 任意形态多面体人机交互反演与自动反演等技术,结合对旧资料二次开发等精细解释方法,解决老矿山深部找矿、"探边摸底"问题,在大冶老矿山获得 600m 深部找矿的突破。

(2) 第二阶段 (2007—2011 年),为了解决地面磁测覆盖面积大纵向分辨率不高,而井中磁测纵向分辨率高但钻孔有限的

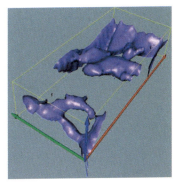

图 15-13 物性反演得到的铁山岩体北缘 3D 模型

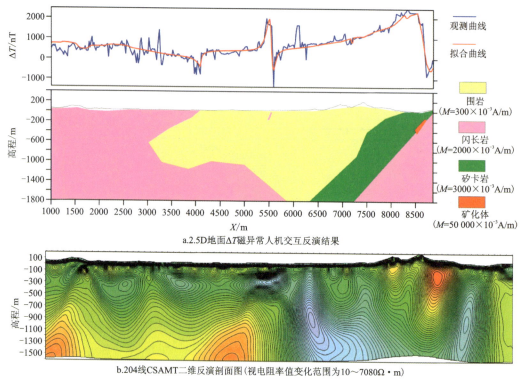

图 15-14 204 线地面磁异常和 2.5D 人机交互反演结果

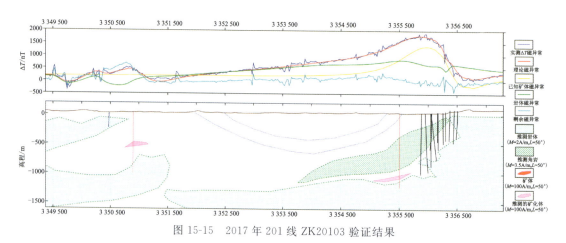

图 15-15 2017 年 201 线 ZK20103 验证结果

问题,研究井-地磁测联合反演解释的方法并编制了软件,提高了磁法勘探方法的探测深度,在 19 线井-地联合反演解释中将找矿深度增加到井深度的 1000m 范围。

(3)第三阶段(2014—2018 年),按"三位一体"的找矿理论,通过建立岩体、矿化体(矽卡岩)与矿体的地质地球物理模型,识别岩体、矿化体,预测找矿远景,间接实现了深部找矿。

第十六章　1∶5万湖北大冶幅重磁资料处理解释

1∶5万湖北大冶幅位于长江中下游成矿带西端的鄂东南。长江中下游成矿带是中国重要的 Cu-Au-Fe-Mo 成矿带,其南缘为阳兴-常州大断裂,北侧以襄樊-广济大断裂及郯庐大断裂为界,从西向东有鄂东南、九瑞、安庆—贵池、铜陵、庐枞、宁芜和宁镇几个大中型矿集区。东西向和北北东向两组构造在成矿带内最发育,明显控制着燕山期岩浆活动和矿床分布(图 16-1),尤其是两组构造的交会部位(翟裕生等,1992)。长江中下游成矿带内出露的地层有零星分布的前震旦纪变质基底和震旦纪碎屑岩、白云岩和硅质岩,广泛发育有寒武纪至早三叠世的碎屑岩和碳酸盐岩及侏罗纪—白垩纪陆相火山岩夹碎屑岩(常印佛等,1991),其中,石炭纪、二叠纪

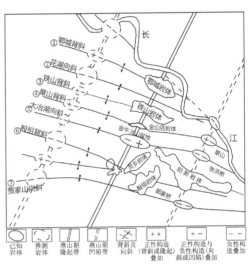

图 16-1　鄂东南地区构造图(据周安保等,2013)

和早三叠世碳酸盐岩是 Cu-Au-Mo-Fe 多金属矿化最重要的围岩。在长江中下游成矿带西端的鄂东南地区寻找与长江中下游成矿带东部铜陵、庐枞等矿集区相似的大型 Cu-Au-Mo-Fe 多金属矿集区具有重要意义,大冶幅是鄂东南地区 Cu 多金属矿集区最具潜力的地区,其中的铜绿山又是大冶幅中最重要的 Cu 多金属矿集区。因此,在大冶幅利用重磁资料二次开发,按照叶天竺教授"三位一体"的思路,研究该区成矿岩体、断裂、矿化体及 Cu 多金属矿体的分布及赋存规律具有重要意义。

本案例看点

(1)长江中下游成矿带是我国重要的 Cu-Au-Fe-Mo 成矿带,大冶幅位于长江中下游成矿带西端的鄂东南,是鄂东南地区 Cu 多金属矿集区最具潜力的地区,其中阳新岩体西北端又是大冶幅的重中之重。如何利用重磁资料二次开发,按照"三位一体"的思路,研究该区成矿岩体、断裂、矿化体及 Cu 多金属矿体的分布及赋存规律?本案例提供了具体思路与解决方法。

(2)根据岩体、矿化体、地层的物性特征建立地质地球物理模型及识别标志,推断高重高磁蚀变带与 Fe-Cu 多金属矿床与矿点、低重高磁隐伏小岩体、高重低磁赤铁矿体与高重低磁捕虏体。

(3)对1∶5万大冶幅重磁资料,实现了精细的全区逐条剖面 2.5D 人机交互反演解释到 3D 人机交互反演解释,提高了重磁精细解释的水平。

一、地质概况

大冶凹褶断束在印支褶皱的基础上,经燕山、喜马拉雅运动,进一步演化成南隆北凹的构造格局。南部为近东西向的线性褶皱和压性断裂组成的一系列挤压构造。由三叠系大冶组、嘉陵江组组成的向斜开阔,背斜紧密,背斜北翼多向北倒转。北部构造线北西西向,为一系列不连续的背斜及向斜。局部出现北北东向横跨褶皱,发育北北东向、北西西向、北东向断裂,断裂凹陷处形成"中生代断陷盆地",沉积了中上三叠系统至第四系的较新地层。

区内侵入岩、喷出岩分布广泛,划分为两期(燕山期、喜马拉雅期)3个侵入-喷出阶段(燕山早期、燕山晚期、喜马拉雅早期)6次侵入活动。燕山早期阶段有3次侵入活动,第1、2次侵入形成中深—浅成侵入岩,如灵乡、殷祖、阳新、铁山、金山店等岩体,以闪长岩—石英闪长岩类岩石为主。第3次岩浆侵入,形成铜山口、封山洞、铜绿山等一系列浅成—超浅成小斑岩体,以石英二长闪长玢岩—花岗闪长斑岩为主。燕山晚期阶段也有3次侵入活动,第1次为浅成相的鄂城闪长岩体、金山店石英正长闪长岩体。第2、3次侵入,形成了浅成—超浅成的石英闪长玢岩体、花岗(斑)岩体以及中酸性岩脉,如王豹山岩体、鄂城花岗岩体、花岗斑岩体,该阶段还形成了酸性—基性—中性—中酸性的喷发相火山岩。喜马拉雅早期阶段为碱质玄武岩裂隙式溢出。

中三叠世末,扬子板块与华北板块碰撞对接,区域性的南北挤压应力场形成了区内印支期北西西—近东西向的主干褶皱和走向断裂,褶皱两翼伴生北西、北东方向的次级压扭性断裂。晚侏罗世开始,太平洋板块向欧亚板块俯冲,近东西向的挤压应力场形成区内北北东向的燕山期褶皱和断裂。北北东向的构造叠加北西西向褶皱和断裂是区内地质构造的主要特征。

燕山期岩浆活动频繁是大冶凹褶断束最突出的特点,区内从北向南依次分布有鄂城、铁山、金山店、灵乡、殷祖、阳新六大燕山期的中酸性侵入岩和40多个小岩体,发育有金牛-太和、花马湖两个中生代的火山岩盆地。区内侵入岩属燕山期岩浆活动的产物,单个侵入岩的长轴方向多呈北西西方向展布,总体呈北东方向的带状排列。伴随燕山期岩浆活动,矿田区内有重要的成矿作用,形成大、中型Cu-Fe-Au等多金属矿产,是长江中下游Fe-Cu成矿带的重要组成部分。图16-2显示大冶县地层分布及反演剖面线布设位置。

二、岩矿石与地层物性及地质地球物理模型

(一)鄂东南地层密度

鄂东南地区地层可以分为5个密度层,4个密度界面,其密度差分别为$0.14g/cm^3$、$-0.09g/cm^3$、$0.14g/cm^3$及$-0.04g/cm^3$。上三叠统的下底面及志留系的下底面具有较大的密度差,其起伏变化能够引起局部重力异常。由于下古生界与元古宇没有明显的密度差,重力基底反演结果可能是下古生界奥陶系的上界面,而不是元古宇。

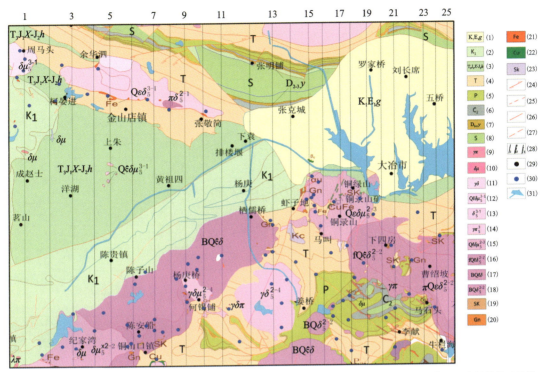

(1)公安寨组;(2)大寺组+灵乡组;(3)香溪群—花家湖组;(4)蒲圻组+嘉陵江组+大冶组;(5)茅口组+栖霞组;(6)船山组+黄龙组+大埔组;(7)云台观组;(8)茅山组+坟头组+新滩组;(9)花岗斑岩;(10)闪长玢岩;(11)花岗闪长岩;(12)石英正长闪长玢岩;(13)闪长岩;(14)花岗斑岩(燕山晚期未分次);(15)石英正长闪长玢岩(燕山早期第三次);(16)细粒石英正长闪长岩;(17)黑云母石英正长闪长岩;(18)黑云母石英闪长岩;(19)矽卡岩;(20)铁帽;(21)铁矿;(22)铜矿;(23)破碎带;(24)平移断层;(25)推测断层;(26)性质不明断层;(27)推测隐伏断层;(28)1.整合地层界线,2.平行不整合界线,3.角度不整合界线;(29)居民地;(30)矿点;(31)水域、水系。

图 16-2　大冶县地层分布及反演剖面线布设位置图

由表 16-1 可以看出,侵入岩中的酸性岩、中酸性岩密度低,具中低磁性,当它侵入碳酸盐岩地层时能够产生局部低重、高磁异常,这是识别中酸性侵入岩的标志。而中性岩密度较高,与碳酸盐岩相当,当它侵入碳酸盐岩地层时则只产生局部高磁异常无重力异常。中下三叠统底界面的起伏变化则能引起局部重力异常的升高或下降,下古生界奥陶系的上界面,及元古宇上界面起伏变化则能引起局部重力异常的升高或下降。利用该特征可以分析、反演解释基底的起伏变化。

(二)岩浆岩磁性

岩浆岩自酸性到中性磁性变强。闪长岩类磁场为 300~1600nT 不规则的正值,局部地段因矿化或磁性矿物富集磁场有所增强,可达 1600nT;花岗闪长斑岩小岩体及岩脉为低磁性,一般在负几十到正几十纳特之间。

沉积层基本无磁性,仅侏罗系、白垩系局部地段存在火山碎屑时有微弱磁性。江南式基底上层为冷家溪群,亦无磁性,川中式基底有弱磁性(表 16-2)。

表 16-1　鄂东南地层密度表

地层性质	地层名称			地层符号	主要岩性	地层密度/(g·cm^{-3})	
						平均值	变化范围
沉积盖层	新生界		第四系	Q	黏土、淤泥、砾石	1.80	
			第三系	N-E	砂岩、粉砂岩	2.49	2.51~2.58
	中生界		白垩系	K	砂砾岩、砂岩、粉砂岩夹页岩	2.53	
			侏罗系	J	粉砂岩、页岩、细砂岩、含煤	2.55	2.51~2.58
			上三叠统	T$_3$	紫红色砂岩、粉砂岩	2.56	
			中下三叠统	T$_{1-2}$	灰岩、白云质灰岩、白云岩	2.70	2.68~2.72
	古生界		二叠系	P	灰岩、白云岩、页岩、硅质岩	2.68	2.67~2.70
			石炭系	C	厚层状灰岩、白云质灰岩、白云岩	2.70	2.67~2.72
			泥盆系	D	石英砂岩、石英砾岩	2.59	2.58~2.61
			志留系	S	页岩、砂质页岩、粉砂岩、细砂岩	2.60	2.57~2.61
			奥陶系	O	灰岩、含燧石白云岩、夹页岩	2.71	2.69~2.75
			寒武系	∈	白云岩、灰岩、硅质岩	2.74	2.71~2.80
			震旦系	Z	白云质灰岩、白云岩	2.76	2.71~2.78
基底	元古宇		(江南式)	Pt$_2$	砂、粉砂、泥质变质的板岩、千枚岩	2.68	2.64~2.70
			(川中式)	Pt$_1$	片麻岩、变粒岩、片岩、大理岩	2.76	

表 16-2　测区岩浆岩磁性统计表

岩浆岩分类		岩石名称	数量/块	磁化率平均值/($4\pi \times 10^{-6}$ SI)	磁化强度平均值/($\times 10^{-3}$ A·m^{-1})	Q
火山岩	酸性	凝灰岩	42	132	145	2.26
		流纹岩	173	417	287	1.42
	中性	安山岩	875	1905	883	1.00
	偏基性	安玄岩	122	1511	516	0.70
	基性	玄武岩	51	1617	3437	4.38
侵入岩	酸性	花岗岩	150	1024	59	0.12
	酸性偏中性	花岗闪长斑岩	894	2400	250	0.20
		斑状花岗闪长岩	189	2500	208	0.17
		花岗闪长岩	4332	2825	207	0.20
	中性	闪长岩	3841	3462	600	0.35
		石英闪长岩	539	3792	473	0.26
		黑云母闪长岩	151	4378	953	0.45
	偏基性	辉石闪长岩	84	4944	1223	0.51

注：表中 Q 表示柯尼希斯贝格比，是剩磁与感磁的比值。

(三) 主要矿石的物性特征

测区内各类矿石物性具有较大的差异,其中磁铁矿、含铜磁铁矿具有高密度值及高极化率值,且具有很强的磁性;铜矿石(硫化物)具有高密度值和高极化率值,无磁性,物性参数见表16-3。

表16-3 主要矿石物性统计表

矿石名称	密度值/(g·cm^{-3})	极化率值/%	磁化率/($\times 10^{-6}$CGSM)
褐铁矿	3.04	9.50	85
铁帽	2.77	3.62	0
磁铁矿	3.97	20.91	62 460
含铜磁铁矿	4.34	50.26	88 018
含硫磁铁矿	3.79		130 640
混合型铁矿	4.10		80 062
黄铜矿	3.58	53.10	0
黄铁矿	4.02	40.69	0
黄铜矿与黄铁矿混合矿石	3.58	53.10	0
重晶石	4.23	0.71	0
方解石	2.69	0.06	0

(四) 地质地球物理模型

根据岩矿石及地层物性特征建立地质地球物理模型如下:

(1) 高密度、强磁性的地质体能够引起高重、高磁局部异常,它们由蚀变带、铁铜多金属矿床与矿点等引起,要注意发现已知矿床、矿点以外的高重、高磁局部异常,利用它们"就矿找矿,探边摸底"。

(2) 低密度、中等磁性的地质体能够引起低重、高磁异常,它们由中酸性岩体引起,要注意发现隐伏小岩体,它们可能有成矿的远景。

(3) 高密度、无磁性的地质体能够引起高重、低磁局部异常,它们是赤铁矿体与捕房体的反映,要注意高重、低磁局部异常,在岩体周围找赤铁矿体,在岩体内部找捕房体。

三、岩体分布特征

(一) 布格重力异常

图16-3是大冶县幅布格重力异常图,图中显著的北东向重力梯度带是鄂东南地区山坡-枫林断裂在本区的反映,北西部分高重力异常区主要反映基底的隆起及高密度中基性岩体岩

脉、矿化蚀变带。中部及东南部低重力异常区反映基底凹陷、低密度地层及低密度岩体等。

1. 重力异常小波分析

以小波分析的 1~6 阶细节之和作为本区局部重力异常(图 16-4),场源似深度约 2650m。局部重力异常与已知出露的岩体对应较好,如阳新岩体、金山店岩体和灵乡岩体等。局部低重力异常是低密度火成岩体及地层的综合反映。但灵乡岩体在栖儒桥-铜山口显示为北东向的重力高,可能是局部岩体密度增大及基底隆起的反映。

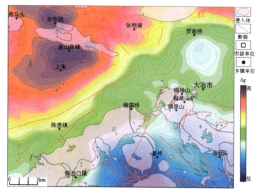
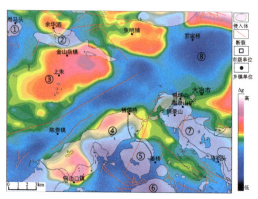

注:底图为根据地质图表示的火成岩分布及断裂体系

图 16-3 大冶县幅布格重力异常图

注:图中阴影部分为出露的岩体,①保安岩体;②金山店岩体;③隐伏的陈家湾岩体;④灵乡岩体;⑤姜桥岩体;⑥殷祖岩体;⑦阳新岩体;⑧大冶湖凹陷

图 16-4 局部重力异常(小波 1D+2D+…+6D)

2. 重力异常 3D 密度成像

局部低重力异常与已知出露的岩体对应较好,如阳新岩体、金山店岩体和灵乡岩体等。

局部低重力异常是低密度的火成岩体的反映(图 16-5)。但灵乡岩体在栖儒桥-铜山口显示为北东向的重力高,可能是局部岩体密度增大及基底隆起的反映。

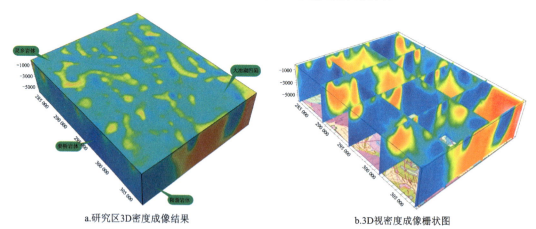

a.研究区3D密度成像结果　　b.3D视密度成像栅状图

图 16-5 3D 视密度成像结果(显示地下剩余密度为 -0.15~0.23g/cm³)

（二）航磁异常

图 16-6 是大冶县幅航磁异常图,航磁异常是具磁性的岩体、矿化蚀变带、侏罗系—白垩系中火山碎屑岩等的反映。由于斜磁化的影响,具磁性的中酸性岩体分布范围落在正、负磁异常之间。

1. 航磁异常小波分析

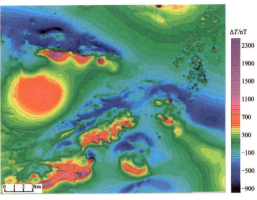

图 16-6　大冶县幅航磁异常图

局部正磁异常(图 16-7,局部异常为小波细节 D2、D3、D4 之和,小波细节 D1 为人文与浅表地质干扰)除反映已知出露的岩体上顶面起伏变化外,还反映具较强磁性的火成岩体及强磁性的矿化带、铁多金属矿体的特征。

化极磁异常小波 4 阶逼近(A4,图 16-8)场源深度 1458m,主要反映金山店、灵乡、阳新、姜桥、殷祖岩体及隐伏的陈家湾岩体。

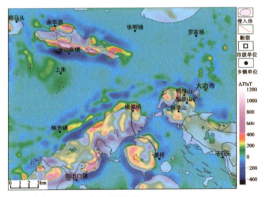

图 16-7　局部磁异常(小波 D2＋D3＋D4)

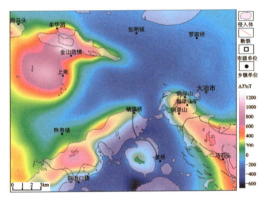

图 16-8　小波 4 阶逼近磁异常(A4)

2. 航磁异常 3D 磁化率成像

图 16-9 是磁化率成像的结果,地下地质体磁化率分布的情况与地表出露岩体情况一致。

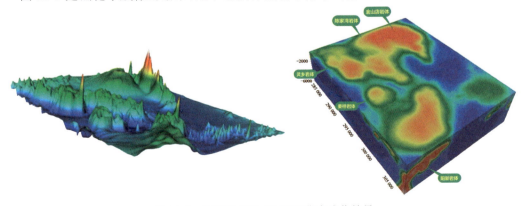

图 16-9　航磁异常及 3D 视磁化率成像结果

四、岩体局部重力异常与矿床矿点关系

由图 16-10 可以看出,已知矿床、矿点(见本例后附录)主要分布在局部低重内部及其边缘。由图 16-11 可知,已知矿床、矿点主要分布在灵乡、阳新、姜桥、金山店、保安岩体的内部及边缘(图 16-11)。

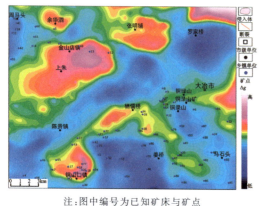

注:图中编号为已知矿床与矿点

图 16-10　已知矿床、矿点与局部重力低的关系

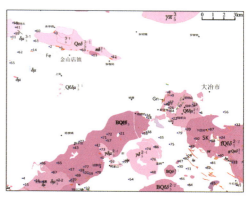

注:图中不同浅粉色为出露的岩体,图例见图 16-2

图 16-11　已知矿床、矿点与岩体的关系

五、根据重力航磁初步解释远景区

根据岩矿石、地层密度、磁性特征及建立的地质地球物理模型,我们对局部重磁异常进行叠合,提取了高重高磁、低重高磁、高重低磁等不同组合的叠加异常,结合地质特征初步解释了研究区的找矿远景,图 16-12 是局部重磁异常叠合图。

(一)推断高重高磁蚀变带、铁铜多金属矿床与矿点

高重高磁局部异常叠合,它反映高密度强磁性的蚀变带、Fe-Cu 多金属矿床与矿点。高重高磁局部异常北西向为主,说明北西向构造参与成矿作用较大(图 16-13)。

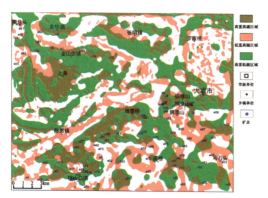

图 16-12　局部重磁异常叠合图

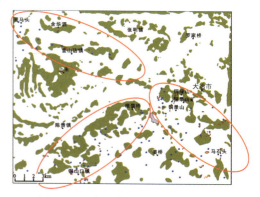

图 16-13　高重高磁局部异常叠合图

矿化蚀变带通常为局部高磁高重异常,如:

铜绿山矿体矿化蚀变带划分出钾化带、类青磐岩化带、内矽卡岩化带、矽卡岩带、外矽卡岩化带、类青磐岩化带、泥化带。

鸡冠咀铜金矿床蚀变带为石英正长闪长玢岩(或闪长岩);透辉石化石英正长闪长玢岩;斜长石岩或透辉石化斜长岩;透辉石矽卡岩(含矿)、石榴石矽卡岩;金云母透辉石矽卡岩或透辉石石榴石矽卡岩(金矿);矽卡岩化大理岩(白云质大理岩)。

铜山口铜(钼)矿床蚀变矿化带为新鲜花岗闪长斑岩带—钾化带—钾硅化带—绢云母化硅化带—矽卡岩带—矽卡岩化大理岩带—蛇纹石、绿泥石化大理岩带—大理岩、白云岩带。

(二)推断低重高磁隐伏小岩体

图16-13中低重高磁异常是重力小波分解1+2阶细节和磁力2+3阶细节的叠合部分,是规模较小的低密度较强磁性的地质体的反映。燕山期中酸性岩体具低密度较强磁性,表现为局部低重高磁异常,因此,我们要关注已知的大岩体(图16-14中粉色)以外,那些局部低重高磁异常,它们可能是隐伏的小岩体(图16-14中的亮点),图中陈贵与罗家桥区中的局部低重高磁异常应是白垩系地层及红层中火山岩磁性的反映。

(三)推断高重低磁赤铁矿体

高重异常主要是地层局部隆起的反映,也有可能反映一些高密度无磁性且规模较大的赤铁矿体,如ZK101孔赤铁矿(图16-15)。

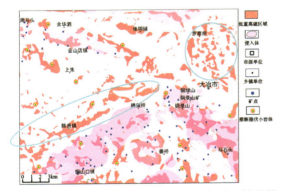 

注:图中大范围浅粉色为低重异常,范围小形态不规则的较深红色为高磁异常,其重叠部分即低重高磁推测为隐伏小岩体

图16-14 推断低重高磁隐伏的小岩体(如图中的亮点)

注:图中浅粉色为已知岩体,绿色为高重异常

图16-15 推断高密度无磁性赤铁矿体

(四)推断高重低磁捕房体

高重低磁叠合的小规模异常也可能是低密度具磁性的岩体中高密度无磁性捕房体的反映,这一类高重低磁叠合异常具有找矿远景(图16-16)。

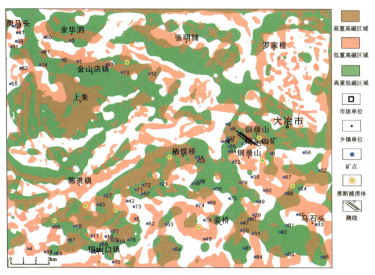

图 16-16 推断高密度无磁性捕房体

为了证实利用高重低磁叠合异常预测捕房体的可能性,我们以湖北省地质局地质一队在铜绿山矿北布置的重磁与 CSAMT 等野外工作结果加以说明。图 16-17a 为 11、15、19 线剖面布格重力异常图,布格重力异常为中间重力高,两边重力低,高重力基本处于各测线的 1550 点处左右。结合地质资料分析,该位置存在密度整体高于周边岩体的物质,可能存在大理岩捕房体等。

该区磁异常曲线整体并未表现出剧烈的梯度变化(正负异常转换等),表明测线部位未处于大的岩体与地层的交界位置(未附图)。图 16-17b 是铜绿山工区 19 线 CSAMT 剖面,解释了在局部重力高的位置也是电法解释的矿体赋存位置。

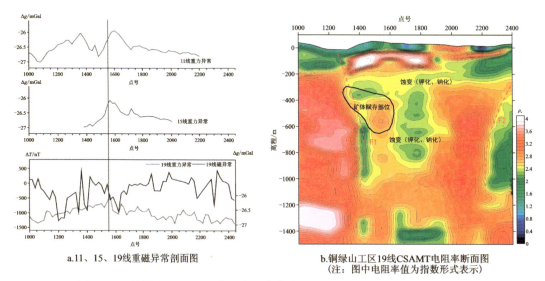

a.11、15、19线重磁异常剖面图　　b.铜绿山工区19线CSAMT电阻率断面图
　　　　　　　　　　　　　　　　(注：图中电阻率值为指数形式表示)

图 16-17 铜绿山 11、15、19 线重力异常曲线及 19 线 CSAMT 视电阻率断面图

六、2.5D、3D 反演与建模

(一)剖面 2.5D 人机交互反演

对大冶县幅 1∶5 万重力、1∶1 万航磁异常按 1km 左右不等间隔设计了 25 条 2.5D 人机交互反演剖面(图 16-2),进行人机交互重磁联合反演与解释,其中只列出 15、17、19 线的结果如图 16-18~图 16-20 所示。

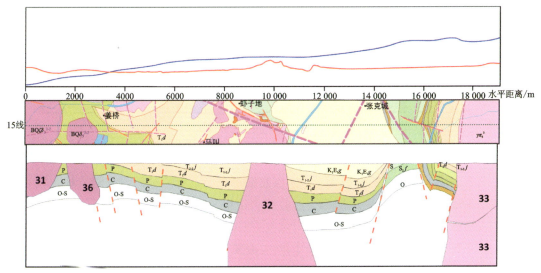

图 16-18　15 线重磁 2.5D 人机交互反演

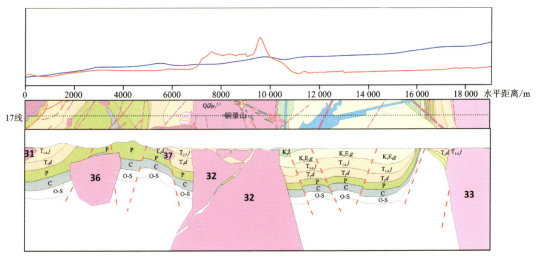

图 16-19　17 线重磁 2.5D 人机交互反演

1. 15 线

编号 8 鸡冠咀铜金矿床矿区第四系覆盖层下分布有下三叠统大冶组、中下三叠统嘉陵江

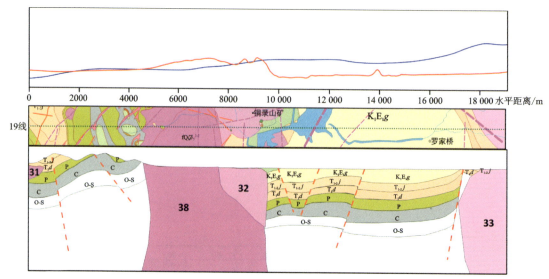

图 16-20　19 线重磁 2.5D 人机交互反演

组、中三叠统蒲圻组、上侏罗统马架山组和下白垩统灵乡组,其中嘉陵江组含白云质大理岩为赋矿主要围岩。矿区岩浆岩属阳新复式岩体西北端铜绿山石英二长闪长斑岩岩株。编号 37 大冶湖 2、3、4 号铁铜矿点,出露地层为下三叠统大冶组灰岩(大理岩)、白云质灰岩(大理岩)及第四系。编号 40 金竹岭铜矿区内北部广泛发育有石英闪长岩,石英闪长玢岩和安山玢岩岩脉,编号 25 猴头山地区 4 号磁异常,编号 76 大冶郭华益铜矿点位于姜桥岩体内,地表出露风化闪长岩及第四系,北东向硅化破碎内见含金褐铁矿黄铁矿。

2. 17 线

编号 7 铜绿山铜铁矿处于大冶复向斜南翼,阳新岩体的西北端,出露地层有下三叠统嘉陵江组白云石大理岩,大冶组含矽卡岩条带大理岩等。与矿床空间关系最为密切的是嘉陵江组第一、二岩性段。岩浆岩为石英二长闪长玢岩。编号 80 大冶团墩赤铁矿点位于凤凰山背斜南西倾伏端,出露中石炭统黄龙组和下二叠统栖霞组灰岩。矿点南东出露燕山早期石英闪长岩。编号 47 徐家井铜矿点矿区位于凤凰山背斜南西倾伏端,区内出露地层为中上石炭统黄龙组灰岩,船山组灰岩,下二叠统栖霞组含燧石结核灰岩,灰岩。岩浆岩为闪长岩。编号 30 梅家塆金矿点。编号 83 大冶细李德贤褐铁矿点处于杨家脑向斜核部,出露下三叠统大冶组第四段大理岩,角砾状大理岩。

3. 19 线

编号 23 鲤泥湖铜铁矿位于阳新岩体西北端,有中三叠统嘉陵江组灰岩、上三叠统蒲圻组砂页岩、下侏罗统长石砂岩、长石砂砾岩。侵入岩为花岗闪长岩、花岗闪长斑岩。与矿床有关的侵入岩为花岗闪长岩。编号 6 石头嘴铜铁矿为三叠系嘉陵江组大理岩、白云质大理岩、白云岩。燕山早期花岗闪长岩,花岗闪长斑岩,斑状花岗闪长岩。其中与矿床有关的为花岗闪长岩。编号 50 王草林铜矿点。

(二)2.5D、3D 人机交互反演

以 25 条 2.5D 人机交互反演结果为初始模型,进一步做 3D 人机交互反演,结果如图 16-21～图 16-23 所示。

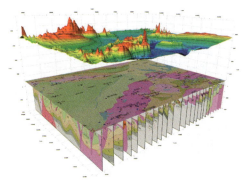

图 16-21 航磁异常 ΔT 及 2.5D、3D 建模

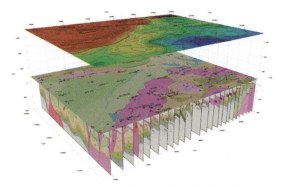

图 16-22 重力异常 Δg 及 2.5D、3D 建模

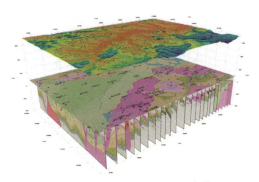

图 16-23 高程及 2.5D、3D 建模

七、结论

(1)鄂东南地区地层可以分为 5 个密度层,4 个密度界面,中下三叠统底界面、下古生界奥陶系的上界面及元古宇上界面起伏变化能引起局部重力异常的升高或下降。利用该特征可以分析、反演解释基底的起伏变化。由于下古生界与元古宇之间没有明显的密度差,重力基底反演结果可能是下古生界奥陶系的上界面,而不是元古宇。

侵入岩中的酸性岩、中酸性岩密度低,具中低磁性,当它侵入碳酸盐岩等密度较高地层时能够产生局部低重高磁异常,这是识别中酸性侵入岩的标志。而中性岩密度较高,可能产生局部高磁异常无重力异常。

岩浆岩自酸性到中性磁性变强。铁铜多金属矿体、矿化矿具强磁性。沉积层无磁性,仅侏罗系白垩系的局部有微弱磁性。江南式基底上层为冷家溪群(及四堡群、神农架群等),亦无磁性。川中式基底崆岭群有弱磁性。

(2)根据中酸性岩体低密度具磁性,能够产生低重高磁局部异常的特征,识别金山店、保

山、灵乡、阳新、姜桥已知出露的岩体及隐伏的陈家湾岩体;同时还指出了可能存在的一些规模较小的岩体,如分布在灵乡、阳新、金山店边缘的小岩体。

(3)根据局部重磁异常叠合特征与 2.5D、3D 反演的结果,指出该区的找矿远景:①高重高磁局部异常是高密度强磁性的蚀变带、铁铜多金属矿床与矿点的反映,要注意发现已知矿床、矿点以外的高重、高磁局部异常,利用它们"就矿找矿,探边摸底";②低密度、中强磁性的地质体能够引起低重、高磁异常,它们是中酸性岩体引起,要注意发现隐伏小岩体,它们可能有成矿的远景;③高密度、无磁性的地质体能够引起高重、低磁局部异常,它们是赤铁矿体与捕房体的反映,要注意高重、低磁局部异常,在岩体周围找赤铁矿体,在岩体内部找捕房体。

附录:大冶幅金属矿床点编号

1.金山店铁矿张福山矿区;2.李万隆铁矿;3.余华寺铁矿;4.刘家畈铁矿;5.大广山含钴铁矿;6.石头咀铜铁矿;7.铜绿山铜铁矿;8.鸡冠咀铜金矿床;9.桃花咀铜铁矿;10.铜山口铜矿;11.王母尖铁矿;12.张敬简铁矿;13.柯家山铁矿;14.梅山铁矿;15.铁子山铁矿;16.求雨脑铁矿;17.向家庄铁矿;18.大陈欧船铁矿;19.蜡烛山铁矿;20.张泗朱铁矿;21.大石山铁矿;22.铜山铜铁矿;23.鲤泥湖铜铁矿;24.冯家山铜铁矿床;25.猴头山地区 4 号磁异常;26.猴头山钼铜矿;27.陈子山金矿;28.摇兰山小型金矿床;29.小宝山铅锌矿点;30.梅家塅金矿点;31.宋家塅金矿点;32.千家湾铜矿点;33.马石头铜矿点;34.狮子山金矿点;35.吴家林金矿点;36.李贵山金矿点;37.大冶湖 2,3,4 号铁铜矿点;38.灵峰山金矿点;39.刘家铁矿点;40.金竹岭铜矿;41.刘胜齐铁矿点;42.新屋下铜钼矿点;43.陈家金矿点;44.虾子地铜矿点;45.柯大兴铜矿点;46.大青山铁矿点;47.徐家井铜矿点;48.大角山钨钼矿点;49.郑家湾铜矿;50.王草林铜矿点;51.洋塘山铜矿;52.柯家沟铜矿化点;53.汤家湾铜钼矿化点;54.破屋金矿化点;55.保安王豹山铁矿点;56.金井咀金矿;57.陈效泗银矿点;58.大冶周马光赤铁矿点;59.大冶刘家窝磁铁矿点;60.大冶张木匠磁铁矿点;61.大冶新屋下黄铁矿点;62.大冶大鼓山磁铁矿点;63.大冶罗屋下磁铁矿点;64.大冶黄牛山磁铁矿床;65.大冶王祠磁铁矿床;66.大冶螺丝山磁铁矿床;67.大冶黄详磁铁矿点;68.大冶铁门坎磁铁矿床;69.大冶上新屋褐铁矿点;70.大冶洋塘山褐铁矿点;71.大冶狮子山赤铁矿点;72.大冶朱山脑赤铁矿点;73.大冶杨言界赤铁矿点;74.大冶柯家褐铁矿点;75.大冶阴山沟金矿点;76.大冶郭华益铜矿点;77.大冶张斌山磁铁矿床;78.大冶郭思恭磁铁矿床;79.大冶胡友山赤铁矿点;80.大冶团墩赤铁矿点;81.大冶胡云铅锌矿点;82.大冶李何福铜矿点。

第十七章　铜绿山矿集区1∶1万重磁3D反演解释

本案例看点

(1)湖北铜绿山矿集区有82个铜金多金属已知的矿床、矿区,数量堪比安徽铜陵矿集区,是大冶幅中的重点研究区。在第十六章1∶5万大冶幅工作的基础上进一步细化对1∶1万铜绿山矿集的解释是本案例看点。

(2)解释铜绿山岩株体、进一步细化识别火成岩体、矿化带及铜铁矿体,特别是识别形成于石英二长闪长玢岩中的三叠系大理岩捕房体及找矿远景。

(3)实现了精细的全区逐条剖面2.5D人机交互反演解释到3D人机交互反演解释,及3D地质建模的流程。

一、地质地球物理概况

(一)地质概况

铜绿山矿集区位于鄂东南构造岩浆岩区的中心、大冶复式向斜南翼,阳新岩体西北段。铜绿山矿集区处于一种特殊的构造位置:构造上位于印支期东西向相对隆坳过渡带与燕山期北北东向鄂城-大磨隆起带的交切部位,其深部有长江基底断裂横贯区内,区内盖层构造与其连通,成为深部物质向盖层运移的活动中心。

1. 地层

区内沉积岩以中石炭统以后较为完整,缺失中下侏罗统。

古生界志留系、石炭系、二叠系及中生界下三叠统广泛出露于阴山沟以东,马叫—焦和—余家畈一线以南,以及冯家山、下四房、石头咀、铜绿山、大青山、牯羊山等地零星出露,绝大部分以海相地层为主,一般碳酸盐岩地层较为发育。

2. 构造

阳新岩体西北段主要以北西西向、北北东向构造最为发育。

(1)印支运动期基本定型的北西西向构造。北西西向构造是阳新岩体西北段构造格架基础构造,由于燕山运动以来构造叠加改造和岩体的侵入,致使北西西向构造原来面貌显示得不是很清楚。褶皱的特点是由于岩体侵入,均为不完整、不协调的隐伏皱褶。断裂具有多期活动的特点。

(2)印支—燕山期北东东—北北东—南西西向"S"形构造。

(3)燕山运动时期的北北东向构造。

3. 岩浆岩

阳新岩体西北段主要由阳新复式岩体主体部分和铜绿山岩株体组成。

(二)岩矿石物性特征

由表17-1铜绿山矿集区岩(矿)石物性参数统计表可以看出,火成岩具中等磁性,铜磁铁矿、黄铁矿、矽卡岩等具较强磁性,而沉积岩则不具磁性,因此根据局部磁异常可以解释火成

表 17-1　铜绿山矿集区岩(矿)石物性参数统计表

岩(矿)石名称	磁化率/ $(4\pi \times 10^{-6} SI)$	剩余磁化强度/ $(\times 10^{-6} A \cdot m^{-1})$	电阻率/ $(\Omega \cdot m)$	极化率/%	密度/ $(g \cdot cm^{-3})$	备注
含铜磁铁矿	113 011	7341	6~200 (<200)	28~35	3.9~4.4	1.磁参数为算术平均值 2.电阻率为测井统计值括号内为电测深统计值 3.其他为算术平均值或一般变化值 4.闪长岩磁性由于矿区蚀变而偏低,括号内为物探队统计值
磁铁矿	76 455	3444	2~1000 (<300)	22~32	3.6~4.2	
黄铁矿 (含铜金)			100~200 (<200)	49~59	3.6~3.8	
矽卡岩	7227	1557	40~9600 (40)	7.7	2.91~3.4	
石英闪长岩	3962	246	400~4000 (500~700)	2.9~3.1	2.69	
花岗闪长岩	2825	131	300~1500 (200~500)	2~10	2.66	
花岗闪长斑岩	2628	137	4030 (200~500)	2~4	2.60	
蚀变风化花岗闪长斑岩	微—无	微—无	110~370 (40~50)	<2	<2.6	
闪长岩	2120 (3368)	72(349)	200~400 (50~100)	3.4	2.3~2.6	
大理岩	0	0	700~41 700 (400~4000)	<4.1	2.69~2.71	
砂页岩	0	0		3.49	2.59~2.62	
浮土	7227	1557	20~110 (<100)		1.62~1.80	

注:数据来源《湖北省大冶市阳新岩体西北段铜铁金多金属矿整装勘查(续作)2014年设计书》

岩体及矿体、矿化体。火成岩体密度为 2.60～2.69g/cm³，属较低密度，当它与密度较高的大理岩接触时能够产生低局部重力异常，但与密度较低砂页岩等接触时，则可能不产生低重力异常，甚至会产生局部高重力异常。因此根据局部重力异常不能较单一的解释火成岩体，应以磁异常为主解释火成岩。

二、铜绿山矿集区重磁异常特征

（一）布格重力异常与航磁异常

北西向的低重高磁异常是低密度中等磁性的火成岩的反映，重力异常向南东方向逐渐降低是岩体加深加厚的表现（图17-1）。航磁异常也有相似的特征，即往南东方向异常变缓缓弱，说明岩体加深。图17-2 铜绿山矿集区化极磁异常，化极磁异常幅值增大，正值范围也稍扩大。

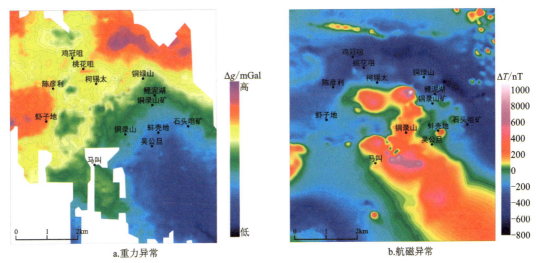

图 17-1 铜绿山矿集区重力异常与航磁异常

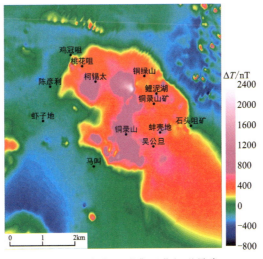

图 17-2 铜绿山矿集区化极磁异常

(二)重力异常小波 1~5 阶细节及逼近

由图 17-3 重力异常小波 1~5 阶细节及逼近可以看出,燕山运动以来构造叠加改造和岩体的侵入,致使北西西向构造原貌显示得不清楚,在重力 2 阶细节可以看到北西向构造的痕迹。在重力 3 阶上则明显可以看到北北东向的重力高低间隔的条带,它是燕山运动期以来的北北东向构造叠置于早期构造之上。

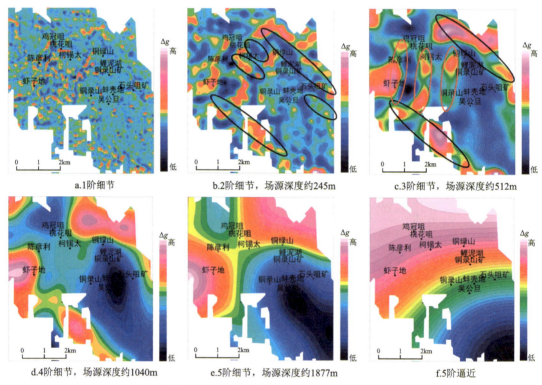

图 17-3 重力异常小波多尺度分解结果

(三)化极磁异常小波 1~5 阶细节及逼近

由图 17-4 可以看出,化极磁异常的 2、3 阶细节也呈现出与重力小波 2、3 阶细节一样的北西向构造的痕迹和明显北北东向构造。这些构造的交会部位是成矿的有利部位,应该加以注意。

三、根据重磁异常解释铜绿山岩株体

燕山早期第三次形成的铜绿山岩株体为石英正长闪长玢岩,而燕山早期第二次形成的阳新岩体为石英正长闪长岩(表 17-2)。二者在密度与磁性没有明显差异(以往工作没有进行采集测量与分析)。

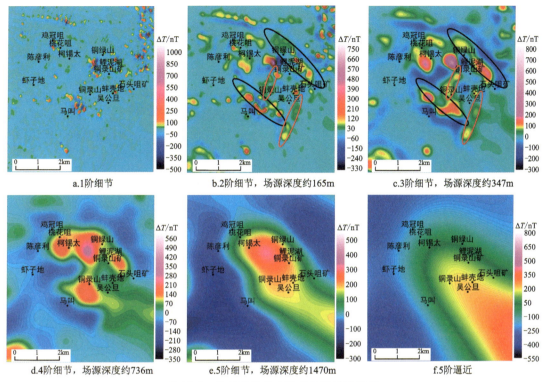

图 17-4 化极磁异常小波多尺度分解结果

表 17-2 铜绿山矿集区岩浆岩期次划分表

期	阶段	次	时代	同位素年龄/Ma	代号	岩石名称	岩体及地段
燕山期	晚	一	K_1			中酸性岩脉	
					δ_5^{2-1}	闪长岩	猴头山岩体
	早	四	J		γ_5^{2-4}	中酸性岩脉	
					$r\delta\pi_5^{2-4}$	花岗闪长斑岩	龙角山付家山
		三		143~150	$Q\xi\delta\mu_5^{2-3}$	石英正长闪长玢岩	铜绿山岩株体
		二			$\pi Q\xi\delta_5^{2-2}$	斑状石英正长闪长岩	大箕山
					$mQ\xi\delta_5^{2-2}$	中粒石英正长闪长岩	阳新岩体主体
					$fQ\xi\delta_5^{2-2}$	细粒石英正长闪长岩	阳新岩体主体
		一			$bd\delta_5^{2-1}$	黑云母透辉石闪长岩	赵家湾
					$h\delta_5^{2-1}$	角闪石闪长岩	老林湾

(一) 铜绿山岩株体边界特征

铜绿山岩体边界的特征包括在地面出露的位置及随深度变化的特征,其特征分析是根据小波各阶细节的变化得出的。

铜绿山岩体北部边界：铜绿山北显著的弧形高磁低重带（图17-5a、图17-5b），推测它是铜绿山石英正长闪长玢岩体（株）的北边界，其上为第四系覆盖。其中，柯锡太高磁高重推测为沉积地层（三叠系碳酸盐岩地层）断块或岩性变化。北缘产状陡，倾角近90°，局部向北倾；西北缘鸡冠咀一带，浅部岩体呈岩枝状侵入大冶组及中上统蒲圻组地层。

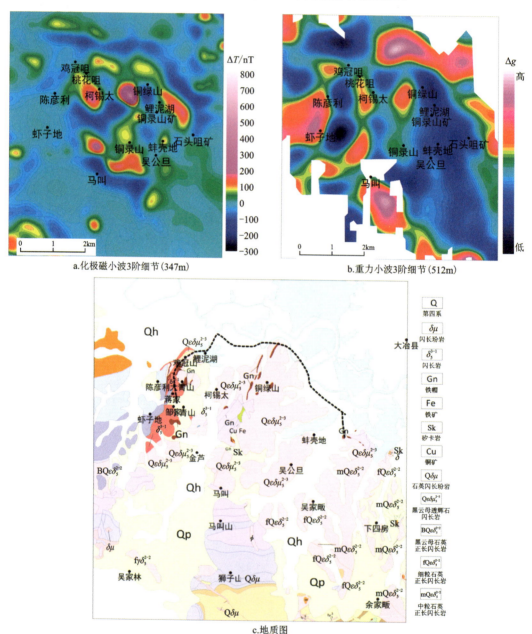

图17-5 铜绿山岩体边界（图中黑虚线为根据重磁解释的边界）

铜绿山岩体西南部边界：在铜绿山南部南樟松北西西向高磁低重带推测为铜绿山岩株体的西南部边界。南缘接触带浅部较陡，深部向南倾，柯家山至马叫一带岩体呈岩被侵覆在下三叠统大冶组大理岩之上。

第十七章 铜绿山矿集区1∶1万重磁3D反演解释

铜绿山岩体东部边界:在铜绿山东部石头咀北西向高磁中低重带推测为铜绿山岩株体的东部边界。东缘在刘家至石头咀一线岩体向南东倾,倾角较陡。

铜绿山岩体东南部边界:在铜绿山东南部吴公旦火成岩的性质已经发生变化,北部为铜绿山石英正长闪长玢岩体(株),而南部则为阳新中粒或细粒石英正长闪长岩。因此,该处为铜绿山石英正长闪长玢岩体(株)的东南边界。

化极磁异常小波4阶细节场源深度736m,其形态如图17-6d所示,将小波4阶细节正异常范围用红色虚线表示,其范围与1、2、3、5阶细节类似,说明化极磁异常所反映的岩体边界变化并不大,表明铜绿山岩株体的产状很陡,在东部、北部与西部可能在$70°\sim90°$;而在南部马叫—柯家山一带,1、2阶细节的范围比3、4阶范围大,说明浅部岩体可能超覆到下三叠统之上。

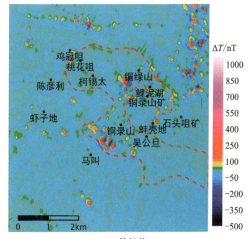

a.1阶细节

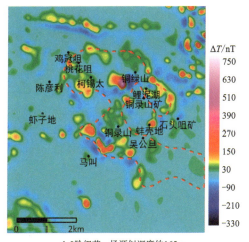

b.2阶细节,场源似深度约165m

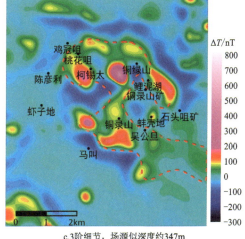

c.3阶细节,场源似深度约347m

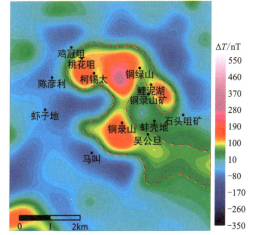

d.4阶细节,场源似深度约736m

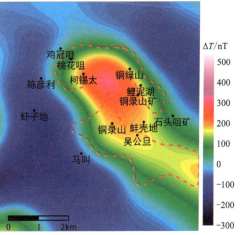

e.5阶细节,场源似深度约1470m

图17-6 铜绿山岩体边界变化

如图 17-6e 所示,5 阶细节场源深度约 1470m,反映岩体在深部的分布。深部岩体延深达 1500m 以上。在西北部的鸡冠咀 28 线微动与广域电磁法结果反映岩体下延深度达 2000m（图 17-7）。

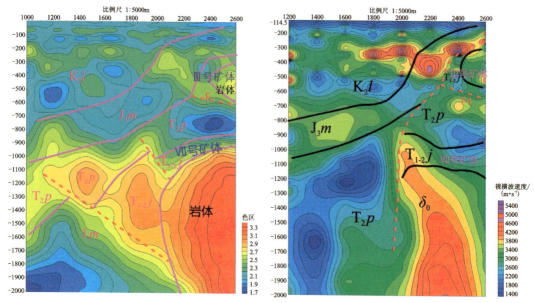

图 17-7 28 线广域电磁法和微动方法推断的铜绿山岩体边界（据湖北省地矿局地球物理勘探大队）

（二）铜绿山岩株体的 2.5D 人机交互反演

图 17-8 是铜绿山矿集区火成岩 2.5D 特征,其中不同颜色表示该区 15 个主要的火成岩体,该图是通过对重磁异常 2.5D 人机交互反演解释得到。

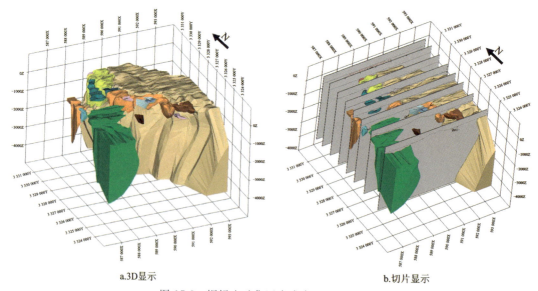

图 17-8 铜绿山矿集区火成岩 2.5D、3D 特征

(三) 铜绿山岩株体的 3D 自动反演

1. 密度反演

由图 17-9 可以看出,低密度部分反映铜绿山岩株体的空间分布。

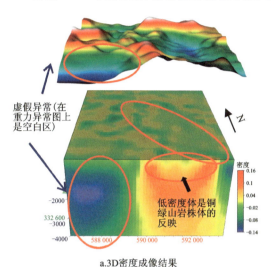 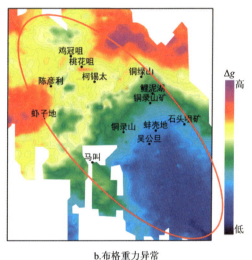

图 17-9　重力异常 3D 自动反演(密度成像)

2. 磁化率反演

图 17-10 磁异常 3D 自动反演(磁化率成像)结果表明,磁性体呈上大下小往东南偏的蘑菇状形态,西北较浅,往东南逐渐加深,向下延深可达 3km 以上。如铜绿山岩株体西北的鸡冠咀,深度大于 2km,与微动、广域电磁法的结果一致(图 17-7)。磁化率成像结果图中浅部磁化率颜色有变化反映了浅部磁性不均匀,呈小岩体、岩株与岩枝状侵入到近地表。

磁化率成像结果表明,磁性体呈上大下小往东南偏的蘑菇状分布,西北较浅,往东南逐渐加深,磁化率成像结果图中浅部磁化率颜色有变化反映了浅部磁性不均匀,呈小岩体、岩株与岩枝状侵入到近地表。

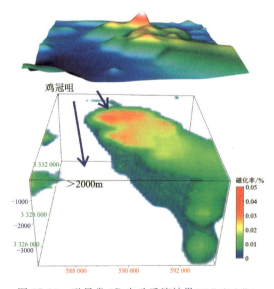

图 17-10　磁异常 3D 自动反演结果(磁化率成像)

(四) 小结

(1)铜绿山燕山早期第三次形成的石英正长闪长玢岩岩株体在重力与航磁异常图上特征

明显:铜绿山岩株体的产状陡,在东部、北部与西部可能在70°～90°,而在南部马叫—柯家山一带浅部岩体可能超覆到下三叠统之上。重磁异常3D自动反演结果表明铜绿山岩株体在北西的鸡冠咀下延深度超过2000m,向东向南逐渐加深,呈不对称的西浅东深、上大下小往东南偏的蘑菇状分布。

(2)燕山运动以来构造叠加改造和岩体的侵入,致使北西西向构造原貌显示得不清楚,但重磁局部异常可以看到北西向构造的痕迹。在重力3阶上则明显可以看到北北东向的重力高低间隔的条带,它是燕山运动期以来的北北东向构造叠置于早期构造之上的结果。其中可以看到:北西向石头咀-铜绿山-大青山隐伏向斜、中部高磁高重隆起为铜绿山-马叫北北东向横跨背斜、南部吴公旦为三叠系断块等。

四、局部重磁叠加异常特征与成矿远景初步分析

(一)火成岩体、矿化体、矿体与捕虏体的地质-地球物理模型

根据火成岩体、矿化体、矿体与捕虏体不同的密度、磁化强度建立它们的地质-地球物理模型,如图17-11所示。

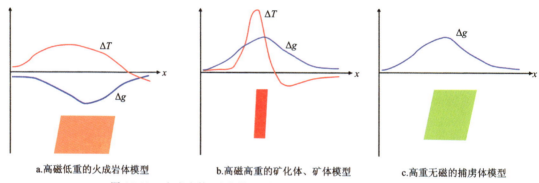

图17-11 火成岩体、矿化体、矿体与捕虏体的地质-地球物理模型

(二)局部磁重异常叠合特征的地质意义

1. 火成岩体

燕山早期第三次岩浆侵入的石英二长闪长玢岩为低密度中强磁性,当它侵入到高密度的三叠系嘉陵江组大理岩时就会形成高磁低重叠合异常,这是识别火成岩体的标志。燕山早期第三次侵入的石英二长闪长玢岩体、岩株是铜绿山矿集区的成矿地质体。

2. 矿化体与矿体

燕山早期第三次岩浆石英二长闪长玢岩与三叠系嘉陵江组大理岩接触交代形成的矽卡岩、矿化带及铜铁矿体为高密度强磁性,当规模较大埋深较浅时,它们能够形成高磁、高重局部异常,这是识别矿化带及铜铁矿体的标志,在小波分析低阶细节的局部重磁异常往往能够识别。

3. 大理岩捕虏体

燕山早期第三次岩浆侵入形成石英二长闪长玢岩中的三叠系大理岩捕虏体(隐伏或直接出露地表)是在铜绿山周围寻找该类铜铁矿的主要目标,其局部重磁异常的组合特征是局部高重力无磁(或弱磁)异常。高重力无磁(或弱磁)异常这是识别捕虏体的标志(但要排除构造因素)。

(三)铜绿山矿集区局部磁重异常叠合的地质解释

1. 高磁低重叠合异常——火成岩体

如图17-12所示,燕山早期第三次岩浆侵入的石英二长闪长玢岩为低密度中强磁性,当它侵入到高密度的三叠系嘉陵江组大理岩时就会形成高磁低重叠合异常,这是识别火成岩体的标志。燕山早期第三次侵入的石英二长闪长玢岩体岩株是铜绿山矿集区的成矿地质体。

2. 高磁、高重局部异常——矽卡岩、矿化带及铜铁矿体

如图17-13所示,燕山早期第三次岩浆石英二长闪长玢岩与三叠系嘉陵江组大理岩接触交代形成的矽卡岩、矿化带及铜铁矿体为高密度强磁性,当规模较大埋深较浅时,它们能够形成高磁、高重局部异常,这是识别矿化带及铜铁矿体的标志。

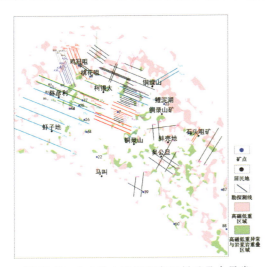

图 17-12 1、2阶小波细节高磁低重叠合异常

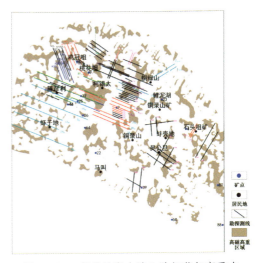

图 17-13 高磁异常小波1阶细节与高重力异常小波1、2阶细节叠合

(红色为高磁低重叠合异常,绿色为地表出露的岩浆岩)

3. 高重无磁异常—捕虏体与三叠系大理岩

如图17-14所示,燕山早期第三次岩浆侵入形成石英二长闪长玢岩中的三叠系灰岩捕虏体(直接出露地表)是在铜绿山周围寻找该类铜铁矿的主要目标,其局部重磁异常的组合特征是局部高重力无磁(或弱磁)异常。

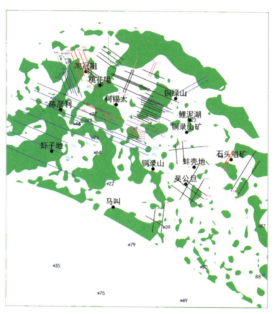

图 17-14 高重异常小波 1、2 阶细节
(注:绿色为 0.05mGal 以上高重异常)

(四)小结

(1)燕山早期第三次岩浆侵入的石英二长闪长玢岩为低密度中强磁性,当它侵入到高密度的三叠系嘉陵江组大理岩时就会形成高磁低重叠合异常,这是识别火成岩体的标志。燕山早期第三次侵入的石英二长闪长玢岩体、岩株是铜绿山矿集区的成矿地质体。

(2)燕山早期第三次岩浆石英二长闪长玢岩与三叠系嘉陵江组大理岩接触交代形成的矽卡岩、矿化带及铜铁矿体为高密度强磁性,当规模较大埋深较浅时,它们能够形成高磁高重局部异常,这是识别矿化带及铜铁矿体的标志。

(3)燕山早期第三次岩浆侵入形成石英二长闪长玢岩中的三叠系大理岩捕房体(直接出露地表)是在铜绿山周围寻找该类铜铁矿的主要目标,其局部重磁异常的组合特征是局部高重力无磁(或弱磁)异常。高重力无磁(或弱磁)异常这是识别捕房体的标志(但要排除构造因素)。

五、重点矿床、矿点重磁异常特征分析

铜绿山矿集区重点矿床、矿点有铜绿山铜铁矿(编号 7)、石头咀铜铁矿(编号 6)、鸡冠咀铜铁矿(编号 8)等。下面以铜绿山铜铁矿(编号 7)为例说明重磁异常特征及地质解释。

如图 17-15 所示,铜绿山铜铁矿(编号 7)在小波分解 1、2 阶细节图中为高重异常,即较高密度无磁性地质体的反映,地表出露三叠系嘉陵江组大理岩捕房体。

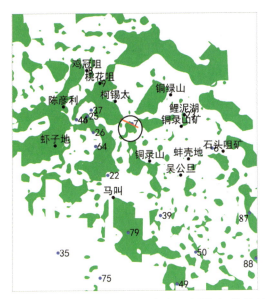

图 17-15 铜绿山铜铁矿(编号 7)位置图(左图为小波 1、2 阶高重异常)

(一)铜绿山 10TL、12TL、14TL 线

10TL、12TL、14TL 线过 7 号铜绿山铁铜矿(图 17-16),在重磁局部异常叠合图是高重异常无磁(低磁)异常,在地质图上出露有三叠系嘉陵江组大理岩,推测是捕虏体型的铜铁矿。

重磁局部异常叠合图中的高重异常无磁(低磁)异常(绿色)是三叠系嘉陵江组大理岩捕虏体的反映。

(1) 10TL、12TL、14TL 线高重低磁是三叠系嘉陵江组大理岩捕虏体特征

地面磁测垂直磁异常反映浅表规模小具磁性的铁铜矿体、矿化体(图 17-17),而航磁飞行高度为 100~200m,浅表规模小的磁性体产生的尖锐异常衰减快,得不到反映,航磁异常幅值则降低、变平缓。

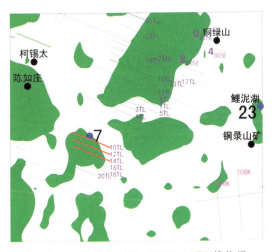

图 17-16 铜绿山 10TL、12TL、14TL 线位置

从平面图上提取的局部重磁异常特征为高重低磁。勘探剖面图上可以看出,高重低磁是三叠系嘉陵江组大理岩捕虏体 T2 引起。

(2) 10TL、12TL、14TL 线局部高磁异常是矿化带(矽卡岩)、矿体特征

10TL、12TL、14TL 线不同阶次小波局部磁异常对比如图 17-18a、b、c 所示。图中上部红线是磁小波 2 阶细节,下部是磁小波 1 阶细节,蓝色是重力局部异常。可以看出,上部红线是磁异常小波 2 阶细节,低磁背景中的局部高磁异常不很明显,但在小波 1 阶细节中则十分显

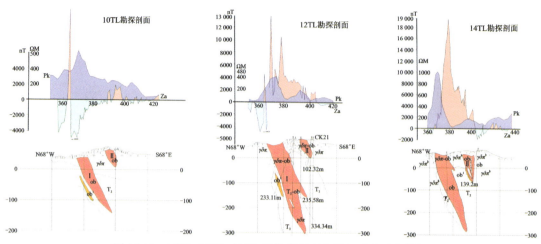

图 17-17 10TL、12TL、14TL 线勘探剖面和局部重磁异常特征

著,该低磁背景中的局部高磁异常解释为具磁性的矿化体、矽卡岩、铁铜矿体。由此说明,利用不同阶次的重磁局部组合异常的特征,不仅可以识别捕虏体而且可以直接识别矿化体、矽卡岩、铁铜矿体。

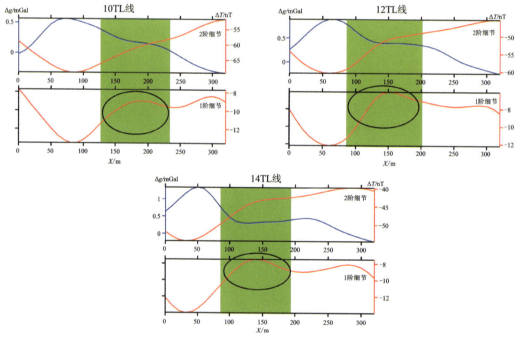

图 17-18 10TL、12TL、14TL 线矿化带(矽卡岩)、矿体重磁异常组合特征
(图中蓝线为重力异常,红线为磁异常)

(二)铜绿山捕虏体型铜铁矿远景

通过对 10TL、12TL、14TL、0 线(向南北延伸的 N2~S1、N12~N3 线因篇幅限制未列出)局部重磁叠合异常与勘探剖面的对比可以得出:

（1）利用小波分析得出的重磁叠合异常可以有效地识别捕房体，而且在一定条件下（矿体规模、埋深）可以直接识别矿化体、矽卡岩、铁铜矿体。

（2）寻找铜绿山捕房体型铜铁矿远景应该根据局部高重力异常（图17-19），结合地质分析识别高密度的三叠系嘉陵江组大理岩捕房体。

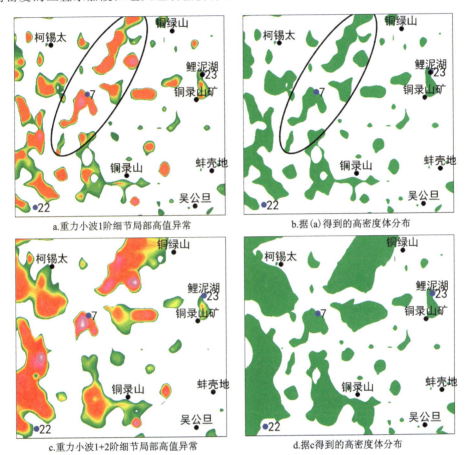

图17-19 铜绿山捕房体型铜铁矿远景

六、铜绿山矿集区 2.5D、3D 地质建模

（一）2.5D、3D 地质建模流程

1. 三维密度和磁化强度

三维密度和磁化强度快速反演可获得地下空间岩体、构造和矿化的大致分布情况，为2.5D和3D人机交互的精细反演提供信息和依据（图17-20）。

从L25线的物性反演结果可以看出（图17-21），阳新岩体深部隐伏部分规模大，为低密度中弱磁性。深部岩体向浅部上侵可形成多处岩凸或小岩株（蓝色箭头所示），多与局部高磁高重异常对应（如石头咀），可能为矿化的有利部位。

195

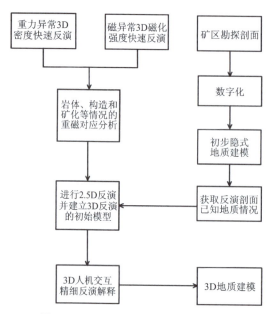
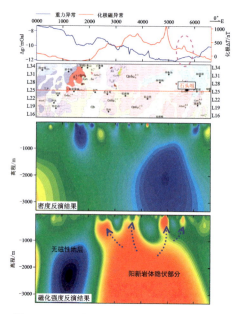

图 17-20　2.5D、3D 反演地质建模流程　　图 17-21　石头咀 L25 线快速密度和磁化强度反演结果

2. 2.5D 反演为 3D 反演提供初始模型参考

地质体复杂或剖面不完全垂直地质体走向的情况下，剖面上的异常受旁侧地质体影响大，为了与实测异常拟合，不得不添加虚假地质体，因此，必须进行 3D 反演。

3. 3D 人机交互重磁联合精细反演解释

根据 2.5D 反演结果，将相关地质体连接成三维复杂形体。为了利用已知的钻孔、勘探剖面进行约束，先利用已知的钻孔、勘探剖面进行 3D 地质建模，3D 地质建模后获得了插值勘探线，以它作为约束，进一步做 3D 人机交互反演，反演过程中以反演拟合磁异常为主，拟合重力异常为辅，逐条测线，逐个区域，逐步推进。图 17-22 只列出 41 条剖面中的 6 条剖面的 3D 人机交互反演结果。

4. 3D 地质建模

根据铜绿山矿集区 55 条剖面 2.5D、3D 重磁人机交互反演结果，将模型切片导入软件 Geomodeller 重新拼接为连续完整的三维实体模型。

本次建模范围为铜绿山矿集区，面积超过 47km²，东西向展布 55 条精细反演剖面，线距在矿区南北两端线距为 200m，在中部主要成矿区域线距为 100m，建模深度为 4km。

在 Geomodeller 中绘制模型之前需要创建所有要用到的地质单元，包括地层、岩体和断裂体系等。并建立一个符合工区的序列，该序列遵循的规律是地层从老到新依次排列，岩体根据侵入期次先后排列。根据密度反演结果及矿区地层出露情况将地层单元分为奥陶系（O）、石炭系（C）、二叠系（P）、下三叠统（T_1）、中三叠统（T_2）、下白垩统（K_1）和下白垩统—古新统混合地层（K_1-E_1）。岩体根据燕山阶段岩浆侵入期次划分为岩脉（石英闪长玢岩、闪长玢岩）、

第十七章 铜绿山矿集区1:1万重磁3D反演解释

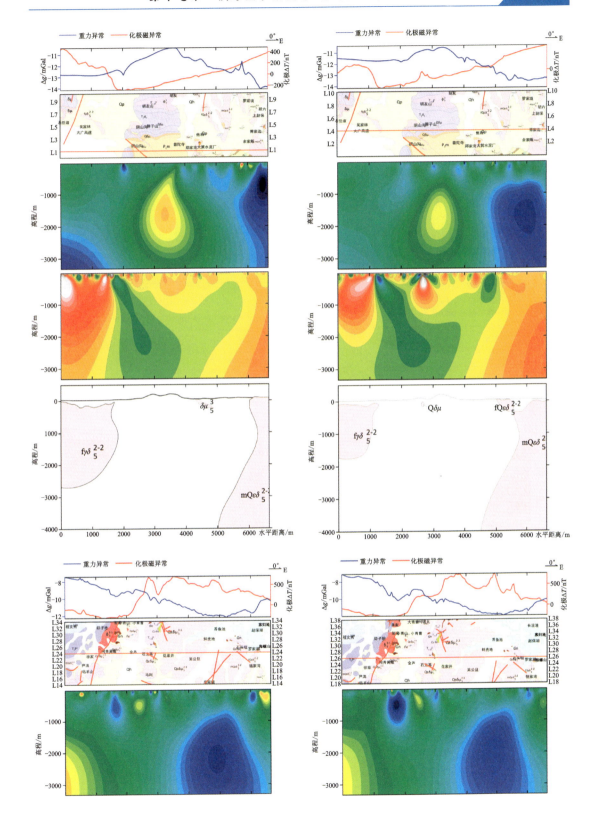

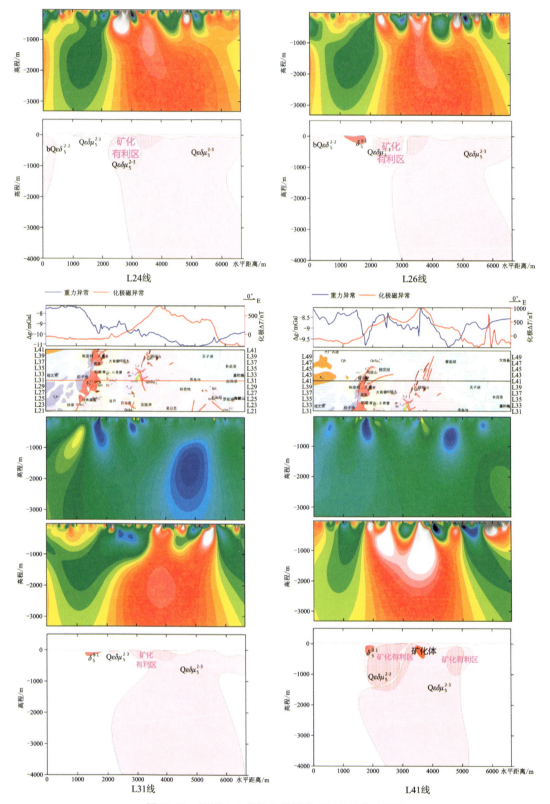

图 17-22 铜绿山矿集区重磁异常 3D 人机交互反演

燕山早期第二次侵入形成的火成岩(中细粒石英正长闪长岩、黑云母石英正长闪长岩)、燕山早期第三次侵入形成的火成岩(石英正长闪长玢岩和燕山晚期第一次侵入形成的火成岩(闪长岩)。

本次建模计算时简化半径采用默认的10m,显示精度为50m×50m×100m,即水平方向显示精度为50m,垂向显示精度为100m,基本满足研究要求。图17-23为铜绿山矿集区三维地质模型及切片展示图。

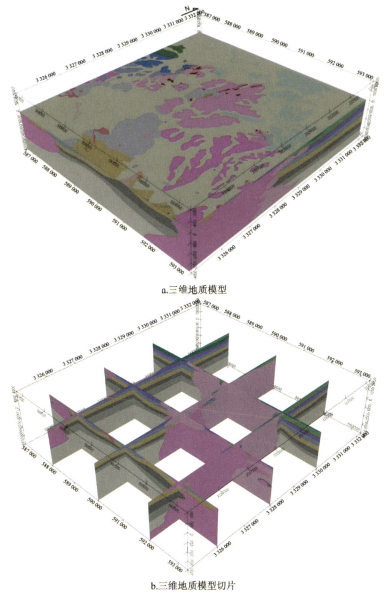

a.三维地质模型

b.三维地质模型切片

图17-23 铜绿山矿集区三维地质模型及切片展示图

为了更直观清楚地认识不同岩体的空间展布,将铜绿山矿田矿集区内岩体单独显示,如图17-24所示。

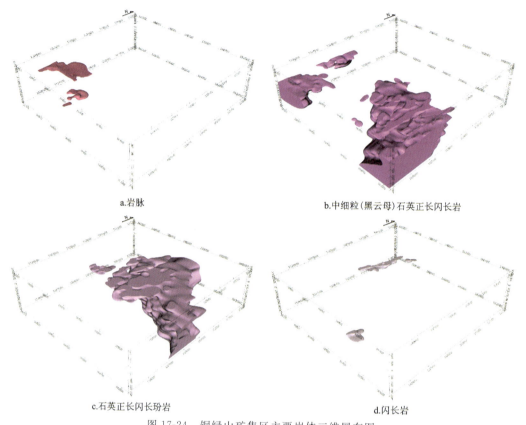

a.岩脉　　　　　　　　　　　　　　b.中细粒(黑云母)石英正长闪长岩

c.石英正长闪长玢岩　　　　　　　　d.闪长岩

图 17-24　铜绿山矿集区主要岩体三维展布图

图 17-25 为铜绿山矿集区航磁化极异常、布格重力异常、剩余重力异常与三维地质模型的对应关系。

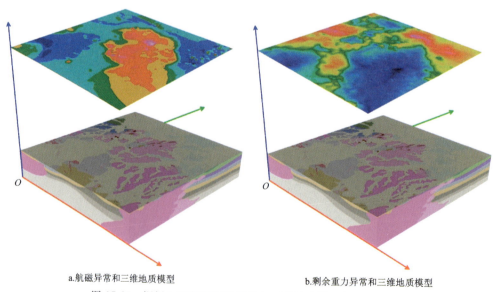

a.航磁异常和三维地质模型　　　　　　b.剩余重力异常和三维地质模型

图 17-25　铜绿山矿集区重磁异常与三维地质模型的对应关系

七、结 论

(一)铜绿山矿集区重磁场特征

(1)火成岩体及矿体、矿化体具有中等磁性及较强磁性,根据局部磁异常可以解释火成岩体及矿体、矿化体。火成岩体密度通常较低,能够产生局部重力异常,根据局部重力异常可以解释火成岩体。

(2)阳新岩体西北端的铜绿山矿集区磁异常特征为北西向,高磁、低重异常重叠好,它们是燕山早期第三次形成的低密度较强磁性石英正长闪长玢岩岩株体的反映。由于燕山运动以来构造叠加改造和岩体的侵入,北西西向构造原貌不清楚,在重力2阶细节可以看到北西向构造的痕迹,在重力3阶细节可以看到北北东向的重力高低间隔的条带,它是燕山运动期以来的北北东向构造叠置于早期构造之上。根据重磁异常的边界识别方法解释的断裂可以看出,北东向断裂切断北西向断裂。

(二)铜绿山岩株体重磁异常解释

铜绿山岩株体的产状陡,在东部、北部与西部可能在70°~90°,而在南部马叫—柯家山一带浅部岩体可能超覆到下三叠统之上。重磁异常3D自动反演结果表明铜绿山岩株体在北西的鸡冠咀下延深度超过2000m,向东向南逐渐加深,呈不对称的西浅东深、上大下小往东南偏的蘑菇状分布。

(三)识别火成岩体、矿化带及铜铁矿体局部重磁异常识别标志

(1)燕山早期第三次岩浆侵入的石英二长闪长玢岩为低密度中强磁性,当它侵入高密度的三叠系嘉陵江组大理岩时就会形成高磁低重叠合异常,这是识别火成岩体的标志。燕山早期第三次侵入的石英二长闪长玢岩体、岩株是铜绿山矿集区的成矿地质体。

(2)燕山早期第三次岩浆侵入形成石英二长闪长玢岩与三叠系嘉陵江组大理岩接触交代形成的矽卡岩、矿化带及铜铁矿体为高密度强磁性,当规模较大埋深较浅时,它们能够形成高磁、高重局部异常,这是识别矿化带及铜铁矿体的标志。

(3)燕山早期第三次岩浆侵入形成石英二长闪长玢岩中的三叠系大理岩捕虏体是在铜绿山周围寻找该类铜铁矿的主要目标,其局部重磁异常的组合特征是局部高重力无磁(或弱磁)异常。高重力无磁(或弱磁)异常是识别捕虏体的标志(但要排除构造因素)。

第十八章 江西朱溪铜钨矿区重力、磁法野外施工及解释

江西朱溪铜钨矿区"重力、磁法野外施工及野外解释"是中国地质调查局发展中心设立"整装勘查区物化探技术研究与示范"的子项目。朱溪铜钨矿区位于钦杭成矿带江西段。1969—1980年，赣东北大队、冶金地质勘探四队在朱溪铜钨矿区开展普查工作。2000年以后，在朱溪铜钨矿区采用地质测量、地表槽探揭露和深部钻探等手段，配合物化探工作，对矿区外围及深部开展调查评价工作，发现了厚而富的铜钨多金属矿体，取得了找矿的突破性进展。其中，在42线、54线和32线见厚大矿体，朱溪铜矿外围具超大型钨矿床和大中型铜矿床的资源潜力。

重磁勘探方法是以岩矿石的密度与磁性差异常为基础的，铜钨多金属矿体通常不具磁性，且由于矿体埋深大、规模有限，难以引起能够探测的局部重力异常。重磁勘探方法在铜、钨多金属矿勘查中能够发挥什么作用？我们必须改变研究思路与工作方法，让重磁勘探方法在多金属矿产勘查中发挥作用。按照"三位一体"的理论，采用重力勘探方法在朱溪铜钨矿区寻找成矿地质体即低密度岩体，并对岩体进行解释；采用磁法勘探方法发现并解释具磁性的矿化带、矽卡岩体，间接找铜钨多金属矿体。为此，中国地质调查局发展中心设立"整装勘查区物化探技术研究与示范"的子项目江西朱溪"重力、磁法野外施工及野外解释"。其主要地质任务是：在江西朱溪矿区42勘查线物化探方法有效性试验剖面及外围进行重磁剖面勘探野外施工、数据采集、资料解释，协助中国地质调查局发展研究中心选择有效的物化探方法开展示范找矿工作。

本案例看点

(1) 磁法勘探找磁铁矿是地球物理勘探方法中唯一的直接找矿方法，随着找矿勘探的深入，对于弱磁性或无磁性的金银、铜、铅锌等多金属矿还能否有所作为？而重力勘探方法对于找金银、铜、铅锌等多金属矿能发挥什么作用？本例朱溪铜钨矿区重磁勘探研究了这些问题，根据叶天竺教授"三位一体"的理论，在朱溪寻找成矿地质体，重磁勘探方法可以解决成矿地质体即中酸性岩体的位置、形态、产状及埋深等问题，还可以寻找具磁性的矿化体。

(2) 如何灵活有针对性地运用重磁数据处理方法去解决地质问题？本案例采用方向滤波方法消除北东向低密度地层产生的低重力叠加异常，提取了成矿地质体即岩体产生的局部低重力异常。

第十八章 江西朱溪铜钨矿区重力、磁法野外施工及解释

一、地质地球物理概况

(一)地质概况

朱溪位于下扬子陆块江南古岛弧带东南部,钦杭接合带江西段萍乐拗陷带之东端,赣东北深大断裂北西侧,处于钦杭东段北部成矿带江西段萍乡—乐平成矿亚带东段塔前—清华铜金多金属成矿远景区中,见图18-1。

1.第四系;2.白垩系;3.侏罗系;4.三叠系;5.二叠系;6.石炭系;7.中元古界双桥山群;8.花岗细晶岩;9.细粒花岗岩及细粒斑状黑云母花岗岩;10.花岗斑岩;11.花岗闪长斑岩;12.辉绿岩;13.辉长岩;14.酸性岩脉($\gamma\delta\pi$ 花岗闪长斑岩,$\gamma\pi$ 花岗斑岩,q 石英脉,$\lambda\pi$ 流纹斑岩);15.基性岩脉($\beta\mu$ 辉绿岩、辉绿玢岩、辉长辉绿岩,υ 辉长岩);16.中性岩脉(δ 闪长岩)17.塔前-朱溪-赋春重点突破区范围;18.工作区范围

a.朱溪勘查区外围地质图

1.第四系;2.三叠系;3.二叠系;4.石炭系船山组;5.石炭系黄龙组;6.中元古界双桥山群;7.花岗斑岩岩脉;8.闪长玢岩脉;9.煌斑岩、伟晶岩脉;10.透闪-阳起石岩带;11.透闪石-绿泥石化带;12.钻孔;13.塔前-朱溪-赋春重点突破区范围;14.工作区范围

b.朱溪勘查区地质图

图18-1 朱溪勘查区及其外围地质图

本区属扬子地层区的一部分,区域内地层发育中元古界、石炭系至三叠系、第四系。本区地层主要由浅变质岩、沉积岩及少量第四系松散沉积物组成。

塔前-朱溪-赋春推覆构造带从工作区中部呈北东向通过,控制着本区铜多金属矿床的形成和展布,见图18-2。

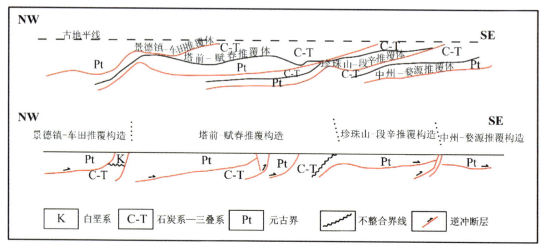

图 18-2　朱溪勘查区推覆构造

(二)岩矿石物性特征

由表18-1可以看出:花岗岩密度低,为 $2.64\sim2.69\mathrm{g/cm^3}$,$P_1$、$C_2c$、$C_2l$ 地层的沉积岩密度也较低,为 $2.63\sim2.82\mathrm{g/cm^3}$,$Pt_2sh$ 变质砂岩密度高达 $2.75\mathrm{g/cm^3}$,C_2c、C_2l 不同类型矽卡岩密度为 $2.98\sim3.55\mathrm{g/cm^3}$。各类矽卡岩具有较强磁性,变化范围是$(15\ 500\sim59\ 600)\times10^{-6}\mathrm{SI}$,

表 18-1　岩矿石物性

岩矿石	密度/(g·cm^{-3})	磁化率/($\times10^{-6}$SI)
变质粉砂岩	2.75	2580
不含碳灰岩	2.71	1010
不含铜石榴子石矽卡岩	3.37	15 500
含铜石榴子石矽卡岩	3.55	49 600
含铜透辉透闪石矽卡岩	3.09	59 600
不含铜透辉透闪石矽卡岩	2.98	17 300
大理岩	2.69	220
花岗岩(底部)	2.69	
花岗岩(上部)	2.64	380
白云质大理岩	2.82	10

它是本区产生磁异常的主要因素,而二叠系—石炭系沉积岩无磁性,变质砂岩具很弱磁性。当矿化作用较强时,受矿化的岩石与地层就会产生一定强度的磁异常,这是解释朱溪磁异常的依据。

二、1∶20万重力、1∶5万航磁资料处理解释

(一)1∶20万重力处理解释

形成于燕山期的塔前-朱溪-赋春北东向推覆构造带长达百余千米,控制了石炭系—三叠系的发育,断裂带中往往有花岗斑岩、花岗闪长岩等小岩体或脉岩侵入。北西向断裂亦较发育,规模相对较小,长数百米至数千米,宽数米至数十米,切割北东向断裂及三叠系、古生界、中元古界,为区内含矿断裂。近东西向断裂不太发育,规模极小,切割北东向断裂及三叠系、古生界、中元古界。区域上燕山期塔前-外横塘-赋春北东向断裂控制了整个矿带的形成,其次一级的北东向压性断裂和褶皱,以及近东西向和北西向扭性断裂,则是区域上控制矿床的主要构造,而黄龙组与中元古界浅变质岩系不整合面上断裂构造,以及黄龙组中层间破碎带等则是矿体的赋存部位。

图18-3是滤波前的布格重力异常,珍珠山岩体表现为一个近乎圆形的重力低异常区,在塔前-朱溪-赋春推覆构造中有2个明显的北东向重力低异常带。

根据现有的钻井资料显示,朱溪钨铜矿的形成与深部岩体的侵入有密切关系,朱溪深部岩体的来源是什么?是否与相邻的巨大珍珠山岩体有关联?对这些问题的探讨和深入研究有助于认识朱溪钨铜矿的区域构造、成矿规模以及远景区的预测。

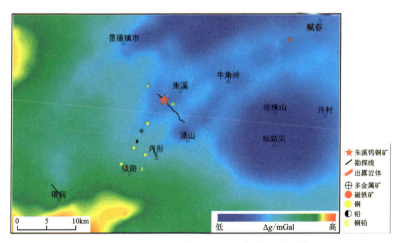

图18-3 江西省北部1∶20万布格重力异常

图18-4是方向滤波的结果(方向滤波原理见第二部分方法技术的运用与要求)。滤波结果压制了塔前-朱溪-赋春推覆构造中的北东向重力低异常。主要表现为两个特征:①朱溪低局部重力异常与珍珠山岩体引起的低局部重力异常区相连;②该区域主要的多金属矿点环绕着以珍珠山岩体为中心的低重力异常区带分布。

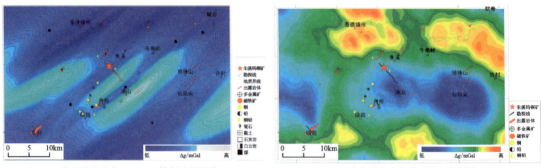

a. 滤去的北东向T、P、C等新地层异常　　　　b. 滤去北东向异常后的局部异常

图 18-4　方向滤波结果

(二) 1∶5 万航磁资料处理解释

根据物性测定的结果表明,各类矽卡岩具有较强磁性,磁化率变化范围为 $1\,970.6\sim 13\,510.6\times10^{-6}$ SI,它是本区产生磁异常的主要因素,而二叠系—石炭系沉积岩无磁性,变质砂岩具很弱磁性。当矿化作用较强时,受矿化的岩石与地层就会产生一定强度的磁异常。进一步分析得出:局部磁异常与已知矿点关系密切,见图 18-5。

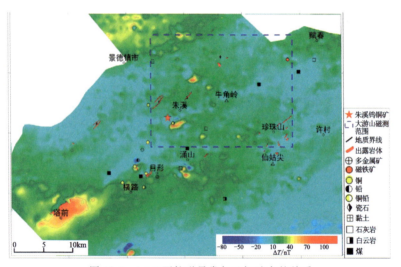

图 18-5　1∶5 万航磁异常与已知矿点的关系

三、朱溪重磁试验剖面的处理解释

(一) 朱溪 42 线重力剖面反演解释

42 线布格重力异常幅值约 2.5mGal,最大变化幅值约 4.47mGal,重力异常两侧升高部分对应 Pt 变质砂岩地层,而中间部分重力降低部分对应 T、P、C 等新地层(图 18-6)。

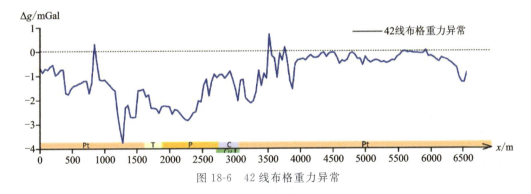

图 18-6　42 线布格重力异常

根据江西 912 队钻探结果(图 18-7)建立的地质模型 2.5D 正演模型,把 Pt 变质砂岩(密度 2.87g/cm³)作为背景,其余的地层密度与它相减作为剩余密度,分别计算二叠系、三叠系与石炭系,各种矽卡岩产生的局部重力异常,朱溪 42 线重力 2.5D 人机交互反演结果如图 18-8 所示。

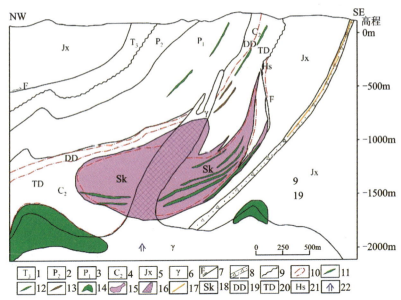

1.三叠系含煤碎屑岩建造;2.上二叠统碳酸盐夹碎屑岩建造;3.下二叠统碳酸盐建造;4.上石炭统碳酸盐建造;5.蓟县系浅变质岩;6.花岗岩;7.逆冲断层;8.破碎带;9.不整合界线;10.蚀变带界线;11.脉状铜锌矿体;12.矽卡岩型铜矿体;13.矽卡岩型铜钨矿体;14.推测斑岩型铜矿体;15.矽卡岩型钨矿体;16.岩体型钨矿体;17.破碎带型金矿;18.矽卡岩;19.大理岩带;20.方解石化带;21.角岩化带;22.岩浆侵位方向

图 18-7　朱溪成矿模式图

(二)朱溪 42 线磁法剖面反演解释

朱溪 42 线磁异常剖面如图 18-8 所示。42 线东有一小铜矿山,图上标出的是矿渣堆与矿山位置(绿色),把它投影到重磁剖面上,对应于横坐标 3000 位置。物性反演求得磁性体埋深约130m,产状北倾、较陡,见图18-8b。把矽卡岩及矿化地层进行2.5D人机交互反演,较好拟合实测磁异常曲线,说明磁异常是由浅部具磁性的矽卡岩与矿化地层引起,深部花岗岩体无磁性,见图18-8c。通过物性反演法与2.5D人机交互反演法等多种方法的反演解释,得出朱溪磁性体埋深约130m,下延1900m,水平位置与小矿山在测线的投影位置一致,该磁性体是具磁性的矽卡岩及矿化地层,与无磁性的花岗岩体不同源。

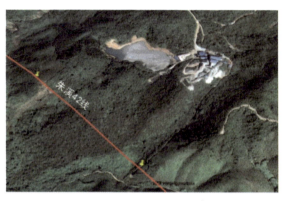

a.朱溪42线及小矿山位置　　　　b.朱溪42线异常视磁化强度反演(单位:×10^{-3}A/m)

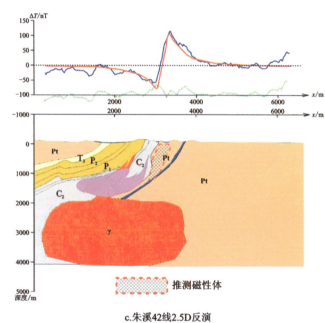

c.朱溪42线2.5D反演

图18-8　朱溪42线磁异常反演结果

(三)朱溪42线重磁电综合反演解释

图18-9a是电法反演解释结果,图18-9b是朱溪42线重磁电综合解释。

第十八章 江西朱溪铜钨矿区重力、磁法野外施工及解释

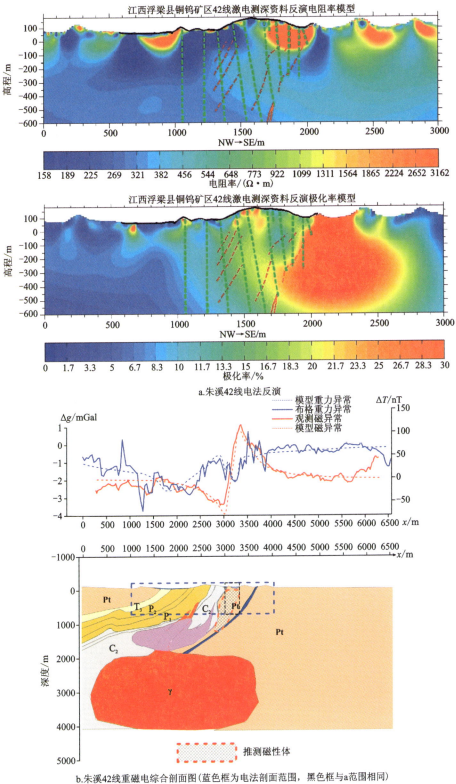

a. 朱溪42线电法反演

b. 朱溪42线重磁电综合剖面图（蓝色框为电法剖面范围，黑色框与a范围相同）

图 18-9　朱溪 42 线重磁电综合解释

四、结论

(1)高精度地面重力(点距 40m、总精度 0.1mGal)能够有效探测朱溪深部花岗岩体产生的重力异常。布格重力异常幅值约 2.5mGal,最大变化幅值约 4.47mGal,C_2、P_1、P_2、T_3 地层产生的局部重力异常约－3.1mGal,矽卡岩产生的局部重力异常为 1.23mGal,深部花岗岩产生的重力异常为－1.13～－1.46mGal,朱溪深部花岗岩体上顶埋深约 1800m,下延深度为 3500～4000m,岩体宽度约 3300m。

(2)地面高精度磁测(点距 20m、总精度 5nT)能够有效探测朱溪具磁性的矿化体(矽卡岩及矿化地层)。

(3)朱溪花岗岩密度低,而围岩中元古界变质砂岩密度高,朱溪重力异常是低密度的花岗岩(云英岩化花岗岩,黑云母花岗岩)与二叠系—石炭系灰岩、大理岩地层产生的低重力异常叠加在高密度的中元古界 Pt_2sh 变质砂岩高重力背景上的结果。

(4)朱溪矽卡岩具有较强磁性,它是本区产生磁异常的主要因素,而二叠系—石炭系沉积岩无磁性,变质砂岩具很弱磁性。当矿化作用较强时,受矿化的岩石与地层就会产生一定强度的磁异常,这是解释朱溪磁异常的依据。

(5)朱溪重磁异常不同源,局部重力低反映低密度的新地层与深部岩体,而磁异常反映地层的矿化。

(6)对 1∶20 万重力资料采用方向滤波方法,提取了岩体重力局部异常,得出朱溪岩体比珍珠山岩体规模小得多,朱溪岩体与珍珠山岩体在深部可能是相连的,它们都是燕山早期的花岗斑岩体。岩体是成矿物质的来源,小岩体更有利于成矿。

第十九章 吉林板石沟铁矿勘查

"吉林板石沟铁矿勘查"是中国地质大学(武汉)与吉林地质调查所共同承担的两期中国地质调查局整装勘查项目。板石沟铁矿为鞍山式沉积变质型铁矿,1959年由通化地质大队发现,1965年提交了B+C级储量7 582.4万t。1977—1986年吉林省第四地质调查院多次对板石沟铁矿进行生产勘探工作,累计查明总资源储量1.29亿t。矿山开采50多年,到2012年底,矿山保有资源储量6842万t。

板石沟铁矿为鞍山式沉积变质铁矿,受三期构造形变作用,复式向形褶皱构造复杂。虽然勘探程度较高,但多年来并没有通过地质、钻探与地球物理综合研究,探讨板石沟铁矿3D构造的模式指导该区的勘探。

中国地质大学(武汉)承担两期中国地质调查局整装勘查项目,通过对板石沟磁测资料2.5D、3D精细解释,获得较好的地质效果,钻探验证得出:对板石沟磁测资料解释的8矿组14个钻孔,除ZK64a02外,其余的13个钻孔都见矿。不见矿的钻孔ZK64a02推断为650m见矿,但指出深度较大,物探解释结果有风险。验证结果与它相邻的见矿钻孔ZK64a01孔深度相似,铁矿体由ZK64a01孔向ZK64a02孔延伸,接近ZK64a02孔尖灭(图19-1)。8矿组2014年新增储量3000万t,其中300m以上的浅部矿2000万t,300m以下深部矿1000万t。

木通沟12线ZK1201孔磁法2.5D、3D反演解释结果200m见矿,与钻探结果相符。

本案例看点

对鞍山式沉积变质铁矿复式向形褶皱构造所引起的复杂磁异常,如何结合向、背斜的地质构造特征和矿异常的特征,运用2.5D、3D人机交互反演方法精细地解释磁异常指导打钻验证。

一、地质地球物理特征

(一)区域地质背景

矿区位于中朝准地台(Ⅰ)辽东台隆(Ⅱ)铁岭-靖宇台拱(Ⅲ),龙岗复式背斜(Ⅳ)南翼,四房山-板石沟含铁绿岩带。

板石沟铁矿赋存在太古宙杨家店组上段的角闪质含铁建造中,这套复杂的变质岩群,主要由两部分组成。一为斜长角闪岩类(包括角闪片麻岩和角闪石岩类)+石英岩+磁铁石英岩类,为一套中基性火山(凝灰)岩类、硅铁质岩和长石石英砂岩;区内此类岩石发育,多呈层状、带状、透镜状、局部成勾状,磁铁矿与此类岩石紧密共生。二为各种黑云质斜长片麻岩、花

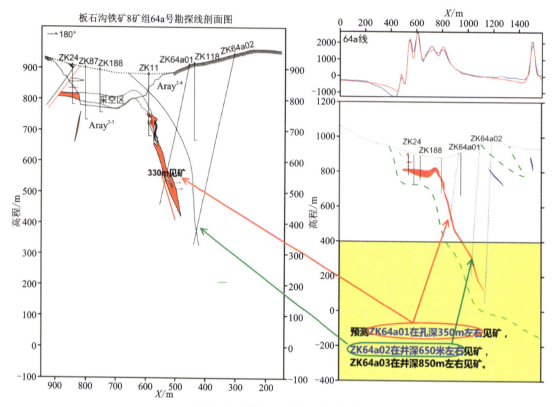

图 19-1 ZK64a02 钻探验证结果

(左图是 ZK64a02 实际见矿结果,右图是解释结果,黄色表示由于深度增大解释结果误差较大的深度范围,绿色虚线为地层界线)

岗片麻岩和混合岩类,前一类岩石往往大面积地赋存于后一类岩石中(图 19-2)。

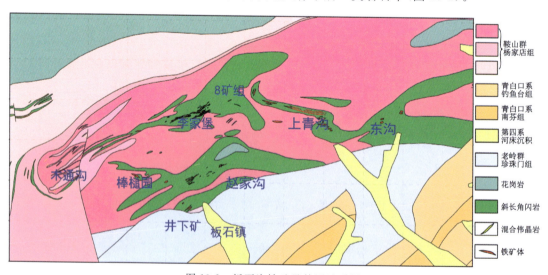

图 19-2 板石沟铁矿及外围地质图

区内赋矿层位为杨家店组地层、其地质特征如表 19-1 所示。

表 19-1 杨家店组原岩建造地质特征一览表

地层		变质建造	原岩建造	含矿特征
上部 Ara_{y_3}	第五段 $Ara_{y_3}^5$	黑云片麻岩建造	英安质凝灰岩、二长凝灰岩	
	第四段 $Ara_{y_3}^4$	角闪质含铁建造及含磷建造	玄武岩	中—大型鞍山式铁矿床
	第三段 $Ara_{y_3}^3$	黑云片麻岩建造	英安质凝灰岩、二长凝灰岩夹凝灰质砂岩	
	第二段 $Ara_{y_3}^2$	角闪黑云质建造	玄武岩夹英安质凝灰岩五道羊岔一带出现辉长岩	
	第一段 $Ara_{y_3}^1$	角闪质建造	玄武岩	
中部 Ara_{y_2}	第二段 $Ara_{y_2}^2$	黑云质含铁建造	英安质凝灰岩及二长凝灰岩	中型鞍山式铁矿床
	第一段 $Ara_{y_2}^1$	角闪质建造	玄武岩	
下部 Ara_{y_1}	第四段 $Ara_{y_1}^4$	黑云片麻岩建造	英安质凝灰岩及二长凝灰岩	
	第三段 $Ara_{y_1}^3$	角闪质建造	玄武岩	
	第二段 $Ara_{y_1}^2$	角闪含铁建造局部滑石片岩建造	玄武岩夹少量超基性岩	鞍山式铁矿点
	第一段 $Ara_{y_1}^1$	角闪质建造	玄武岩	铜矿点

区内铁矿主要赋存于斜长角闪岩中,并与其紧密共生,花岗片麻岩对铁矿体起着吞蚀、置换的破坏作用,因此斜长角闪岩发育情况是本区可靠的找铁标志,也是研究褶皱构造变形规律的标志层(图 19-3)。

本区经历了三期构造变形,其构造变形格架如图 19-3 所示,图中红色为已知的矿段,该图显示板石沟铁矿区是一个构造形变十分复杂的复式向形构造。

(二)岩(矿)石磁性特征

由表 19-2 可以看出,斜长角闪岩具有弱磁性。其他变质岩的磁性非常微弱,火山岩类岩石普遍具有磁性,侵入岩中酸性岩浆岩磁性变化范围较大,无磁性到中等磁性。基性—超基性岩类为弱磁性。磁铁矿及含铁石英岩均为强磁性。因此,利用高精度剩磁/磁测方法寻找磁铁矿及含铁石英岩具有物性前提。

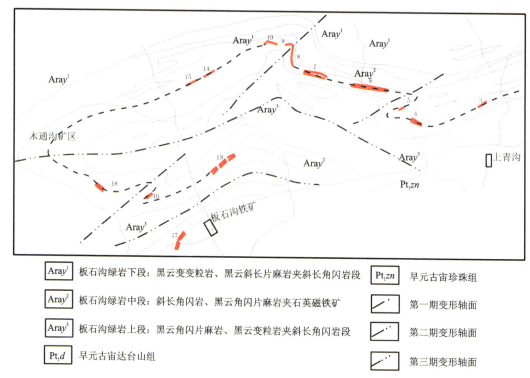

图 19-3 板石沟铁矿及外围三期构造变形格架示意图

表 19-2 岩石磁参数统计表

岩类	岩(矿)石名称	块数	磁化率/($4\pi \times 10^{-6}$SI)		剩磁/($\times 10^{-3}$A·m^{-1})	
			变化范围	常见值	变化范围	常见值
变质岩	混合岩	1527	0~800	119	0~340	24
	斜长角闪岩	1441	0~14 440	391	0~30 000	145
	片麻岩类	835	0~4100	218	0~970	37
	片岩类	207	0~200	159	0~210	45
火成岩	花岗岩	535	0~3508	362	0~5040	193
	安山岩	713	156~12 300	2726	0~42 200	1836
	玄武岩	247	537~13 810	2813	0~14 500	4653
	闪长岩	696	0~9375	1388	0~6300	630
	中性岩	145		2058		1444
	酸性岩	60		931		560
	基性岩	1625		939		465
矿石	磁铁矿	341		90 678		
	含磁铁岩石	143		67 378		44 671

二、板石沟铁矿区 ΔZ 磁异常小波分析与 3D 反演

对板石沟铁矿区 ΔZ 磁异常进行小波分析,得到 1~4 阶细节(图 19-4)。

功率谱分析得出,1 阶细节反映场源深度约 18m,是浅部的磁性体与地表的人文干扰(图 19-4a)。

2 阶细节反映场源深度约 69m,是较浅部的磁性体的反映,它与出露的铁矿体对应较好(图 19-4b)。

3 阶细节反映场源深度约 263m,是中深部的磁性体的反映。上青沟、8 矿组、木通沟、17 矿组、19 矿组(赵家沟)等异常仍然存在,说明铁矿体延深至少到 200m(图 19-4c)。

4 阶细节反映场源深度约 440m,是中深部的磁性体的反映。图 19-4d 说明,4 阶细节磁异常为两个近东西向的条带,反映板石沟铁矿向形的南北两翼。北带呈弧形,北带已出露的铁矿体向下有一定延深,南带在原始 ΔZ 磁异常图上向东的延续性不明显,但在 4 阶细节上向形的南翼为东西向低缓异常带。其西端埋深浅,为 17 矿组与 19 矿组。南带低缓异常反映南翼不是简单的向形的一翼,南翼是次一级的背斜,该条带位置在古元古界老岭群与太古宇鞍山群黑云斜长片麻岩、角闪斜长片麻岩、斜长角闪岩接触处,说明在古元古界老岭群与珍珠门群之下可能还有隐伏的铁矿层。

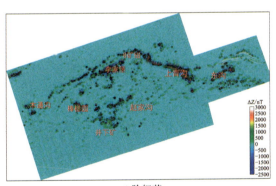

a.1 阶细节

b.2 阶细节

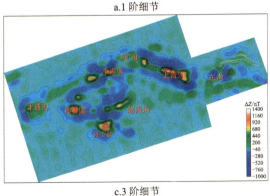

c.3 阶细节

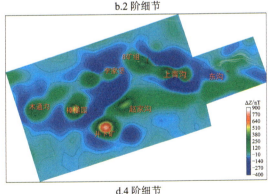

d.4 阶细节

图 19-4　ΔZ 磁异常 1~4 阶小波分析

为了得到板石沟铁矿磁性体（它包含磁铁矿体与具有磁性的地层、岩脉等），我们对板石沟铁矿 ΔZ 磁异常进行3D反演，首先把工区按点线剖分为小的长方体，再自动反演得出每个小长方体的磁化强度，图19-5是磁化强度值较大的小长方体，即磁性体的形态。可以看出，其北部磁性体呈弧形，反映北翼埋深较浅的磁铁矿体的特征，如东沟、8矿组、木通沟等。而中南部的赵家沟、17矿组有较大的范围，可能磁性体产状较平缓、较薄、埋深较浅，也可能深部存在规模大的磁性体，深部的磁性体可能是老地层具磁性的变质岩与隐伏的磁铁矿体共同产生。

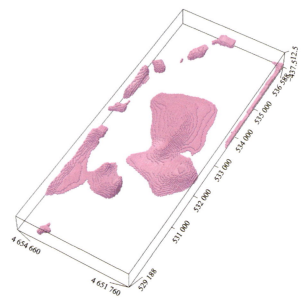

图19-5　板石沟铁矿 ΔZ 磁异常3D反演结果显示

三、8矿组2.5D、3D反演解释

（一）8矿组向斜构造分析

8矿组位于板石沟向形构造的北翼（图19-2），为一局部向斜构造，是复式向斜中的一个次级小型向斜构造，含矿层及矿体构成向斜的两翼，向斜向北东翘起，向南西撒开，是一个不完整的局部向斜构造。褶皱轴向为北东-南西向。

8矿组矿体赋存于鞍山群杨家店组上段含铁角闪质岩层中，并与其紧密共生，花岗片麻岩对矿体起着吞蚀、置换的破坏作用，因此斜长角闪岩发育情况是本区可靠的找铁标志。2号矿体为主矿体，矿体呈似层状、透镜状，与围岩产状一致。

从 ΔZ 磁异常平面图中可以看出，异常从西到东，走向由北东南西向逐渐转为东西向再转为北西南东向，从北向南异常分成明显的4个区带：北部异常尖锐且不连续，由向斜北翼浅部矿体引起（从图19-6上可以看到不连续出露的矿体）；中部异常较为完整，分成明显的东西两个部分，西部位于李家堡矿区，异常幅值强，呈北东南西走向，从21勘探线可以看出，该异常主要为向斜构造中矿体所产生；东部位于8矿组，呈东西走向，从67、40勘探线可以看出，该异常主要为2号主矿体深部增厚以及浅表细小矿脉综合产生的；南部异常宽缓且幅值较低，为向斜较深部矿体所产生。4个区带向西逐渐变宽，向东逐渐变窄并会聚于64a线附近，是向斜向北东翘起的反映。

ΔZ 磁异常从东到西强弱交替，反映了矿体总体趋势为东边浅西边深，但又有波折并且厚度有变化。从北往南，异常的条带状以及异常逐渐变宽缓且幅值变小的特征，为复向斜向南逐渐变宽且矿体向南倾斜变深的反映（图19-7）。

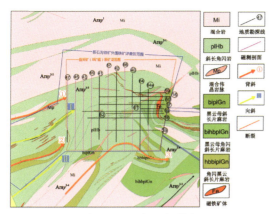

图 19-6　8 矿组地质图

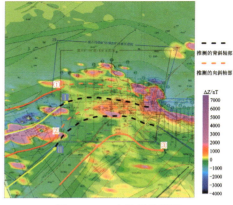

图 19-7　8 矿组磁异常图

(二) 8 矿组 2.5D 人机交互反演——以 47 线为例

由表 19-3 岩矿石物性资料可以看出区域中磁铁矿的剩磁较大,剩磁磁化强度甚至大于感应磁化强度。2.5D 反演设定矿体磁性参数：总磁化强度 50A/m,总磁化倾角 60°,总磁化偏角 −8°,矿体延伸长度根据平面异常走向长度设定。

表 19-3　岩矿石磁性统计表

分类编号	岩石名称	块数	磁化率/($4\pi \times 10^{-6}$SI)			剩磁/($\times 10^{-3}$A·m^{-1})			备注
			变化范围	块数	常见值	变化范围	块数	常见值	
一	老岭群角砾状白云质大理岩	22			0			0	
二	震旦系	26			0			0	
	石英岩	24	0			0			
	页岩	2			0			0	
三	混合岩类	123							
	混合岩	98	0	51		0	51		
			60~5430	47		10~1150	47		
	混合花岗岩	16	0	11		0	11		
			120~560	5		20~70	5		
	混合伟晶岩	9			0			0	
四	片麻岩类	78							
	黑云斜长、黑云角闪二长片麻岩	69	0	31		0	32		
			20~12 400	38		10~1200	37		
	黑云角闪变粒岩	9	0	2		0	4		
			100~600	7		30~70	5		

续表 19-3

分类编号	岩石名称	块数	磁化率/($4\pi\times10^{-6}$SI)			剩磁/($\times10^{-3}$A·m^{-1})			备注
			变化范围	块数	常见值	变化范围	块数	常见值	
五	角闪质岩石类	103							
	粗细粒斜长角闪岩	83	0	41		0	49		
			20～7800	42		10～3700	34		
	角闪岩	13	0	11		0	11		
			150～290	2		20～70	2		
	含磁铁斜长角闪岩	7	31 700～78 000		49 630	3060～34 400		17 050	算术平均
六	含榴岩石类	60			3660			630	几何平均
	含榴角闪斜长片麻岩	58	0	1		0	1		
			30～35 600	57					
	含榴角闪斜长岩	2	130～175			10～2720	57		
七	片岩类	40				20～260			
	云母角片岩	22	0	7		0	10		
			20～650	15		10～650	12		
	角闪片岩	18	0	11			12		
			230～14 500	7		20～720	6		
八	石英磁铁矿	161	55 700～183 000		130 000	3800～298 000		30 610	几何平均
九	角闪磁铁矿	30	1900～205 000		112 300	200～98 000		23 150	几何平均
十	辉绿岩	1	2800			600			

注：总块数为1074。

47 线位于 8 矿组西，西临李家堡矿区，为 8 矿组北东向局部向斜的倾伏端(图 19-8)。47 线磁异常由明显的 3 个局部异常组成(图 19-9)，参考李家堡矿区 21 勘探线及 8 矿组其他已知勘探线，可以推断 47 线的①号异常为板石沟铁矿东西向复向斜北翼的①号向斜标高 700m 以上浅部矿体所产生,该矿体为 8 矿组的 2 号主矿体,如图 19-10 所示。②号主矿体如果在标高 580～700m 有分布,那么该段的矿体将产生一个幅值约 200nT,中心在 540m 左右的异常,如图 19-11 所示,然而,实际 540m 左右的磁异常为下凹的局部磁力低。主矿体如果在标高 580m 以下深部有分布,那么将产生约 60nT 磁异常,异常中心位于 650m,由于矿体在标高 580m 以下产生的异常弱,矿体向下延深到多深无法判断,如图 19-12 所示。按设计剖面矿体的形态和产状无法拟合①号异常南侧下降部位的异常形态,如图 19-10 所示,根据上面的分析,推断②号矿体在中深部尖灭后在深部又重现(图 19-13)。47 线的②号和③号为李家堡矿区主异常向东延伸的尖灭端,是旁侧李家堡矿区浅部矿体的反映(图 19-13)。图 19-14 为 47 线 2.5D 人机交互反演结果。

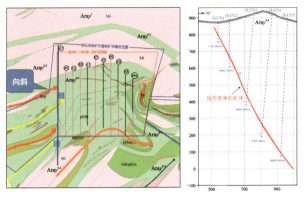

图 19-8 47 线位置及地质推断的矿体示意图

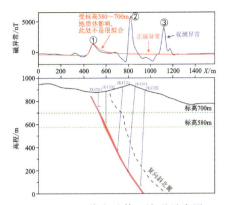

图 19-9 47 线主矿体正演磁异常图

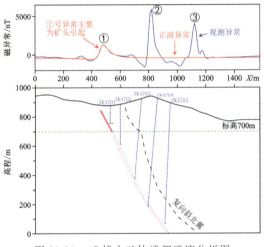

图 19-10 47 线主矿体浅部反演分析图

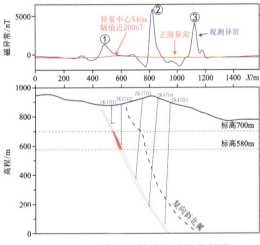

图 19-11 47 线主矿体中部反演分析图

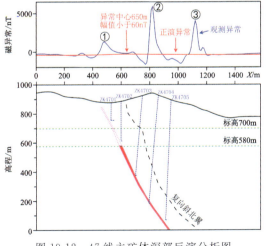

图 19-12 47 线主矿体深部反演分析图

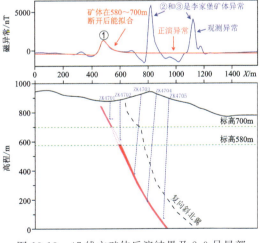

图 19-13 47 线主矿体反演结果及 2、3 号局部异常分析图

(三) 8 矿组 3D 人机交互反演

1. 根据 2.5D 反演结果建立 3D 初始模型

根据平面磁异常的分布情况将局部磁异常进行编号,然后根据反演的矿体与异常的对应关系,将引起相同编号的矿体连为一体,组成 3D 反演的初始模型。虽然 2.5D 的情况下已经将各条勘探线的磁异常很好地拟合了,然而实际矿体由于受到强烈的变形作用,矿体形态复杂,无法用 2.5D 模型进行刻画,因此,从 2.5D 反演结果建立的 3D 初始模型正演获得各条勘探剖面磁异常与实测磁异常有较大的差别,需要在 3D 情况下对矿体位置和形态进行修改。

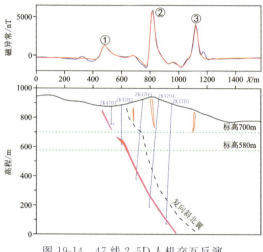

图 19-14　47 线 2.5D 人机交互反演

2. 三维人机交互反演

根据 2.5D 反演结果建立的 3D 初始模型无法拟合实际观测的磁异常,在 3D 反演的过程需要对每条勘探剖面,每个矿体进行修改,直到正演磁异常与实测磁异常拟合,图 19-15 为各条勘探剖面 3D 反演结果。

3. 反演结果分析

由 3D 反演的结果可以看出,8 矿组为北东向次级复向斜构造,矿体受构造控制,发生变形扭曲,磁异常的高低与矿体的变形相对应,磁异常高对应于产状变平缓且矿体增厚部位,磁异常低对应于矿体变细或尖灭且产状变陡的部位。8 矿组矿体总体为东浅西深,与复向斜向东抬起的特征相对应(图 19-15)。由于磁异常与矿体空间展布形态密切相关,矿体空间展布形态又与构造变形密切相关,因此,利用磁异常的分布可以推测构造变形的特征(图 19-16)。李家堡复向斜向东继续延伸,由北东转东西再转为南东,并且向上扬起部分会聚于 64a 线附近。

将 3D 反演结果与钻探结果进行对比,结果如表 19-4 所示。

47 线　预测 ZK4701 在设计的井孔深度内不见矿,ZK4702 在井深 220m 左右见矿,ZK4703 在井深 490m 左右见矿,ZK4704 在井深 650m 左右见矿,ZK4705 在井深 780m 左右见矿。

45 线　预测 ZK4502 在孔深 50m 和 200m 左右分别见薄层矿,ZK4501 在井深 420m 左右见矿,ZK4503 在井深 580m 左右见矿,ZK4506 在井深 780m 左右见矿,ZK4507 在井深 880m 左右见矿,ZK4508 在井深 1000m 左右见矿。

69 线　预测 ZK6902 在孔深 400m 左右见矿,ZK6903 在井深 200m 和 530m 左右见矿,ZK6904 在井深 720m 左右见矿,ZK6905 在井深 820m 左右见矿。

67 线 预测 ZK6702 在孔深 530m 左右见矿,ZK6703 在井深 800m 左右见矿,ZK6704 在井深 850m 左右见矿,ZK6905 在井深 950m 左右见矿。

64a 线 预测 ZK64a01 在孔深 350m 左右见矿,ZK64a02 在井深 650m 左右见矿,ZK64a03 在井深 850m 左右见矿。

8 矿组的反演结果可以看出:①斜长角闪岩发育情况是本区可靠的找铁标志,矿体受褶皱构造控制,呈似层状、透镜状,与围岩产状一致(图 19-15);②矿体主要产在向斜北翼,且较为连续,背斜、向斜南翼及浅部矿体小而不连续(图 19-16);③中南部向斜,磁异常宽缓较为连续是深部找矿的有利地带。

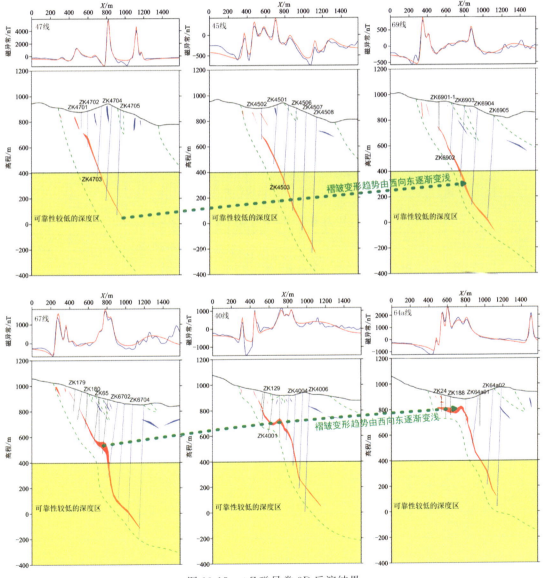

图 19-15 ΔZ 磁异常 3D 反演结果

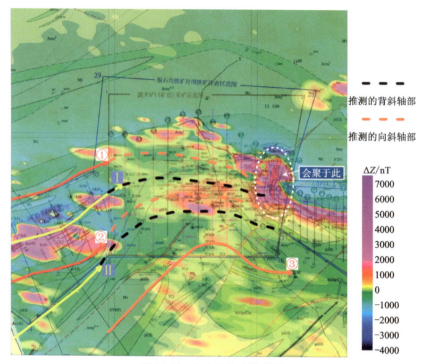

图 19-16 8 矿组构造推测图

表 19-4 3D 反演解释结果与钻探验证结果的对比

线号	钻孔号	3D 反演解释结果	钻探验证结果	备注
47 勘探线	ZK4701	设计的井孔深度内不见矿	不见矿	
	ZK4702	在井深 220m 左右见矿	210m 见矿	
	ZK4703	在井深 490m 左右见矿	480m 见矿	
	ZK4704	在井深 650m 左右见矿	550m 见矿	
	ZK4705	在井深 780m 左右见矿	未验证	
45 勘探线	ZK4506	在井深 780m 左右见矿	在旁边 ZK4305 的 750m 处见矿	
	ZK4507	在井深 880m 左右见矿	在旁边 ZK4305 的 750m 处见矿	
	ZK4506	在井深 780m 左右见矿	在旁边 ZK4305 的 750m 处见矿	
69 勘探线	ZK6902	在井深 400m 左右见矿	330m 见矿	
	ZK6903	在井深 200m 和 530m 左右见矿	490m 见矿	
	ZK6904	在井深 720m 左右见矿	240m 和 590m 见矿	
	ZK6905	在井深 820m 左右见矿	未验证	
67 勘探线	ZK6702	在井深 530m 左右见矿	570m 见矿	
	ZK6703	在井深 800m 左右见矿	700m 见矿	
	ZK6704	在井深 850m 左右见矿	900m 见矿	
	ZK6705	在井深 950m 左右见矿	未验证	

续表 19-4

线号	钻孔号	3D 反演解释结果	钻探验证结果	备注
64a 勘探线	ZK64a01	在井深 350m 左右见矿	330m 见矿	
	ZK64a02	在井深 650m 左右见矿	未见矿	磁测井 660~700m 处有异常
	ZK64a03	在井深 850m 左右见矿	未验证	

四、结论与建议

（一）结论

（1）根据板石沟磁异常特征得出：板石沟铁矿向形构造北翼呈弧形，北带已出露的铁矿体向下有一定延深，可延深至 400m 以下；南翼为东西向低缓异常带，南带低缓异常反映南翼不是简单的向形构造的一翼，南翼是次一级的背斜。该条带位置在古元古界老岭群与太古界鞍山群黑云斜长片麻岩、角闪斜长片麻岩、斜长角闪岩接触处，说明在古元古界老岭群与珍珠门群之下还有隐伏的铁矿层。

（2）航磁异常与地面磁异常向上延拓的结果说明板石沟铁矿区的主异常在南翼，即 17、19 矿组，但目前探明的储量主要在北翼的上青沟、李家堡等。南翼 17、19 矿组的主异常应加强研究。

（3）板石沟铁矿东段的东沟、西段的木通沟矿体埋深较浅，具有进一步勘探的潜力（东段的东沟、西段的木通沟在本项目中已经做了详细的反演解释，由于篇幅限制未列出）。

（二）建议

（1）航磁异常与地面磁异常向上延拓的结果都说明板石沟铁矿区的主异常在南翼，即井下矿南、赵家沟南（17、19 矿组），但目前探明的储量主要在北翼的上青沟、李家堡等，只在次级背斜南翼发现一些小矿体。南翼 17、19 矿组的主异常应加强研究。

（2）加强井中三分量磁测工作、岩矿石标本测定与研究工作。

第二十章　云南省鹅头厂铁矿区接替资源勘查

云南鹅头厂铁矿体产于角砾状次火山杂岩体与碳酸盐岩接触带中,矿床类型为变质火山沉积-改造型铁矿。20世纪70年代,在鹅头厂矿区开展地面ΔZ垂直磁力异常测量,圈定铁矿体分布,验证大部分见矿。2006—2007年中国地质调查局危机矿山接替资源勘查项目完成1∶2000地面高精度磁测(图20-1)。

中国地质大学(武汉)对"云南省鹅头厂铁矿区接替资源勘查"项目资料进一步解释中发现：①2006年施工的ΔT异常在采坑内出现环状正异常包围负异常,且负极大值到达$-20\,000$nT,该野外采集结果不正常；②工区东南C_3异常可能不是矿致异常。

通过分析,中国地质大学(武汉)拟采用如下研究思路对该项目作进一步工作：①对2006年采集结果重新用仪器到现场检查；②对工区东南C_3异常重新处理解释。

本案例看点

(1)采用实地检查和正演计算查明了穿过采坑勘探剖面幅值达$-20\,000$nT的"V"字形磁异常,主要是仪器工作不正常造成的。

(2)设计施工前收集分析前人的工作成果很重要。厘清了C_3磁异常的性质,C_3异常具浅源地质体异常特征,是由地表矿渣填埋物内残留磁铁矿石、次火山岩引起,不是深部隐伏矿体的反映。

一、地质地球物理概况

(一)地质概况

鹅头厂铁矿区位于扬子地台西部康滇地轴中部之武定易门台拱。铁矿分布于前震旦系昆阳群因民组(Pt_2y)顶部与落雪组(Pt_2l)下部的岩层中,严格受地层、构造、岩浆岩控制,主要铁矿体产于角砾状次火山杂岩体与碳酸盐岩接触带中(图20-2)。

鹅头厂铁矿区矿床类型为变质火山沉积-改造型铁矿,矿石类型为磁铁-赤铁矿石(占总量的77%),赤铁矿石(占总量的10%),菱铁-磁铁矿石(占总量的13%)。全区共发现三个矿群(Ⅰ号、Ⅱ号和Ⅲ号矿群)12个工业铁矿体。

(二)岩矿石物性特征

(1)昆阳群鹅头厂组不同类型板岩、落雪组白云岩仅具微弱磁性,磁化率在$100\times4\pi\times$

10^{-6} SI 左右,剩磁在 $40×10^{-3}$~$80×10^{-3}$ A/m 之间变化,一般不会引起可以识别的异常。

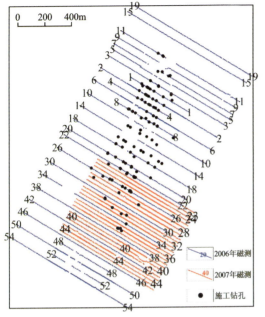

图 20-1 2006—2007 年鹅头厂矿区工作布置图

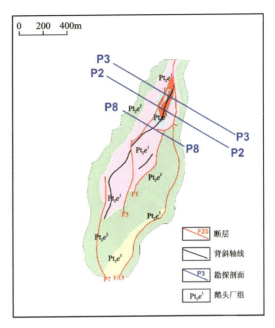

图 20-2 鹅头厂矿区地质构造图

(2)次火山岩磁化率平均值为 $1744×4π×10^{-6}$ SI,剩磁平均值为 $624×10^{-3}$ A/m,感剩磁比约 3∶1,它们可产生一定强度的弱磁异常叠加在矿异常之上,成为一种干扰异常,使矿异常复杂化。

(3)磁铁矿分为Ⅰ-1、Ⅰ-2 两个矿体。Ⅰ-1 矿体其磁化率、剩磁平均值分别为 $12\,566×4π×10^{-6}$ SI、$3087×10^{-3}$ A/m;Ⅰ-2 矿体磁化率、剩磁平均值分别为 $166\,060×4π×10^{-6}$ SI、$24\,310×10^{-3}$ A/m;均属中强磁性,可产生一定强度异常。

由上述分析可知,磁铁矿与次火山岩、围岩均有磁性差异,采用磁法勘探寻找本区磁铁矿是具有地球物理前提的。

二、出现环状正异常包围负异常,且负极大值到达 $-20\,000$nT 的问题

中国地质大学(武汉)在对云南鹅头厂铁矿区地面高精度磁测资料处理与解释时发现:2006 年施工的 ΔT 主体异常在 1~14 线采坑范围内,出现环状正异常包围负异常,且负极大值达到 $-20\,000$nT(图 20-3)。进一步对 8 线、2 线磁异常特征分析发现(图 20-4):地面磁测数据呈"凹"字形,两端接近正常场,中间剧烈下陷幅值达到 $-20\,000$nT,负异常宽度达 130m。该特征与采坑对应,怀疑是"V"字形采坑地形与回填的矿渣的影响,或是仪器工作不正常造成的。

为此,对 2、3、8 线进行 2.5D 人机交互反演,分析是否由"V"字形采坑地形与回填的矿渣引起,反演解释过程固定地质体(矿体、地层等)形态不变,只改变物性参数,图 20-4 是 2 线的反演结果。若认为负磁异常是采坑中不均匀回填物 A、B、C、D 引起,为了拟合观测数据,采坑

底部回填物 C 的总磁化强度将达到 $400\,000\times10^{-3}$ A/m，远大于 I-1、I-2 矿体的磁化强度平均值，且采坑底部回填物（矿渣）的厚度达 10m。而根据矿山地质人员反映，采坑底部回填物有限，磁性也不可能比磁铁矿还大。所以将高幅值的负异常简单解释为采坑回填物与实际不符。

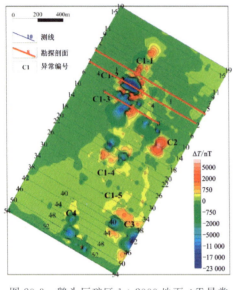

图 20-3　鹅头厂矿区 1∶2000 地面 ΔT 异常
（2006 年数据）

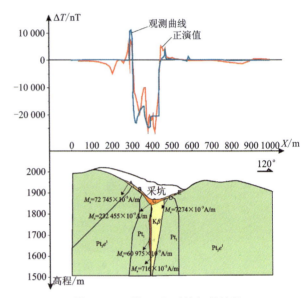

图 20-4　2 线 2.5D 反演解释结果
（考虑开采后剩余铁矿体及回填物）

若不为采坑地形及采坑回填物引起，那么是否为仪器工作不正常造成的？

中国地质大学（武汉）于 2010 年 7 月 29 日—8 月 5 日，组织了由博士生与硕士生组成的野外工作小组，携带 2 台质子磁力仪 GSM-19T，在该矿区对 2006 年施工的 3 条磁测剖面进行检查，并新增一条 0 号测线，检查结果见图 20-5，对 3 条剖面分析后得到如下认识：

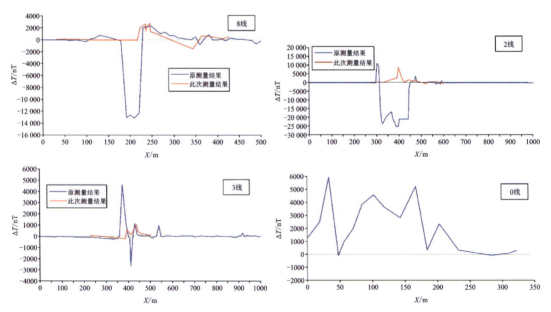

图 20-5　2010 年地面磁测结果

(1)检查结果表明,8、2、3 线主要为幅值达几千纳特的正异常,而 2006 年测得的幅值达 20 000nT 负异常并不存在。并且,这次检查的结果正磁异常位置与 70 年代所测的 ΔZ 正磁异常位置一致(图 20-7),说明 2006 年测得的磁测数据存在问题。

(2)施工前的仪器检查以及对异常点的检查观测非常重要,图 20-6 是我们收集的两个不同工区的实际磁测原始曲线,可以看出,施工仪器性能的问题产生曲线明显不正常脱节,且未能及时对异常点进行检查分析原因,造成数据质量和可靠性差。

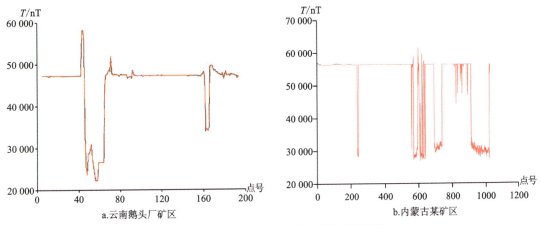

图 20-6 仪器性能不稳定导致磁场观测错误

三、ΔZ 磁异常平面资料处理与解释

(一)70 年代 ΔZ 磁测

20 世纪 70 年代,鹅头厂矿区地面磁测圈定的 ΔZ 磁异常如图 20-7 所示。ΔZ 异常受地面干扰较小,为矿致异常特征。异常呈带状分布,北东-南西走向,南正北负,幅值为 $-1600 \sim 3600$ nT,异常南缓北陡,反映矿体北东部埋藏浅,往南西方向倾覆。ΔZ 磁异常较好地反映了矿体的范围,并已有 100 多个钻孔控制该异常,且大部分见矿(图 20-2)。200nT 异常范围往南延伸至 34 线,经钻孔证实矿体往南延伸至 38 线附近。

为了与 2006 年施工的 ΔT 磁异常对比,我们把 ΔZ 异常转换为 ΔT 磁异常(ΔZ 转换为 ΔT 的方法原理见本书第二部分),转换后的 ΔT 异常特征没有明显变化,异常幅值范围为 $-2700 \sim 2500$ nT(图 20-8)。图 20-9 是鹅头厂矿区地形图,主异常区是一个巨大的采坑。

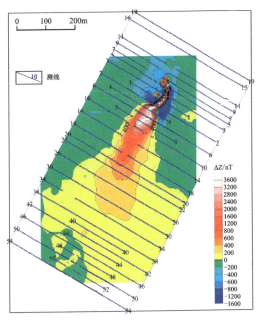

图 20-7 鹅头厂矿区 ΔZ 磁异常(70 年代数据)

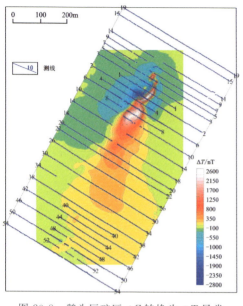

图 20-8　鹅头厂矿区 ΔZ 转换为 ΔT 异常
（70 年代数据）

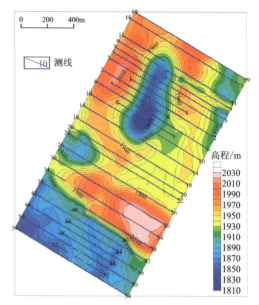

图 20-9　鹅头厂矿区 1∶2000 地形图
（2006 年数据）

（二）2007 年 1∶2000 ΔT 磁测

2006 年工作在工区东南圈定了 C3 磁异常（图 20-3），当时认为 C3 磁异常可能是隐伏的磁铁矿引起，于是 2007 年续作设计审查时安排对此异常加密测量。

2007 年在 22～46 线加密测量磁测结果如图 20-10a 所示，C3 磁异常被分解为若干个形态复杂、大小各异的孤立异常，规模小、具有浅源地质体异常特征。分析认为，C3 磁异常可能是地表的矿渣等回填物引起。矿渣等回填多年后，地表已经被植被覆盖，看不到矿渣等回填物原来的样子，误以为磁铁矿体引起。经实地调查和访问矿山有关人员，异常处原地形为凹地，现已被矿渣填平；且原磁测 ΔZ 无异常显示（图 20-10b）。故认为 22～46 线 C3 磁异常是由地表矿渣填埋物内残留磁铁矿石、次火山岩引起，不是深部隐伏矿体的反映。

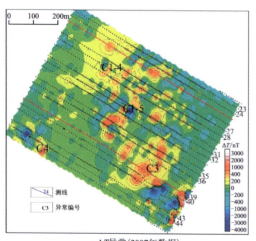

a. ΔT 异常（2007 年数据）

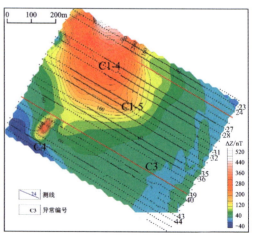

b. ΔZ 异常（70 年代数据）

图 20-10　22～46 线磁测异常

四、剖面资料反演与解释

如图20-1所示,8、2、3线过工区北部的主异常。

(一)8线反演解释

1. 初步反演

对8线进行简单的初步反演,用经验切线法、特征点法、功率谱法等反演得到的结果如图20-11所示(采用多种方法反演是为了相互验证,在实际反演解释时可以选择精度高、使用方便的方法)。通过初步反演可以大致得出:8线铁矿体顶深40～50m,产状西倾70°,与开采控制的铁矿体埋深、产状基本相符(表20-1)。

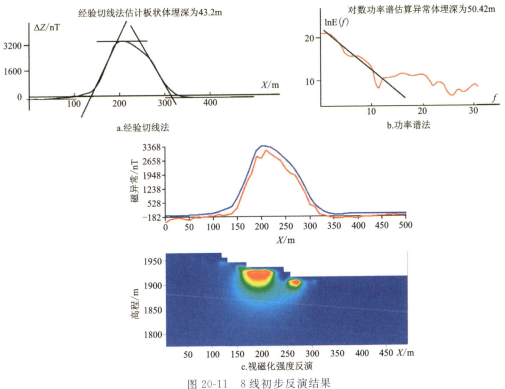

图20-11 8线初步反演结果

表20-1 8线初步反演结果统计表

反演方法	深度、宽度等	产状
视磁化强度反演	顶深20m,底深80m	整体西倾约70°、局部直立
经验切线法	顶深43.2m	
特征点法	顶深71.4m,宽度61.3m	
欧拉齐次方程法	深度43.5m	
功率谱法	深度50.4m	

通过初步反演可以大致得出：8 线铁矿体顶深 40～50m，产状西倾 70°，与开采控制的铁矿体埋深、产状基本相符。

2. 二度半人机交互反演

8 线经过 ΔZ 异常中心。在 20 世纪 70 年代开采前，该剖面 ΔZ 以正异常为主，幅值达到 4000nT，受地面干扰较小，异常较为光滑（图 20-12）。图 20-12 说明，将开采前矿体以及尚未开采的矿体在原地形线上正演，得到的磁异常与 20 世纪 70 年代实测磁异常一致。

（二）2 线反演解释

1. 初步反演

对 2 线进行简单的初步反演，用经验切线法、特征点法、功率谱法等反演得到的结果如图 20-13 所示。通过初步反演可以大致得出：2 线铁矿体顶深 20～25m，产状西倾约 80°，与开采控制的铁矿体埋深、产状基本相符（表 20-2）。

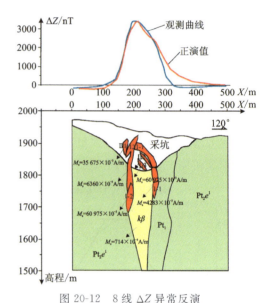

图 20-12　8 线 ΔZ 异常反演

（蓝线是 20 世纪 70 年代测得的磁异常，红线是正演拟合值）

图 20-13　2 线初步反演结果

a.经验切线法

b.功率谱法

c.视磁化强度反演

表 20-2 2 线初步反演结果统计表

反演方法	深度、宽度等	产状
视磁化强度反演	顶深 10m，底深 50m	整体西倾约 80°
经验切线法	顶深 30.4m	
特征点法	顶深 21.6m，宽度 18.6m	
欧拉齐次方程法	深度 19.2m	
功率谱法	深度 22.4m	

2. 二度半反演

图 20-14 显示，开采前没有采坑回填物的影响，将开采前矿体以及剩余矿体在原地形线上正演，得到的磁异常与 20 世纪 70 年代实测磁异常一致，没有发现剩余异常。

(三) 3 线反演解释

1. 初步反演

对 3 线进行简单的初步反演，用经验切线法、特征点法、功率谱法等反演得到的结果如图 20-15 所示。通过初步反演可以大致得出：3 线铁矿体顶深 20~25m，产状西倾约 80°，与开采控制的铁矿体埋深、产状基本相符（表 20-3）。

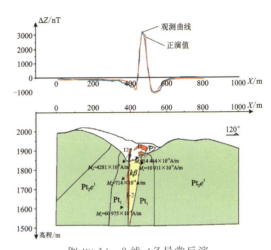

图 20-14 2 线 ΔZ 异常反演
（蓝线是 20 世纪 70 年代测得的磁异常，红线是正演拟合值）

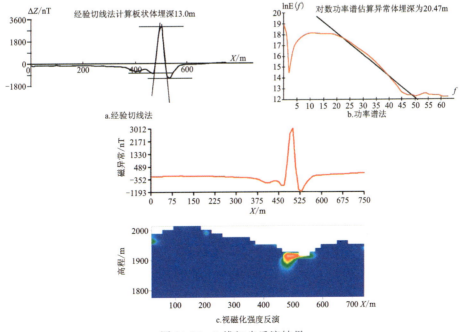

图 20-15 3 线初步反演结果

表 20-3 3 线初步反演结果统计表

反演方法	深度、宽度等	产状
视磁化强度成像	顶深 10m,底深 50m	整体西倾约 80°
经验切线法	顶深 13.0m	
特征点法	顶深 12.4m,宽度 10.6m	
欧拉齐次方程法	深度 11.8m	
功率谱法	深度 20.7m	

2. 二度半反演

图 20-16 显示,开采前没有采坑回填物的影响,地形较平坦,将开采前矿体以及剩余矿体在原地形线上正演,得到的磁异常与 20 世纪 70 年代实测磁异常一致。

五、结论

通过对比分析鹅头厂铁矿区不同年代测得的平面磁测资料,以及对 8、2、3 线的 2.5D 反演与解释,得到如下结论和认识:

(1)2006 年地面高精度磁测数据不可靠,不可能有幅值达到 $-20\,000$nT 的高强度负异常,其原因可能是所使用的质子磁力仪性能不稳定造成的。

(2)20 世纪 70 年代 ΔZ 磁异常受地面干扰小,呈带状分布,北陡南缓,反演矿体往南西方向倾覆。将 8、2、3 线还原到 70 年代地形地

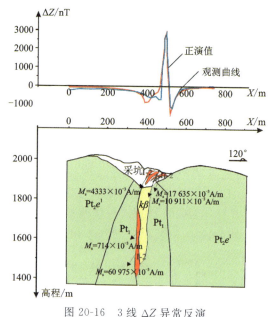

图 20-16 3 线 ΔZ 异常反演
(蓝线是 70 年代测得的磁异常,红线是正演拟合值)

貌和未开采前矿体赋存状态,采用 2.5D 人机交互反演方法进行解释,结果表明在主异常区未发现盲矿体。

(3)2007 年施工加密测线的 22~46 线中的 C3 磁异常实际上是由若干个形态复杂、大小各异的孤立异常组成,具有浅部异常特征。经实地调查认为 22~46 线 C3 磁异常是由地表矿渣填埋物内残留磁铁矿石、次火山岩引起,不是深部隐伏矿体的反映。

(4)对剖面反演解释时采用经验切线法、特征点法、功率谱法等多种方法进行简单的初步反演(初步反演方法见中国地质大学磁法勘探软件 MAGS4.0,很容易实现),目的是为了获得对引起磁异常的地质体有一初步认识,为下一步 2.5D 人机交互反演提供初始模型,并不是要求解释过程一定要有这一步骤。

第二十一章　山东金岭铁矿区接替资源勘查

山东侯家庄 ΔZ 磁异常于1955年发现,后来又配合勘探工作进行1∶2000地面 ΔZ 磁测详查。在磁异常区先后进行4次地质勘探工作,共探明 B+C+D 级储量1 615.3 万 t。以前完成的低精度磁测圈定的 ΔZ 正负伴生异常带,长约2400m,北东走向,在异常东段伴生长约1500m 负异常,其极值为 -500nT。2005年度中国地质调查局危机矿山接替资源勘查项目物探工作量为1∶2000 磁测 3km²,1∶2000 高精度磁测剖面 6km,井中三分量磁测 9800m。2006年度物探工作量为1∶2000 磁测 6km²,1∶2000 高精度磁测剖面 12km,井中三分量磁测 6120m。井中三分量磁测测定 ΔX、ΔY、ΔZ 分量,点距 1m。钻探共完成 21 个孔,井中三分量磁测 20 个孔。

中国地质大学(武汉)重磁勘探科研团队对"山东金岭铁矿资料处理与解释"项目资料进一步解释发现:

(1)原资料仅根据地面高精度磁测资料,反演拟合深部矿体,而深部矿体规模不大,埋藏较深(宽 30m,顶部埋深 1000m,下延 450m),产生的异常不足 10nT,仅根据地面高精度磁测资料无法准确反演解释其产状及空间分布,如 18 线预测深部矿层的产状依据不足。

(2)没有充分利用井中三分量磁测井资料进行反演解释。

为此,中国地质大学(武汉)重磁勘探科研团队采用如下研究思路进一步解释:该矿区磁中测井资料丰富,必须利用井中磁测资料通过井地联合反演,对深部矿体的存在及其产状进行反演解释。

本案例看点

(1)对 18 勘探线进行井地联合反演,由浅到深精细解释,较准确地确定矿体的上顶埋深、产状及向下延伸情况。

(2)井地联合反演能够同时对地面磁测资料和井中磁测资料进行反演解释,克服了地面磁测资料对深部矿体产生的弱磁异常反映不明显,无法较准确地确定规模不大的深部隐伏矿体是否存在等问题,提高了物探解释结果的可靠性。

一、地质地球物理概况

(一)地质概况

金岭铁矿区位于鲁西隆起区北缘,齐河-淄博凹陷东段的金岭短轴背斜,其轴向 45°,核部被金岭闪长岩体所占据,面积约70km²,环绕岩体周边分布奥陶系、石炭系与二叠系,第四系覆盖上述地层(图21-1)。在岩体与灰岩接触带形成10余处接触交代矽卡岩型磁铁矿床。累计探明储量1.8亿t。本次勘查的侯家庄铁矿位于金岭短轴背斜的北西翼。

与成矿有关的金岭岩体中心为黑云母闪长岩,岩体中深部为闪长岩。岩体边部的正长闪长岩、二长岩与成矿关系密切。奥陶系马家沟组厚层泥晶灰岩是金岭铁矿的成矿围岩。

岩体与灰岩的接触带构造是控矿构造。岩浆期后含矿热液沿接触带运移渗透,发生蚀变交代作用,形成磁铁矿体。接触带的构造形态变化,直接制约矿体的形态,产状及厚度变化。因此利用磁法勘探方法了解接触带构造形态及磁铁矿体的赋存情况,对寻找新的盲矿具有重要作用。

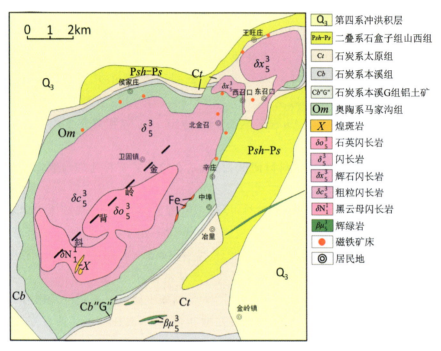

图21-1 山东淄博金岭铁矿区区域地质图

(二)岩矿石磁性特性

在本区共采集闪长岩标本10块,灰岩标本11块,磁铁矿定向标本30块。使用WCZ-1型质子磁力仪,以高斯第二位置测定铁矿石磁化率、剩磁、剩磁倾角,并收集该区以往测定的岩矿石磁性参数资料(表21-1和表21-2)。

表21-1 工区岩矿石磁性参数(重新采集)

岩、矿石	感磁平均值/ ($\times 10^{-3}$ A·m^{-1})	剩磁平均值/ ($\times 10^{-3}$ A·m^{-1})	总磁化强度/ ($\times 10^{-3}$ A·m^{-1})	总磁化倾角/ (°)
磁铁矿	89 644.2	51 550	137 156.6	48.2
闪长岩	1500	170	1600	55.7

表 21-2 金岭铁矿侯家庄矿区岩矿磁性参数表

名称	磁化率平均值/ $(4\pi \times 10^{-6} \mathrm{SI})$	磁化率变化范围/ $(4\pi \times 10^{-6} \mathrm{SI})$	剩磁平均值/ $(\times 10^{-3} \mathrm{A \cdot m^{-1}})$	剩磁变化范围/ $(\times 10^{-3} \mathrm{A \cdot m^{-1}})$
磁铁矿①	170 000	57 000～332 000	51 550	21 800～104 820
磁铁矿②	160 000	80 000～230 000	272	40～340
闪长岩	2860	2780～2940	170	140～220

注：收集磁参数资料，来源于山东冶勘一队，1973年本区磁测工作报告。

据表 21-1 得出，测定磁铁矿定向标本 30 块，达到小样本数量，并测得感磁、剩磁等多种磁性参数，具有一定的代表性。收集的工区岩矿石磁性参数磁铁矿剩磁平均值与实测相近，但磁化率值较高，闪长岩剩磁与已有资料基本对应。由于收集资料不全，影响其可信度。该区矿体底板为透辉石矽卡岩，其厚度 0.90～7.74m，一般具有中等磁性，但此次未测定矽卡岩类磁性参数。

该区矿体上部为奥陶系厚层灰岩，其上覆石炭系—二叠系粉砂岩、泥岩、灰岩等均可视为无磁性岩石。与成矿关系密切的金岭岩体边部的闪长岩，其磁化率均值为 $2860 \times 4\pi \times 10^{-6} \mathrm{SI}$，剩磁均值为 $170 \times 10^{-3} \mathrm{A/m}$，属中偏低磁性岩石。矿体底板主要为透辉石矽卡岩，其次为蚀变闪长岩、矽卡岩化闪长岩，据邻区矽卡岩磁参数资料，其磁性一般略高于闪长岩，属中等磁性岩石。

该区矿与围岩（闪长岩）的磁性差异显著，一般相差 60 倍以上。区内除穿插于岩体、围岩的中低磁性小岩脉（闪长玢岩、煌斑岩）外，尚无其他磁性地质体干扰。综上所述，采用地面和井中磁测方法探查隐伏矿体，具备良好的地球物理条件。

二、典型剖面解释

我们以 18 号勘探线的解释为例说明井地磁测联合解释的方法。对 18 号勘探线进行了 2.5D 井地磁测联合反演，其测线位置如图 21-2 所示。

18 号线精测剖面共有 923 个测点，点距为 5m，其 ΔT 磁异常曲线如图 21-3 所示，可以看出，18 号勘探线其 ΔT 磁异常曲线左侧受地表人文干扰较凌乱，在横坐标 -1085～-360m 这段的数据均为 170nT，是峰值太大统一截掉的。从整体上看，磁异常并不完整，以往工作仅对 -355m 以后的 450 个测点进行了 2.5D 剖面反演（图 21-4），可以看出，该异常南东较陡，北西较缓，且正负伴生，说明矿体向北西倾，即往北延伸，且深度较大。

图 21-4 为原报告给出的 18 线综合剖面图，其中 Fe1 为钻孔 18-1、18-3 等控制的已知矿体。

我们对 18 线剖面重新进行解释，剖面数字化后的 2.5D 正演结果如图 21-5 所示。Fe1 走向北东，长 280m，矿体真厚平均 20.0m，矿体呈似层状、扁豆状，倾向北西，倾角 20°～40°，埋深 110～314m，ΔT 正磁异常部分主要是由该矿体引起的，但是还存在 200nT 左右的剩余异常（见图 21-5 中绿线）。

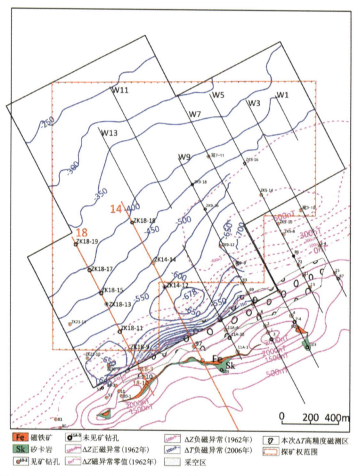

图 21-2　金岭铁矿侯家庄矿区接替资源勘查物探综合平面图（据原报告）

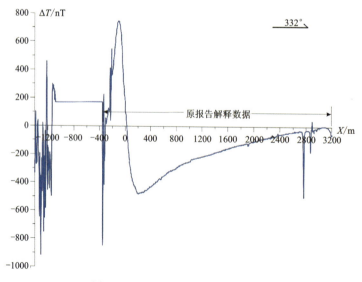

图 21-3　18 线 ΔT 磁异常实测曲线

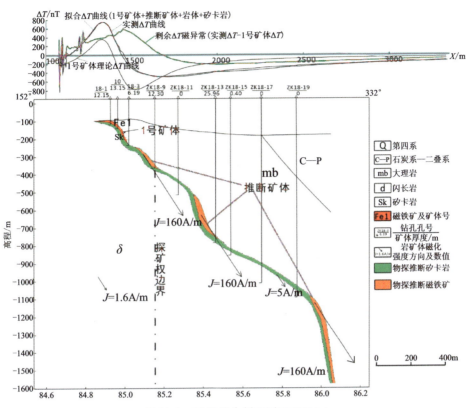

图 21-4 18 线综合剖面图（据原报告）

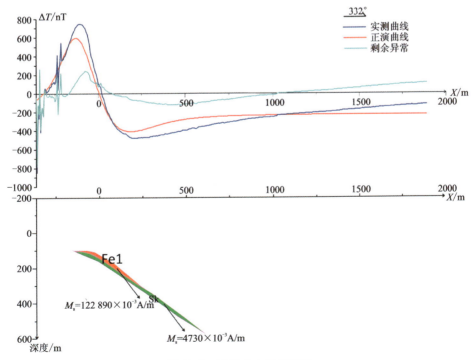

图 21-5 18 线 Fe1 正演结果

根据 ΔT 剩余磁异常曲线特征,推断已知矿体 Fe1 可能向下延伸,推断结果得到 ZK18-9 孔钻探证实(图 21-6a):在 Fe1 矿体向下延伸方向见 Fe2 矿体,其规模较小,走向北东,长 80m,矿体真厚平均约 10.0m,矿体呈似层状、扁豆状,倾向北西,倾角 20°～40°,埋深 670～950m,见矿厚 12.3m。

根据地面磁测与 ZK18-9 孔井中三分量磁测结果进一步进行 2.5D 井地联合反演,得到结果如图 21-6 所示,可以看出,当 Fe1 与 Fe2 同时存在时,还有 300nT 的剩余异常,说明矿体还有可能沿着接触带继续向下延伸。

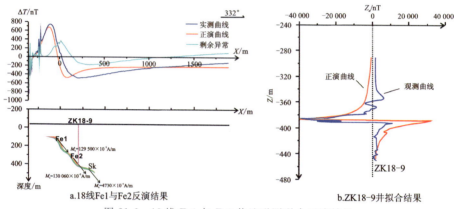

图 21-6　18 线 Fe1 与 Fe2 井地磁测联合反演结果

在布置的 ZK18-13 孔中见 Fe3 矿体,厚 23.96m,该矿体平均厚度约 30m,长约 200m,走向北东,矿体呈似层状、扁豆状,倾向北西,倾角 20°～40°,埋深 514～800m,与图 21-6、图 21-7 中井地联合反演推断结果一致。

图 21-7 是布置 ZK18-13 孔后井地磁测联合反演结果,可以看出,仍有 100nT 的剩余异常存在。

后来再布置的 ZK18-17、ZK18-19 孔均未见矿。根据 ZK18-19 孔磁异常特征,推断在 ZK18-19 孔北西 150m,深 1100m 处可能有隐伏 Fe4 矿体。

分析图 21-3 中 18 线 ΔT 异常特征,曲线右侧十分平缓,呈深部异常特征。正演计算 Fe4 在地面产生的异常不足 3nT,因此仅仅依靠地面磁测资料不仅不能确定 18 线 Fe4 是否存在,更不可能确定 Fe4 的产状。

下面我们进一步对 Fe4 的存在与否进行分析。图 21-8 和图 21-9 分别为 Fe4 存在时井地联合反演得到的综合地质剖面图以及 ZK18-19 井中三分量资料正反演拟合曲线,图 21-10 和图 21-11 分别为 Fe4 不存在时井地联合反演得到的综合地质剖面图以及 ZK18-19 井资料正反演拟合曲线,可以看出,由于 Fe4 埋藏较深,其是否存在对地面磁测资料的拟合无多大影响,但从井中磁测资料的对比中可以看出,只有 Fe4 存在时磁测三分量正演曲线才能与实际井资料较好地拟合,因此,可以认为 Fe4 是存在的。

图 21-10 给出的 2.5D 井地联合反演结果 Fe4 的产状较为平缓,倾角为 20°～40°,与原报告中把 Fe4 解释为近直立的产状有一定差异。为了确定 Fe4 的准确产状,图 21-12 和图 21-13 分别给出了 Fe4 倾角较大时得到的井地联合反演综合地质剖面图及 18-19 井资料正反演拟合曲线。不难看出,虽然 Fe4 倾角的大小对地面曲线的拟合没有多大影响,但其对测井曲线拟合结果影响很大。因此,通过对 ZK18-19 孔测井曲线进行反演拟合可以得出,Fe4 并非原来报告中解释的近直立产状,而是较为平缓,倾角在 30°～40°(图 21-10)。

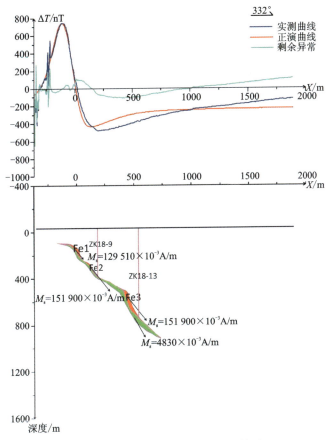

图 21-7　18 线 Fe1、Fe2、Fe3 反演结果

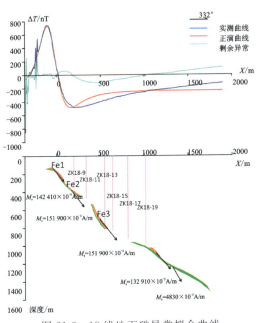

图 21-8　18 线地面磁异常拟合曲线
（相当 Fe4 存在）

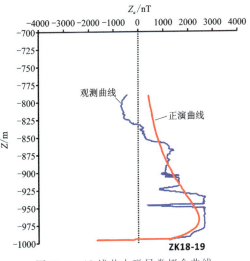

图 21-9　18 线井中磁异常拟合曲线
（相当 Fe4 存在）

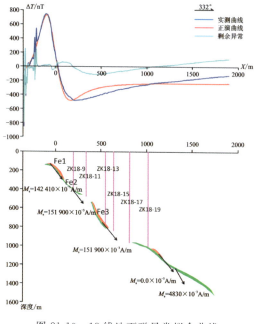

图 21-10　18 线地面磁异常拟合曲线
（Fe4 不存在）

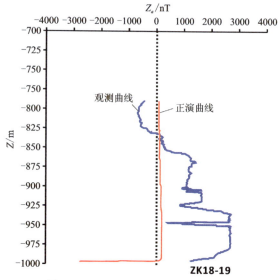

图 21-11　18 线井中磁异常拟合曲线
（Fe4 不存在）

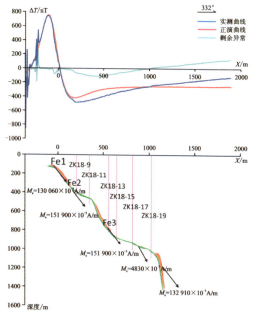

图 21-12　18 线地面磁异常拟合曲线
（Fe4 倾角较大）

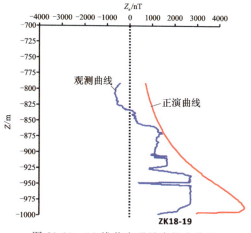

图 21-13　18 线井中磁异常拟合曲线
（Fe4 倾角较大）

图 21-14 为 18 线井资料正反演拟合曲线。其中 ZK18-9 孔打穿 Fe2，ZK18-13 孔打穿 Fe3，ZK18-11、ZK18-15、ZK18-17、ZK18-19 孔均未见矿。

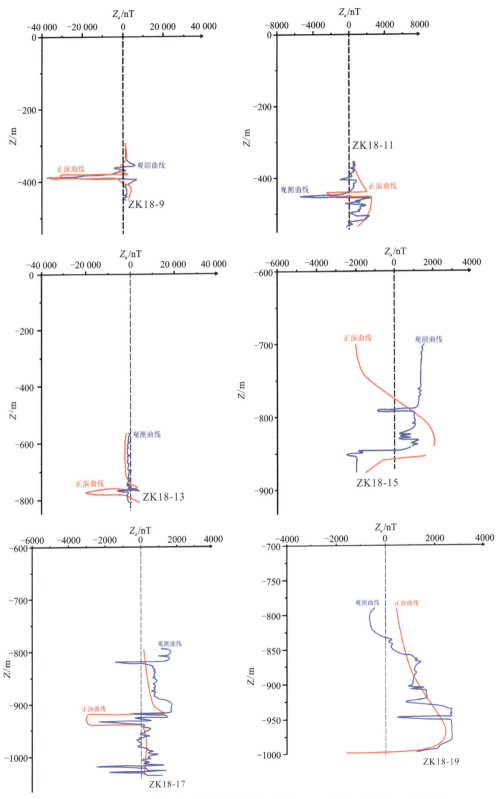

图 21-14 18 线井地磁测井资料正反演拟合曲线(红线为正演曲线,蓝线为观测曲线)

三、结论

通过对山东淄博金岭铁矿侯家庄矿区 18 勘探线进行井地联合反演得出：

(1)仅根据地面磁测一种资料可以较准确解释 Fe1 矿体的上顶埋深及 Fe1~Fe4 矿体大致的产状，但是无法区分 Fe1~Fe4 不同的铁矿体，以及它们向下延伸的情况。而通过井地联合反演则可以区分 Fe1~Fe4 不同的铁矿体，且可以确定 Fe4 的产状。

(2)通过对 18 线地质剖面中 Fe4 为不同产状时 ZK18-19 孔的测井曲线进行对比，得到 Fe4 的产状平缓，为 20°~40°，并非原来资料中解释的近直立产状，即大理岩与闪长岩接触带平缓延伸，在标高 1100m 没有剧烈起伏变化。

(3)井地联合反演同时对地面资料和井资料进行反演解释，克服了利用单一地面资料对深部矿体反映不灵敏、无法确定深部规模不大隐伏矿体是否存在等缺点，提高了深部矿体解释的可靠性。

第二十二章　江苏韦岗铁矿接替资源勘查

江苏韦岗铁矿位于长江中下游铁铜成矿带的东段,是重要的铁、铅、锌(铜)等多种金属矿产地和成矿远景区。

中国地质大学(武汉)重磁勘探科研团队对"江苏韦岗铁矿接替资源勘查"项目资料进一步解释中发现:

(1)前人认为 ΔZ 磁异常向南凸出的弧形,呈"元宝状"的异常由深部矿体引起的结论,只是简单的定性解释依据不足,必须进行转换处理与定量解释。

(2)由于铁矿体埋深大,仅利用地面磁测资料进行 2.5D 或 3D 可视化反演不能解释深部矿体,必须结合井中三分量磁测资料进行井地联合反演解释。

通过分析,中国地质大学(武汉)重磁勘探科研团队拟采用如下研究思路对该项目作进一步工作:

(1)对"元宝状"异常进行精细处理解释,分析异常南部的深部是否有铁矿体。

(2)结合井中三分量磁测资料进行井地联合反演解释。

本案例看点

(1)对平面 ΔZ 磁异常化极后,4~7线南部"大肚子"异常消失,它并非南部可能存在隐伏矿体的反映,由此说明数据处理的必要,其结果能够解决资料解释中的一些疑问。

(2)通过井地联合反演较准确、细致地得出不同矿体的物性、产状与下延深度,增大深部找矿远景。解决了地面磁异常对矿体下延深度不"敏感",不能根据地面观测的磁异常分析第二层矿体向下延伸的问题。

一、地质地球物理概况

(一)地质概况

矿区位于下扬子凹陷褶皱带东部,宁镇穹断褶束中段,汤仑复背斜东端北翼,上党火山岩盆地西北边缘,属长江中下游铁铜成矿带的东段。该区成矿地质条件优越,主要矿产种类有铁、铅、锌(铜)等多种金属矿产,是江苏省重要的矿产地和成矿远景区。

矿区出露地层有志留系砂页岩、泥盆系石英砂岩、三叠系灰岩、白垩系砂页岩。三叠系青龙组灰岩为矿区成矿围岩(图 22-1)。

矿区侵入岩主要为燕山晚期花岗闪长斑岩、闪长玢岩和石英闪长斑岩。燕山晚期花岗闪长斑岩为矿区的成矿母岩。

矿区由于受近南北向挤压应力场的作用，伴随近东西向褶皱构造的形成而产生一系列纵向张性、压性、压扭性断裂，横向张性、扭性断裂，主要断裂构造有纵向压扭性断裂（F2）、纵向张扭性断裂（F3）以及横向张扭性断裂。

矿区变质作用主要表现为花岗闪长斑岩侵入于碳酸盐岩地层，发生接触变质作用形成矽卡岩、角岩、大理岩等，并产生绿帘石化、绿泥石化、钠长石化、硅化等围岩蚀变。

韦岗铁矿矿床工业类型为接触交代矽卡岩型高硫磁铁矿床。矿区内铁矿体均赋存于花岗闪长斑岩与大理岩、角岩接触带，F3断裂带上盘的矽卡岩中。矿床成因类型为矽卡岩—高温热液矿床，为多次成矿作用形成，铁质为多种来源。矿石矿物主要有磁铁矿、赤铁矿、黄铁矿等。

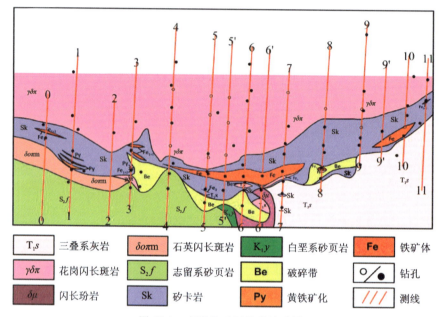

图 22-1 韦岗铁矿区基岩地质图

（二）岩矿石磁性特征

（1）磁铁矿具强磁性，平均磁化率 $\kappa = 102\ 700 \times 4\pi \times 10^{-6}$ SI，平均剩余磁化强度 $M_r = 33\ 000 \times 10^{-3}$ A/m，能够引起明显的磁异常。

（2）磁铁矿化花岗闪长斑岩、磁铁矿化矽卡岩磁性变化大，能够引起一定的磁异常；闪长玢岩具中等磁性，由于其规模较大，也能引起明显的磁异常。

（3）沉积岩及花岗斑岩为无磁或弱磁性，它们构成磁异常的正常场。

由此可见，磁铁矿磁性最强，磁铁矿与围岩（花岗闪长斑岩等）有明显的磁性差异，当磁铁矿体具有一定规模时，可形成高磁异常。其次，磁铁矿化矽卡岩和含磁铁矿花岗闪长斑岩将产生干扰异常。

二、韦岗矿区 ΔZ 磁异常解释

韦岗矿区 1:2000ΔZ 异常如图 22-2 所示，ΔZ 磁异常呈向南凸出的弧形，近东西走向，其形状似"元宝状"。异常等值线圆滑，北陡南缓，北侧伴有负场，场值一般在 −500nT 左右，极小值均为 −1100nT。异常极大值为 21 000nT，若以 300nT 等值线为界，则异常范围长 1100m，宽 400m。

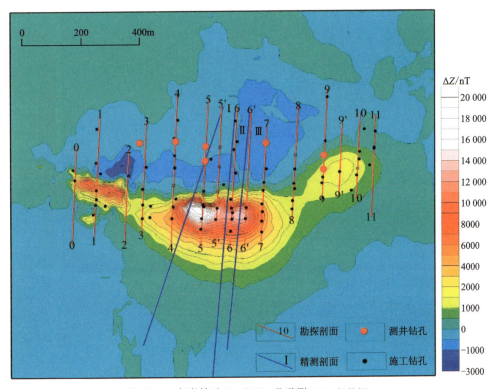

图 22-2　韦岗铁矿 1:2000ΔZ 磁测（1961 年数据）
(0~11 为勘探剖面，Ⅰ~Ⅲ为精测剖面，黑色实心圆圈为钻孔，红色实心圆圈为井中磁测钻孔)

ΔZ 异常中心强度大且变化宽缓，向东西变弱、变窄，反映深部磁性体东西向变薄、变浅的特点。经钻探证实韦岗矿体由多层矿体组成，在空间分布上是由上下两个矿带组成。上部矿带为矿床主体，矿量占前期探明总储量的 75% 以上，分布于 1~11 勘探线，长达 1000m 以上，埋深在 0~−250m 标高内，中部膨大，两端缩小。下部矿带矿体形态复杂，控制程度低，主要见于 4、6、9 勘探线深部 −500~−800m 标高范围内。两矿带被矽卡岩分开，仅局部连为一体。因此在磁异常上反映为一规则磁异常。

原报告怀疑"元宝状"ΔZ 异常其南部突出部位是深部未知矿体引起，为此，我们对 ΔZ 异常做了化极处理。通常所说的 ΔT 磁异常化极处理方法的步骤是：第一步对 ΔT 磁异常先做分量转换，把 ΔT 分量转为 ΔZ 分量；第二步是磁化方向转换，即把斜磁化的 ΔZ 化为垂直磁化 $\Delta Z_{\perp}$。本案例磁测资料为 20 世纪 80 年代以前用机械式磁力仪采集的 ΔZ 异常，将斜磁化 ΔZ 转化为垂直磁化 $\Delta Z_{\perp}$，只需要做一步磁化方向转换，图 22-3 是化极的结果。可以看出，化

为垂直磁化方向的 ΔZ 异常南部"大肚子"异常消失,说明大肚子异常并非由深部未知矿体引起,而是斜磁化造成的。通常,化极以后正磁异常幅值会增大,正异常中心北移。

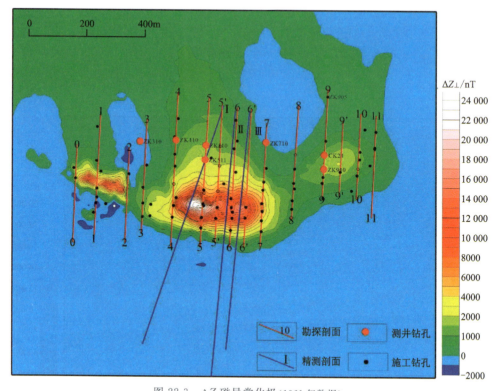

图 22-3　ΔZ 磁异常化极(1961 年数据)

(0～11 为勘探剖面,Ⅰ～Ⅲ 为精测剖面,黑色实心圆圈为钻孔,红色实心圆圈为井中磁测钻孔)

三、韦Ⅰ线精测剖面反演与解释

(一)初步反演确定矿体埋深和产状

对Ⅰ线异常采用经验切线法、特征点法、功率谱法等方法初步反演结果如图 22-4 所示,初步反演可以大致得出:Ⅰ线铁矿体顶深 30～40m,产状北倾 65°～70°,下延约 200m;与钻孔控制的铁矿体埋深、产状基本相符。

(二)二度半人机交互反演

如图 22-2 所示,Ⅰ线与第 5 勘探线位置相当,两者夹角约 15°。第 5 勘探线钻孔控制有 2 层矿体(图 22-5),产于灰岩与闪长斑岩的接触带上,第一层矿标高 0～-250m,已被工程揭露或开采,第二层矿标高 -500～-800m,ZK511、ZK510、ZK403 均穿过该层矿体。

Ⅰ线位于韦岗磁异常的中部,ΔZ 异常强度大,两翼不对称,其北翼梯度大于南翼,北侧负值明显。把第 5 勘探线控制的矿体与围岩作为Ⅰ线 2.5D 反演的初始模型,对Ⅰ线精测剖面进行正演,原报告中认为矿石上富下贫,认为第一层矿的磁性强于第二层矿。虽然地面观测

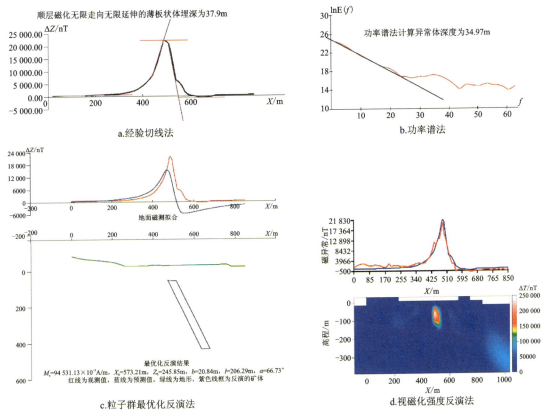

图 22-4 Ⅰ线初步反演结果

数据得到较好拟合,但是没有拟合 ZK511、ZK510 井中垂直分量异常,其原因是第二层矿正演所取的磁化强度参数偏小(图 22-6)。

根据 ZK511、ZK510 孔中垂直分量异常特征,将第二层矿的总磁化强度增大为 $200\,000\times10^{-3}\,\mathrm{A/m}$,同时将矿体下延深度增加了 150m,此时,能较好地拟合井中异常(图 22-7)。

综上所述,由于第二层矿的平均深度达 500m 以上,在地表的异常响应非常微弱,所以仅根据地面异常很难反演第二层矿的磁性强弱以及下延深度。原报告解释认为矿石上富下贫,对Ⅰ线的 2.5D 井中磁测与地面磁测的联合反演表明:第二层矿的磁化强度比第一层矿要大,反映第二层矿体比第一层矿体富;同时根据井底异常推测,第二层矿体的下延深度比原来报告解释中的下延深度增加约 150m,进一步增大深部找矿远景。

四、结论

(1)将平面 ΔZ 磁异常化极后,4~7 线南部"大肚子"异常消失,$\Delta Z_\perp$ 磁异常南部陡、北部缓,说明该"大肚子"异常为矿体的斜磁化作用引起,且磁化倾角小于矿体倾角,它并非南部可能存在隐伏矿体的反映。

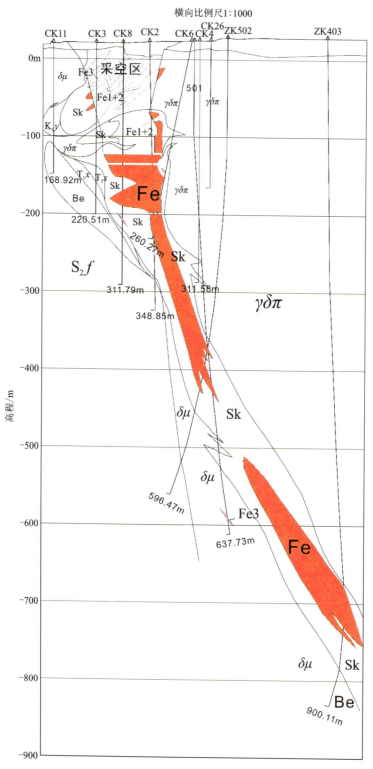

图 22-5 第 5 勘探线设计剖面图

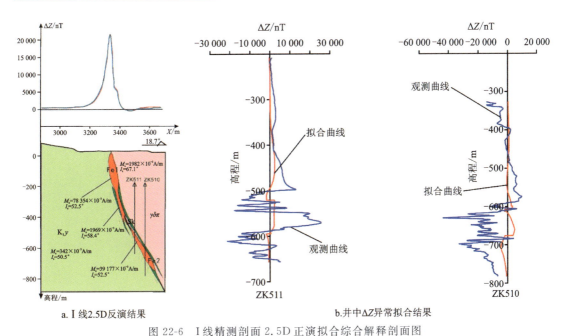

图 22-6　Ⅰ线精测剖面 2.5D 正演拟合综合解释剖面图

（根据矿石上富下贫的特征，地面磁测能很好拟合，但不能拟合井中垂直分量，说明第二层矿也具有相当强的磁性）

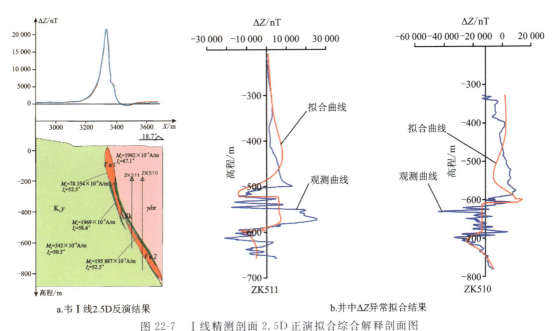

图 22-7　Ⅰ线精测剖面 2.5D 正演拟合综合解释剖面图

（将第二层矿的磁化强度增加到 $200\,000\times10^{-3}$A/m，同时将第二层矿的下延深度增加约 150m，地面异常与井中异常均得到较好拟合）

(2) 通过井地联合反演发现：Ⅰ线的第二层矿的磁化强度比第一层矿要大，反映第二层矿体比第一层矿体富，原解释中认为矿体上富下贫、第一层矿体的磁化强度大于第二层矿缺乏依据；同时根据井底异常推测，第二层矿体的下延深度比原来解释中的下延深度增加约 150m，进一步增大深部找矿远景。

（3）地面观测的磁异常对矿体下延深度不"敏感"，不能根据地面观测的磁异常分析第二层矿体向下延伸，要利用测井和相邻勘探剖面的资料来分析。值得强调的是，以一个顺层磁化的板状体为例，板状体上顶面磁荷对磁异常的贡献远比下底面大的多。这就是通常所说的根据磁异常确定上顶面的深度较准确可靠，而向下延深多深则不容易准确解释。

第二十三章　青海尕林格铁矿区高精度磁测资料处理与解释

青海尕林格铁矿床与奥陶纪滩间山群有关,矿床类型多为喷流沉积改造型。矿区周边未见基岩出露,广泛分布第四纪陆相砂砾沉积,厚度巨大,达 117~210m,只能采用地球物理方法探测。同时,由于铁矿体埋深大信号弱,必须采用有效的识别提取与反演方法。

2007 年,青海省有色地质矿产勘查局地质矿产勘查院委托中国地质大学(武汉)完成青海省科技厅项目"青海省格尔木市尕林格铁多金属矿床深部找矿物探方法应用研究"。针对青海尕林格铁矿床覆盖层厚度大、目标地质体埋深的问题,采用正则化向下延拓、欧拉齐次方程法、2.5D、3D 人机交互反演与自动反演等方法解释尕林格铁矿。

本案例看点

(1)借鉴国内近年地质向斜找矿的思路,通过对面上磁异常的分析与剖面 2.5D 人机交互反演解释,得出该区可能存在向斜成矿的模式,开阔找矿方向的思路。

(2)对厚覆盖区磁性体相互水平叠加,采用正则化向下延拓新技术处理解释磁异常获得隐伏磁性体的分布。

一、地质地球物理概况

(一)地质概况

尕林格铁矿区地处塔柴板块南部边缘东昆仑西段祁漫塔格早古生代裂陷活动带中部偏北。该区铁多金属矿床地处华北板块柴达木地块南缘昆北火山-侵入杂岩带西段祁漫塔格成矿带,该区有规模的矿床与奥陶纪滩间山群有关,矿床类型多为喷流沉积改造型。

矿区周边 30km 范围内未见基岩出露,广泛分布第四纪陆相砂砾沉积,砂砾层厚 117~210m,在广厚的砂砾层之下,掩埋着滩间山群下岩组以泥硅质岩、透辉石岩为主的热水沉积,夹有碎屑岩、中基性火山岩和大理岩的浅海相沉积建造。

矿区东西长 16.5km,南北宽 2~4km,矿区面积 50.68km^2。

(二)岩矿石磁性特征

从表 23-1 看出,磁铁矿具强磁性,磁黄铁矿次之,磁铁矿化和磁黄铁矿化的岩石磁性不强,而且这种矿化岩石只分布在矿体的上下盘或其周围,无此矿化的岩石均显示弱磁或无磁性。因此,本区用磁法找磁铁矿的方法十分有效。

表 23-1　尕林格铁矿区岩(矿)石磁参数统计结果表

岩矿名称	常见值/($4\pi \times 10^{-6}$ SI)		几何平均值/($4\pi \times 10^{-6}$ SI)	
	磁化率 κ	剩磁 M_r	磁化率 κ	剩磁 M_r
致密块状磁铁矿	5.40×10^5	6.40×10^4	5.01×10^5	6.40×10^4
稠密浸染装磁铁矿	1.37×10^5	2.42×10^4	1.39×10^5	2.12×10^4
稀疏浸染状磁铁矿	3.54×10^4	2.60×10^4	4.23×10^4	2.86×10^4
磁铁矿化黄铁矿			5.90×10^4	2.56×10^4
含磁铁矿磁黄铁矿黄铁矿			1.02×10^5	2.34×10^3
稀疏浸染赤磁铁矿			2.02×10^5	5.99×10^4
稀—块状磁黄铁矿			3.48×10^3	2.74×10^3
磁铁矿化矽卡岩	1.90×10^4	9.60×10^3	1.23×10^4	6.41×10^3
磁黄铁矿化硅质岩			6.26×10^2	3.80×10^3
磁铁矿化大理岩			1.54×10^4	3.50×10^3
磁铁矿化硅质角岩			$9.2 \times 10^4 2$	7.36×10^3
含磁铁矿透闪石岩			8.62×10^4	7.08×10^3
黄铁矿化矽卡岩			1.86×10^3	9.80×10^2
含黄铁矿磁黄铁矿透辉角岩			8.52×10^3	6.42×10^3
磁铁矿化透辉石岩			1.52×10^3	3.02×10^4
磁铁矿化蛇纹石岩			1.03×10^5	3.02×10^4
磁铁矿化闪长玢岩			4.42×10^4	6.48×10^3
矿化大理岩			1.33×10^3	4.88×10^2
矽卡岩化大理岩	1.80×10^3	4.58×10^2	1.49×10^3	4.91×10^2
磁铁矿化中酸性熔岩			1.07×10^5	8.30×10^3
高龄土化蛇纹石化橄榄辉绿岩			1.27×10^4	3.60×10^3
细晶闪长岩			1.07×10^3	8.15×10^2
砾岩			3.50×10^3	8.00×10^2
泥质硅质岩			3.77×10^2	1.98×10^2
磁铁矿化辉石岩			8.27×10^4	9.97×10^3

二、向下延拓识别深部矿异常

图 23-1 是尕林格Ⅱ矿群 4 线向下延拓结果。图 23-1a 是未经处理的原始磁异常曲线,曲线平缓、光滑,看不出水平叠加异常,采用频率域向下延拓方法,下延 50m、100m、150m,下延

结果振荡无法进行解释。而采用正则化下延 50m、100m、150m，原本平缓光滑的异常随下延深度增大，逐渐显现出两个水平方向的叠加异常，与勘探剖面的铁矿层对应。图 23-2b 是 Ⅰ 矿群 171 线正则化下延 50m、100m、150m 结果，与图 23-1 Ⅱ 矿群 4 线向下延拓结果相似。

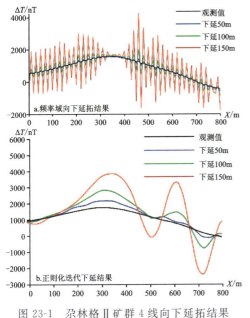

图 23-1　尕林格 Ⅱ 矿群 4 线向下延拓结果

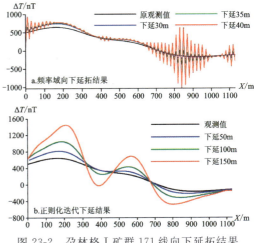

图 23-2　尕林格 Ⅰ 矿群 171 线向下延拓结果

三、尕林格矿区 Ⅴ 矿群磁测资料处理解释

Ⅴ 矿群位于尕林格矿区东段向斜北翼 180 线～244 线之间，呈北西西-南东东走向展布，东西长 1800m，南北宽约 1600m（图 23-3 蓝色框）。Ⅴ 矿群第四纪沙砾层之下掩伏着滩间山群下岩组（OST）8 个岩性段（$OST^{a-4} \sim OST^{a-11}$），为南北两条呈北西西-南东东走向的大型逆冲断

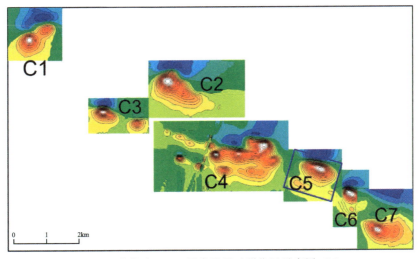

图 23-3　尕林格矿区 ΔT 异常及 Ⅴ 矿群位置示意图（单位：nT）

裂夹持的向斜构造。向斜枢纽近北西西-南东东走向,轴部岩性可能为OST^{a-11}层位的长石石英砂岩夹粉砂质板岩。南北两翼OST^{a-4}～OST^{a-10}层位岩性依次对称分布(图23-4),但两翼地层产状不对称。北翼较陡(倾角65°～75°),南翼较缓(倾角45°～60°),近轴部地层比较平缓,向斜轴面倾向北(倾角60°左右)。

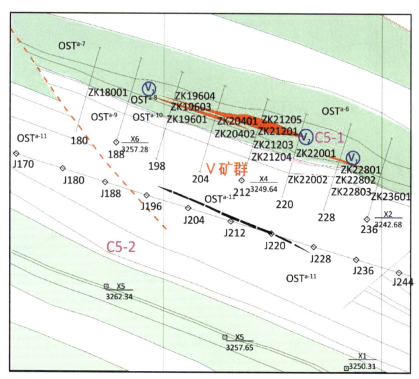

图23-4　尕林格矿区V矿群基岩地质图(据V矿群地质详查报告,2007)

V矿群共有17个控制钻孔,合计进尺7 350.55m,探明共有8条铁矿体(编号V1～V8)顺层产于向斜北翼OST^{a-7}基性火山岩夹大理岩局部砂岩透辉石硅质岩或矽卡岩层中。

2005年青海有色矿勘院在V矿群进行了1∶5000地面磁测扫面工作,网度40m×20m,发现两处明显的磁异常,根据强度和位置将异常编号为C5-1、C5-2(图23-5)。C5-1异常强度和范围都比较大,位于测区东北;异常长轴轴向近东西向,其长短轴比例小于1/3,为一等轴异常;异常范围长约1300m、宽750m;最大值为1590nT,等值线南疏北密,北侧梯度较陡。C5-2异常强度和范围都比较小,位于测区西南;异常长轴轴向近东西向,其长短轴之比小于1/3,为一等轴异常;异常范围长约600m、宽500m。

(一)欧拉齐次方程法

图23-6是欧拉齐次方程法反演场源位置和深度的结果,可以得出:场源位置分布呈条带状,走向北西-南东向,与钻探验证的矿体走向一致,矿体长约1.3km。南北两条带状场源深度范围100～200m,基本代表该区铁矿体的上顶面深度,中部地区场源深度变大,范围200～300m,中部场源变深,可能反映该区的向斜构造。西南部C5-2异常矿体走向延伸长度较小,呈浑圆状,矿体范围较小,矿体深度也为100～200m。

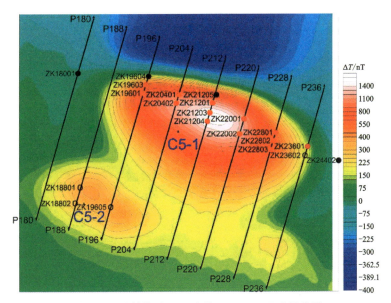

图 23-5 尕林格矿区 V 矿群 1:5000 ΔT 磁异常图

(红色圆点为已见矿钻孔,黑色圆点为未见矿钻孔,空心圆点为 2009—2010 年设计施工钻孔)

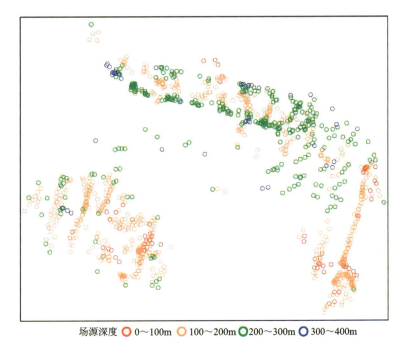

图 23-6 欧拉齐次方程法确定场源位置和似深度

(二)磁化强度反演

图 23-7 是视磁化强度反演结果,可以得出:强磁性体上顶埋深在 150~200m 之间,矿群中段 212~228 线磁性体埋深、规模达到最大,往东西两侧磁性体逐渐尖灭。北侧磁性体南倾

为 60°~80°,往东磁性体倾角略变大。南部磁性体在 196 线规模可能达到最大,往东西两侧逐渐尖灭,磁性体北倾为 70°~80°,与北侧南倾磁性体组成向斜构造。

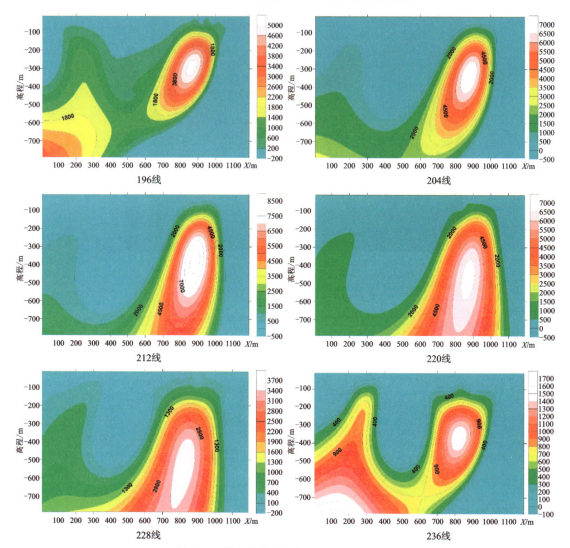

图 23-7　视磁化强度成像(单位:×10⁻³A/m)

(三)二度半人机交互反演

1. 二度半反演的岩矿石物性参数分析

1)尕林格矿区岩矿石的退磁作用

当磁性体的真磁化率 $\kappa > 0.01\text{CGSM}$(或 0.126SI)时,视磁化率与真磁化率的误差大于 1%,退磁作用不能忽略。视磁化率 κ' 与真磁化率 κ 的关系表达式为

$$\kappa' = \frac{\kappa}{1 + N \times \kappa} \tag{23-1}$$

式中:N 为退磁系数,是与磁性体形状有关的常数。对于无限延伸薄板状体,当磁化方向垂直

板面时，$N=4\pi$，当磁化方向平行板面时，$N=0$，若磁化方向与板面夹角为 θ，$N=4\pi\sin\theta$。

感应磁化强度为

$$\vec{M_i} = \kappa'\vec{T_0} - \kappa'N\vec{M_r} \tag{23-2}$$

总磁化强度为

$$\vec{M} = \kappa'\vec{T_0} + (1-\kappa')N\vec{M_r} \tag{23-3}$$

若不考虑剩磁，$M_r=0$，则

$$\vec{M_i} = \kappa'\vec{T_0} \tag{23-4}$$

尕林格矿区磁铁矿退磁作用影响分析：尕林格矿区磁铁矿矿体呈似层状，磁铁矿体南倾，磁化方向与矿体层面的夹角 $30°\sim90°$，磁化模型与图 23-8 理论模拟结果比较对应。

若不考虑剩磁影响，则磁异常完全因感应磁化强度而引起，异常大小正比于视磁化率（考虑退磁）或真磁化率（未考虑退磁）。根据该区的岩石磁化率统计得出，考虑退磁的磁异常大小是未考虑退磁的异常大小的 $15\%\sim70\%$，如表 23-2 所示，说明此时的退磁影响是不能忽略的。

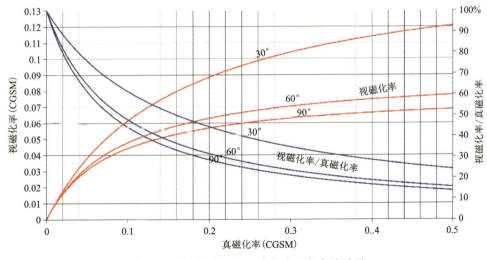

图 23-8 薄板状体视磁化率与真磁化率关系图

表 23-2 尕林格矿区几种磁铁矿矿石的真磁化率与视磁化率关系

铁矿石类型	标本数量	κ(CGSM)	κ'/κ	$\Delta T'/\Delta T(M_r=0)$	$(M_i\times\kappa'/\kappa+M_r)/(\times10^{-3}\text{A}\cdot\text{m}^{-1})$
致密块状磁铁矿	149	0.50	15%	15%	101 000
稠密浸染状磁铁矿	280	0.14	40%	40%	49 000
稀疏浸染状磁铁矿	171	0.04	70%	70%	43 000
稀疏浸染赤磁铁矿	9	0.20	30%	30%	34 000

当剩磁不为零时，退磁对磁异常影响较为复杂，如式（23-2）所示。实际总磁化强度等于剩磁与感磁的矢量和，当剩磁方向与感应磁化强度方向相同，此时的总磁化强度值达到最大，

考虑退磁影响,按公式 $M=\dfrac{\kappa'}{\kappa}M_{\mathrm{i}}+M_{\mathrm{r}}$ 计算的磁铁矿总磁化强度大小如表23-2所示,真实的磁化强度比这个值要小,方向与剩磁方向有关。

2)尕林格矿区岩矿石的剩磁影响

尕林格矿区剩磁与感磁大小基本是同一数量级,剩磁影响也不能忽略,但野外岩石标本采集时没进行定向标本测试,因此无法掌握该区剩磁方向的具体资料。实际上,地面磁异常是剩磁与感磁的合成效应,大小和方向取决于剩磁与感磁的矢量和,即总磁化强度矢量。尕林格矿区的成矿模式和矿体形态相对简单,可以根据平面磁异常特征反推总磁化强度的方向和大小。对于简单形体的磁性体,可以根据其正负磁异常的伴生情况判断磁化倾角大小,根据异常幅值判断磁化强度的大小。例如,水平圆柱体以45°磁化时,正异常区域与负异常区域面积是相等的,以0°~45°磁化时,正异常区域小于负异常区域,而以45°~90°磁化时,正异常区域大于负异常区域,如图23-9所示。

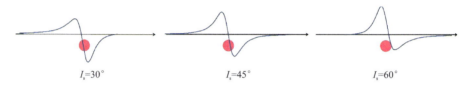

图 23-9　异常形状与磁化倾角的关系

尕林格矿区V矿群磁异常正异常区域明显大于负异常区域,且该群矿体呈似层状,钻孔验证层状矿体倾角一般大于60°,因而矿体形状对异常正负伴生的形态影响也是有限的,故推测尕林格矿区V矿群总磁化强度倾角在54°~70°之间,剩磁与感磁的相互抵消作用也较弱。

3)2.5D反演的岩矿石磁性参数

参考以上统计结果,考虑退磁及剩磁影响,2.5D反演的岩矿石磁性参数如表23-3所示。

表 23-3　2.5D 反演岩矿石磁性参数

岩矿石类型	总磁化强度/ ($\times 10^{-3}$ A·m^{-1})	总磁化倾角/ (°)	南北延伸/ m	备注
磁铁矿	80 000~10 000	54	200	该区主要为稠密浸染状,其次为稀疏浸染状和块状
铁-硫混合矿				铁-硫混合矿规模较小,赋存于磁铁矿边缘
硫铁矿				硫铁矿规模较小,228线V1矿体为硫铁矿
闪长玢岩	40 000	54	200	在220线规模最大
滩涧山群碎屑岩夹火山岩				没有磁铁矿化、矽卡岩化、蛇纹石化得滩涧山群碎屑岩夹火山岩无磁性,矿化后有磁性较弱

2. 二度半可视化人机交互反演

如图 23-5 所示，2.5D 人机交互反演剖面共 8 条，剖面方位角 16°25′42″，剖面长度 1200m，测点点距 20m，剖面线距 200m。反演结果见图 23-10～图 23-17。

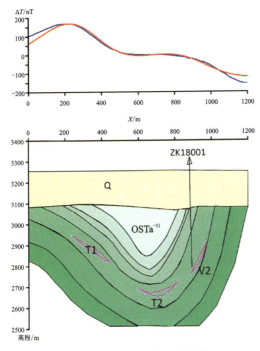

图 23-10　180 线物探反演结果

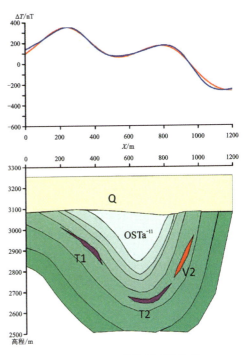

图 23-11　188 线物探反演结果

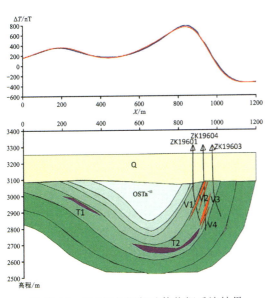

图 23-12　196 线加深部矿体物探反演结果

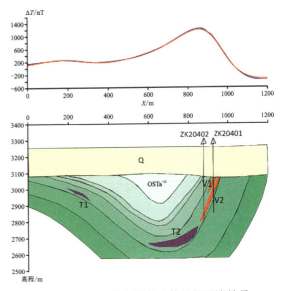

图 23-13　204 线加深部矿体物探反演结果

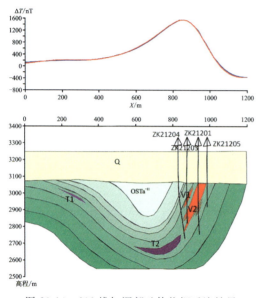

图 23-14 212 线加深部矿体物探反演结果

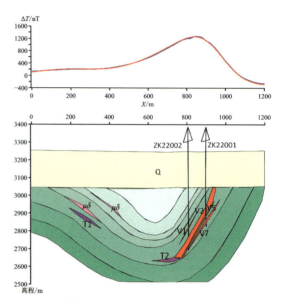

图 23-15 220 线物探反演结果

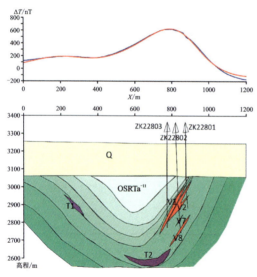

图 23-16 228 线加深部矿体物探反演结果

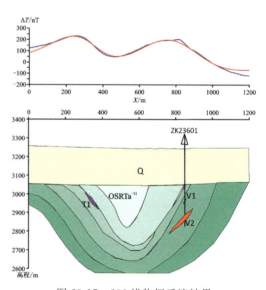

图 23-17 236 线物探反演结果

（四）3D 人机交互反演

图 23-18 是尕林格矿群 3D 人机交互反演结果，可直观显示各矿体空间位置：V1～V8 矿体（红色填充）为钻孔控制，产于向斜北翼。主矿体 V1、V2 呈似层状，走向北西西-南东东，从西 188 线往东延伸至 236 线尖灭，延伸长度 1200m，在 212 线矿体厚度达到最大，矿体倾向南西西，为 70°～80°，下延深度各勘探线不同，平均深度约 300m。次级规模矿体 V3～V8 倾覆于 V1、V2 之下，矿体走向长度和下延深度只有 150m 左右。T1 矿体（紫色填充）为产于向斜

南翼的新发现矿体,矿体规模相对北翼矿体要小得多。T1呈似层状、透镜状,走向与T1、T2近似平行,从西180线往东延伸至220线尖灭,延伸小于600m,在188线、196线矿体厚度达到最大,为矿体的主要产出富集位置。矿体倾向北北东,产状平缓,倾角为30°～45°,下延深度较小,平均约80m。T2矿体(紫色填充)为在向斜轴部新发现矿体,矿体与向斜轴部岩层顺层产出,走向与向斜轴部走向一致,呈似层状,产状较为平缓,南西西倾或水平。T2从西196线延伸至东228线尖灭,延伸长度接近1000m,矿体厚度和下延深度较大,为一规模较大的深部矿体。

总之,V1～V8、T1和T2为分别产于向斜北翼、南翼和轴部的3个矿带,矿体跟围岩产状一致,组成弧形的向斜构造,但矿体主要在向斜的北翼和轴部富集,南翼矿体规模较小。

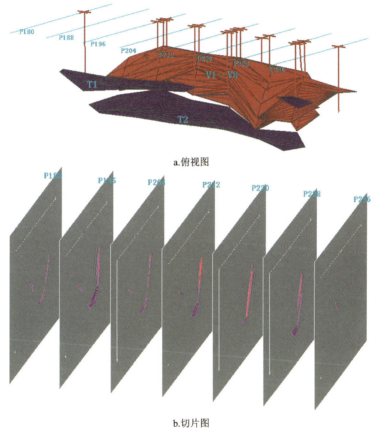

a.俯视图

b.切片图

图23-18 尕林格矿区V矿群3D人机交互反演结果

(红色矿体为钻孔已控制矿体V1～V8,紫色矿体为新发现矿体T1、T2)

四、结 论

(1)V矿群C5-1磁异常位于测区东北,为一等轴近东西向异常,上延后C5-1磁异常极大值南移,说明深部可能有规模较大的铁矿体存在;而C5-2磁异常很快消失,反映南部铁矿体规模小。C5-1、C5-2两磁异常呈相互平行的近北西-南东走向条带状,反映该矿群为近北西-

南东走向的条带状铁矿体引起，C5-1、C5-2 两磁异常构成 V 矿群向斜的两翼。

根据磁异常特征推测，北部矿体南倾，产于向斜构造的北翼，从西 188 线延伸至东 236 线；南部矿体产状平缓，产于向斜南翼，往东矿体断续尖灭，一直延伸至 236 线。

(2) 利用 2.5D、3D 井地联合反演方法反演解释了 8 条剖面，得出结论如下：

① 已知矿体 V1~V8 呈似层状、透镜体状产出于向斜北翼，矿体与围岩产状一致，呈北西西-南东东走向，倾向南南西，倾角 65°~73°。V4、V6、V7 号矿体为同一层矿体在走向上尖灭再现，矿体内夹石不发育。V3、V5 号矿体为同一层矿体在走向上尖灭再现，V1、V2 号矿体始终相伴而生，其厚度稍有变化，走向平行，倾向长度相对较稳定，是 V 矿群的主矿体，二者资源量占 V 矿群已查明全部资源量的 91.32%。

② 本次新发现矿体 T1 呈似层状产出于向斜南翼，矿体与围岩产状一致，呈北西西-南东东走向，倾向北北东，倾角 30°~45°。矿体规模较小，平均厚度 10m，下延深度 80~100m，标高 2950~3000m。垂向二次导数和小波分析说明，T1 矿体从 180 线延伸至 212 线，到 188 线和 196 线矿体厚度最大，往东 T1 矿体可能断续延伸至 236 线，但矿体的规模是比较小的。

③ 本次发现深部矿体 T2 呈似层状、透镜状产出于向斜轴部，矿体与围岩产状一致，呈北西西-南东东走向，倾向北北东或水平产状，倾角 0°~30°。矿体规模较大，平均厚度 50m，标高 2600~2800m，深度 450~650m，推测可能为 V 矿群矿体的主体部分。

(3) 尕林格矿区为压性逆冲断层夹持的向斜构造，矿体顺层产出，由于后期的构造作用，磁铁矿体可能往向斜轴部深度富集，其他几个矿群也有可能形成此类型的铁矿床。

第二十四章　西藏朗县秀沟铬铁矿重磁勘探

2010年,中国地质大学(武汉)重磁勘探科研团队在朗县秀沟铬铁矿采矿权区内及外围完成1∶5000重力测量,面积约1km^2,并对朗县秀沟工区1∶5000重、磁资料进行处理与解释。

本案例看点

(1)根据岩矿石物性分析得出,在秀沟工区识别铬铁矿体的地球物理标志是局部重力高异常0.1~0.6mGal、宽度几十米至一二百米,并且有中等强度的磁异常。识别超基性岩体的地球物理标志是:重力升高异常带,同时也有一定强度的磁异常。

(2)根据小波分析与Paker快速反演圈定了成矿地质体蛇纹石化橄榄岩的范围并预测了14个铬铁矿及矿化体远景。

(3)对10线、26线精测剖面采用重磁异常小波分析处理,根据局部重磁异常特征解释了岩体与矿化体。

一、地质地球物理概况

(一)地质概况

工作区出露地层主要为白垩纪朗县构造混杂岩(KL):由一套灰色钙质、粉砂质绢云板岩、千枚岩、变质长石石英杂砂岩、碳质绢云千枚岩组成的复理石岩系,以石英杂砂岩为主,中夹结晶灰岩、大理岩、变基性火山岩及蛇纹石化超基性岩构造块体。工作区含矿超基性体即为构造混杂岩中大小不等的推覆构造块体。

石英杂砂岩:灰—灰黑色,砂质结构,块状构造,主要成分为石英、长石,少量碳质,由于受区域热液活动影响,岩石发生变质,见少量石英以团块状、细脉状定向产出。超基岩体内石英砂岩以捕虏体形式产出。

工作区位于白垩纪朗县构造混杂岩带内,南北受登木-白露断裂和秀村-朗拉岗则断裂控制影响,区内次级断裂和褶皱构造比较发育。

工作区在雅鲁藏布江结合带之朗县构造混杂岩带内,岩浆活动频繁,主要是一些基性-超基性岩浆活动,受后期构造影响和破坏,多以岩(片)块形态产出,规模大小不一。主要岩性为纯橄岩、辉橄岩、辉绿岩及玄武岩,局地受变质影响为变超基性岩、变基性岩块。

纯橄岩:多呈暗绿色或黄绿色,地表风化或蚀变后呈灰白色,细粒状或粗粒状结构,块状构造,主要成分为橄榄石,少量辉石、铬尖晶石;金属矿物有磁铁矿、铬铁矿等。岩石易蚀变,多见蛇纹石化、碳酸盐化,少量石棉化、绿帘石化、绿泥石化等。

区内铬铁矿成矿与基性-超基性岩浆活动有关;区内未见中性—酸性侵入岩出露。

工作区在雅鲁藏布江低温高压变质岩带内,受区域变质作用的影响,区内变质作用发育,白垩纪朗县混杂岩,由变形橄榄岩、堆晶杂岩、变基性熔岩、硅质岩和外来变质基底岩片、灰岩块体,以及白垩纪泥砂质复理石基体所组成,为一套构造-沉积混杂岩。从变质矿物共生组合看,带有蓝闪石族矿物和黑硬绿泥石、多硅白云母等高压矿物产出,拉多、秀村一带有多硅白云母分布,其变质岩亚带应属高压相系的绿片岩相。

围岩蚀变是各类性质的含矿热液在成矿过程中改造围岩的特有现象和必然结果,区内铬铁矿是在超基性岩体侵位分异时所形成,在其形成过程中与热液交代、充填和改造作用有一定的成因联系。因此,围岩蚀变现象成为重要成矿指示因素和最明显的找矿标志。勘查区内最主要的围岩蚀变为蛇纹石化,主要分布于基性—超基性岩体中,也是最明显的直接找矿标志,其次还可见一些纤闪石化、碳酸盐化及较少的绿泥石化、绿帘石化、高岭土化等。

铬铁矿体均赋存于超基性岩体的纯橄榄岩中,勘查区内超基性岩以麦贡龙普为界,分为东西两部分,东部岩体最大,东西长约2500m,南北宽3000m,呈不规则的椭圆状,南东被冰川覆盖,总体走向近东西向;西部有9个规模较小的小岩体,一般长125～500m,宽40～300m,最大者长达500m,宽250m。

东部超基性岩体可分为纯橄岩和蛇纹石化橄榄岩两个岩相带,铬铁矿化和矿体均产于纯橄岩和蛇纹石化橄榄岩中。西部小岩体均由纯橄岩组成,并有铬铁矿体产出。东部含铬铁矿超基性岩出露面积$3.2km^2$。圈出矿体9个、小矿体群5个。矿体呈透镜状、不规脉状、豆荚状,其矿体长度大于10m者有5个,最长者达24m,厚3.3m。长5～10m者有3个。铬铁矿(化)体总体走向近东西,倾向南,倾角较缓。

铬铁矿的矿石结构有半自形—他形中粗粒结构和自形—半自形中细粒结构两种。他形中粗粒结构多为致密块状矿石,铬尖晶石颗粒边界相互间呈紧密镶嵌状,界线平直。自形—半自形中细粒结构,主要为浸染状矿石。

矿石构造以块状构造为主,铬尖晶石之间紧密镶嵌成致密集合体。次为浸染状构造和条带状构造,条带矿石可分为致密矿石条带和浸染状矿石条带两种,矿石条带一般宽1～3cm。

矿体围岩均为纯橄岩,致密块状矿石与围岩界线截然清楚,浸染状矿石与围岩呈渐变过渡。

矿区致密块状富矿石经化学分析,Cr_2O_3含量最低为50.82%,最高可达58.63%。平均品位为53.43%,已达冶金Ⅰ级富矿石标准,但SiO_2和SO_3的含量只达到冶金Ⅱ级富矿要求。此外,矿石中Co>0.02%、Ni>0.2%,均已达到综合评价指标,是否有Co、Ni工业矿体存在,尚值得研究。

依据致密块状矿石和浸染状矿石的存在,浸染状矿石与围岩呈渐变和迅变过渡,近矿围岩与远矿围岩无明差异,表明矿体为岩浆早期分异型矿床,而致密块状矿石矿体与围岩界线截然不同,矿体边界平直和折线状,则明显受构造控制,显示出晚期熔离贯入型矿床特征。

(二)岩矿石物性特征

岩矿石的物性特征是确认物探工作方法有效性的唯一依据。20世纪60年代以来,西藏自治区地质矿产勘查开发局先后在30余个超基性岩体上采集与测定了大量的密度标本和磁性标本,较准确地掌握了西藏两超基性岩带的岩矿石物性特征。表 24-1 是藏南超基性岩带中部分主要岩体的物性测定结果。

由表 24-1 可见,岩矿石密度差异明显,其中铬铁矿的矿石密度与超基性岩岩石的密度差高达 $1.4\sim1.5\mathrm{g/cm^3}$,最大可达 $1.67\mathrm{g/cm^3}$,并且斜辉辉橄岩(φ_2)与纯橄岩(φ_1)间也有明显密度差异。岩矿石密度差异主要是由岩矿的蚀变程度和铬尖晶石含量的多少等因素决定的。

藏南岩带中岩矿石的磁性差异变化幅度较大,且不同岩体岩矿石的磁化强度也有很大差异。但总体上还是有一定规律的,即铬铁矿的磁化强度大于纯橄岩,小于斜辉辉橄岩,并且有一些铬铁矿体还具反转磁化特征。

此外,超基性岩体与岩体围岩的物性差异也很明显。藏南超基性岩带围岩密度多低于岩体,这一特征与藏北超基性岩带围岩密度多高于岩体不同。并且围岩因属沉积类,一般都无磁性。因此,岩体与围岩间的磁性差异更为清楚。

岩体与围岩间的上述物性差异特点是采用重力、磁法等物探方法圈定隐伏岩体范围,划分岩相界限等的依据。朗县秀沟工区岩矿石密度、磁性数据见表 24-2、表 24-3。

表 24-1 岩矿标本物性测定成果表(据靳宝福,1996)

岩体	密度/(g·cm^{-3})			磁性/($\times 10^{-3}$ A·m^{-1})					
				Cr		φ_1		φ_2	
	Cr	φ_1	φ_2	M_i	M_r	M_i	M_r	M_i	M_r
罗布莎	4.22	2.61	2.91	160	5760	240	945	280	1890
香嘎山	4.18	2.60	2.92	422	8273	225	120	3023	18 660
仁布	4.15	2.18	2.57	625	2304	896	3447	1823	3280
日喀则	3.97		2.60	160	100	177	288	1614	3442

说明:Cr 为铬铁矿,φ_2 为斜辉辉橄岩,φ_1 为纯橄榄岩,本次物性工作在野外采集与测定岩石标本 89 块。测定结果见表 24-2、表 24-3。

表 24-2 朗县秀沟工区岩矿石密度统计表

岩性标本	标本数量	密度平均值/(g·cm^{-3})	密度偏差/(g·cm^{-3})
铬铁矿(矿点 1,品位高)	9	4.21	±0.27
铬铁矿(矿点 2,品位低)	11	3.76	±0.17
蛇纹石化橄榄岩	16	2.99	±0.30
蚀变橄榄岩	25	2.82	±0.48
纯橄榄岩	10	2.17	±0.31
石英砂岩	17	2.62	±0.30

表 24-3 朗县秀沟工区岩矿石磁性统计表（据中国冶金地质总局西北地质勘查院，2010）

岩矿石名称	块数	磁化率/($4\pi \times 10^{-6}$SI)			剩磁/($\times 10^{-3}$A·m^{-1})
		几何平均	最小值	最大值	几何平均
铬铁矿	12	6 991.05	1 871.52	13 884.9	6 991.046
纯橄榄岩	11	19 414.7	9 549.99	26 810	5 618.985 92
蛇纹石化橄榄岩	9	21 523.3	12 076	28 563	3 897.875 11
石英砂岩	5	3 513.54	2 005.77	6 640.96	1 600.229 52

由表 24-1、表 24-2、表 24-3 可以得出：

（1）藏南罗布莎、香嘎山铬铁矿（Cr）密度为 4.22g/cm³、4.18g/cm³，斜辉辉橄岩（φ_2）密度为 2.91g/cm³、2.92g/cm³，纯橄榄岩（φ_1）密度为 2.60g/cm³、2.61g/cm³，其密度差约 1.3g/cm³ 与 1.6g/cm³，铬铁矿与超基性岩体密度差异明显。秀沟工区铬铁矿（Cr）密度与藏南罗布莎、香嘎山铬铁矿相似，为 3.76～4.21g/cm³，蛇纹石化橄榄岩为 2.99g/cm³，蚀变橄榄岩为 2.82g/cm³，纯橄榄岩（φ_1）为 2.17g/cm³，铬铁矿与超基性岩体密度差异明显。但纯橄榄岩密度偏小，仅 2.17g/cm³，也可能为岩石风化所致。石英砂岩密度为 2.62g/cm³，比可能风化的纯橄榄岩密度大。

（2）藏南罗布莎、香嘎山铬铁矿具有中等磁性，铬铁矿与超基性岩体剩磁大于感磁。感磁为 100～280×10⁻³A/m，但剩磁可达 1890～18 660×10⁻³A/m，并且有些铬铁矿的磁化强度大于纯橄榄岩，小于斜辉辉橄岩，一些铬铁矿体还具反转磁化特征。秀沟工区铬铁矿密度与藏南罗布莎、香嘎山铬铁矿相似，感磁铬铁矿小于纯橄榄岩，纯橄榄岩小于蛇纹石化橄榄岩；剩磁铬铁矿小于纯橄榄岩，纯橄榄岩大于蛇纹石化橄榄岩。但是，铬铁矿与超基性岩体的磁性都大于石英砂岩。

（三）铬铁矿与超基性岩体地质地球物理模型

根据以上分析可以得出，超基性岩体与围岩（石英砂岩）存在密度差，其密度差为 0.20～0.37g/cm³，利用重力异常能够识别超基性岩体的边界。

铬铁矿与超基性岩体密度差异明显，为 1.3～1.6g/cm³，当铬铁矿体有一定规模时，它们就会在超基性岩体升高的重力异常背景上显示局部重力高（图 24-1）。

秀章含铬铁矿超基性岩出露面积 3.2km²。圈出矿体 9 个、小矿体群 5 个。矿体呈透镜状、不规脉状、豆荚状，其矿体长度大于 10m 者有 5 个，最长的达 24m，厚 3.3m，长 5～10m 的有 3 个。根据秀章含铬铁矿超基性岩，我们设计了如图 24-1 所示正演模型，埋深 1～50m 薄板，它产生的重力异常幅值范围 0.200～0.025mGal，异常宽度 20～80m。

根据 20 世纪 60 年代以来西藏铬铁矿勘探的经验，铬铁矿体能够产生 0.1～0.6mGal 的局部重力高异常，异常宽度为几十米至一二百米。这是在藏南识别铬铁矿体重力异常的标志（图 24-2）。铬铁矿具有中等磁性，铬铁矿与超基性岩体剩磁大于感磁，其磁异常可能有反转磁化特征（图 24-2a）。

根据以上分析,在秀沟工区识别铬铁矿体的地球物理标志是:局部重力高异常0.1～0.6mGal、宽度为几十米至一二百米,并且有中等强度的磁异常。

识别超基性岩体的地球物理标志是:重力升高异常带,同时也有一定强度的磁异常。

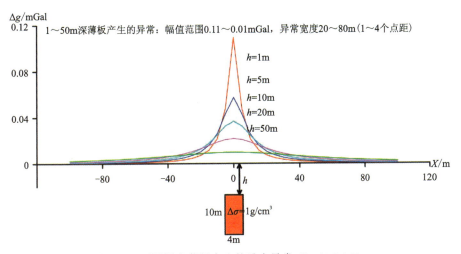

图 24-1　不同深度薄板产生的重力异常(横坐标为点号)

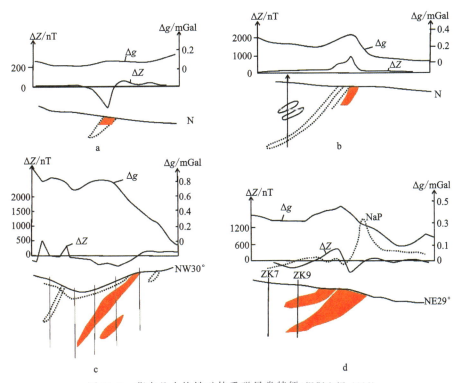

图 24-2　藏南几个铬铁矿体重磁异常特征(据靳宝福,1996)

二、1∶5000 平面重磁异常处理与解释

(一) 1∶5000 布格重力异常特征

工区布格重力异常如图 24-3 所示,由图可见,工区布格重力异常东高西低,从 2 线至 18 线之间为低重力异常区,在工区东北部有一处显著的高重力异常区,即在 18 线的 54~104 号点到 42 线 36~104 号点,异常最大幅值为 24mGal,高重力异常区向东延伸没有封闭。在工区南部,即在 20 线 2~30 号点到 28 线 2~14 号点有一处高重力异常区,异常幅值约 18mGal,呈南北向拉长的椭圆状。此外,在 8 线~10 线的 54 号点附近亦存在一处局部重力高异常,异常总体呈南北走向,幅值约 16mGal。根据岩矿石物性特征的分析可知,高重力异常区是高密度的超基性岩体与铬铁

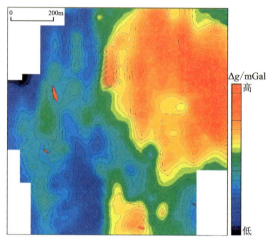

图 24-3 朗县秀沟工区布格重力异常平面图

矿体的反映,而低重力异常区则是低密度的变质砂岩的反映。

图 24-4 是滑动平均法分离的局部重力异常和区域重力异常。局部重力异常反映超基性岩体中密度更高的铬铁矿体与矿化体,而区域重力异常则反映超基性岩体的宏观特征。

图 24-5 是对布格重力异常进行小波多尺度分解,分解阶数为 4 阶。1 阶细节反映浅表岩石密度不均匀与出露地表的铬铁矿体;2 阶细节则主要是高密度铬铁矿体及矿化体的反映;3 阶细节主要反映浅部高密度的超基性岩体与变质砂岩的分布特征;而 4 阶细节则反映深部超基性岩体的宏观分布特征。

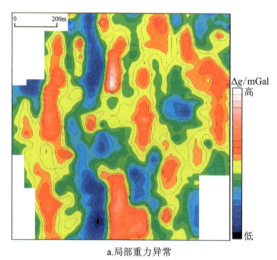

a.局部重力异常

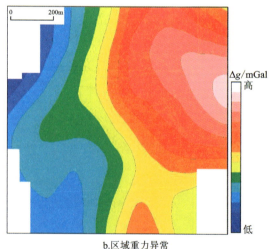

b.区域重力异常

图 24-4 朗县秀沟工区滑动平均法分离的局部重力异常和区域重力异常(窗口大小 15×15 点距)

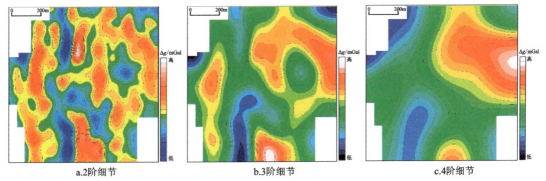

图 24-5 朗县秀沟工区布格重力异常小波多尺度分解 2～4 阶细节

(二) 1∶5000 ΔT 磁异常特征

图 24-6 为工区 ΔT 磁异常平面等值线图,图 24-7 为 ΔT 磁异常化极结果。由图可以看出,ΔT 磁异常最大幅值约 4800nT,ΔT 磁异常平面分布特征与重力异常的 2、3 阶细节有一定的对应关系:ΔT 磁异常在北部的 80～90 号点与南部的 50～70 号点呈现一环状正异常带,它与重力异常的 3 阶细节正异常边界对应。其特征与藏北的东巧岩体相似(图 24-8),它们可以解释为在岩体边部杂岩相中不同岩性的剩磁方向与强度均不相同,致使其磁场局部变化较大,造成杂岩相中磁异常发生较大的畸变跳跃;而在岩体内部,由于后期蚀变剩磁可能降低,因此磁场局部变化也较平稳。它们总体上反映了该区受超基性岩体的影响。

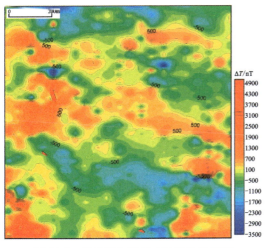

图 24-6 朗县秀沟工区 ΔT 磁异常平面等值线图

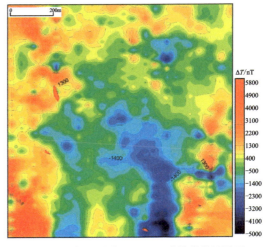

图 24-7 朗县秀沟工区 ΔT 磁异常化极平面等值线图

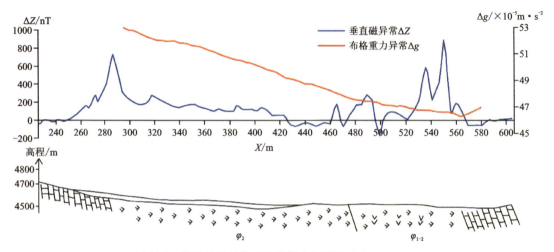

图 24-8 藏北东巧岩体 340 线综合剖面图(据靳宝福,1996)

三、重磁异常综合分析与地质解释

(一)根据重磁异常推断岩体边界

图 24-9 是根据布格重力异常小波 3 阶细节推断的蛇纹石化橄榄岩的范围,用黑色虚线表示。其中蛇纹石化橄榄岩在工区中东部分布范围最广,并且向东延伸出工区以外;南部 19～32 线有一规模不大的蛇纹石化橄榄岩体;工区西部的 4～10 线有一南北走向的蛇纹石化橄榄岩体。

图 24-10 是根据重力异常采用 Paker 快速反演法进行密度填图的结果。图 24-10 中黑色虚线范围内的密度值大于 $2.8 \mathrm{g/cm^3}$,与岩矿石物性特征描述的蛇纹石化橄榄岩 $2.99 \mathrm{g/cm^3}$、蚀变橄榄岩 $2.82 \mathrm{g/cm^3}$ 一致,说明根据布格重力异常小波 3 阶细节推断的蛇纹石化橄榄岩的范围是正确的。值得一提的是,在本工区,纯橄岩(φ_1)密度偏小,仅 $2.17 \mathrm{g/cm^3}$,而石英砂岩密度为 $2.62 \mathrm{g/cm^3}$,比纯橄岩密度大。因此所推测的岩体分布范围可能不包含纯橄岩在内。

(二)根据重磁异常推断铬铁矿及矿化体远景

图 24-11 是根据重磁异常推断的铬铁矿及矿化体远景图。其中底图等值线为剩余磁异常,它是小波分析的 2 阶细节,红线为正磁异常,蓝线为负磁异常,编号为 G1,G2,…,G13。填充颜色的为剩余重力异常,剩余重力异常是小波分析的 2 阶细节。

由以上分析可知,在秀沟工区铬铁矿体的地球物理特征是局部重力高异常(0.1～0.6mGal、宽度为几十米至一二百米),并且有中等强度的磁异常。根据这一特征我们推断了铬铁矿及矿化体远景异常(图 24-11 及表 24-4)。

由图 24-11 可见,推断的铬铁矿及矿化体远景异常都落在布格重力异常小波 3 阶细节的范围内,即推断的蛇纹石化橄榄岩的范围。

由表24-4可以得出,工区内共推断出14个重磁远景异常,它们可能是铬铁矿与矿化体引起,其重磁异常的幅值、正负伴生特征与重磁异常之间的关系见表中叙述。

图24-12是根据重磁异常推断的岩体与铬铁矿体远景图,其中G1,G2,…,G13编号为推断的14个铬铁矿及矿化体远景,其中A类远景8个,B类远景5个,C类远景1个。G1的20~26/8号点,G2-1,G2-2的62~70/10号点,G6,G7的6/26号点,G10的16/36号点等6个远景异常地表已见铬铁矿及矿化体的露头。

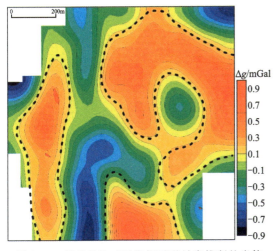

图24-9 朗县秀沟工区根据重磁异常推断的岩体(底图是布格重力异常小波3阶细节,黑色虚线表示推断的蛇纹石化橄榄岩范围)

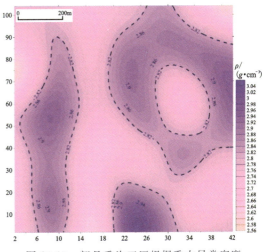

图24-10 朗县秀沟工区根据重力异常密度填图的结果(横坐标为线号,纵坐标为点号)

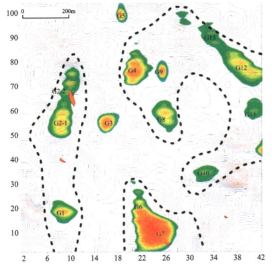

图24-11 朗县秀沟工区根据重磁异常推断的铬铁矿及矿化体远景异常(填充区为剩余布格重力异常,红色线为剩余正磁异常,蓝色线为负磁异常,剩余重力异常、剩余磁异常为小波二阶细节;横纵坐标同图24-10)

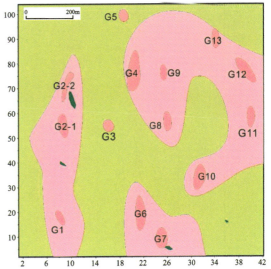

图24-12 朗县秀沟工区根据重磁异常推断的岩体与铬铁矿体远景图(图中G1,G2,…,G13,编号为推断铬铁矿及矿化体;绿色为地表已出露的铬铁矿及矿化体;横纵坐标同图24-10)

表 24-4 朗县秀沟工区局部重磁异常及找矿远景评价

局部异常编号	重力 Δg 局部异常特征	磁力 ΔT 局部异常特征	重磁局部异常关系及找矿远景	远景评价*（A,B,C）
G1	局部异常等值线呈椭圆状，长轴近东西走向，幅值 0.10～0.34mGal，大小 80m×60m，有矿异常特征	局部异常等值线封闭，正负伴生，幅值－200～300nT，中强磁性体产生，有矿异常特征	Δg 异常中心位于 18/8～20/8 号点，同时处于 ΔT 异常的梯度带上，重磁同源，推测为铬铁矿体产生。在 20/8～26/8 号点地表可见零星块状铬铁矿体	A
G2-1	局部异常等值线呈似椭圆状，北部与 G2-2 异常相连。幅值 0.10～0.32mGal，大小 100m×60m，有矿异常特征	局部异常等值线封闭，浑圆状，幅值范围 0～500nT，中强磁性体产生，有矿异常特征	Δg 异常中心位于 58/8 号点，且与 ΔT 异常中心重合，重磁同源，推测为铬铁矿产生。附近 62/10～70/10 号点见铬铁矿化体，有进一步找矿前景	A
G2-2	局部异常等值线呈串珠状，由 3 个东西向拉长椭圆状局部小异常组成。南北走向，南部与 G2-1 异常相连。幅值 0.10～0.28mGal，大小 100m×40m，有矿异常特征	局部异常等值线封闭，浑圆状，南正北负正负伴生，幅值范围－1200～800nT，中强磁性体产生，有矿异常特征	Δg 异常中心位于 68/8 和 76/10 号点。Δg 异常覆盖 ΔT 异常中心的极大及极小值点，极小值点基本重合，两者的极大为铬铁矿产生。推测为铬铁矿同源，重磁同源，推测 62/10～70/10 号点见铬铁矿化体，有进一步找矿前景	A
G3	局部异常等值线呈等轴状，幅值 0.10～0.42mGal，大小 60m×60m，有矿异常特征	局部异常等值线封闭，幅值为正值，范围 0～300nT，中强磁性体产生，有矿异常特征	Δg 异常中心位于 52/16～56/16 号点，基本与 ΔT 异常中心重合，重磁同源，推测为铬铁矿体产生	A
G4	局部异常等值线呈椭圆状，由 3 个东西向拉长椭圆状局部小异常组成，幅值 0.10～0.50mGal，大小 160m×80m。因为异常幅值过大、且形状不规整，有矿异常可能性不大	没有规整的封闭磁异常，幅值幅值只有－100～100nT，不大可能为中强磁性体铬铁矿产生	Δg 异常中心位于 70/20～86/20 号点。Δg 异常带没有与之对应的 ΔT 异常，重磁不同源，且 Δg 幅值过大，形状不规整，不大可能为矿异常	C

续表 24-4

局部异常编号	重力 Δg 局部异常特征	磁力 ΔT 局部异常特征	重磁局部异常关系及找矿远景	远景评价(A,B,C)
G5	局部异常等值线呈等轴状，幅值 0.10～0.60mGal，大小 50m×50m，有矿异常特征	局部异常等值线封闭，椭圆状，东西走向，幅值为正值，范围 0～300nT，中强磁性体产生，有矿异常特征	Δg 异常中心位于 100/18 号点，与 ΔT 异常基本重合，重磁同源，可能为铬铁矿体产生。但 Δg 异常范围较小，幅值不吻合，使得该号重磁异常极大值位置不吻合，使得该号异常找矿远景次之	B
G6	局部异常幅值小，规模也小，由 2 个椭圆状小局部异常组成，南部与 G7 异常相连，幅值 0.10～0.24mGal，大小 160m×50m，有矿异常特征	局部异常等值线封闭，但形状不规则，幅值为正值，范围 -200～200nT，中弱磁性体产生	Δg 异常中心位于 22/22 号点附近，与 ΔT 磁异常对应较差。Δg 异常中心不在 ΔT 异常极大、极小值中心及异常梯度带上。ΔT 异常低缓，使得该号找矿远景不大。但在该号重力异常不远的东、南缘，存在较规则的中等强度 ΔT 异常，且 6/26 号点有矿体出露，故该号异常有一定的找矿远景	B
G7	局部异常等值线呈等轴状，北西走向，北部与 G6 异常相连，幅值 0.10～0.52mGal，大小 130m×130m，有矿异常特征	局部异常等值线封闭，浑圆状，幅值为正值，范围 0～60cnT，中强磁性体产生，有矿异常特征	Δg 异常中心位于 8/26～10/26 号点，与 ΔT 异常中心重合，重磁同源，推测为铬铁矿体产生。在 6/26 号点有铬铁矿体出露	A
G8	局部异常等值线呈等轴状，由 2 个近东西向小局部异常组成，幅值 0.10～0.32mGal，大小 50m×50m，有矿异常特征	局部异常等值有正有负，异常孤立，幅值范围 -100～100nT，形态宽缓，为中弱磁性体产生的背景场	Δg 异常中心位于 56/26 号点，与 ΔT 异常不重合，该点没有较强的 ΔT 磁异常存在	B
G9	局部异常等值线呈椭圆状，长轴走向近南北，幅值 0.10～0.32mGal，大小 100m×60m，有矿异常特征	没有较规则的磁异常存在，幅值范围 0～100nT，形态宽缓，为中弱磁性体产生的背景场	Δg 异常中心位于 76/26 号点，该点没有较强的 ΔT 异常存在	B

续表 24-4

局部异常编号	重力 Δg 局部异常特征	磁力 ΔT 局部异常特征	重磁局部异常关系及找矿远景	远景评价(A,B,C)
G10	局部异常等值线呈椭圆状,长轴走向近东西,幅值 0.10～0.32mGal,大小 100m×70m,有矿异常特征	局部异常等值线封闭,带状,近东西走向,正负伴生,范围 -200～200nT,中强磁性体产生,有矿异常特征	Δg 异常中心位于 34/30 号点,与 ΔT 异常中心基本重合,重磁同源,推测为铬铁矿体产生。南东方向 16/36 号点有矿体出露 34/34、34/36、34/38 有较强磁异常存在	A
G11	局部异常等值线呈椭圆状,长轴走向近东西,幅值 0.10～0.22mGal,大小 80m×60m,有矿异常特征	局部异常等值线封闭,椭圆状,正负伴生,范围 -100～300nT,中强磁性体产生,有矿异常特征	Δg 异常中心位于 60/40 号点,ΔT 异常中心位于 56/40 号点,两者不重合,且重磁异常范围偏小,推测为铬矿体可能性较小	B
G12	局部异常等值线由 2 个东西向椭圆状局部小异常组成,走向北西,幅值 0.10～0.32mGal,大小 140m×60m,有矿异常特征	局部异常等值线封闭,正负伴生,范围 -400～600nT,中强磁性体产生,有矿异常特征	Δg 异常中心位于 80/38、78/40 号点,ΔT 异常中心重合,重磁同源,推测为铬铁矿体产生	A
G13	局部异常幅值小,规模也小,等值线由 2 个东西向椭圆状局部小异常相连,南部与 G12 异常组成,幅值 0.10～0.22mGal,大小 100m×40m,有矿异常特征	局部异常等值线封闭,椭圆状,正负伴生,以正为主,范围 -200～300nT,中强磁性体产生,有矿异常特征	Δg 异常中心位于 92/34 号点,ΔT 异常极大,极小值位置重合,重磁同源,推测为铬铁矿体产生	A

注:远景评价分 A、B、C 3 个等级,A 表示找矿远景最大,B 次之,C 最小。

四、10 线精测剖面处理解释

(一)10 线处理解释

图 24-13 是 10 线 Δg 与 ΔT 异常与 3、4 阶小波分析。可以看出,未经处理的原始曲线受地表裸露的不均匀密度、磁性的滚石与露头影响跳跃杂乱不好分析(图 24-13a)。

图 24-13b~d 是 10 线 Δg 与 ΔT 异常小波分析的 3、4 阶细节($d3$、$d4$)与 4 阶逼近($a4$)。小波分析所分解的阶数与点距有关,10 线精测剖面的 3 阶细节($d3$)相当于 1∶5000 平面资料小波分解的 2 阶细节($d2$),10 线精测剖面的 4 阶($d4$、$a4$)相当于平面资料小波分解的 3 阶($d3$、$a3$)。

图 24-13d 是小波分解的 4 阶逼近($a4$),22~80 号点剩余重力异常约 1mGal 多,其范围与 1∶5000 平面资料区域重力异常范围相当(图 24-4b),它反映蛇纹石化橄榄岩的分布。ΔT 磁异常小波 4 阶逼近 30~86 号点高磁异常段与小波分解 4 阶逼近 22~80 号点剩余重力异常对应(图 24-13c),说明蛇纹石化橄榄岩具有高密度较强磁性的特征。

图 24-13c 是小波分解的 4 阶细节($d4$),其中 12~20、44~60、70~76、84~94 号点反映蛇纹石化橄榄岩体中剩余密度更大(或埋深更浅)矿化体或铬铁矿体。但是 ΔT 磁异常小波 4 阶细节与重力异常 4 阶细节不完全对应,如 12~20 号点磁异常是由负变正的梯度带,44~60 号点磁异常是负正伴生,70~76 号点磁异常是由负异常,84~94 号点磁异常是正值下降部分。它们可能是剩余磁性方向变化所造成,尽管重磁异常特征不完全对应,但是它们都有重磁异常存在。图 24-13b 是小波分解的 3 阶细节($d3$),其特征与 4 阶细节($d4$)相似(图 24-13c),只不过是它所反映的场源深度更浅些,特征也更细致些。

综上所述,根据重磁异常小波分析结果可得,10 线 22~80 号点剩余重力异常是蛇纹石化橄榄岩等超基性岩体的反映;12~20、44~60、70~76、84~94 号点则是铬铁矿及矿化体的反映,其中 14/8~20/8、62/10~68/10 已见铬铁矿及矿化体露头,与重磁异常有较好的对应关系。

(二)10 线 2.5D 反演与解释

分别对 10 线的布格重力异常 Δg 与磁异常 ΔT 进行 2.5D 人机交互反演,得出结果如图 24-14、图 24-15 所示,两者反演的结果如下:

(1)G1 铬铁矿与矿化体位于 18/10 号点,矿体呈板状或豆荚状,陡立向南倾,宽约 20m,向下延深约 50m。根据平面重力异常,该号主矿体应位于 18/8 号点,在 20/8~26/8 号点地表可见铬铁矿及矿化体露头。

(2)G2-1 铬铁矿与矿化体位于 50/10~56/10 号点,根据平面重磁异常特征,该号主矿体位于 50/8~54/8 号点,走向近南北,矿体往东可能延伸至 10 线的,但也有可能并没有往东伸至 10 线,该线异常即旁侧矿体异常。在该剖面内矿体呈椭圆状,南倾,矿体宽约 60m,向下延深约 100m。

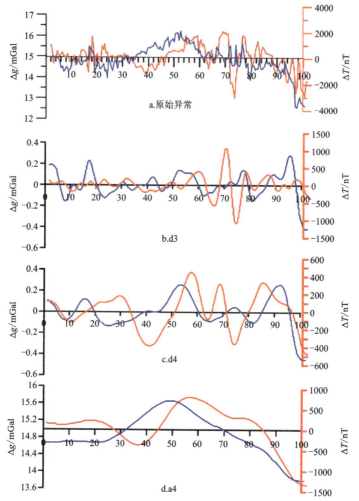

图 24-13 朗县秀沟工区 10 线精测剖面重磁异常小波分析

(横坐标为点号,蓝线为 Δg 异常,红线为 ΔT 异常)

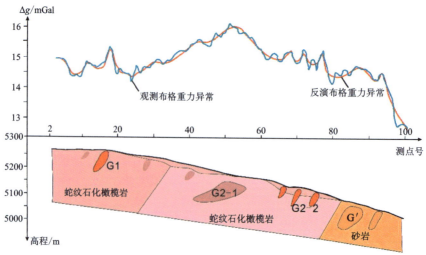

图 24-14 朗县秀沟工区 10 线精测剖面 Δg 异常 2.5D 反演

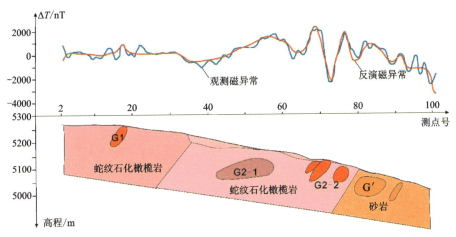

图 24-15　朗县秀沟工区 10 线精测剖面 ΔT 异常 2.5D 反演

(3) G2-2 铬铁矿与矿化体位于 70/10～76/10 号点，由三个近平行矿体或矿化体组成，均呈板状或豆荚状，陡立向南倾，宽约 20m，向下延深约 60m。根据平面重磁异常特征，该号主矿体位于 68/8、76/10 号点，同时在 62/10～70/10 见铬铁矿体和矿化体露头。

(4) G′位于 84/10 和 94/10 号点，推测为密度较高的围岩。

(5) 在 10～40 号点，存在局部高密度体，推测可能为密度更高一些的蛇纹石化橄榄岩或矿化体。

五、结论与建议

（一）结论

(1) 根据岩矿石物性特征，建立了铬铁矿与超基性岩体地质地球物理模型。铬铁矿体的地球物理标志是局部重力高异常 0.1～0.6mGal、宽度为几十米至一二百米，并且有中等强度的磁异常。超基性岩体的地球物理标志是重力升高异常带，同时也有一定强度的磁异常。

(2) 根据布格重力异常小波 3 阶细节与 Paker 快速反演法密度填图推断的蛇纹石化橄榄岩的范围。其中蛇纹石化橄榄岩主要分布在工区中东部分布，并且向东延伸出工区；南部的 19～32 线有一规模不大的蛇纹石化橄榄岩体；工区西部的 4～10 线有一南北走向的蛇纹石化橄榄岩体。

(3) 根据重磁异常推断铬铁矿及矿化体远景。共推断出 14 个重磁远景异常，它们可能是铬铁矿与矿化体引起，其中 G1, G2,…, G13 编号为推断的 14 个铬铁矿及矿化体远景，其中 A 类远景 8 个，B 类远景 5 个，C 类远景 1 个。G1 的 20～26/8 号点，G2-1、G2-2 的 62～70/10 号点，G6、G7 的 6/26 号点，G10 的 16/36 号点等 6 个远景异常地表已见铬铁矿及矿化体的露头。

（二）建议

(1) 根据 20 世纪 60 年代以来西藏铬铁矿勘探的经验与本次工作的结果，在藏南地区铬铁矿体规模都不大,单个矿体规模最小的仅数百吨,最大的达十几万吨,它们能够产生 0.1~0.6mGal 幅值、宽度为几十米至一二百米的局部重力高异常。为了发现与识别铬铁矿体产生的局部重力异常,布格重力异常总精度应高于 0.1mGal。按照最小有意义异常应大于 3 倍均方误差的准则,0.1mGal 的总精度只能发现 0.3mGal 的局部异常。由于工区地形条件恶劣,属 4~5 级地形,给重力施工带来极大的困难。所以本次施工设计总精度为 0.1mGal,各项分配精度见表 24-5。

表 24-5　重力各项精度统计表　　　　　　　　　　　　　　　　　单位:mGal

项目	异常总均方误差	观测均方误差	布格校正均方误差	地形校正均方误差			纬度校正均方误差
				近区地改	中区地改	远区地改	
设计指标	100.0	60.0	30.0	20	45	50	15.0
实际完成	69.4	23.9	64.7	0.045	1.8	6.6	3.5

由表可以看出,重力观测由于采用高精度的拉柯斯特重力仪,均方误差很小。决定布格校正均方误差、地形校正均方误差与纬度校正均方误差的因素是地形测量的质量。因此,高精度重力勘探中对测地工作精度的要求特别严格,这是在以后施工中要严格把关的。

(2)由于西藏铬铁矿规模较小,20 世纪 60 年代在西藏发现重磁异常数百处,对部分异常验证,已验证异常的见矿率达 10% 以上,属中等见矿水平。可见,在西藏进行铬铁矿勘探,不仅要求野外施工高精度,而且要求室内处理解释工作要精细,应充分运用各种数据处理的新方法技术,才能够获得良好的地质效果。

第二十五章　西藏罗布莎铬铁矿床重磁勘探

西藏自治区曲松县罗布莎铬铁矿床是我国最大的工业铬铁矿床,也是世界上成矿条件最典型的地区之一。经过20多年的开采,罗布莎铬铁矿的探明储量已消耗过半,2014年保有储量不足200万t,矿山服务年限不足10年,属于资源中度危机矿山。寻找接替资源已成为亟待解决的主要问题之一。为了加快罗布莎地区的勘探进程,深入研究重磁勘探方法技术在寻找隐伏超基性岩体及隐伏铬铁矿带的应用,成都地质调查中心在罗布莎铬铁矿南部开展深边部找矿工作,实施了15km^2的重磁扫面工作,中国地质大学(武汉)重磁勘探科研团队对资料进行精细处理与解释,为该区的深部找矿预测提供有关隐伏超基性岩体和隐伏矿带分布信息。

在项目研究过程中发现:

(1)布格重力异常与地形的正相关十分明显。

(2)仅仅依靠15km^2小面积的大比例尺重磁数据,容易脱离区域地质背景,目前出露的罗布莎超基性岩体是否如地质上所认识的为深部隐伏岩体的断块,即南部隐伏超基性岩体是向上俯冲,受重力作用断裂垮塌形成,中央成矿带也因此在矿区南部并非持续向下延伸,而是错移至较浅部位再向下延伸。

针对上述问题,我们的研究思路如下:

(1)分析布格重力异常与地形正相关的原因,采用相对海拔高差代替绝对海拔高程进行中间层改正和高度改正,并重新选择合适的地形改正和中间层改正密度,采用多尺度窗口线性回归进行残差校正。

(2)收集1:5万区域重力资料,区域资料和矿区资料相结合,在区域重磁资料解释的基础上再进行矿区重磁资料的精细处理解释,采用2.5D、3D联合反演技术获得隐伏超基性岩体和隐伏矿带的空间分布。

本案例看点

(1)在西藏高海拔地区,采用相对海拔高差进行中间层改正和高度改正,采用多尺度窗口线性回归进行残差校正,消除了与地形相关虚假异常。

(2)重磁解释得出,出露的罗布莎超基性岩体和中央矿化蚀变带并不是如地质上所认识的由南部隐伏超基性岩体断裂垮塌形成,而是超基性岩体和中央矿化蚀变带持续向下延伸。

一、地质地球物理概况

罗布莎铬铁矿床位于西藏自治区曲松县北部,属于冈底斯山至念青唐古拉山以南、雅鲁藏布江干流中下游地区。

罗布莎矿区的褶皱构造主要表现在三叠系中,断层构造是矿区内的主要构造形式,雅鲁藏布江超壳断裂主断面从矿区北呈东西向展布。矿区岩浆岩年代主要是燕山晚期至喜马拉雅早期,从超基性、基性、中性到酸性岩体均有出露。

超基性岩是矿区的主体。罗布莎超基性岩体地处象泉河-雅鲁藏布江缝合带的东段(图 25-1)。岩体西起桑日县尼色,向东经曲松县罗布莎、香卡山和康金拉,延至加查县的康莎村。目前所见形态是受雅鲁藏布断裂控制和后期脆性断裂破坏所致。岩体呈反"S"形,东西长约 43km,南北宽一般为 1~2km,东部最宽达 3.75km,面积约 70km²。罗布莎岩体南部与上三叠统朗杰学群呈断层接触;北部与上白垩统泽当群和古近系—新近系罗布莎群亦呈断裂接触关系。罗布莎岩体所在的区域出露的侵入岩有石英闪长岩、石英二长岩、黑云母花岗岩、基性岩、超基性岩及辉长岩、辉绿岩脉等,矿体主要与超基性岩有关。矿床类型有岩浆晚期、接触交代及热液充填型。

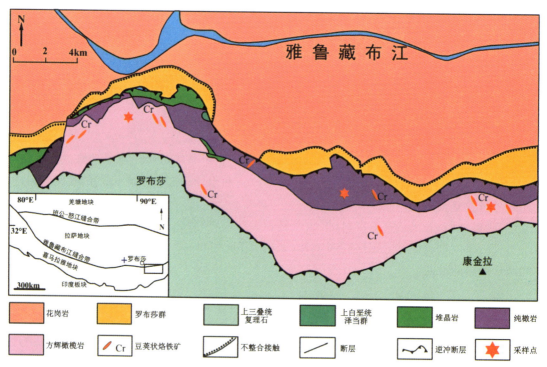

图 25-1 工区区域地质图(据白文吉等,1999 修改)

罗布莎矿区的密度统计结果(表 25-1、表 25-2)显示,铬铁矿具有较高的密度值,均值达到 4.14g/cm³,纯橄岩和斜辉辉橄岩次之,均略小于 3.0g/cm³;构造角砾岩、蛇纹石蚀变和蚀变纯橄岩密度均较小,约 2.5g/m³。由于铬铁矿围岩多为纯橄岩和斜辉辉橄岩,存在较大的密度差,这样为利用重力勘探方法追寻铬铁矿提供了良好的地球物理前提。

表 25-1　地层密度统计表

系	代号	密度平均值/(g·cm^{-3})	系	代号	密度平均值/(g·cm^{-3})
第四系	Q	1.87	石炭系	C	2.70
新近系	N	2.53	泥盆系	D	2.70
古近系	E	2.59	奥陶系	O	2.78
白垩系	K	2.53	前震旦	Z	2.77
侏罗系	J	2.60	岩浆岩	花岗闪长岩	2.62
三叠系	T	2.62		花岗岩	2.58
二叠系	P	2.70		二长花岗岩	2.59
				中细粒花岗岩	2.64

表 25-2　岩石密度统计表

序号	岩性	标本块数	密度/(g·cm^{-3})		
			最小值	均值	最大值
1	纯橄岩	70	2.360	2.992	4.130
2	铬铁矿	30	3.920	4.142	4.350
3	构造角砾岩	7	2.460	2.766	3.180
4	蛇纹石蚀变	2	2.570	2.575	2.580
5	蚀变纯橄岩	2	2.450	2.475	2.500
6	斜辉辉橄岩	214	2.030	2.898	3.310
7	第四系	10	1.684	1.747	1.814

罗布莎矿区的磁性统计结果(表 25-3)显示,各类沉积岩一般为磁性较弱或无磁性,在区域航磁异常图上基本不会有异常反映。火山岩类的磁性不均匀,可引起较大起伏变化的航磁异常。变质岩磁性不强,在区域航磁异常图上表现为区域性弱磁背景。中酸性侵入岩总体上磁性较强,是引起区域磁异常的主要原因,区域航磁异常图上反映明显。基性、超基性岩一般具有强磁性,当具有一定规模时,能引起带状强磁异常,并且在藏南只分布在雅鲁藏布江蛇绿岩带上,受构造控制明显,将引起有规律的带状强磁异常。超基性岩体中蛇纹石蚀变磁性最强,均值可达 $6010 \times 4\pi \times 10^{-6}$ SI,斜辉辉橄岩磁性次之,磁化率达到 $4230 \times 4\pi \times 10^{-6}$ SI,铬铁矿和纯橄岩磁性中等,磁化率在 $(2519 \sim 3054) \times 4\pi \times 10^{-6}$ SI,而纯橄岩磁性略强于铬铁矿,蚀变纯橄岩磁性较弱,构造角砾岩磁性最弱,仅为 $495 \times 4\pi \times 10^{-6}$ SI。铬铁矿围岩(纯橄岩、斜辉辉橄岩)具有较强的磁性,而铬铁矿磁性相对较弱,可以利用磁异常间接寻找铬铁矿。

表 25-3　磁性参数统计表

序号	岩性	标本数	磁化率/$(4\pi \times 10^{-6}\mathrm{SI})$			剩磁$(\times 10^{-3}\mathrm{A\cdot m^{-1}})$		
			最小值	均值	极大值	最小	均值	极大值
1	纯橄岩	70	7.95	3 054.77	10 278.75	18.55	451.91	3 642.87
2	铬铁矿	30	3.90	2 519.47	6 932.90	125.53	1 603.17	5 040.35
3	构造角砾岩	7	199.62	495.65	1 105.68	47.27	136.44	245.60
4	蛇纹石蚀变	2	5 175.48	6 010.92	6 846.36	666.87	981.57	1 296.26
5	蚀变纯橄岩	2	1 717.77	1 896.72	2 075.68	381.54	479.19	576.85
6	斜辉辉橄岩	214	152.56	4 230.47	24 804.29	11.88	964.79	12 090.33
7	沉积岩	2279	0	23.06	1088			
8	火山岩	548	6	2 077.58	22 300			
9	变质岩	482	0	56.02	760			

二、消除布格重力异常与地形的正相关

西藏罗布莎地区布格重力异常与地形常常呈现明显的相关性，布格重力异常明显出现与高程形态相关的"山形异常"（图 25-2），这种现象严重影响对重力异常的解释。

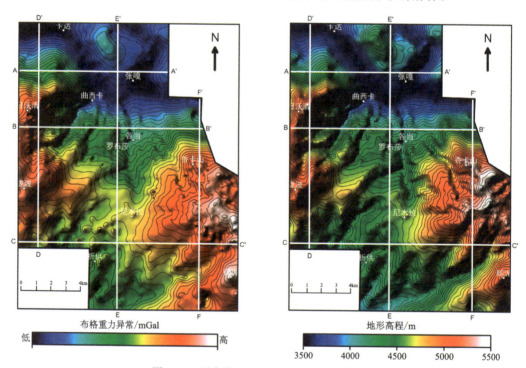

图 25-2　罗布莎矿区布格重力异常与地形图

（收集的数据成图：地形改正和中间层改正密度为 2.67g/cm³，近区地形改正范围 0~20m，中区地形改正范围 20m~2km，远区地形改正范围 2~20km，各项改正的基准为大地水准面）

(一)采用相对海拔高差代替绝对海拔高程进行中间层改正和高度改正

在高海拔地区,采用我国《重力调查技术规范(1∶50 000)》(DZ/T 0004—2015)的布格改正公式或近似公式进行布格改正可能会造成改正不准确。其中原因之一是布格改正中的中间层改正项要求改正半径 R 远大于中间层厚度 h,且不考虑半径 R 以外物质的引力效应(或可被忽略),然而,当测区平均海拔达数千米时,半径 R 以外物质的引力效应不应被忽略,除非相应扩大改正半径 R。例如,在平均海拔 5000m 左右的地区,中间层改正与地形改正半径为 20km,则该半径是测区海拔高度的 4 倍左右,显然偏小,这是导致布格重力异常与高程正相关的重要原因。在局部范围内,这种原因造成的布格重力异常与地形起伏相关的现象,常常会被认为是因为改正密度偏小所致,并试图通过增大改正密度的方法来消除这种相关性,然而,往往改正密度取值已经远远超过工区实际可能值时,虚假异常还是不能得到有效的压制。因此,在这种情况,应当采用相对海拔高差的方法,减小参数 h 的绝对值大小,使改正半径 R 能尽可能满足远大于 h 的条件。从图 25-3 可以看出,采用相对海拔高差代替绝对海拔高程进行中间层改正和高度改正后的布格重力异常中"山形异常"得到了很大程度的压制。

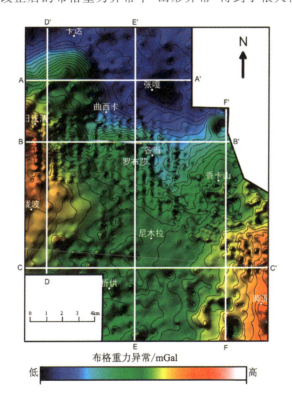

图 25-3 采用相对海拔高差进行布格改正后的罗布莎矿区布格重力异常图
(采用相对海拔高差进行中间层改正,基准高程为 4219m,地形改正和中间层改正密度为 $2.67g/cm^3$,
近区地形改正范围 0~20m,中区地形改正范围 20m~2km,远区地形改正范围 2~20km)

(二)选择合适的改正密度

虽然采用相对海拔高差代替绝对海拔高程进行中间层改正和高度改正后的布格重力异常精度得到了很大提高,但在一些局部范围内布格重力异常仍然与地形相关(图 25-4),这与所选择的改正密度有关,由于工区大面积分布较高密度的超基性岩,三叠系灰岩的平均密度也达到 $2.7g/cm^3$,因此,地形改正和中间层改正密度取地壳平均密度 $2.67g/cm^3$ 可能偏小,经过分析确定地形改正和中间层改正密度选择 $2.7g/cm^3$ 比较合适(图 25-5)。

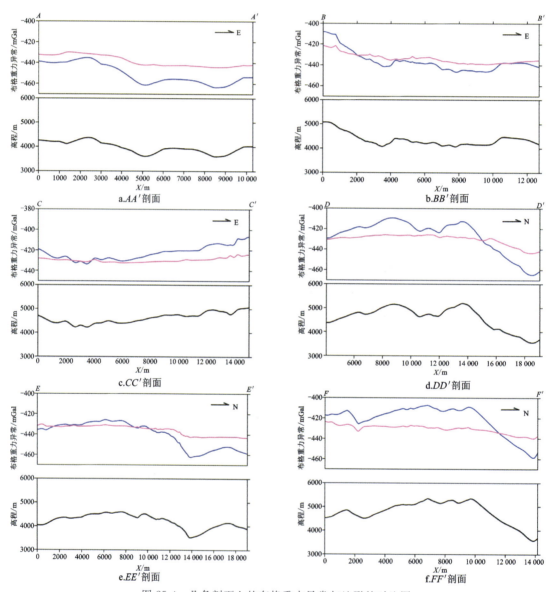

图 25-4 几条剖面上的布格重力异常与地形的对比图

(图上蓝色曲线为采用绝对高程进行中间层和高度改正的布格重力异常,红色曲线为采用相对高差进行中间层和高度改正的布格重力异常,绿色曲线为地形)

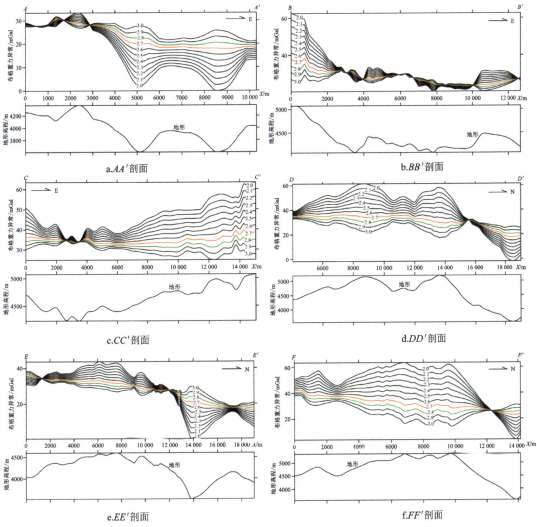

图 25-5 几条剖面上不同改正密度得到的布格重力异常对比图
（地形改正半径 20km,红线为中间层密度取 2.70g/cm³ 的布格重力异常）

(三) 采用多尺度窗口线性回归进行残差校正

西藏是高海拔高原地区,地形起伏变化较大,会给重力资料的整理造成较大的困难。重力观测数据的各项改正不准必然造成布格重力异常与地形相关的假异常,极大影响异常的反演解释。通常人们通过重力异常与地形的相关获得中间层改正和地形改正密度,消除由密度选择不准造成的山形假异常。然而,在研究区高程起伏变化较大,地质构造情况复杂的情况下,人们往往发现采用上述措施仍然无法消除地形假异常,为此,项目采用多尺度线性回归消除布格重力异常与地形的相关性。

多尺度线性回归消除布格重力异常与地形相关性的方法具体为:①将地形及重力异常分解为不同波长的分量,由于异常的波长不同,其影响范围就不同;②按照分量的波长选择不同的滑动窗口大小;③将地形和重力异常的分量分别进行滑动线性回归分析,求取相关系数最大的校正量作为对应点的剩余校正量。

如图 25-5 所示,虽然采用了上述两种手段大大降低了布格重力异常与地形的相关性,但由于地表密度的不均匀,还存在残余地形相关虚假异常,因此,进一步采用多尺度窗口线性回归进行残差校正,最终结果如图 25-6 所示,此时的重力异常总体上就与地质情况相一致(图 25-6a),即北部重力低对应于花岗岩分布区,中部局部对应于罗布莎超基性岩体,南部区域重力高对应于三叠系。

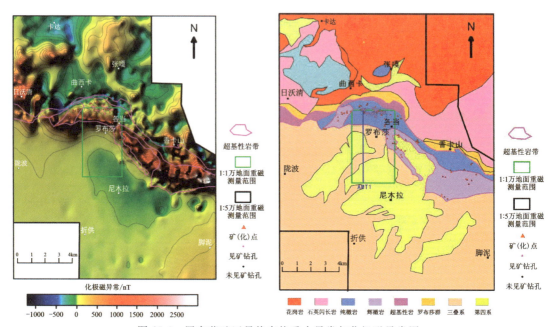

图 25-6　罗布莎矿区最终布格重力异常与化极磁异常图

三、隐伏岩体分布及产状解释

项目初期由于未能收集到区域重磁资料,仅仅依靠 15km² 的 1∶1 万地面重磁资料进行处理和结果容易脱离实际的区域背景。图 25-7 是 AMT(音频大地电磁)1 线 1∶1 万重磁资料与 AMT 的初步解释结果,可以看出剖面北端的高重高磁与罗布莎超基性岩体对应,是超基性岩体的反映,从 15km² 的小区域上看,似乎局部重力高为超基性岩体和矿化体的综合反映,那么该剖面南部较低缓的重力高,对应于 AMT 浅部高阻,是否也是超基性岩体的反映呢? 这种解释与以往的地质认识是一致的,但是否真的可靠? 进一步收集区域重磁和地质资料后,可以看出引起罗布莎矿区南部的低缓重力高异常肯定是有三叠系的因素(图 25-5),因为三叠系密度(2.7g/cm³)比北部的花岗岩密度(2.58g/cm³)高。另外,根据物性统计结果三叠系为弱磁性或无磁性,而超基性岩及矿化蚀变岩具有较强的磁性,因此,如果是图 25-7 所示的模型,南部超基性岩体必定会引起局部磁异常,这与实际磁异常相矛盾。从地质图上可以发现矿区南部除了三叠系大面积分布外,第四系也有局部分布,因此,南部高重力异常背景上的局部起伏变化是第四系分布厚度变化造成的。结合区域重磁资料进行重新解释后的结果如图 25-8 所示。从反演结果的结果可以看出,出露的罗布莎超基性岩体和中央矿化蚀变带并不是如地质上所认识的由南部隐伏超基性岩体断裂垮塌形成,而是持续向下延伸。

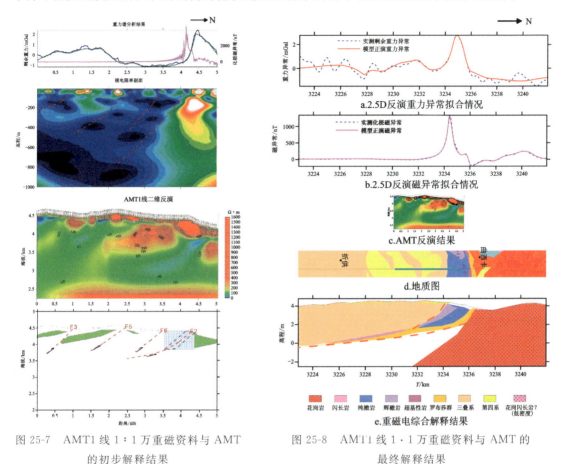

图 25-7　AMT1 线 1∶1 万重磁资料与 AMT 的初步解释结果

图 25-8　AMT1 线 1∶1 万重磁资料与 AMT 的最终解释结果

四、结论

(1)在西藏高海拔地区,采用相对海拔高差代替绝对海拔高程进行中间层改正和高度改正,降低了布格重力异常与地形的相关性;采用多尺度窗口线性回归进行残差校正,消除由于地表密度的不均匀存在的与地形相关虚假异常。

(2)通过重磁 2.5D 反演与 AMT 联合解释得出,出露的罗布莎超基性岩体和中央矿化蚀变带并不是如地质上所认识的由南部隐伏超基性岩体断裂垮塌形成,而是超基性岩体和中央矿化蚀变带持续向下延伸。

第二十六章　新疆喀拉通克铜镍矿床重磁勘探

新疆喀拉通克铜镍矿床是新疆主要铜、镍矿产基地。1980年,新疆地矿局第四地质大队根据群众报矿信息,在ZK-13号钻孔发现了隐伏的喀拉通克铜镍矿床,由此揭开了喀拉通克铜镍矿普查的序幕。自1989年投产截至目前,1号矿床特富矿体已基本采完。按目前状况难以提高产能达到大型矿山生产规模。随着国民经济的飞速发展,铜、镍需求量日益增大,国家每年要花费大量外汇以进口来弥补缺口。根据喀拉通克铜镍矿区及周边已有的地质、物探、化探、遥感资料,认为喀拉通克铜镍矿区位于喀拉通克成矿带最有利的部位,在矿区矿床深部及矿区周围仍有找到与基性、超基性岩有关的隐伏铜镍矿床的可能,因此很有必要在喀拉通克铜镍成矿带开展资源预测工作,寻找和扩大新的资源储量基地,保证矿山持续、稳定生产和扩大生产规模,最终要达到增加资源储量、扩大现有生产规模和延长矿山服务年限的目的。

喀拉通克铜镍矿区以往主要的研究工作有3次:

2008年,新疆杰奥勘查技术有限责任公司完成5个异常片的勘查评价。

2011年,在矿区长约13.5km,宽约5.5km,面积约75km² 范围内开展大比例尺1∶1万重力测量和磁力测量,更新矿区一带重力和磁力测量资料,预测隐伏岩体位置。

2013年,新疆地质矿产科技开发公司完成的工作对部分局部重力异常区补做比例尺为1∶1万的重磁测量4.8km²,在G21和G22进行1∶2000重磁详查,对Y2和Y3岩体及北侧岩体进行1∶2000重磁剖面测量。

以往物探工作存在的问题:

(1)2008年、2013年的报告定性解释多,定量解释较少,缺乏精细的反演解释。如没有做2.5D/3D反演解释,只解释重力异常没有解释磁异常,一些正反演解释结果中的参数设置、计算结果有问题,如320线等。

(2)原报告中识别岩体的范围偏大。2015年,中国地质大学(武汉)重磁勘探科研团队对喀拉通克铜镍矿区的重磁资料重新进行精细处理与解释,通过物探与地质结合、点的解释与面的区域背景分析结合、浅部的局部异常解释与深部的地质背景及成因结合,从物探的角度分析成矿地质体的空间位置及特征。采用2.5D精细反演、重磁联合约束反演解释,建立岩体、含矿岩体的模型。

本案例看点

(1)Y5岩体出露面积小,但其对应的重磁异常大幅值强,通过2.5D的重磁联合反演揭示了Y5岩体深部存在规模较大的隐伏岩体,该结果得到了人工反射地震和钻探工作的验证,为深部找矿指明了方向,即在 Y5 深部隐伏岩体应具有找矿远景。

(2)理论模型重力的一、二阶导数、剩余异常的零值线范围比实际的地质体大,直接用它作为岩体的边界不够准确。

一、地质地球物理概况

喀拉通克铜镍矿位于新疆阿勒泰地区富蕴县内,处于阿尔泰加里东褶皱系和准噶尔海西褶皱系结合部位的准噶尔褶皱系一侧,属东准噶尔褶皱带北缘。其次级构造位置处于卡依尔特-二台大断裂及玛因鄂博-额尔齐斯深断裂交会点南西侧及乌伦古河大断裂以北,出露地层主要为泥盆系、石炭系,部分奥陶系、侏罗系、古近系、新近系和第四系。区内地壳活动强烈、频繁,断裂构造发育,岩浆活动频繁,主要为海西早期至燕山期。岩性复杂,从超基性岩到酸性岩均发育,岩相自深成相、浅成相到喷发、喷溢相均有。矿区出露地层为中泥盆统蕴都哈拉组(D_2y)、下石炭统南明水组(C_1n)、古新统红砾山组($E_{1-2}h$)以及第四系全新统(Q_h),其中南明水组上段是区内主要含矿岩体侵入部位(图 26-1)。喀拉通克铜镍矿区位于萨尔布拉克-萨色克巴斯陶复向斜东偏南部位,由一系列褶皱和断裂组成。矿区侵入岩主要为海西期侵入的中基性—超基性杂岩体,少数为燕山期的酸性脉岩。目前已发现基性岩体 11 个,均侵位于下石炭统南明水组地层中,按其产出特征及其与构造的关系,分为南北两个岩带。其展布方向与区域构造线方向一致。南岩带由 Y1、Y2、Y3 号岩体组成,为隐伏、半隐伏岩体,规模大,形态规则,断续延长约 4km,宽 100~300m。南岩带岩体分异作用明显,Y1、Y2、Y3 号岩体均具有明显的岩相分带,由闪长岩相、辉长岩相、辉长苏长岩相和橄榄苏长岩相等岩相组成,各岩相之间往往呈渐变过渡关系。其中 Y2、Y3 号岩体重力分异作用明显,具有明显的垂直分异

图 26-1 新疆富蕴县喀拉通克铜镍矿区地质图

特点,从上至下,从外向内,岩体基性程度依次增高,铜镍矿化分布在基性程度较高的辉长-苏长岩相带内。北岩带分布于矿区中部偏北,与南岩带相距400~600m,由Y4、Y6、Y7、Y8、Y9号等5个岩体组成,呈不规则分枝脉状,规模小,断续延长2.2km,宽50~250m。北岩带岩体地表多有出露,以辉长岩为主,岩体分异作用不明显,无明显岩相分带,虽然均见有铜镍矿体,但规模小,为小型矿床。

通过收集和分析前人的岩矿石物性资料(图26-2)得出:

(1)中基性岩具有高密度、中等磁化强度的特征,随着基性程度增高,密度和磁化强度增大。

(2)铜镍矿体具有高密度、中等磁化强度的特征,随着含矿性增高,密度和磁化强度增大。

(3)含铁磁性矿物的岩石或矿体,具有高密度和高磁化强度的特点,而且磁化强度为喀拉通克铜镍矿区最高。

(4)泥盆系火山岩具有高密度、高磁化强度的特征,且磁化强度比中基性岩体的要高。

(5)凝灰岩也具有高密度、中等磁化强度特征,会对识别中基性岩造成干扰。

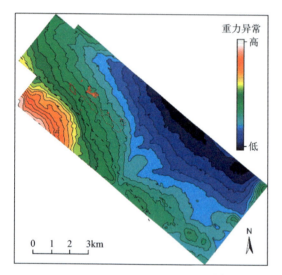 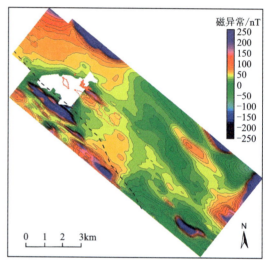

图26-2 重磁异常平面图

二、根据重磁异常解释隐伏岩体

前人根据重力异常的一、二阶导数与滑动平均的剩余异常3种处理结果的零值线作为火成岩体的边界,识别48处局部异常,其中已知岩体11个(图26-3)。从解释的结果可以看到,工区大部分地区被岩体覆盖。

为了说明重力的一、二阶导数、剩余异常的零值线作为地质体边界存在的误差,我们建立了图26-4所示的理论模型并计算一、二阶导数。理论模型表明:模型重力的一、二阶导数的零值线范围比实际的地质体要大很多,用它作为岩体的边界有误差。

从喀拉通克铜镍矿区的布格重力异常图和磁异常图(图26-2)可以看出,各种与成矿关系密切的侵入岩体所产生的重磁异常被基底和地层产生的强大背景重磁异常掩盖了,必须通过

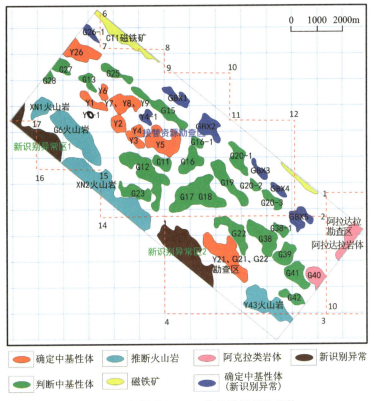

图 26-3 根据垂向一、二阶导数识别的岩体

(据"新疆富蕴县喀拉通克铜镍矿区及外围重、磁力测量"项目 2012 年度成果报告)

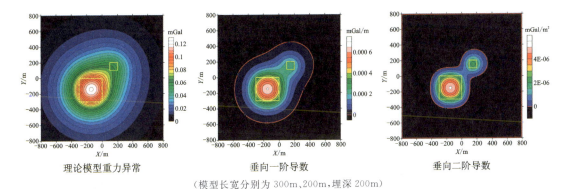

(模型长宽分别为 300m、200m，埋深 200m)

图 26-4 理论模型的重力一、二阶导数(图中红线为零值线)

异常分离方法将侵入岩体所产生的重磁异常提取出来，再进一步处理与解释。小波多尺度分解方法在应用实践中已经表明其具有可精细分析和处理优点，将喀拉通克铜镍矿区的布格重力异常进行小波 5 个尺度的分解(图 26-5)，结合地质情况以及各阶异常的特征分析得到，小波 1、2 阶细节异常沿测线条带分布，为网格化误差、观测误差、浅表干扰等因素的反映；小波 3 阶细节场源平均似深度 180m，多呈不规则状，局部重力高与出露中基性岩体有对应，为浅表不均匀体及出露岩体和岩脉的反映；小波 4 阶细节场源平均似深度 400m，小波 5 阶细节场源

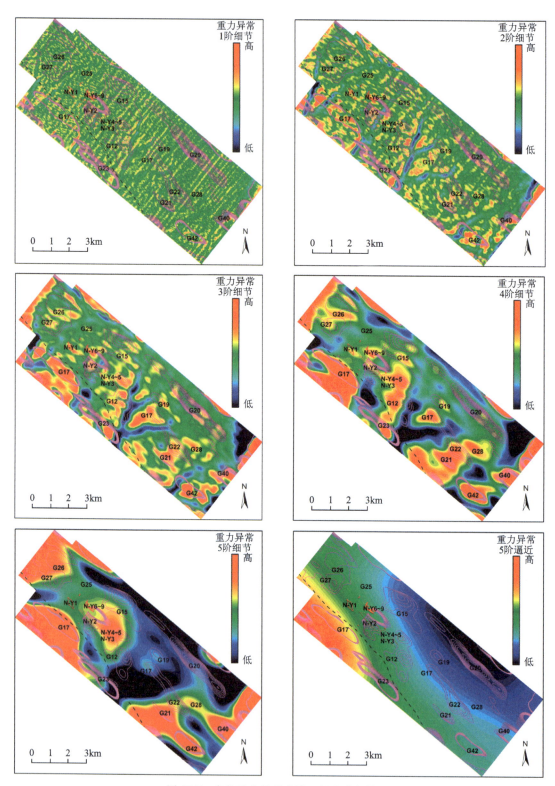

图 26-5 布格重力异常小波 5 尺度分解结果

平均似深度 740m,异常较规则,重力高主要为隐伏中基性岩体的反映;小波 5 阶逼近的形态与该区的向斜构造相对应,为基底地层的反映。根据上述的分析,将小波 4 阶和 5 阶细节的叠加再匹配滤波去掉小的异常的结果作为分析和研究该区隐伏基性超基性岩体的剩余重力异常(图 26-6a)。

同样对喀拉通克铜镍矿区的 ΔT 化极磁异常也进行小波 5 个尺度的分解,化极磁异常的小波 1~3 阶细节多呈不规则特征,场源似深度小于 250m,主要为各种干扰、浅表不均匀体以及出露岩体和岩脉的反映;小波 4 阶细节场源平均似深度 420m,异常规则,与岩体对应好,为深部隐伏岩体的反映,因此,将其作为分析和研究隐伏基性、超基性岩体的剩余磁异常(图 26-6b)。

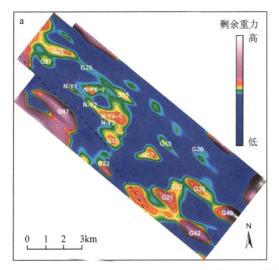 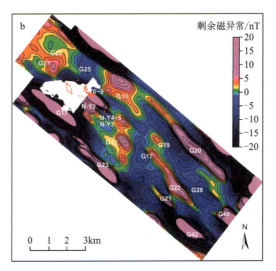

图 26-6 剩余重磁异常图

从提取的剩余重力异常中可以看出,工区内异常中心有 3 个,其中位于工区中部的异常中心为 Y5,而 Y5 岩体实际出露面积远小于 Y5 磁异常的幅值和范围,该异常处于向斜核部附近,可排除构造因素,因此推测其深部有较大的隐伏岩体,并表明该区域浅部岩体、岩脉如 Y1、Y2、Y3 等都可能来源于 Y5 深部,Y5 深部隐伏岩体可能是中晚期侵位的岩体。

把局部重力异常与局部磁异常叠合在一起(图 26-7),可以看出二者有对应关系,这些高重中高磁的局部异常是该区火山岩、中基性侵入岩及其他具磁性的地质体的反映。可以看出,矿区南部和北部区域上磁异常跳跃变化剧烈,强度大,且处于复向斜的两翼,出露泥盆系,泥盆系火山岩发育。由于中基性火山岩磁性强变化大,因此推断南部和北部区域内该特征的磁异常为基性火山岩引起。矿区中部靠近复向斜核部,高重中高磁的局部异常与已知高密度、中强磁性的基性—超基性侵入岩体位置对应,推测该区域为基性—超基性侵入岩体的主要分布区,而且也是成矿的有利区。结合地质资料不难发现火成岩体的分布受北西向复向斜构造和断裂构造控制,在平面上,火成岩具有明显的分带性,与成矿关系密切的中基性侵入岩主要分布于复向斜核部的石炭系南明水组地层中,并呈南、北两个条带分布;中基性侵入岩两侧为中酸性侵入岩体主要分布区;最外侧即复向斜两翼的泥盆系地层则为火山岩主要分布区(图 26-8)。

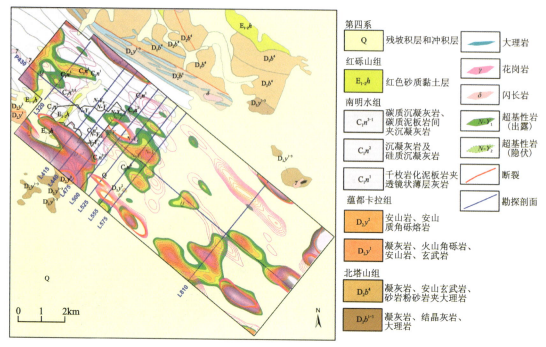

图 26-7 剩余重磁异常与地质图、勘探剖面叠合图

（充填颜色的为局部剩余重力异常如图 26-6a 所示，红色等值线为剩余磁异常如图 26-6b 所示）

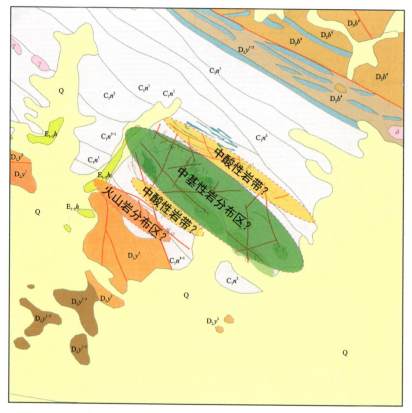

图 26-8 不同岩性火成岩可能的分布区带示意图

三、剖面重磁异常 2.5D 联合反演解释

我们选取了 10 条勘探剖面重磁异常进行 2.5D 联合反演解释。由于复小波频谱分析能够快速获得场源的分布信息，为精细反演提供建模依据，重磁异常场源位置在复小波频谱图上表现为剖面上的极大值点。图 26-9a 为 P430 线的剩余重力异常复小波频谱图，其中谱异常高值区为可能的场源分布区，提取高值区中的极大值位置为场源的位置（具体请参考第一部分新方法中连续复小波变换原理），图中红色点为剩余重力复小波频谱极大值，蓝色点为剩余磁异常复小波频谱极大值。P430 线穿过 Y1、Y2、Y3、Y4、Y5 岩体异常，从谱分析结果可以看出，在该剖面的深部 800～1000m，位于 Y4 和 Y5 岩体异常下方存在高值谱异常区，且为高密度和前磁性重叠区域（即有重力谱极大值也有磁力谱极大值），因此，在该深度位置存在基性—超基性隐伏岩体。同样在 L575 线的复小波频谱分析图上（图 26-9b）也可看到深度在 800～1000m 上存在高值谱异常区，推测存在基性—超基性隐伏岩体。利用复小波频谱分析得到的场源信息，进一步开展 2.5D 重磁联合反演，图 26-10 为 L580 线 2.5D 反演结果，结果显示在 Y5 岩体下方存在规模较大的隐伏超基性岩体，该反演结果得到了后续的人工反射地震结果的支持（图 26-11）。

将连续的多条勘探剖面反演结果进行分析和比较后（图 26-12），可以看出，在垂向上火成岩从浅到深具有从酸性—中基性—基性—超基性的分布特征。基性、超基性岩的侵入中心位于 Y4 和 Y5 岩体之间下方（图 26-13），断裂作为侵入通道，Y5 深部的隐伏岩体沿着南北两条北西向断裂上侵，形成了 Y1～Y3 南带小岩体，以及 Y4～Y9 北带小岩体，反演解释结果为新疆喀拉通克铜镍矿的深部找矿指明了方向，即在 Y5 深部隐伏岩体应具有找矿远景。

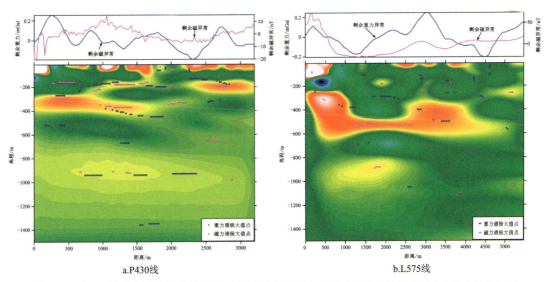

图 26-9　P430 线剩余重力异常连续复小波变换频谱图（红色点为重力谱极值，蓝色点为磁力谱极大值）

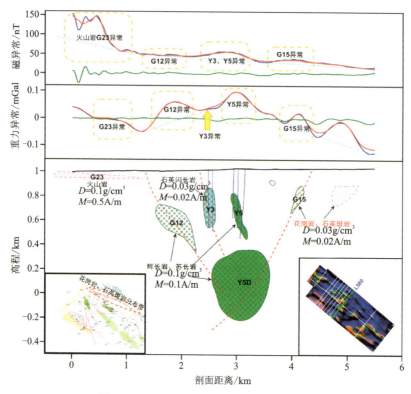

图 26-10 L580 线 2.5D 重磁异常反演结果

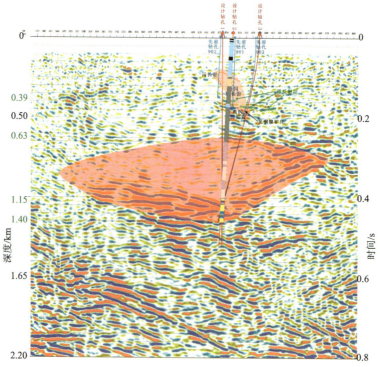

图 26-11 L580 线二维地震解释结果

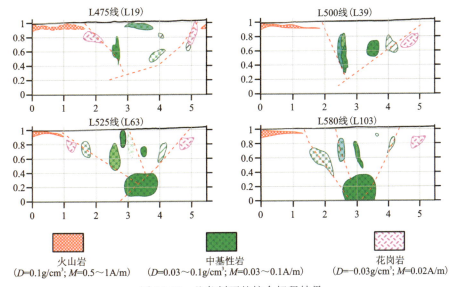

图 26-12　几条剖面的综合解释结果

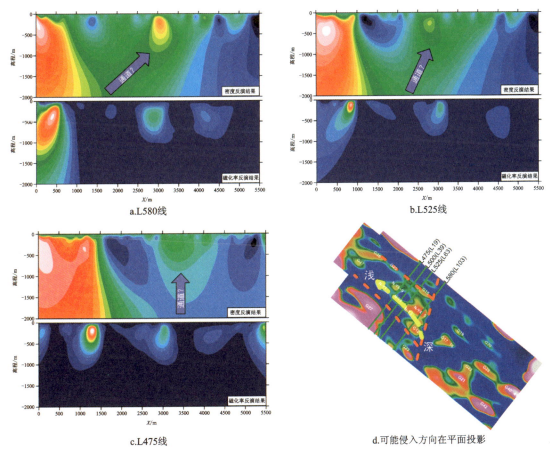

图 26-13　勘探剖面密度和磁化强度反演结果及可能的岩浆岩侵入方向示意图

四、结论

(1)Y5岩体出露面积小,但其对应的重磁异常大幅值强,复小波频谱分析能够快速获得场源的分布信息,为精细反演提供建模依据,通过2.5D的重磁联合反演揭示了Y5岩体深部存在规模较大的隐伏岩体,该结果得到了人工反射地震和钻探工作的验证。

(2)火成岩体的分布受北西向复向斜构造和断裂构造控制,在平面上,火成岩具有明显的分带性,与成矿关系密切的中基性侵入岩主要分布于复向斜的核部,并在次一级背斜呈南带和北带两个条带分布;中基性侵入岩两侧为中酸性侵入岩体主要分布区;最外侧即复向斜两翼则为火山岩主要分布区。在垂向上火成岩从浅到深具有从酸性—中基性—基性—超基性的分布特征。

(3)2.5D的重磁联合反演以及复小波频谱分析结果显示,基性、超基性岩的侵入中心位于Y4和Y5岩体之间下方,断裂作为侵入通道,Y5深部的隐伏岩体沿着南北两条北西向断裂上侵,形成了Y1~Y3南带小岩体,以及Y4~Y9北带小岩体,反演解释结果为新疆喀拉通克铜镍矿的深部找矿指明了方向,即在Y5深部隐伏岩体应具有找矿远景。

第二十七章　黔西南卡林型金矿集区重磁勘探

黔西南是我国重要的卡林型金矿集区，截至 2013 年底，区内已探有水银洞、紫木凼、太平洞、戈塘、泥堡等大型金矿，探明黄金资源量近 300t，潜力评价资料显示区内金资源潜力在 500t 以上，具有良好的成矿地质条件和找矿远景。随着地表金矿资源的开发殆尽，矿集区内金矿找矿工作进入"攻深找盲"阶段。2015 年国家自然资源部在黔西南矿集区部署找矿预测工作，物探工作的总体目标是以金为主攻矿种，开展综合物探找矿预测方法研究及示范，为构建成矿地质体、成矿构造和成矿结构面、成矿作用特征标志找矿预测地质模型提供依据。

虽然以往的找矿工作在模式找矿的指导下已经取得了巨大成功，然而在成矿地质体方面的研究还比较薄弱，制约了深部找矿的新突破。黔西南地区的微细浸染型金矿床尚未见岩浆岩出露，根据黔西南地区区域重力和航磁资料圈定隐伏岩体的分布并推断其埋深，以及研究隐伏岩体与矿床的关系还需对已有资料的进一步精细解译和大比例尺物探工作的进一步验证。深部是否存在中远成式微细浸染型金矿床也取决于对隐伏成矿地质体的研究。

针对上述存在的问题，我们提出如下研究思路：

(1)中酸性火成岩侵入体为低密度、弱磁性，提取局部重力低异常，结合区域构造进行重力异常筛选，圈定隐伏的中酸性火成岩侵入体；基性火成岩侵入体为高密度、中等磁性，提取局部重力高、磁力高异常，结合区域构造进行异常筛选，圈定隐伏的基性火成岩侵入体。

(2)矿化蚀变含磁黄铁矿磁性略有增强，在已知矿床或矿(化)点上分析矿化蚀变体的重磁异常特征，提取和筛选局部重磁异常，圈定推测矿化蚀变体。

(3)分析矿床或矿(化)点异常特征及其与岩体、断裂构造、地层等空间位置关系，总结找矿特征标志，圈定找矿有利区。

(4)在重点有利区开展的综合精测剖面工作，预测找矿有利部位。

本案例看点

根据重磁异常采用综合地质地球物理方法，构建成矿地质体、成矿构造和成矿结构面，利用成矿作用特征标志建立找矿预测地质模型，为黔西南卡林型金矿的进一步勘查提供依据。

一、地质地球物理概况

黔西南矿集区大地构造位处特提斯-喜马拉雅与滨太平洋两大全球构造域接合部东侧的扬子陆块与右江造山带两个次级构造单元接合部位，属扬子陆块一级构造单元内上扬子陆块二级构造单元中的南盘江-右江前陆盆地。成矿区带位于南盘江-右江成矿带北段，处于著名的滇黔桂"金三角"主体部分。黔西南矿集区的构造演化过程经历了早期拉张→裂陷→沉降和沉积及晚期的挤压褶皱造山作用和伸展隆升过程(曾允孚等,1995;高振敏等,2002;王国芝,2003),该过程是地幔热流从膨胀上隆→热收缩→恢复到膨胀前状态的过程(张锦泉等,1994;范军和肖荣阁,1997)。黔西南矿集区表层构造轮廓主要定型于印支期—燕山期(郭振春,1993),其构造变形的组合型式复杂多样。早期背斜构造线展布方向受前期深大断裂影响和制约明显。后期构造对早期构造行迹的叠加复合明显。特殊的大地构造位置、复杂的地质构造演化史和多方向区域应力场共同作用形成的构造格局,黔西南矿集区卡林型金矿大规模成矿作用的重要前提(图27-1)。

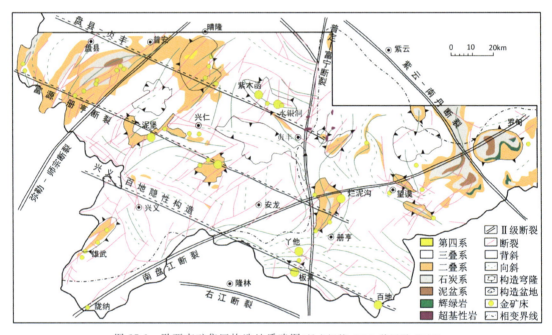

图27-1 黔西南矿集区构造地质略图(姚书振等,2013;曾国平,2018)

黔西南矿集区沉积地层发育良好,出露地层主要是泥盆系至三叠系,总厚逾10 000m。

黔西南矿集区浅部岩浆岩不甚发育,总的来说是一个岩浆活动微弱的地域。区内岩浆岩可分为两类。一类为侵位于中二叠统至中三叠统中的偏碱性基性岩,岩体规模较小,产状复杂,呈串珠状分布于贞丰、镇宁、望谟三县交界处及罗甸地区。另一类为中晚二叠世之间喷溢的拉斑玄武岩(峨眉山玄武岩),分布于兴仁—关岭一线西北地区,由西北向南东变薄尖灭。

根据成矿地质环境和成矿作用特征,将黔西南矿集区"金三角"划分为三个成矿带:兴仁-安龙金矿带,右江金矿带,晴隆-罗平金矿带。戈塘背斜控制了金矿产出,戈塘大型金矿床位于安龙县及兴仁县内的戈塘矿田中部,构造主要为由二叠系为核部的北西向穹状背斜,戈塘金矿位于戈塘背斜的南东翼。

戈塘金矿赋存于龙潭组与茅口组间不整合界面间的硅化和角砾化灰岩或硅化角砾状黏土岩中,由于受底板起伏、物质来源和水动力条件等变化制约,含矿体地段岩性和厚度的纵横变化均十分剧烈。与金矿化有关的主要蚀变是硅化、黄铁矿化、黏土化、褐铁矿化、黄铁钾钒化等。

第二十七章　黔西南卡林型金矿集区重磁勘探

黔西南矿集区的岩石物性统计结果显示（表 27-1～表 27-3），酸性岩（花岗岩）密度为 2.61g/cm³，中性岩密度为 2.63g/cm³，基性—超基性岩密度为 2.83g/cm³，石英岩脉金矿 2.63g/cm³，蚀变型金矿 2.69g/cm³。中酸性岩相对围岩总体表现为低密度，当具有一定规模时会引起局部重力低异常；基性—超基性岩相对围岩总体表现为高密度，当具有一定规模时则会引起局部重力高异常；矿与矿化岩石的密度比围岩的密度低一些，因此可以利用局部重力低来圈定有利部位。沉积岩为弱磁性或无磁性，当含磁黄铁矿时具有一定的磁性；变质岩为中弱磁性，中酸性岩为弱磁性或无磁性，基性—超基性岩具有中等磁性，当岩石矿化蚀变含磁黄铁矿时会引起范围比较小的局部跳变磁异常，而变质岩和具有一定规模和埋深的基性—超基性岩则会引起范围较大的局部磁异常。由于矿化岩石含磁黄铁矿，其磁性比围岩的磁性略高，因此，可以利用局部磁异常圈定矿化有利部位，然而，工区西部三叠系飞仙关组的粉砂质黏土具有较强的磁性，为比较严重的干扰。岩体为高电阻率，岩石含磁化铁矿具有高极化率。因此，当岩体具有一定规模时，可以利用重力和 CSAMT（可控源音频大地电磁）圈定岩体，当岩石矿化蚀变含磁黄铁矿时，可利用磁法和激发极化法圈定蚀变体或蚀变带（SBT）。

表 27-1　岩石标本测量密度统计表

岩性	样品数/块	密度/(g·cm⁻³)		
		变化范围	算术平均值	几何平均值
灰岩	37	2.12～2.75	2.582	2.580
粉砂质黏土	3	1.875～2.018	1.942	1.941
原生矿	21	1.871～2.663	2.378	2.371
氧化矿	23	2.075～2.781	2.416	2.410
砂岩	17	2.241～2.841	2.533	2.526
页岩	3	2.146～2.79	2.348	2.318

表 27-2　岩矿石磁化率统计表

岩性	样品数/块	磁化率/($4\pi \times 10^{-6}$SI)			剩磁/($\times 10^{-3}$A·m⁻¹)		
		变化范围	算数平均值	几何平均值	变化范围	算术平均值	几何平均值
灰岩	37	2～758	92	39	88.727～5 715.005	756.966	410.184
粉砂质黏土	3	121～253	190	185	254.334～395.717	316.878	311.590
原生矿	21	4～217	60	55	78.969～812.269	297.371	262.721
氧化矿	23	18～534	103	75	67.761～3 607.758	408.966	257.028
砂岩	17	6～453	49	48	111.949～1 243.757	396.193	310.194
页岩	3	3～158	31	19	113.481～351.352	238.511	215.414

表 27-3　岩矿石视电阻率统计表

岩性	测量点数/个	视电阻率/(Ω·m)		
		变化范围	算术平均值	几何平均值
灰岩	43	162~951	452	405
粉砂质黏土	6	199~219	208	207
原生矿	9	2~5	4	4
氧化矿	12	104~395	223	203
砂岩	19	18~2622	557	188
页岩	15	8~447	98	33

二、区域重磁异常特征

黔西南矿集区位于北东向展布重力梯级带上,异常东高西低是莫霍面的反映,多数金矿床、矿点分布在该重力梯级带上(图27-2)。采用70km×70km的窗口滑动平均法进行区域场与局部场分离,区域场的功率谱场源平均似深度约40km,为莫霍面起伏的反映,局部场的功率谱场源平均似深度约为4.6km,是基底的起伏和火成岩岩体的反映(图27-3)。在局部重力异常图上,以异常绝对值大于2mGal共圈出了44个局部重力异常,其中G1~G16为局部重力低异常,G17~G44为局部重力高异常。局部重力异常受深部构造格架控制,重力高与重力低由东往西呈近南北向呈带状交替分布。金矿床点基本上都落在了局部重力低的边部。

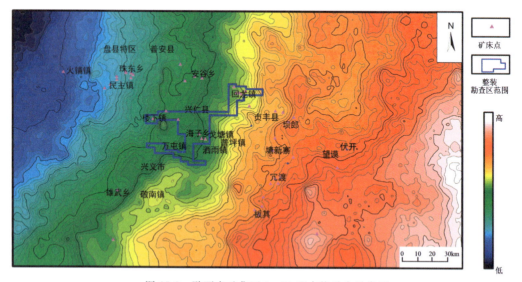

图 27-2　黔西南矿集区1∶20万布格重力异常图

第二十七章 黔西南卡林型金矿集区重磁勘探

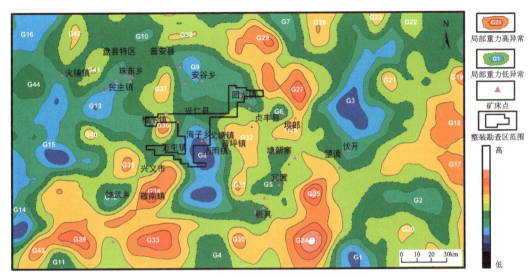

图 27-3 黔西南矿集区窗口滑动平均法提取的局部重力异常（窗口大小 70km×70km）

黔西南矿集区磁异常主要分布在研究区中部和东北部，中北部磁异常较为平缓，西部磁异常变化较为激烈（图 27-4）。根据岩矿石的磁性，平缓磁异常主要与磁性基底有关，幅值和范围较大的局部磁异常主要与隐伏的基性—超基性岩体有关，而跳跃变化较为强烈的磁异常主要为岩石矿化蚀变和浅部小岩体、岩脉的共同反映。磁异常具有与局部重力异常相似的近南北向的条带状分布特点，有很好的对应关系，金矿床点主要分布在正磁异常的边部，特别是在高频跳跃的磁异常附近（图 27-5）。

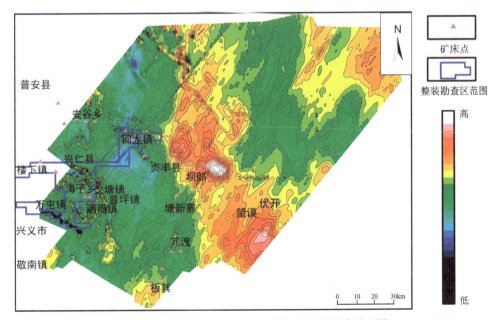

图 27-4 黔西南矿集区 1∶10 万航磁化极异常平面图

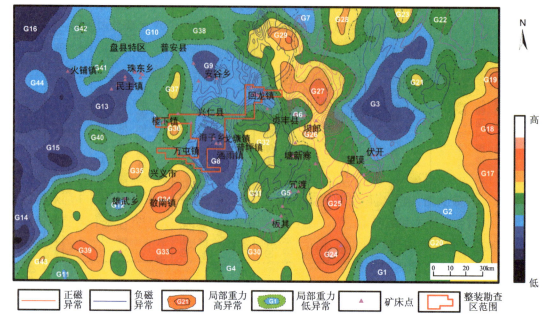

图 27-5 黔西南矿集区化极磁异常与局部重力异常叠合图

三、断裂划分与岩体圈定

黔西南矿集区中部的北东-南西向的梯级带位于龙门山断裂带的南端,为区域性深大断裂 F1 的反映。对布格重力异常求 $0°$、$45°$、$90°$ 和 $135°$ 方向水平一阶导数可以突出地质体边界和断裂位置(图 27-6)。经过分析得出,矿集区北部存在 2 条弧形断裂,南部存在近东西向断裂,这两组断裂控制了矿集区金矿分布,已知的金矿床大多位于该两组断裂之间。以 F1 断裂为界,以东主要发育北西向断裂,以西主要以北东向断裂为主。金矿床点主要分布于北东向断裂附近,特别是在北东向与北西向断裂的交会部位附近(图 27-6)。

根据物性统计结果,黔西南矿集区的中酸性火成岩侵入体为低密度、弱磁性,提取局部重力低异常,结合区域构造排除向斜和局部凹陷进行重力异常筛选,可圈定隐伏的中酸性火成岩侵入体;基性火成岩侵入体为高密度、中等磁性,提取局部重力高、磁力高异常,结合区域构造排除背斜和基底隆起进行异常筛选,可圈定隐伏的基性火成岩侵入体(图 27-6)。

从局部重磁异常叠合图可以看出(图 27-7),局部重力高异常 G25、G26、G27 在磁异常小波 3 阶逼近上为局部磁力高,根据基性—超基性岩为高密度中等磁性的特点,G25～G27 3 个高重高磁异常推测为隐伏的基性—超基性岩体的反映。局部重力低异常 G3、G5~G9 在磁异常小波 3 阶为磁力低或负磁异常,并且在异常边界部位都有串珠状局部高磁异常分布,推测重力低异常为密度较低的中酸性隐伏岩体产生,串珠状局部高磁异常为侵入到浅表的小岩体以及矿化蚀变的共同反映。金矿床点基本都落在了局部重力低异常上并且位于幅值较大的串珠状磁异常附近。由此可以看出,局部磁异常激烈跳跃变化,形成手指磁异常分布区或串珠状磁异常带为矿化蚀变的重要标志。

第二十七章 黔西南卡林型金矿集区重磁勘探

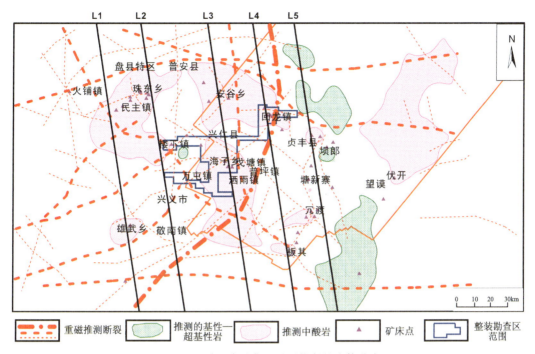

图 27-6 黔西南矿集区重磁推断的岩体分布

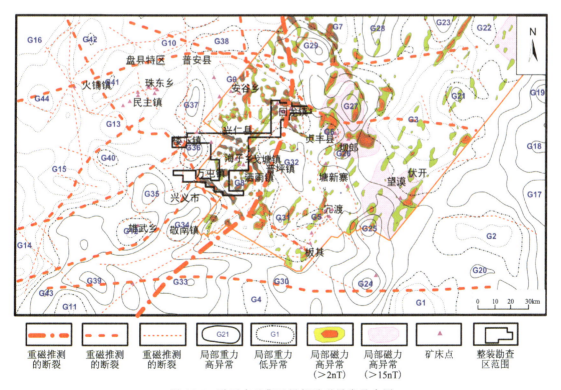

图 27-7 黔西南矿集区局部重磁异常叠合图

四、二度半反演解释

切取 L1~L55 条重力剖面进行 2.5D 反演,以 L1 剖面为例,从 L1 剖面的解释结果可以看出(图 27-8),金矿床位于深部隐伏中酸性岩体顶面岩凸内侧或上侵小岩株附近。因此,中酸性岩体顶面凸起及小岩株是成矿的有利部位。

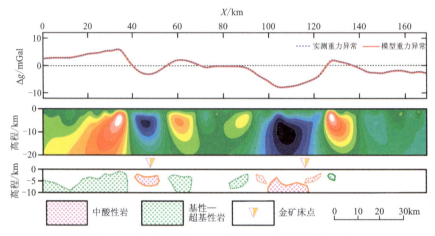

图 27-8　黔西南矿集区 L1 线 2.5D 反演综合剖面图

五、圈定找矿远景区

从局部重力异常图上看(图 27-9),戈塘背斜上的洒雨预测区是重要的成矿有利区,它位于北西向局部重力低异常上,该重力低由 2 个次一级局部重力低所组成,北部次一级重力低北西走向,南部次一级重力低近东西走向,海子-戈塘金矿床位于次一级重力低边部异常扭曲部位。

从局部磁异常图上看(图 27-10),洒雨预测区为杂乱跳跃、串珠状异常区,范围与局部重力低异常相对应,边部磁异常幅值强,北西向串珠状,中部异常幅值弱,近北东走向。海子-戈塘金矿床点位于异常区中部,局部磁异常边部。

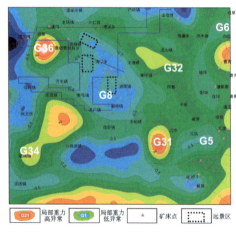
图 27-9　洒雨预测区局部重力异常

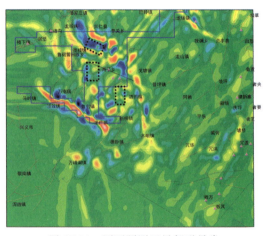
图 27-10　洒雨预测区局部磁异常

从地质图上看(图27-11),洒雨预测区北东向断裂十分发育,金矿床点位于上河坝断层、鲁沟断层及海马谷断层附近,戈塘背斜轴部附近,地层为二叠系龙潭组(P_3l)。

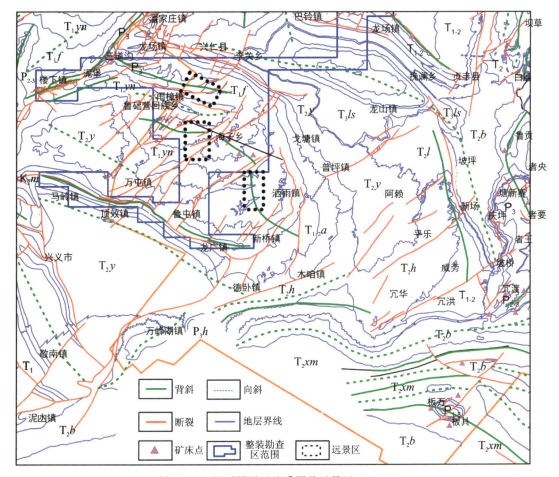

图27-11 洒雨预测区地质图及远景区(黑色虚框)

六、综合物探剖面的处理与解释

在上述解释结果的基础上,在洒雨预测区布置重磁、AMT综合物探精测剖面(图27-12),确定找矿有利部位,精测剖面上布格重力异常东高西低,由西向东,幅值从约-0.5mGal逐渐增大到约8.5mGal,从1:20万区域布格重力异常图上可以看出,该剖面处在近南北向的梯级带上,布格重力异常东高西低的总体趋势是莫霍面东浅西深的反映。利用一阶趋势分析方法将反映深部场源的异常分离,得到剩余重力异常曲线图(图27-13),可以看出,该剖面的剩余重力异常整体为一重力低异常,而剖面又是处在戈塘背斜上方,因此推测该重力低为深度约5km的低密度中酸性侵入岩所引起的。根据物性统计结果,矿化岩石相对于围岩来说为低密度,而且断裂发育部位为成矿有利部位,因此从剩余异常图可以看出,已知的金矿点都落在了局部重力低异常上,这些局部重力低可能主要是断裂破碎和矿化体的综合反映。

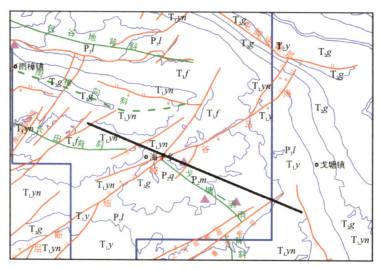

图 27-12 洒雨预测区地质图

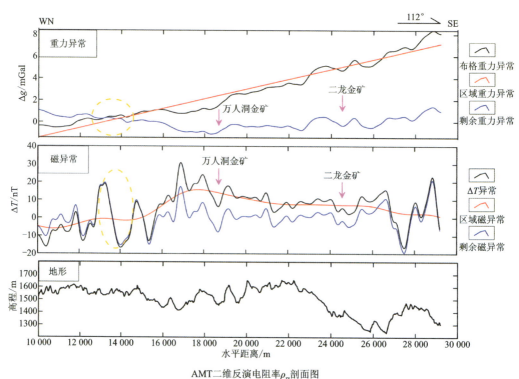

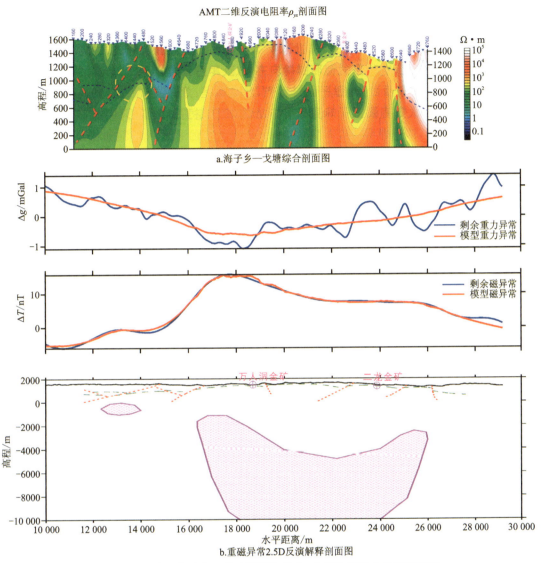

图 27-13　黔西南矿集区找矿预测海子乡-戈塘物探综合解释剖面图

利用匹配滤波对精测剖面磁异常进行分离,得到区域磁异常场源视深度约 5km,可能为弱磁性的中酸性侵入岩的反映,与局部重力异常相对应,16 000～20 000nT 和 24 000～27 000nT 的磁异常高是深部隐伏大岩体产生的边界异常,12 000～14 000nT 的磁异常高可能反映大岩体上侵形成的小岩株或岩枝;局部磁异常场源视深度约 500m,可能为有磁性的地层及黄铁矿化岩石的综合反映。已知的金矿床点为岩体边界异常的内侧,局部磁异常有较大的起伏变化,该起伏变化可能反映了黄铁矿化。

从 AMT 反演结果可以看出,剖面西侧电阻率要低于东侧,中高电阻率主要为灰岩的反映。该剖面整体上为一大背斜(以海马谷断层和鲁沟断层为界),轴部位于万人洞附近(即 1840～2120 点之间),该大背斜被多条北东向的断层错开,并形成多个小断背斜,已知的金矿床点位于背斜的轴部和断层附近。

七、结 论

(1)根据重磁异常划分断裂与圈定岩体,得出戈塘背斜上的洒雨预测区是重要的成矿有利区。

(2)根据物探找矿预测标志:①剩余重力异常的局部重力低异常;②岩体边界磁异常的内侧,且局部磁异常起伏变化较大;③断背斜的轴部、断裂附近。除了已知金矿床点之外,从剖面重磁异常、AMT结果推测在14 000m附近为找矿的有利部位,但值得注意的是由于受海马谷断层的作用,可能埋深较大。

第二十八章　黑龙江翠宏山铁多金属矿田重磁勘探

　　翠宏山铁矿是黑龙江逊克县最具优势的矿产资源之一,储量丰富,矿区铁矿石总储量6 834.6 万 t,钼储量 9.39 万 t,钨储量 12.16 万 t,锌储量 51.37 万 t,铜储量 3.21 万 t,并伴生铅、银、镉、铟等矿产。

　　翠宏山铁多金属矿田位于小兴安岭-张广才岭弧盆系(Pt_3-Pz)、伊春-延寿岩浆弧(Pz_1)之伊春陆表海盆($\in_1$)北段、乌云-结雅火山沉积盆地(K_1-E)边缘隆起区;处于伊春 Fe、Pb、Zn、Mo、W、Sn、Cu、Ag 成矿亚带北段。结晶基底为东风山岩群(Pt_1D)硅铁建造的高绿片岩相—低角闪岩相变质岩系,西林群($\in_1X$)浅海相碳泥硅灰建造是早期盖层;加里东中期、印支晚期、燕山中期构造-岩浆侵入活动强烈,多旋回、多期、多阶段的铁多金属成矿作用显著,形成了以矽卡岩-斑岩型为主的矿床成矿系列。

　　翠宏山矿田的区域物化探工作始于 20 世纪 60 年代中期,先后发现并勘查评价了翠宏山、翠北、库南等多处矿床(点),翠宏山铁多金属矿田具有成矿潜力,但由于较多地质问题认识不清,影响了矿田找矿突破成果的扩大。

　　2016 年黑龙江省国土资源厅、黑龙江省财政厅设立"黑龙江省逊克县翠宏山铁多金属矿田找矿模型与找矿方向研究"地质勘查专项项目,中国地质大学(武汉)重磁勘探科研团队承担了重磁资料处理与解释的任务。通过对资料的分析,发现以往工作存在如下问题:

　　(1)岩矿石及地层物性工作不够深入,缺乏重要地层的东风山群结晶基底的密度资料,磁性资料不十分可靠。

　　(2)物探资料系统精细研究利用程度低,缺乏新方法技术运用,物探与地质结合不紧,综合研究不够深入。

　　针对上述问题,我们提出如下思路:①补充采集测定岩矿石及地层物性;②运用重磁异常2.5D、3D 联合反演解释方法与"三位一体"地质找矿理论重新处理解释。

本案例看点

　　(1)精细可靠的物性工作是地球物理深部找矿工作取得良好效果的重要前提条件。在对已知勘探剖面的细致分析后,得出翠宏山以往的物性参数不准确,缺乏东风山群基底岩石、矿化蚀变岩石的物性参数,这些物性工作的不足,影响了深部异常的提取和反演解释,野外便携式磁化率仪测得的磁性参数不能代替磁力仪测量的磁性参数。通过物性的补充采集和精细测定,获得了更加准确、全面的物性参数,在此基础上,建立翠宏山矿床的地质地球物理模型,为深部找矿提供了可靠的依据。

　　(2)"三位一体"的找矿预测理论和模型对地球物理深部找矿工作起到重要的指导作用。翠宏山铁多金属矿田内矽卡岩型铁多金属矿床的形成和分布,主要受铅山组形成的褶皱及其走向断裂、共轭扭性断裂、横向断裂联合控制的向形侵入接触带构造控制(图28-1),主成矿岩体为加里东中期和印支晚期形成的黑云母二长—碱长花岗岩、花岗闪长岩构成的复式岩体。因此,圈定铅山组地层的分布及其与花岗岩的接触带是矿田内开展找矿远景预测工作的重要内容;翠宏山铁多金属矿受褶皱控制,呈"U"形展布的特征,因此,2.5D重磁资料联合反演在矿区内开展深部找矿预测中反演模型需要受"U"形特征的约束。

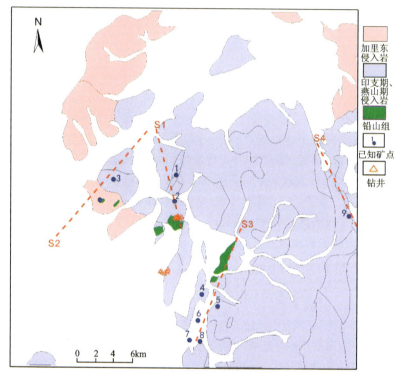

S1:翠北-翠中复褶皱;S2:西玛鲁河复褶皱;S3:对宏山-库滨复褶皱;S4:红旗山复褶皱;
1.翠北铁矿床;2.翠宏山铁多金属矿床;3.反帝反修山铁矿点;4.对宏山矿点;5.宏铁山铁矿床;6.库滨铅锌矿床;7.库源西山铁矿床;8.库源铁矿床;9.红旗山铁多金属矿点

图28-1 翠宏山矿田控矿褶断侵入接触带及矿床(点)分布图

一、岩矿石及地层标本采集与物性参数测定及解释

翠宏山矿田的岩矿石及地层密度采集与分析工作存在不足,缺乏重要地层的东风山群结晶基底的密度。以往的研究表明翠宏山地区寒武系铅山组地层与成矿关系十分密切,其分布受东风山群结晶基底的构造控制,因此,为了可靠分析引起重力异常的因素,并圈定铅山组地层的分布,有必要对研究区的铅山组地层、东风山群结晶基底岩石、火成岩的密度进行准确测量。

2017年中国地质大学(武汉)重磁勘探科研团队在翠宏山矿区及周边包括翠北铁矿、翠中岩心库、库南铅锌矿、红旗山、霍吉河林场、翠宏山矿点、宏铁山矿点、库源铁矿、反帝反修山铁矿点、汤南林场、五翠等共11个地点采集了893块各类岩矿石标本,其中定向标本总103块,非定向标本790块,并在实验室中使用423S电子密度仪、KLY-3S/CS-3卡帕桥仪、JR-6旋转磁力仪等更加精密的仪器对这些标本的密度和磁性进行测定和统计。

2017年的岩矿石及地层密度测量结果(表28-1)显示,新采集测定的密度结果与以往密度结果相比虽然在数值上有细微的差别,但各类岩石之间的密度相对大小是一样的(图28-2),东风山群角闪岩比上覆地层密度稍高。因此,大规模的火山岩或侵入岩分布在区域上可以引起规模较大的重力低异常;引起区域重力高异常的主要因素应是东风山群结晶基底、上覆的寒武系铅山组及变质岩地层的隆起或在火成岩中有寒武系铅山组变质岩地层残块;一定规模及埋深的矿体及矿化体可以引起局部重力高异常。

表28-1　2017年翠宏山地区岩石密度测量统计结果表

岩石种类	块数	变化范围/(g·cm⁻³)	常见值/(g·cm⁻³)	平均值/(g·cm⁻³)
大理岩	32	2.446～2.787	2.579	2.592
花岗岩	268	2.478～2.866	2.604	2.615
闪长岩	286	2.342～3.488	2.609	2.629
东风山群角闪石	25	2.579～2.775	2.718	2.705
麻粒岩	40	2.640～2.864	2.734	2.726
灰岩	6	2.680～2.815	2.715	2.725
铅山组灰岩	34	2.582～2.858	2.752	2.741
铅山组灰岩(黄铁矿化)	21	2.766～3.416	2.827	2.833
石英磁铁矿脉	15	2.600～3.211	2.769	2.769
绿泥石、透辉石化花岗岩	11	2.601～3.182	2.877	2.888
早燕山隐爆角砾岩	20	2.911～3.516	3.181	3.231
矽卡岩中的铁矿石	31	2.609～4.041	3.344	3.339
矽卡岩	42	2.593～3.794	3.415	3.381
铁矿石	34	3.453～4.977	4.293	4.274
加里东期火成岩	55	2.505～2.866	2.641	2.646

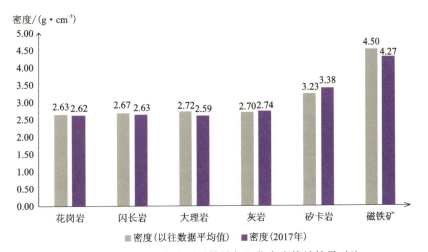

图28-2　2017年的密度测量结果与以往密度统计结果对比

磁法勘探是寻找磁铁矿最直接的方法,因此,各类岩矿石的磁性参数准确性直接影响磁异常反演解释的效果。铁及铁多金属矿不仅具有较大的磁化率,而且也具有很强的剩余磁性,研究区磁性资料中没有剩磁方向的参数,当实际的剩磁方向与地磁场有较大方向差别时,如果不考虑剩磁方向则处理和反演就会有很大的误差,造成对磁性体的定位不准。

翠宏山矿田磁性参数不够准确和全面,按照以往物性统计结果(表28-2)可以计算得到磁铁矿的总磁化强度大小为100~130A/m,而含矿矽卡岩的总磁化强度可达到30~50A/m,如图28-3a所示,利用此参数在207勘探线上进行反演无法拟合实际观测的磁异常(图28-3a中的红线),显然以往统计的岩矿石磁性偏大。

表28-2 以往翠宏山地区岩石磁性统计表

岩矿石名称	样本数/块	磁性参数			
		磁化率/($\times 10^{-5}$ SI)		剩磁/($\times 10^{-3}$ A·m^{-1})	
		平均值	变化范围	平均值	变化范围
二长花岗岩	18	61	15~140	14	2~41
似斑状花岗岩	22	217	20~418	89	18~253
英云闪长岩	30	926	553~1477	30	6~131
细粒闪长岩(脉)	2	96	58~134	19	16~25
块状大理岩	5	514	290~1012	108	56~195
条带状大理岩	12	368	43~1255	181	14~1364
结晶灰岩	30	320	77~569	20	4~46
泥质板岩	30	1360	789~2594	1417	518~4070
矽卡岩	55	1011	323~2088	1120	7~3044
磁铁矿矿石	30	197 162	106 185~264 049	47 809	2340~180 254

在翠宏山,除了要考虑矿体的影响外还要考虑矿化体的影响,具有一定磁性的矿化体是普遍存在的。如在215线,若只考虑矿体而不考虑矿化体,则其产生的磁异常要比实测的磁异常小得多(图28-3b中的红线),必须加上矿化体的影响,加了矿化体的影响观测值曲线就得到较好的拟合(图28-3b中点线)。

在以往的工作中,是否还存在其他有磁性岩石未被测量,因此,对强磁性岩矿石采集定向标本,准确测量其磁性,并测量剩磁的大小和方向对于精细反演解释十分重要。

2017年岩石标本磁性补充测量结果如表28-3所示。可以看出,火成岩、变质岩和沉积岩普遍具中弱磁性,花岗岩磁化率约110×10^{-5}SI,矽卡岩具一定磁性,磁化率约678×10^{-5}SI,东风山群变质岩基底磁性与花岗岩磁性相当,为弱磁性;磁铁矿、矿化矽卡岩及矿化灰岩具强磁性,而且主要以剩磁为主,磁铁矿矿石磁化率只有3236×10^{-5}SI,而剩磁就可达52.64A/m。因此,在研究区磁铁矿体与矿化矽卡岩及矿化地层能够在区域上引起局部高磁异常,但是范围较小,大范围的磁异常应是具磁性的火山岩、侵入岩及深部东风山群结晶基底共同引起。对比以往磁性统计结果可以看出(图28-4),各种岩石磁性相对大小基本相同,但值得注意的

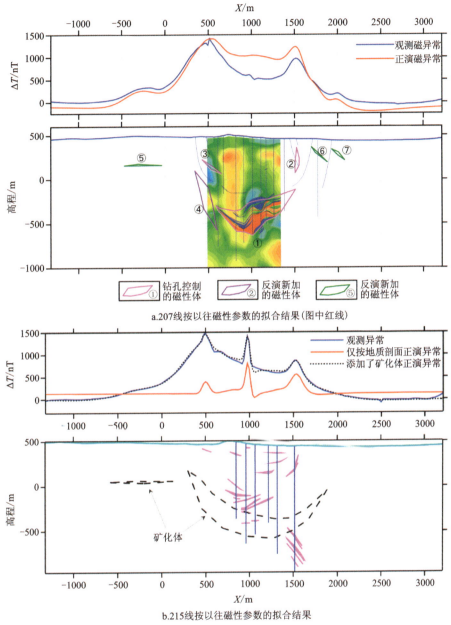

图 28-3 以往磁性参数反演结果

是2017年测得的大理岩磁性为弱磁性或无磁性,而闪长岩具有一定的磁性;2017年得到的各种岩矿石磁化率普遍较以往的低,特别是矽卡岩、矿化矽卡岩以及磁铁矿等强磁性的岩矿石,磁化率不到以往统计值的一半,然而这些岩矿石的剩磁却普遍较以往的高。如图28-5所示,按本次测量结果在207勘探线上就能较好地拟合钻孔控制地质体产生的主体异常,表明2017年在测量岩石磁性是使用了精度和灵敏度更高的仪器,新的磁性统计结果较以往合理,同时也表明野外现场用便携式磁化率仪测量磁化率不能代替磁力仪测量岩石磁性。

表 28-3 2017 年翠宏山地区岩石磁性测量结果表

岩石种类	样本数/块	磁化率/($4\pi \times 10^{-6}$SI)			剩磁/($\times 10^{-3}$ A·m^{-1})		
		变化范围	常见值	平均值	变化范围	常见值	平均值
灰岩、铅山组灰岩	20	0.01~59.48	0.21	0.46	0.122~2.51	1.1	1.1
大理岩	25	0.24~56.40	10.9	11.9	0.72~31.79	11.9	11.9
绿泥石、透辉石化花岗岩	11	2.63~33.24	18.5	19.7	0.83~36.26	12.6	12.6
铅山组灰岩（黄铁矿化）	15	6.41~96.69	32.3	26.6	15.12~8 623.14	2 957.7	2 957.7
麻粒岩	32	27.26~46.11	36.2	36.2	4.11~4.38	4.3	4.3
早燕山隐爆角砾岩	23	19.23~72.12	51.0	52.9	0.23~0.62	0.4	0.4
东风山群角闪岩	18	76.53~576.30	218.46	224.9	5.66~33.58	17.8	17.8
矽卡岩	41	14.66~5 504.37	116.1	254.9	0.13~0.38	0.2	0.2
花岗岩	199	0.31~2 076.18	110.1	255.0	0.13~1 251.22	10.3	86.1
闪长岩	224	0.48~5 577.58	678	552.1	0.18~615.23	131.6	173.2
铁矿石	15	295.23~14 546.76	3 236.9	3 236.9	17 439.42~140 984.61	49 149.3	60 695.8
石英磁铁矿脉	6	1 620.2~18 414.23	6 026.6	5 961.3	21 267.64~97 541.07	60 789.9	60 789.9
矽卡岩中的铁矿石	14	523.62~15 191.34	9 686.8	9 686.8	4 478.30~650 764.17	52 640.0	79 184.6
加里东期火成岩	52	0.68~7.25	8.5	8.6	0.18~515.35	93.1	93.1

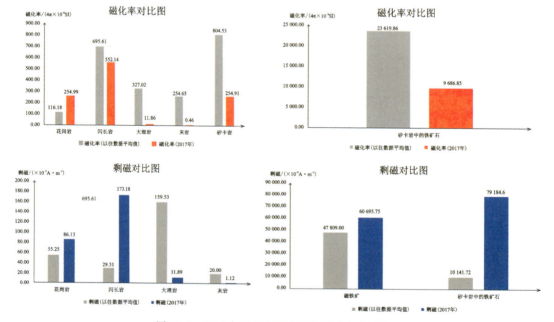

图 28-4 2017 年磁性测量结果与以往结果对比

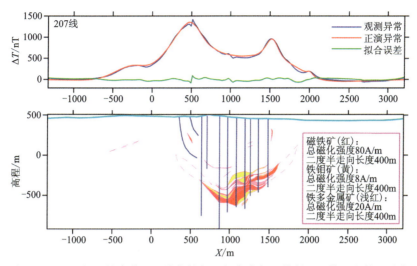

图 28-5　2017 年磁性参数 207 线能较好地拟合浅部以控制磁性体的主体磁异常

二、翠宏山矿田重磁异常处理解释与找矿远景预测

翠宏山矿田重力高异常区呈南北走向,根据物性统计结果,重力高异常是高密度的东风山群结晶基底及上覆的寒武系铅山组变质岩地层的隆起引起,而火成岩及火山岩由于密度较低,则位于布格重力低异常区。已出露的铅山组地层都位于重力异常的高值区(图 28-6),因此,

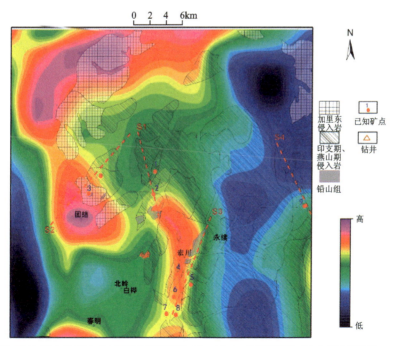

S1:翠北-翠中复褶皱;S2:西玛鲁河复褶皱;S3:对宏山-库滨复褶皱;S4:红旗山复褶皱;
1.翠北铁矿床;2.翠宏山铁多金属矿床;3.反帝反修山铁矿点;4.对宏山矿点;5.宏铁山铁矿床;6.库滨铅锌矿床;7.库源西山矿床;8.库源铁矿床;9.红旗山铁多金属矿点

图 28-6　翠宏山 1∶25 万剩余重力异常图

提取较大规模的局部重力高是圈定铅山组地层的主要方法。将剩余重力异常进行小波 6 尺度分解(图 28-7),通过功率谱分析获得 6 阶细节场源平均似深度 5.5km,与该区域的结晶基底平均深度基本一致。

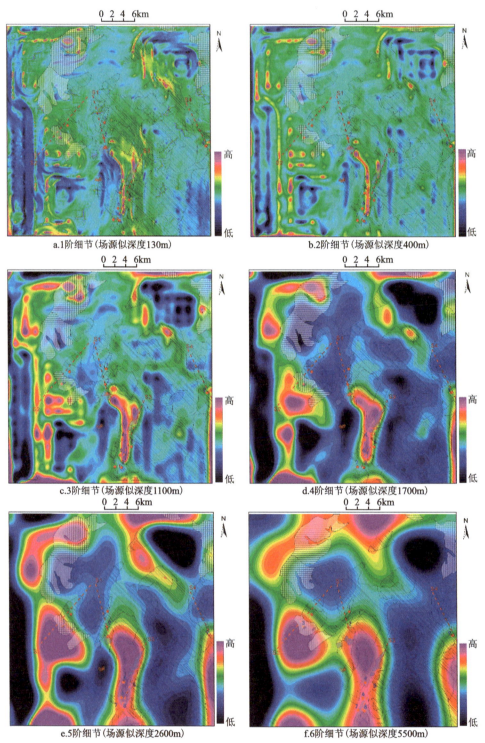

图 28-7　翠宏山 1∶25 万剩余重力小波多尺度分解结果图

第二十八章　黑龙江翠宏山铁多金属矿田重磁勘探

如图 28-8 所示，本区航磁异常呈似环状，幅值总体不大。由于本区磁铁矿体与矿化矽卡岩地层能够引起局部高磁异常，但是范围较小，大范围的磁异常应是具磁性的火山岩、中基性侵入岩（如闪常岩类）及深部东风山群结晶基底共同引起。磁异常的强弱主要是火山岩、侵入岩岩性变化引起的，也与磁性体的埋深有关。位于矿田西南的北西向高磁异常与白垩系—二叠系火山岩对应（图 28-1），位于矿田北东的高磁异常也与白垩系—二叠系火山岩对应。除去这两处火山岩的磁异常，矿田内似环状磁异常则剩下呈北东走向的异常，该异常是由多组条带状异常与低缓幅值的背景正异常叠加而成，根据物性可以推测低缓背景磁异常是由规模较大的二长花岗岩引起，而条带状高幅值的磁异常可推测是由穿插于二长花岗岩中的英云闪长岩脉所引起。通过小波多尺度分解与功率谱分析，推测侵入岩的下底面可能不会超过 3km 深。

图 28-9 为翠宏山区域重磁异常叠合图，图中等值线为重力异常，红色为重力高，蓝色为重力低，底图为磁异常，磁力高填充暖色，磁力低填充冷色。可以看出，矿田中部两个重力高异常与低磁异常对应较好，推测为无磁性且密度较高的铅山组地层以及下伏东风山群结晶基底的反映，而低重力异常与负磁异常也有一定对应，它们是具磁性、密度较低的侵入岩与火山岩的反映。重力异常小波分解 6 阶细节范围为东风山群结晶与铅山组碳酸盐岩地层的分布范围（图 28-10）。由图可以看出已知出露的铅山组地层基本都落在了预测的范围内。

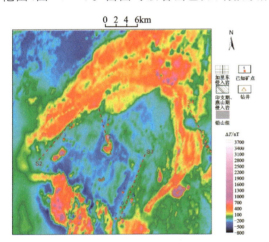

图 28-8　翠宏山 1∶5 万航磁化极异常平面图

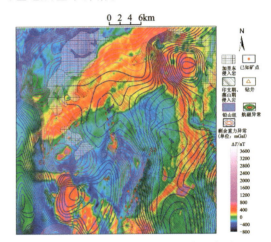

图 28-9　翠宏山区域重磁异常叠合图

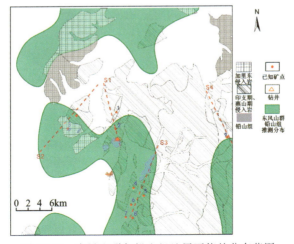

图 28-10　东风山群与铅山组地层可能的分布范围

铅山组地层可能分布的局部高重力异常以及铅山组地层与中酸性岩体接触部位的局部高磁异常组合区域为成矿的有利区,由此在翠宏山地区可圈定找矿远景区。根据上述重磁异常的组合特征(重力高、低磁背景上的局部磁力高)在翠宏山地区圈定了3个找矿远景区(翠宏山-翠中、翠巍、翠西北部M73-139),其中翠宏山-翠中为已知的大型铁多金属矿床(图28-11)。

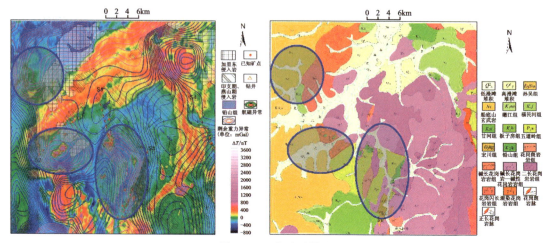

图 28-11　找矿远景区

三、翠宏山-翠中矿床地球物理模型与深部找矿预测

(一)磁异常特征

图 28-12 是翠宏山-翠中矿区 1:1 万地面高精度磁测异常平面图,可以看出,翠宏山-翠中矿区 ΔT 磁异常主要由南北 2 个北北西向的局部高磁异常组成,位于铅山组地层与花岗岩的接触带附近,特别强幅值的异常部位均与出露的或钻遇的浅部矿体有很好的对应。北部为翠宏山磁异常(M71)较狭长,而南部为翠中磁异常(M71′)较宽大,反映了 M71 的主矿体埋藏较浅,而 M71′的主矿体埋藏较深。M71′异常极大值偏向西侧,平面等值线间距西窄东宽,为磁性体向东倾斜的反映(图 28-13)。

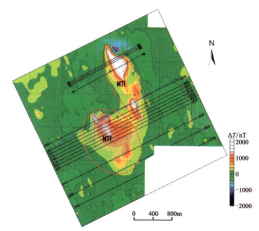

图 28-12　翠中 1:1 万地面高精度磁测
异常平面图

翠中 ΔT 磁异常化极后,南部的局部正磁异常范围有一定的收缩,并且往北移,强幅值的异常部位与出露的矿体有更好的对应(图 28-14)。化极后 M71′异常北窄南宽,最宽处位于 207 线附近,反映了磁性体在北部埋藏较浅(已有出露的矿体),而南部埋藏较深。M71′与 M71 异常南段组成"U"形地质体异常分布特征。

由图 28-13 可以看出,翠中铁矿正磁异常存在多个极大值,反映了磁异常是由多个不同埋深、不同规模和不同产状的磁性体异常叠加而成。化极磁异常垂向一阶导数(图28-15)主要为了突出浅部异常及区分叠加异常,可以看出 M71 和 M71′均由多条北北西向的局部异常叠加而成,异常的复杂分布反映了翠中构造及矿体分布的复杂。

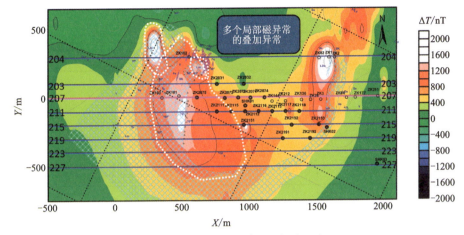

图 28-13　翠中 M71′磁异常平面图

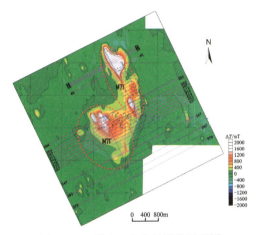

图 28-14　翠中 ΔT 化极异常平面图

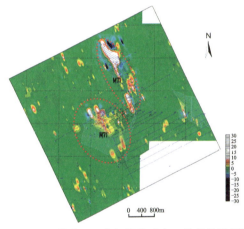

图 28-15　翠中 ΔT 化极异常垂向一阶导数平面图

(二)引起重磁异常的原因分析

由于磁铁矿磁性最强,含矿矽卡岩次之,成矿岩体为弱磁性。因此翠中矿床1∶1万地面高精度磁测异常主要为磁铁矿及含矿矽卡岩(或矿化)有磁性围岩所引起。翠中磁铁矿为高密度,矿(化)体具有一定规模时可引起局部重力高异常。

207 线各种资料比较丰富,在此分析引起局部磁异常的原因。207 线钻孔钻遇厚大的磁铁矿及铁多金属矿,主矿体形态近"U"形。将已知矿体数字化进行正演计算并与实测磁异常进行对比分析(图 28-16),结果表明翠中磁异常主要为矿体及含铁矿化有磁性围岩共同引起,成矿岩体(花岗岩)为弱磁或无磁,无法产生翠中 M71 与 M71′局部磁异常。

与磁异常相似,布格重力异常也表现出两侧高中间低的"U"形地质体异常特征(图 28-17)。模型正演异常与实测异常基本拟合,因此,由于重力测区范围小,局部重力异常主要反映了高密度的矿及矿化体。

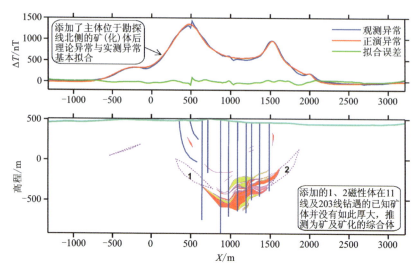

图 28-16 207 勘探剖面及模型正演磁异常与实测磁异常对比图

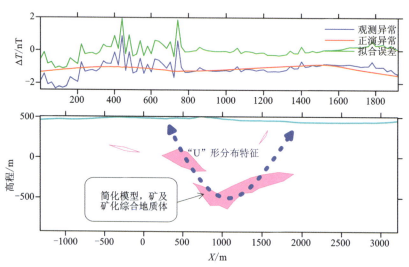

图 28-17 207 线模型正演重力异常与实测重力异常对比图

(三)翠中地面磁异常 2.5D 反演

对翠中 204 线、211 线、215 线、219 线和 207 线(位置如图 28-18 所示)开展 2.5D 精细反演,结果如图 28-19~图 28-22 及图 28-16 所示。可以看出,矿(化)体在 204~215 线"U"形分布特征明显,219 线附近则转为向东倾的单翼分布为主,矿(化)体有多层叠加向深部延伸的特征,矿体周围矿化明显,如 215 线矿

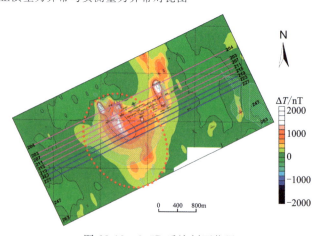

图 28-18 2.5D 反演剖面位置

化体规模较大。目前矿体主要集中在"U"形核部范围,从反演结果看,"U"形两翼还有较大规模的矿化体(如207线)未被已有钻孔控制,这些矿化体中可能含有矿体,因此"U"形两翼(主要矿体边部)仍然具有较大的找矿潜力。

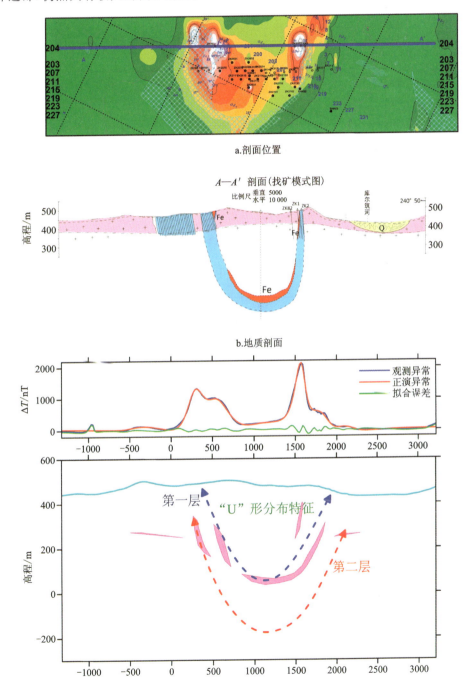

图 28-19　204 线 2.5D 反演解释剖面图

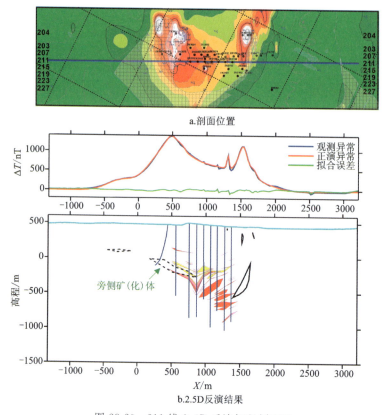

图 28-20 211 线 2.5D 反演解释剖面图

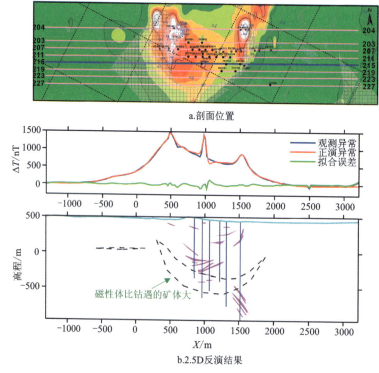

图 28-21 215 线 2.5D 反演解释剖面图

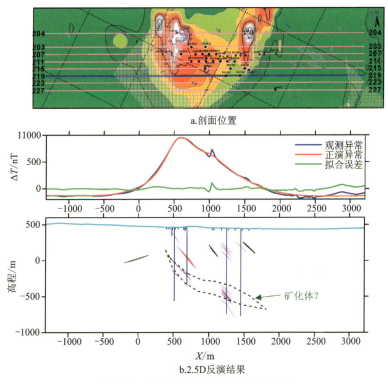

图 28-22　219 线 2.5D 反演解释剖面图

（四）翠中地面磁异常 3D 反演

从 204 线、203 线、207 线、211 线、215 线 2.5D 反演结果可以看出，各勘探线矿（化）体形态各异，可见翠中构造、矿体形态、矿体的空间展布十分复杂，利用 2.5D 反演误差较大，必须采用 3D 反演方法才能更加精细地获得磁性体的空间位置及展布。为了使反演容易开展，在 3D 反演时不细致区分磁铁矿、铁多金属矿、矿化，而是将有较强磁性地质体用一个综合磁性体表示，总磁化强度取磁铁矿、铁多金属矿、矿化的平局值约 30A/m 进行反演。

对 204 线、203 线、207 线、211 线、215 线、219 线、223 线、227 线（位置如图 28-18 所示）开展 3D 反演，结果如图 28-23～图 28-31 所示，可以看出：

（1）矿（化）体在 204 线、203 线、207 线、211 线、215 线主要按"U"形特征分布，在 219 线、223 线、227 线则变为向东倾的以单翼分布为主；矿（化）体埋深在 207～211 线最大，向北逐渐抬起，在 204 线附近"U"形两翼矿化体出露，向南缓慢抬升延伸至 227 线；矿（化）体规模及厚度也在 207～211 线为最大，向北和向南逐渐收缩。

（2）204 线 250m、600m 位置附近，埋深 250m 左右可能存在盲矿（化）体。

（3）203 线"U"形核部可能存在盲矿（化）体，该矿（化）体与相邻的北侧 204 线和南侧 207 线"U"形核部矿（化）体相连。

（4）207 线 500m 位置附近，埋深 600m 左右存在盲矿（化）体，该矿（化）体在 ZK103 孔下方、ZK2075 孔西侧，为 203 线④号矿（化）体向南延伸部分。①号厚大的主矿（化）体向东在

1500m 附近尖灭。

(5)211 线深部⑧号矿(化)体可能延深至 1500m 以东。

(6)翠中铁多金属矿具有多层"U"形展布的特征,在目前第一层"U"形矿的深部具有寻找第二个"U"形矿的潜力。

(7)215 线矿(化)体向西可延伸至 500m 左右位置,向东可延伸至 2000m 左右位置,因此在已有钻孔的东侧和西侧仍然还有找矿空间。

(8)矿(化)体向南可延伸至 227 线,因此 215 勘探线以南仍然有找矿空间(图 28-13)。

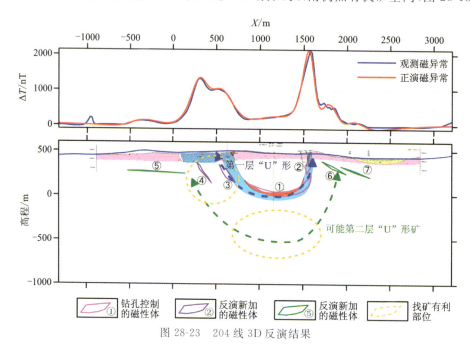

图 28-23　204 线 3D 反演结果

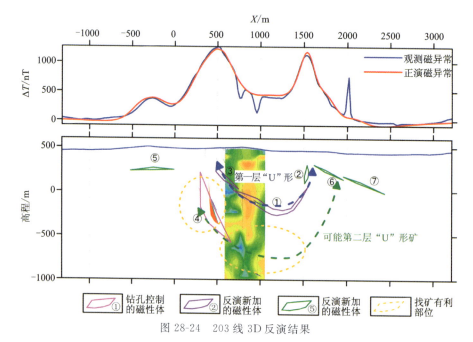

图 28-24　203 线 3D 反演结果

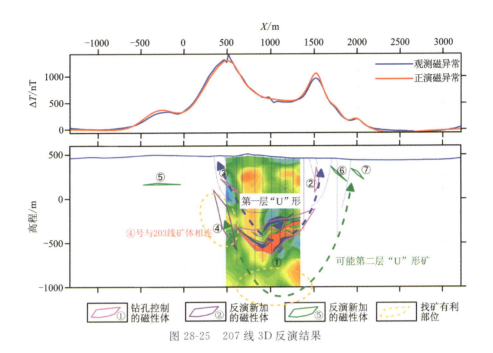

图 28-25　207 线 3D 反演结果

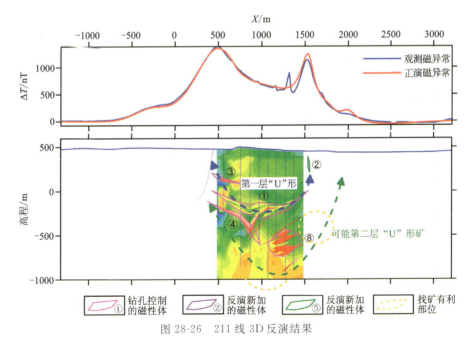

图 28-26　211 线 3D 反演结果

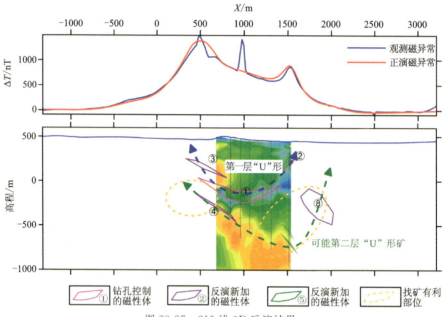

图 28-27　215 线 3D 反演结果

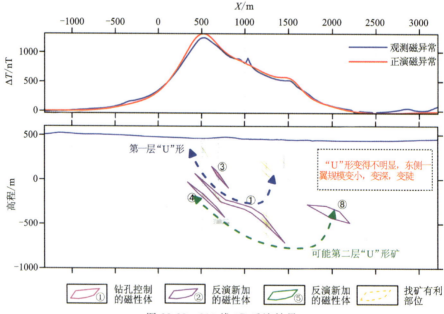

图 28-28　219 线 3D 反演结果

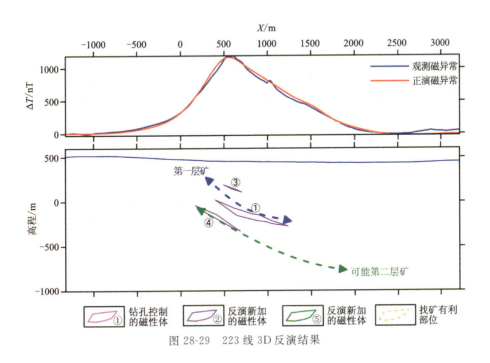

图 28-29 223 线 3D 反演结果

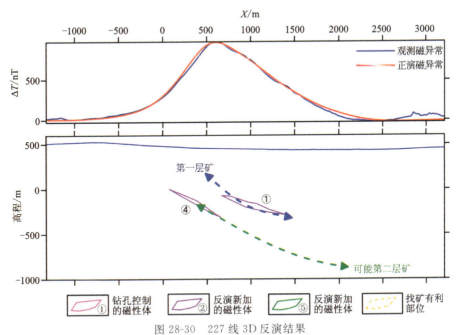

图 28-30 227 线 3D 反演结果

四、结论

（1）根据翠宏山地区的地质、地球物理特征建立地球物理模型，通过理论模型的正演分析得出，翠宏山地区1∶5万航磁异常图上引起幅值较大的磁异常不是弱磁性花岗岩或白岗岩所引起的，大范围的磁异常是由具磁性的火山岩、中基性侵入岩（如闪长岩类）及深部东风山群结晶基底共同引起，低幅值异常背景下范围较大的北东向（或北北东向）条带状磁异常主要是由脉状中基性闪长岩类倾入岩所引起。

（2）对翠宏山地区1∶5万航磁进行化极、小波多尺度分解等处理，结合地质和岩石物性特征分析了引起磁异常的主要因素，通过功率谱分析了引起磁异常的磁性体埋深，推测翠宏山地区的侵入岩下底面深度可能不会超过3km。

（3）通过区域重力、航磁、地质、矿产等资料的综合分析，圈定了翠宏山地区东风山群结晶基底与铅山组碳酸盐岩地层的可能分布范围以及3个找矿远景区。

（4）对翠中1∶1万地面高精度磁测异常进行了化极、垂向一阶导数等处理，得出翠中磁异常主要是由磁铁矿及含矿矽卡岩引起，是浅、中、深多层场源复杂叠加而成，磁性体总体向东倾斜，主矿体形态近"U"形。翠中磁异常向南突起，其东南深部具有很好的找矿潜力。

（5）对翠中8条勘探剖面进行2.5D、3D反演，获得了矿（化）体的三维空间展布及形态，得出翠中铁多金属矿具有多层"U"形展布的特征，在目前第一层"U"形矿的深部具有寻找第二个"U"形矿的潜力，该结果得到了后期钻孔2154孔的验证（图28-32）。

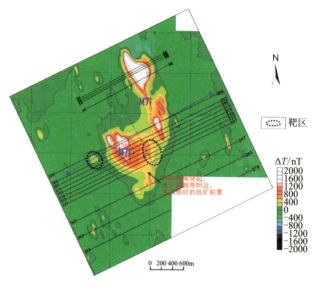

图28-31 找矿靶区

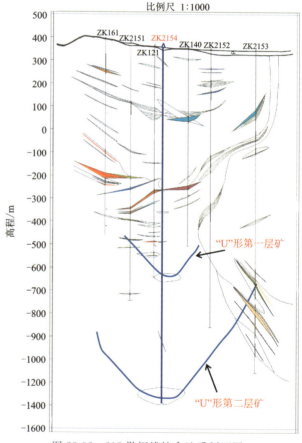

图28-32 215勘探线综合地质剖面图，ZK2154孔钻遇两层"U"形矿

第二十九章　辽东/胶东金多金属矿重磁资料联合反演解释

本案例隶属于 2018 年科技部"深地资源勘查开采"国家重点研发计划"华北克拉通辽东/胶东重要成矿区带金多金属矿深部预测及勘查示范"项目子课题。辽东与胶东是我国重要的金矿产区,近年来在深部找矿方面都有非常大的进展,特别是在胶东的焦家—三山岛、玲珑等深部找矿取得了重大突破。然而,在地质上认为同处于胶辽吉成矿区带上的辽东,其深部找矿并没有取得类似胶东的重大突破,辽东是否有成为"第二个胶东"的可能性,辽东的找矿突破能否借鉴胶东的找矿模式和经验是在辽东深部找矿中需要解决的重要科学问题。

针对上述科学问题,研究思路如下:以找矿突破为目标,围绕胶东招平断裂带北段、辽东白云-小佟家堡子和五龙 3 个重点区,利用"三位一体"的找矿思路,从区域大尺度到矿集区中等尺度再到矿床小尺度,从浅到深,层层递进,利用重磁资料对辽东和胶东的深部结构、断裂、构造、岩体和地层进行精细处理与解释。

本案例看点

(1)在区域尺度上,本案例从重磁场特征上开展了区域成矿背景的研究,推测了断裂和岩体的分布,反演了莫霍面的起伏,分析了金矿分布规律,对比了胶东和辽东的相似性和差异性,得出由于剥蚀程度不同辽东与胶东在浅部具有较大差异,但在深部特别是在青城子地区与胶东焦家地区具有很多的相似性,在胶东发现了深部隐伏成矿构造 2 处,辽东青城子地区发现深部隐伏成矿构造 1 处,在辽东地区圈定了 7 个成矿的有利区带,其中 5 个与目前已知的矿集区对应,分别为五龙矿集区、青城子矿集区、猫岭矿集区、庄河新房矿集区、宽甸矿集区,区域研究成果为找矿预测提供了重要信息。

(2)在区域研究的基础上,本案例重点对青城子矿集区开展控矿要素的研究,分析了各地质要素的重磁异常特征,据此划分了断裂、圈定了岩体、推测了地层分布、分析了地层褶皱,从重力异常上推测出在双顶沟岩体到新岭岩体深部存在北北东向隐伏构造,可能为岩浆活动通道,揭示了新岭岩体与双顶沟岩体的关系,三维空地资料联合反演获得了岩体的三维形态,发现了古元古代大顶子岩体下有辽河群地层(该推测结果已得到了 ZK12-11 孔的验证,打破了原有的地质认识,在小佟家堡子矿区拓展了深部找矿空间),并且深部还有隐伏岩体,该隐伏岩体可能是与成矿关系密切的印支期或燕山期岩体,本案例分析了矿化蚀变与矿床的分布规律,圈出了 5 条矿化蚀变带,8 处找矿有利部位,其中 5 处与目前已知矿床对应,分别为青城子铅锌矿、小佟家堡子金矿、林家三道沟金矿、桃源金矿、白云金矿,上述研究成果为建立矿集区成矿模型和深部找矿预测提供了重要信息。

(3)在矿集区研究的基础上,本案例围绕项目圈定的找矿靶区,布置了 10 条共 80km 左右的重磁精测剖面,结合矿区已有丰富的地质与地球物理资料,开展综合资料的联合处理和解释,在小佟家堡子隐伏岩体西北侧2km范围内1000～1500m深度推测有矿化显示,在白云矿区向斜构造往东南部变深,在齐家岭隐伏岩体西北侧1500～2000m深度推测有矿化显示(该推测结果已得到了ZK62-15孔的验证),精测剖面的反演解释结果为钻孔验证提供了依据。

一、区域成矿背景

辽东和胶东是我国重要的金矿产区,在地质上认为它们是同处于胶辽吉成矿区带上,进一步开展胶东和辽东区域成矿地质背景的研究和对比具有重要的意义,可以提高对区域成矿规律的认识水平,把握区域成矿的整体特征,从而可以从全局上提高辽东的找矿预测能力。

(一)区域地质概况

1. 胶东地区

胶东半岛位于华北克拉通东部,由北部的胶北隆起,中部的胶莱盆地和南部的苏鲁超高压带组成(Tan et al.,2012;Guo et al.,2013;Deng et al.,2015a)(图29-1a),产出一系列大型—超大型金矿,金资源量超过3000t,是中国目前最大的金矿省(Goldfarb and Santosh,2014;Deng and Wang,2016)。区内发育招远-莱州、栖霞-蓬莱、牟平-乳山3条重要的金成矿带(蒋少涌等,2009)。根据矿石类型的差异可将区内金矿分为3类:蚀变岩型(焦家型)、石英脉型(玲珑型)和构造角砾岩型(蓬家夼型)(Zhang et al.,2003b)。该区域内金矿床主要沿晚中生代花岗质侵入体内部及边缘的北东—北北东向断裂破碎带分布(翟明国等,2001;邓军等,2004,2006)。

研究表明胶东半岛内金矿床的形成与华北克拉通减薄破坏具有密不可分的关系(Li et al.,2012a;Deng et al.,2015a;Zhu et al.,2015b),胶东半岛晚中生代岩浆活动强烈,区内大面积出露的岩体包括玲珑、滦家河、昆嵛山、郭家岭、艾山、固山、牙山、海阳、伟德山、崂山岩体等,这些岩体与成矿作用在时间和空间上都有十分密切的关系。

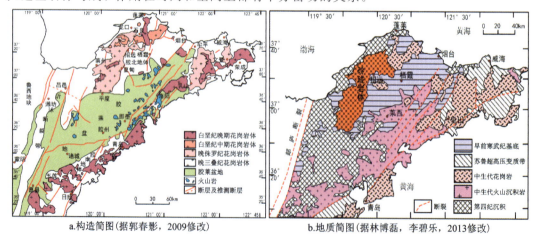

图29-1 胶东地区构造与地质简图

根据岩石组合及构造活动特征,胶东半岛可简要分为3部分:南部为早白垩世胶莱盆地,西部是早前寒武纪胶北片麻岩地块,东部是苏鲁超高压变质带。胶东地区发育有一系列北东—北北东向断裂以及大量近同方向展布的中生代花岗岩岩体,这些断裂带或中生代岩体与郯庐断裂带方向一致。早前寒武纪基底分布区,由太古宙 TTG 岩系,古元古代的粉子山群、胶东群、荆山群以及新元古代蓬莱群组成(图 29-1b)。

2. 辽东地区

辽东地区位属华北陆块、胶辽古陆块、辽东古元古代裂谷,是我国重要的金矿产区之一,已发现有白云、小佟家堡子、五龙、猫岭等大型或超大型金矿床,几十个中小型金矿床以及数百个金矿点、矿化点(图 29-2)。区内金矿床主要赋存于裂谷内辽河群之盖县组、大石桥组的千枚岩、变质砂岩、变粒岩中,而目前已发现的金矿床多集中分布在大石桥—盖州、凤城青城子以及丹东五龙地区。

辽东裂谷是古元古代时期发育在太古宙克拉通之上的陆间裂谷,在其漫长的地质演化过程期间,经历了一系列的重大的地质事件。其中对区域内金矿以及其他金属、非金属矿产产生重大影响的事件主要是古元古代区域变质活动和中生代大规模的岩浆侵入活动。

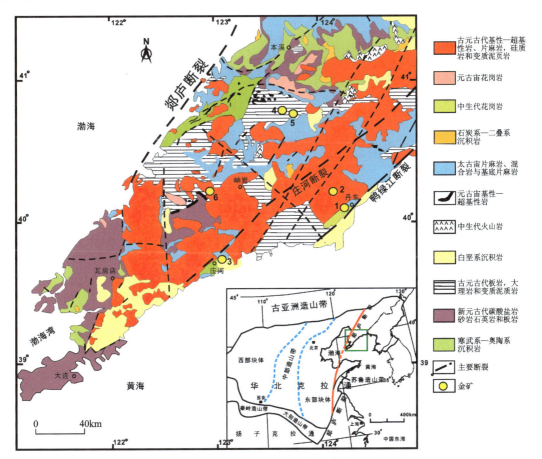

图 29-2 辽东地区区域地质图

(二)区域地球物理特征

1. 胶东地区

1)区域物性特征

在密度方面(表29-1),胶东岩群和荆山群等变质岩的岩石密度高,花岗岩等侵入体密度低。胶东岩群、粉子山群和蓬莱群变质岩的密度分别为 2.75g/cm³、2.70g/cm³ 和 2.66g/cm³,可以视为同一密度层,密度最大;侏罗纪和白垩纪地层岩性主要为砂岩、砾岩以及火山岩,其密度值分别为 2.61g/cm³ 和 2.52g/cm³,可以视为同一密度层;古近系和第四系密度分别为 2.33g/cm³ 和1.74g/cm³,两者有着明显的密度差,但第四系的厚度一般小于古近系厚度,故常常把二者作为一个密度层对待。侵入岩主要有燕山早期玲珑花岗岩,密度为 2.58g/cm³,燕山晚期郭家岭花岗闪长岩密度为 2.62g/cm³ 和燕山晚期伟德山花岗岩密度为 2.68g/cm³,它们之间密度差较小。

表 29-1 胶东地区岩石密度统计表(据山东省物化探勘查院,2016)

岩性	采集地点	块数或点数	密度/(g·cm⁻³) 平均值	密度/(g·cm⁻³) 常见值
黏土岩、砂土泥沙	莱西、南岚、招远、梨儿埠、莱州城北	37 大样	1.74	
玄武岩	龙口市东合村	64	2.77	
玄武岩	蓬莱区南部	56	2.86	
玄武岩	海阳市城南西岚前坡	143	2.6	
安山岩	蓬莱区莱阳县龙旺庄	157	2.52	
变粒岩	蓬莱区南王村乡二十里埠	9	2.45	
变粒岩	莱州市十里埠西	14	2.61	
变粒岩	招远市勾山乡留仙庄	34	2.57	2.56
角闪黑云变粒岩	栖霞市唐家泊东	47	2.87	
白云质大理岩	莱西市城西藏家院	41	2.53	2.54
大理岩	莱州市九顶菊花山	75	2.82	
紫红色砂质泥岩	莱州市琪水	55	2.28	
凝灰质砂砾岩	莱阳市柏林庄乡陡山南	34	2.55	2.57
紫红色粉砂岩	莱西市冯格庄乡刘家庄	42	2.4	2.4
火山凝灰岩	莱西市韶存庄乡中庄扶东	36	2.56	
凝灰质砂砾岩	莱阳市东吴格庄	71	2.44	
灰紫色砾岩	栖霞市桃村南	61	2.59	
厚层状砾岩	莱西市毛家埠	114	2.57	

续表 29-1

岩性	采集地点	块数或点数	密度/(g·cm^{-3})	
			平均值	常见值
石灰岩	蓬莱区大辛店泊李家村	41	2.73	2.73
	蓬莱区蓬莱阁	53	2.62	
	栖霞市亭口乡石口子村	43	2.63	2.64
长石石英岩	平度市曲阜	49	2.93	
石英砂岩	海阳市朱吴村	40	2.57	2.58
斜长角闪岩	招远市栾家村	28	2.86	
	栖霞市城南	86	2.57	
	谭家、焦家、尹家钻孔	20	2.84	
角闪岩	蓬莱区龙山店南	44	2.97	2.99
	蓬莱区小门家乡转山张家	44	2.91	2.93
角闪片岩	福山区门楼乡南沟村	43	2.73	2.71
	莱阳市何洛乡旗口山	43	2.85	2.86
斜长片麻岩	谭家、焦家、尹家钻孔	74	2.72	
	尹家钻孔	48	2.76	
	莱州市东庄民井	14	2.67	
黑云片麻岩	牟平区大窑镇孟良口	157	2.6	2.6
黑云斜长片麻岩	莱阳市谭格庄	282	2.74	
碳质页岩	龙口市煤田钻孔	3	2.32	
泥质页岩	龙口市煤田钻孔	3	2.3	
含油页岩	龙口市煤田钻孔	4	2.07	
灰黄色砂页岩	莱阳市水南村	94	2.47	
黄绿色泥页岩	龙口市煤田钻孔	4	2.43	
炭质油页岩	龙口市煤田钻孔	1	1.33	
灰紫色细砾岩	海阳市郭城乡古现村	63	2.66	
灰黑色细砾岩	海阳市郭城西	63	2.69	
粗砂岩	龙口市煤田钻孔	2	2.36	
砂岩	海阳市城龙潓埠	100	2.66	
板岩	蓬莱区蓬莱阁	54	2.71	
黄绿色泥岩	龙口市煤田钻孔	19	2.35	
滑石矿	栖霞市庙后镇	47	2.73	2.73
二云片岩	谭家、焦家、尹家钻孔	7	2.8	
千枚岩	栖霞市亭口乡石口子村	33	2.59	2.6

在磁性方面(表 29-2),荆山群、粉子山群主要岩性为黑云母变粒岩、斜长角闪岩、片麻岩、片岩和大理岩等,其中含有大量沉积变质式和热液式磁铁矿,因此磁性很强,但差异很大,是胶东变质岩群中形成高磁异常的主因。中生代白垩纪青山群的安山岩、玄武、凝灰岩磁性较强。相比之下,区内的花岗闪长岩和花岗岩的磁化率较小,玲珑花岗岩和郭家岭花岗闪长岩磁性较弱,磁性变化范围不大。

表 29-2 胶东地区岩石磁性统计表(据山东省物化探勘查院,2016)

岩石名称	采样地点	块数	磁化率/($4\pi \times 10^{-6}$ SI)	剩磁/($\times 10^{-3}$ A·m^{-1})
黑云母变粒岩	毕郭、栖霞	51	微弱	0
变粒岩	道头、毕郭	283	微弱	0
	艾山	8	20	0
斜长角闪岩	莱州朱由	230	4000	1090
	道头、毕郭	94	3268	1107
	毕郭、栖霞	99	25	11
	莱州城东	27	9560	12 400
	大沟子	6	2750	160
	埠后	15	14 000	8880
斜长角闪片麻岩	昌邑饮马	15	0	0
	栖霞	39	2289	232
	莱州尹家	9	540	310
	苗家	34	780	180
	灵山沟	36	90	11
	曲城	8	0	0
含铁斜长角闪岩	日戈庄	12	28 070	1400
花岗片麻岩	灵山沟	12	193	20
含铁片麻岩	昌邑饮马	10	24 342	4509
片麻岩	昌邑饮马	9	2210	563
角闪片岩	于埠、饮马	23	0	0
片岩	埠后	22	0	0
滑石片岩	粉子山	12	0	0
大理岩	莱州平度	31	0	0
磁铁矿	高戈庄	16	91 600	17 600
安山岩	莱西	815		2368
凝灰岩	莱西		1642	

续表 29-2

岩石名称	采样地点	块数	磁化率/($4\pi\times10^{-6}$SI)	剩磁/($\times10^{-3}$A·m^{-1})
玄武岩	莱西			
	栖霞	112	3132	8355
砂砾岩	潍坊	231		
黑云母花岗岩	朱桥	94	440	120
	毕郭	85	109	16
花岗岩	三山岛仓上	117	90	20
	曲城	80	240	50
	灵山沟	22	940	16
	毕郭	70	138	14
	道头	306	微弱	微弱
	桥西头	38	0	0
	南墅	3	75	30
	胶东	33	1883	
蚀变花岗岩	曲城	28	0	0
碎裂花岗岩	焦家	38	0	0
斑状花岗闪长岩	河东	71	180	40
花岗闪长岩	郭家岭	3	0	0
	北截	16	250	0
	艾山	8	750	90
	道头	33	1000	260
辉绿岩	芝山	10	5770	1726
灰绿玢岩	招远	33	160	51
闪长玢岩	道头	30	1738	191

2) 区域重力场特征

胶东地区的重力场总体呈北东向展布,大型重力低从南往北低贯穿整个区域,并在北部由北东向转折为北东东向(图 29-3),出露的玲珑岩体、郭家岭岩体等与重力低位置和范围均有非常好的对应,而变质岩分布区则显示为重力高,由此可见,胶东地区的重力低主要反映了燕山期酸性火成岩体,而重力高则主要反映基底地层。胶东地区的重力高主要分布于以云山—南墅镇—夏甸镇为界的东南部、以平度—三山岛为界的西部以及北部三山岛—宋家镇一线的北侧,是变质岩地层分布和基底隆起的反映。值得注意的是北侧的重力高分布区有很大一部分面积是位于岩体上,而且目前许多矿床和矿点均位于该重力高的南缘,方向北东东向,推测该重力高低过渡部位可能存在北东东向控矿构造。

3)区域航磁特征

从航磁异常可以看出(图 29-4),胶东地区的航磁异常较重力异常复杂,主要表现为总体呈现北东向展布,东南部和西部变质岩出露地区异常幅值大变化剧烈,而中部和北部侵入岩体分布区异常幅值较弱且平稳,其中南部为负值磁异常区,北部为正磁异常区。在岩体与地层接触部位常有局部高磁异常存在。结合该区的岩石磁性可以得出,幅值较大的正磁异常是变质岩地层和基底隆起的反映。提取局部剩余磁异常与剩余重力异常进行对比可以发现,高重高磁异常叠合较好部位除了东南部和西部对应于地表出露的变质岩,在岩体的内部还存在高重高磁异常叠合较好部位,如图 29-5 虚线圈出的北东—南西向贯穿玲珑岩体内部以及北东东向郭家岭岩体内的北侧部位,目前许多矿床和矿点均位于北部高重高磁异常的南缘,而在玲珑岩体内部是否同样存在对成矿有利的构造值得进一步研究。

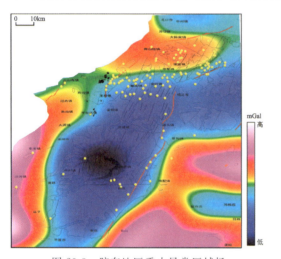

图 29-3 胶东地区重力异常区域场

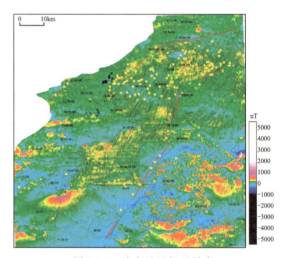

图 29-4 胶东地区航磁异常

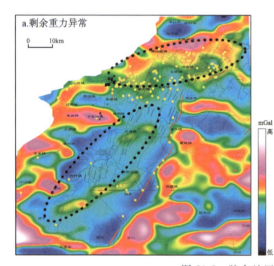

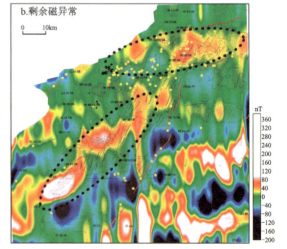

图 29-5 胶东地区剩余重磁异常对比图

2. 辽东地区

1)区域物性特征

在密度方面,辽东地区的地层密度总体上具有由新到老逐渐变大的趋势,辽河群中以大石桥组地层平均密度最高,其次是盖县组和于家堡子组,而浪子山组地层岩石密度最低,但其厚度不大(表29-3)。各类侵入岩中,酸性侵入岩密度值普遍较其围岩岩石密度值低,花岗闪长岩、石英闪长岩、闪长岩类岩石密度值与围岩密度值相当,基性—超基性岩(辉绿岩、辉长岩等)密度较大。此外,值得注意的是,元古宙中性—酸性侵入岩密度值普遍较燕山期和印支期的侵入岩密度值高,并与围岩密度相当。在磁性方面,辽东地区的地层普遍没有磁性,但矿化(黄铁矿化)或蚀变(蛇纹石化大理岩)后磁性明显增大(表29-4)。各类侵入岩中,黑云母花岗岩、花岗闪长岩、闪长岩类岩石具有较强磁性,另外值得注意的是,燕山期侵入岩较印支期和古元古代的侵入岩普遍具有一定磁性(表29-5)。

表 29-3　辽东地区地层密度统计表(引自柴源,2016)

地层	组名	岩石名称	变化范围/(g·cm^{-3})	平均值/(g·cm^{-3})
中生界	小岭组	凝灰岩	2.36~2.75	2.57
	小东沟组	粉砂岩	2.40~2.72	
	大堡组	砾岩	2.46~2.62	
古生界	马家沟组	灰岩	2.61~2.79	2.65
	亮甲山组	灰岩	2.61~2.79	
	冶里组	灰岩	2.61~2.80	
	炒米店组	灰岩	2.47~2.76	
	商山组	灰岩	2.48~2.71	
	张夏组	灰岩	2.41~2.62	
	馒头组	页岩	2.05~2.78	
	碱厂组	灰岩	2.62~2.81	
古元古界	盖县组	片岩	2.92~2.96	2.7
		二云片岩	2.61~2.74	
	大石桥组	大理岩	2.54~2.88	2.78
		蛇纹石化大理岩	2.57~3.04	
		变粒岩	2.62~2.92	
	浪山子组	斜长变粒岩	2.36~2.83	2.61
		变质凝灰岩	2.56~2.66	
		斜长角闪岩	2.54~3.08	
		斜长片麻岩	2.47~2.82	

续表 29-3

时代	组名	岩石名称	变化范围/(g·cm^{-3})	平均值/(g·cm^{-3})
古元古界	于家堡组	变粒岩	2.30~2.87	2.72
		斜长角闪岩	2.78~2.89	
		大理岩	2.50~2.82	
		变质安山岩	2.52~2.77	
		绿帘阳起片岩	2.66~2.72	
		浅粒岩	2.56~2.84	

表 29-4　辽东地区地层磁性统计表（引自柴源，2016）

地层界	岩性	磁化率/($\times 10^{-5}$ SI)		剩余磁化强度/($\times 10^{-3}$ A·m^{-1})	
		变化区间	常见值	变化区间	常见值
新生界	火山角砾岩	0~12.1	4.1	0~13.4	3.1
	橄榄玄武岩	2.83~5.950	204	21.242 4	1240
中生界	紫色粉砂岩	0	0	0	0
	凝灰岩	0~187.1	26	0~98.9	82.5
	鞍山质凝灰岩	30.0~2 254.2	230.4	31.7~42 153	829.4
	玄武质凝灰岩	0.832~459.3	846	200~3270	639.5
	流纹岩	0.12~1.500	0.138	0	0
古生界	砂岩	0	0	0	0
	灰岩	0	0	0	0
古元古界	千枚岩	弱磁	0	弱磁	0
	变质砂岩		0		0
	片岩	0~12.9	50	0~58	1.9
	大理岩	0~26.2	0.2	0~10.7	0.4
	蛇纹石大理岩	10.0~380.0	287.2	0~139	287.2
	斜长变粒岩	0~88.4	36.3	0~78.9	111
	浅粒岩	0~120.0	26	0~108	27
	磁铁矿	770.9~25 710	2 704.6	944.3~12 180	1 808.5
太古宇	磁铁石英岩	200.0~61 000	14 798.4	290~479 000	83 520.6
	变粒岩	38.3~62.5	53.9	7.3~10.1	9
	黑云角闪斜长片麻岩	100.0~660.0	300	0	0

表 29-5　辽东地区岩石密度和磁性统计表（引自柴源，2016）

侵入期次	岩性	磁化率/($\times 10^{-5}$SI) 变化区间	常见值	剩余磁化强度/($\times 10^{-3}$A·m^{-1}) 变化区间	常见值	密度/(g·cm^{-3}) 变化区间	常见值
中生代（燕山期）	花岗岩	0～98.7	32	0～704	289	2.52～2.79	2.62
	中细粒花岗岩		153.5		1295	2.39～2.68	2.57
	粗粒花岗岩					2.53～2.61	2.57
	黑云母花岗岩		114.7		4954	2.57～2.75	2.64
	二长花岗岩		251.2		1919	2.54～2.70	2.61
	正长花岗岩					2.46～2.60	2.55
	花岗斑岩	3～39	7.7			2.48～2.55	2.52
	角闪正长岩					2.48～2.60	2.53
	流纹斑岩	0～79.1	70	0～1020	150	2.47～2.81	2.64
	石英二长岩	0～63.6	17.7	0～317	93	2.50～2.68	2.59
	花岗闪长岩	110～390	190	930～6100	3600	2.64～2.72	2.67
	辉绿岩	330～690	35.1	1178～14970	506	2.52～3.01	2.81
中生代（印支期）	花岗岩					2.56～2.70	2.64
	中细粒花岗岩		61.8		404	2.56～2.72	2.61
	粗粒花岗岩					2.56～2.64	2.6
	黑云母花岗岩					2.55～2.79	2.66
	二长花岗岩					2.54～2.76	2.67
	花岗斑岩					2.59～2.68	2.63
	正长岩	0～67	42	0～275	103	2.64～2.71	2.58
	花岗闪长岩		103.4		1869	2.62～2.72	2.7
	石英闪长岩					2.48～3.00	2.7
	闪长岩	240～430	340	180～310	220	2.70～2.92	2.8
元古宙	斜长花岗岩	0～38.6	19.8	0～204	78	2.50～2.62	2.56
	石英闪长岩					2.74～2.90	2.8
	闪长岩	240～430	340	180		2.68～2.94	2.82
	辉长岩	70～180	140	110～380	250	2.81～3.09	2.97
	辉绿岩	2.3～764.7	102	0～3200	375	2.92～3.10	3.01
	超基性岩					2.72～2.89	2.85
太古宙	二长花岗质片麻岩	0～148	22.5	0～170	40		

（2）区域重力场特征

图 29-6 是利用 EGM2008 模型获取的 2190 阶卫星布格重力异常,可以看出,辽东地区重力异常总体呈现北东-南西向展布,南部以正异常为主,北部则以负异常为主,郯庐断裂以东的盖县—营口—海城—鞍山、大连—瓦房店以及庄河—丹东一带(沿渤海湾和辽东湾)表现为重力高,以华铜镇—万家岭镇—长岭镇—光明山镇一线为界,北东的盖县—岫岩—凤城—宽甸是大面积分布的重力低,该重力低与地质上的胶辽裂谷相对应。胶辽裂谷是发育在华北克拉通之上经拉伸—沉降—挤压回返形成,裂谷基底为鞍山群变质岩,基底之上覆盖古元古代辽河群地层。裂谷内辽河期、印支期及燕山期岩浆岩发育,辽河群地层中常见的花岗质杂岩为古元古代岩浆岩,通常以岩基状产出;中生代岩浆岩主要包括三叠纪、侏罗纪和白垩纪三期,多为岩株、岩脉状产出。因此,依据该地质特征,并结合辽东地区物性特征和构造特征,可推测胶辽裂谷深部莫霍面下凹是引起区域重力低的重要因素,而低密度火成岩体的大面积分布则是引起局部重力低的主要因素。

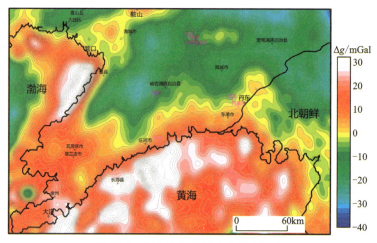

图 29-6　辽东地区卫星布格重力异常

（3）区域航磁特征

从 EMAG2 卫星磁测资料化极后的异常可以看出(图 29-7),与区域重力场相似,辽东地区的磁异常也呈北东向展布,正磁异常主要分布在区域的南部和东部金州—瓦房店—庄河—丹东—宽甸一带以及北部的鞍山一带,磁异常幅值较高且变化剧烈,鞍山一带的特别强幅值的磁力高是铁矿床和太古宙磁性地层的反映,金州—瓦房店—庄河—丹东—宽甸等一系列北东向条带状高磁异常带在地表大面积出露燕山期二长花岗岩且中基性岩脉发育(特别是在新房—五龙矿区一带),是有磁性的深部太古宙地层、中基性岩脉和深部隐伏岩体的反映。以盖县—岫岩—凤城—宽甸为界,以北是负磁异常的主要分布区,地表主要出露辽河群地层,侵入岩体以弱磁性的古元古代为主,其中白云北部和西部磁异常存在负磁异常背景上的局部升高,其主要反映了局部范围内的深部太古宙地层隆起。辽东矿床在区域航磁异常上主要位于磁力低异常边部或磁力高—低的过渡部位,显示出断裂构造、辽河群地层和岩体对成矿的控制作用。

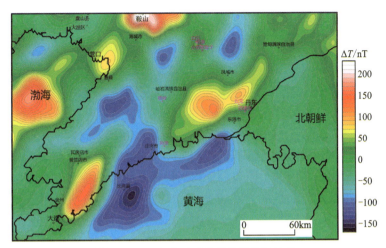

图 29-7　辽东地区卫星磁异常化极结果

结合研究区地质、物性特征和重磁场特征,可以得出:①区域重力高异常主要是由莫霍面隆起以及较高密度的辽河群和深部表壳岩所引起;②区域重力低主要是由莫霍面凹陷所引起,而局部重力低则主要是由低密度中—酸性侵入岩体所引起;③中基性岩脉沿断裂(带)侵入可形成串珠状、长带状等高幅值磁异常。

因此,局部重力低是圈定低密度中酸性侵入岩岩体的重磁异常标志之一,长带状、串珠状磁异常是断裂的重要特征。依据重磁场的上述特征可进行深部结构的分析、断裂的划分和岩体的圈定。

(4) 深大断裂分析

深大断裂往往对区域构造格架和成矿具有重要的控制作用,重力和航磁是研究区域深大断裂体系的重要方法,断裂可造成岩石破碎而使得重力降低,断裂两侧岩石或地层的错动会使重力异常发生扭曲,由此,深大断裂在重力异常上往往表现为重力梯级带、重力异常轴线的明显错动、重力异常的同形扭曲、串珠状重力异常等特征,另外,深大断裂往往也是岩浆活动的重要场所,其磁异常往往表现为高值带状异常、串珠状异常、雁行状异常、轴线明显错位等特征,因此,通过识别和提取断裂在重力和航磁异常上的特征,就可以对断裂体系进行划分。通常利用卫星重力、卫星磁测以及区域 1:20 万～1:50 万重力和航磁资料,采用水平方向导数、解析信号振幅法、倾斜角法、倾斜角水平导数法、θ 图法、归一化标准差法、均值归一化总水平导数法等技术增强与识别断裂的重磁异常特征,确定断裂的平面位置,并从延拓后的异常特征点位置变化来定性分析断裂的倾向,进而研究断裂与矿产在空间上的关系,为区域找矿预测提供信息。

深大断裂的判断依据为重磁异常的特征明显,在区域上应该具有一定规模,且切割深度较大,即在延拓较大高度的重磁异常上应该仍然有反映。在辽东、胶东地区,深大断裂主要表现为重力梯级带,中基性岩脉沿深大断裂(带)侵入可形成串珠状、长带状的高幅值磁异常。本案例主要利用 EGM2008 模型的 2190 阶卫星重力、1:25 万区域布格重力和 1:25 万航磁资料,采用多种重磁异常边界增强技术组合确定了 9 条深大断裂的平面位置,其延伸长度均超过 80km,切割深度可达到 15km 以上,并得出郯庐断裂以东的深大断裂以北东、北东东向为主,3条北东向、2条北东东向以及3条北西向深大断裂控制了辽东和胶东地区基底、地层以及岩浆岩的分布,并组成了辽东地区主要的菱形构造格架。3条北东向深大断裂与郯庐断裂走向一致,从西向东依次为大连铁山镇-海城市隆昌镇断裂、金州董家沟镇-凤城青城子镇断裂和东港东尖山镇-宽甸爱阳镇断裂,对应于区域重力的梯级带,在莫霍面深度图上均对应于莫霍面凹隆过渡带,为超壳断裂的反映,并控制了北东向构造的总体特征,形成莫霍面从西到东依次为高→低→次高→次低的展布特征,青城子矿集区、猫岭矿集区、新房矿集区位于金州董家沟镇-凤城青城子镇断裂带上,五龙矿集区位于东港东尖山镇-宽甸爱阳镇断裂带上,表现出北东向深大断裂带对成矿的控制作用,大连铁山镇-海城市隆昌镇断裂为胶辽裂谷的西侧边界断裂带;2条北东东向深大断裂分别为大谭镇-五龙背镇-长安镇-长甸镇断裂和南楼镇-草河口镇-灌水镇-太平哨镇断裂,与北东向断裂均有交会,并在东段明显被东港东尖山镇-宽甸爱阳镇断裂错段,大谭镇-五龙背镇-长安镇-长甸镇断裂带位于重力梯级带上,为胶辽裂谷的南部边界断裂带,其南侧重力高莫霍面隆起,北侧重力低莫霍面下凹;3条北西向深大断裂分别为华铜镇-万家岭镇-长岭镇断裂、汤池镇-偏岭镇-大营子镇断裂和望台镇-河栏镇-草河口镇断裂,与北东、北东东向断裂均有交会,其中,华铜镇-万家岭镇-长岭镇断裂为胶辽裂谷的西南边界断裂带,该断裂带以南重力高磁力高,莫霍面隆起,以北为胶辽裂谷的重力低。从出露岩体的分布可以看到,岩浆活动受北东向断裂控制,特别是中生代,其展布基本上也近似呈北东方向,由于深部构造受断裂控制东部隆起,地层和岩体剥蚀较大,在丹东五龙地区中生代岩体大面积出露,而西部深部构造下凹,地层和岩体剥蚀较小,青城子地区地表较多出露古元古代花岗岩,而中生代燕山期岩体则出露较少。由图29-8可以看出,辽东地区的北部矿床(点)主要沿北东东向的南楼镇-草河口镇断裂带附近分布特别是集中在北东与北北东向断裂交会附近,白云-小佟家堡子矿床位于该断裂与金州董家沟镇-凤城青城子镇断裂带交会附近,南部矿床也主要沿北东东向大谭镇-五龙背镇-长安镇-长甸镇断裂分布,并且也集中在与北东向断裂交会部位,五龙矿床位于该断裂与北东向的东港东尖山镇-宽甸爱阳镇断裂交会附近,新房矿床位于该断裂与北西向华铜镇-万家岭镇-长岭镇断裂带交会附近。白云-小佟家堡子矿床、五龙矿床、新房矿床等大型矿床还是位于北东、北东东、北西向多组断裂交会部位。

(5)区域隐伏岩体分析

火成岩体在很多情况下都是重要的成矿地质体,它不仅可以是成矿物质重要来源,也可以是成矿作用的重要热源。许多出露的火成岩岩体都来源于深部,它与其深部或周边的大岩体可能有着非常密切的关系,因此,圈定大岩体的分布对于找矿具有十分重要的指导意义。如果火成岩体与围岩存在密度差异,当岩体达到一定规模的时候就可能引起明显的局部重力异常;如果火成岩体具有一定磁性,同样当岩体达到一定规模的时候也可以产生局部磁力高异常。因此,根据火成岩的物性特征,首先提取与火成岩有关的局部重磁异常,采用垂向导数法、总梯度模法等对火成岩体进行圈定,并结合边界识别方法确定岩体的边界位置,结合解析延拓、小波多尺度分析、匹配滤波等方法从不同深度上对岩体进行研究,分析浅部岩体和深部岩体关系,以及岩体与矿的关系。

在辽东地区,各类中酸性侵入岩十分发育,其密度值普遍较围岩的密度低,当达到一定规模时就会产生局部重力低异常,本案例依据资料的空间分辨率,对规模大于$25km^2$的低密度

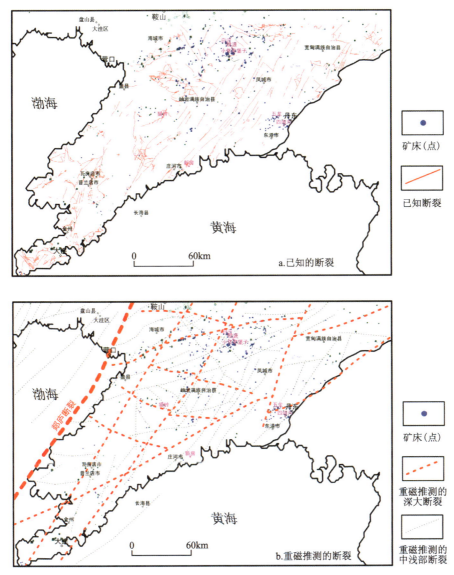

图 29-8 辽东地区重磁推测的断裂体系分布

火成岩岩体进行圈定(图 29-9)。首先是对布格重力异常消除莫霍面的影响,根据莫霍面深度采用 Parker 法正演得到莫霍面产生的重力异常并从布格重力异常上减去,得到剩余重力异常,然后通过功率谱方法分析剩余重力异常的场源深度,得到剩余重力主要是由浅部 5km、中部 10km、深部 20km 左右的场源组合而成,通过试验筛选出匹配滤波和小波多尺度分解作为异常分离的较有效方法,提取了浅、中、深 3 个深度的场源异常,并计算其垂向导数来提高分辨率,在此基础上根据岩体的重力异常特征圈定出低密度中酸性火成岩岩体的分布。岩体圈定的结果可以得出,岩体主要呈现出北东向的展布特征,显示出与区域北东向断裂的高度相关性,表明北东向断裂构造可能是区域岩浆活动的主要通道,白云-小佟家堡子矿集区位于三家子镇深部隐伏岩体东北侧,该隐伏岩体的地表出露燕山期二长花岗岩。通过不同深度隐伏岩体的空间分布可以揭示隐伏岩体从深到浅的关系,分析结果显示三家子镇岩体与双顶沟岩体在深部可能相连,形成巨大的岩基,岩浆活动沿着断裂通道在浅部形成岩株和大量岩脉,为辽东西部的成矿作用提供了重要的热源。五龙矿集区位于马家店镇深部隐伏岩体的东北侧,该岩体地表出露燕山期二云母二长花岗岩,同样可能是对五龙金矿的成矿起重要作用的岩体。

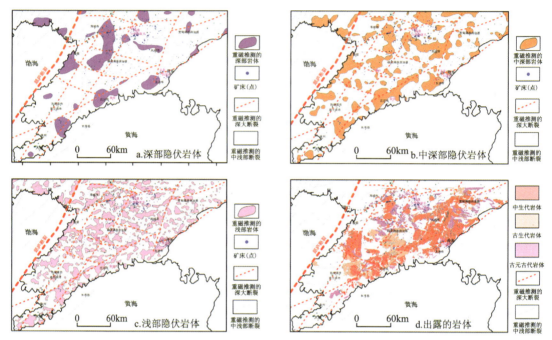

图29-9 辽东地区重磁圈定的低密度隐伏岩体分布

3. 辽东和胶东对比

以往人们开展胶东和辽东的对比主要是从地质、地球化学的角度进行,辽东和胶东无论从地质构造、地层还是成矿条件上都有许多相似之处,本章就是在前人工作的基础上,主要利用重磁资料对胶东与辽东作进一步对比。

(1)从引起重磁异常的因素看,辽东和胶东相似。从辽东/胶东的物性特征和重磁场特征分析可以看出,辽东和胶东的重力高均主要为变质岩地层及基底隆起所引起,而重力低则均主要是由低密度中酸性侵入岩所引起,但对比异常的幅值有一定的差异,胶东地区的重力低的幅度小于辽东,这可能是因为胶东的莫霍面隆起较浅造成其地层和岩体的剥蚀程度大于辽东。另外,多数岩体位于平稳磁异常或负磁异常上,在胶东强幅值跳跃磁力高主要与出露的变质岩地层对应,在辽东出露的辽河群盖县组地层可引起一定幅值的正磁异常,但幅值不及胶东地区强,辽东特别强幅值的磁异常往往表现为长带状,且沿北东向或北东东向断裂带展布,而胶东则表现为块状,因此推测在辽东造成磁力高的因素除了变质岩基底隆起和矿化外,还有中基性岩脉、岩体的因素,而在胶东则主要因素为变质岩基底隆起和矿化。

(2)从区域断裂构造上看,辽东和胶东相似,均位于郯庐断裂带以东,但辽东更加复杂。从重磁异常所反映的构造特征分析,辽东和胶东的区域构造均以北东、北北东向为主。胶东金矿受到焦家断裂带和招平断裂带2条主要的北东向深大断裂构造控制。而辽东金矿不但受到3条北东向深大断裂控制,还受2条北东东向深大断裂控制,并还受3条北西向深断裂的影响。从卫星重力和卫星磁力异常上可以看出(图29-10),胶东焦家断裂带往北延伸穿过渤海湾可与辽东瓦房店-盖县-海城市深大断裂带对应,胶东招平断裂带则可与辽东岫岩-三家子镇-青城子镇-连山关镇深大断裂带对应。

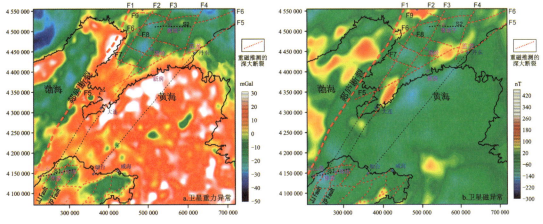

图29-10 辽东—胶东地区卫星重磁异常对比图

(3)从地层的剥蚀程度上看,辽东与胶东存在差异。在五龙地区晚侏罗世—早白垩世期间发生了强烈的抬升剥蚀,这可能是五龙矿集区缺少印支期岩体及成矿和辽河群沉积变质地层大量缺失的主要原因。重力反演的莫霍面深度显示(图29-11):胶东焦家地区的莫霍面深度约30km,辽东五龙地区的莫霍面深度约29km,而辽东青城子地区的莫霍面深度则约33km,三者的莫霍面深度与剥蚀程度具有明显的相关性,莫霍面起伏可能是造成胶东和辽东剥蚀程度差异的一个重要的深部构造因素。目前已知的矿集区基本上都是位于莫霍面隆起和凹陷的过渡部位,反映了莫霍面起伏对成矿具有控制作用。

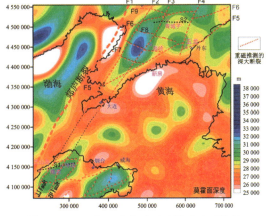

图29-11 辽东—胶东地区卫星重力反演的莫霍面深度

(4)从岩体上看,辽东和胶东也相似,均呈北东向展布。胶东焦家断裂和招平断裂之间为玲珑大岩体(燕山期二长花岗岩)以及郭家岭岩体,是对胶东金矿的成矿作用具有重要影响的岩体,而辽东瓦房店-盖县-海城市断裂和岫岩-三家子镇-青城子镇-连山关镇断裂之间为岫岩-接文镇-隆昌镇大岩体(也为燕山期二长花岗岩)和三家子镇岩体,该岩体可能也是对辽东西部的金矿具有重要影响的岩体之一。但辽东的岩体受区域剥蚀程度的差异,表现得更加复杂,除了燕山期侵入岩大面积分布外,还大量出露印支期和古元古代的侵入岩,对辽东的成矿作用都有不同程度的影响,特别是在辽东青城子地区,由于较胶东玲珑—焦家—三山岛地区和五龙地区剥蚀程度低,青城子地区浅部和深部可能具有较大的差异,浅部主要出露印支期岩体,如双顶沟岩体和新岭岩体是目前普遍认为与浅部成矿具有密切的关系,可能是以印支期成矿为主,然而在深部,侵入中心是位于三家子镇附近的燕山期二长花岗岩,它与青城子深部岩基为一个整体,因此,青城子地区深部存在燕山期成矿的巨大潜力。

(5)从已知矿床分布来看,辽东和胶东既有相似,又有所不同。胶东的三山岛、焦家、玲珑等多数重要矿床均位于玲珑岩体的北侧,重力低异常的北侧边缘过渡带上,宋家镇一带北东东展布的块状磁力高南缘,特别是玲珑岩体重力低异常从南部的北东方向往北部扭转成北东东向构造转折部位,该部位可能存在隐伏的北东东向深部构造,而三山岛、焦家、玲珑等矿区均处于该隐伏构造与焦家断裂带和招平断裂带的交会部位附近。辽东西部的青城子白云-小佟家堡子金矿则也同样位于岫岩-接文镇-隆昌镇大岩体北部,三家子镇岩体重力低异常东北部边缘,青城子镇-草河口镇块状磁力高的西南缘,是处于构造从北东向转至北东东向转折的部位,也是北东向、北东东向和北西向断裂构造交会部位附近。辽东东部五龙金矿则位于马家店镇隐伏岩体的东北侧,北东向的东港东尖山镇-宽甸爱阳镇断裂、北东东向的大谭镇-五龙背镇-长安镇-长甸镇断裂以及北西向的汤池镇-偏岭镇-大营子镇断裂交会部位。

通过辽东和胶东的对比得到如下认识:

(1)已知金矿床严格受北东向深大断裂的控制,尤其是在断裂交会、拐弯部位是成矿的有利部位。表现在重磁场上,位于重力异常的线性梯度带上,尤其是梯度带的转折部位上成矿的有利部位。磁场特征是串珠状、长条状高磁异常带,尤其是磁异常等值线拐弯(向外凸出、凹陷部位)部位是成矿的有利部位。由此,在辽东深大断裂交会部位主要由7处,如图29-10和图29-11所示,其中4个分别是对应于青城子矿集区、五龙矿集区、猫岭矿集区、庄河新房矿区。

(2)前寒武纪变质岩及太古宙—古元古代侵入岩组成的结晶基底地层对金矿床控制作用明显,变质岩系分布区是寻找深部金矿的地层基础。在重力场上显示为块状重力高和磁力高。

(3)金成矿与岩浆活动关系比较密切,特别是二长花岗岩、花岗闪长岩组成的复式岩体内部及边部和周边地区最有利。表现在重力场上为重力低值区的边部(重力高与重力低的过渡带上)。在大范围的重力低与重力高的接触带上,磁场为小范围的块状、串珠带状正磁异常边部是深部金矿成矿的有利部位。

(4)从断裂构造、岩体、地层等方面的重磁场特征上辽东青城子地区与胶东招平地区更具相似性。

(5)从重力场的角度看胶辽之间的差异主要表现在抬升剥蚀的程度上,青城子地区位于胶辽裂谷中央,莫霍面深,抬升剥蚀程度最小,胶东招平地区莫霍面比青城子地区浅,抬升剥蚀程度大些,辽东五龙地区位于胶辽裂谷中央边缘,莫霍面三者中最浅,抬升剥蚀程度最大。

(6)种种特征显示,胶东玲珑岩体北部可能存在近东西向的隐伏成矿构造(图29-10、图29-11上的S1位置),同样在辽东青城子地区的三家子镇岩体北侧也发现类似的近东西向可能隐伏成矿构造(图29-10~图29-12上的S2位置),并且从岩体、断层、地层等方面看青城子地区的白云矿区西部可能更具找矿远景。

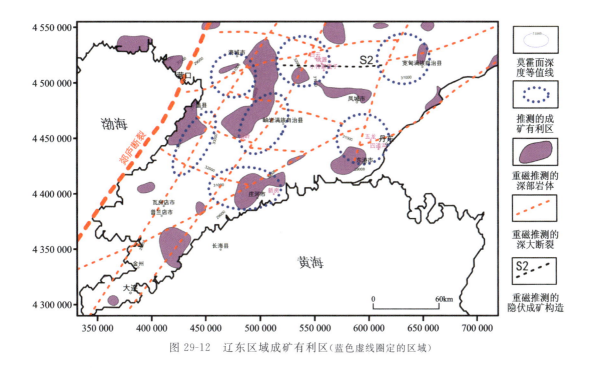

图 29-12　辽东区域成矿有利区（蓝色虚线圈定的区域）

二、辽东青城子矿集区重磁异常的处理与解释

青城子多金属矿集区位于辽宁省东部丹东地区，隶属于凤城市，地处华北陆块区的东北缘，二级和三级构造单元分别属于胶辽陆块区和胶辽裂谷。太古宇鞍山群变质岩构成裂谷基底，其上为不整合覆盖的辽河群，辽河群自下而上划分为浪子山组、里尔峪组、高家峪组、大石桥组和盖县组，为一套大面积分布的古元古代层状变质岩系。裂谷带内主要发育古元古代和中生代岩浆岩。

青城子矿集区内金、银、铅锌矿床与辽河群盖县组、大石桥组地层及岩浆热液活动有关。金、银矿床类型主要为中生代中低温岩浆热液型矿床（如小佟家堡子金矿、白云金矿等）；近年来还陆续发现了多处与中生代岩浆热液有关的钼矿化。

（一）重磁场特征分析

1. 重力场特征

图 29-13 为矿集区 1∶5 万布格重力异常区域场，可见黑色虚线将该区的布格重力异常由南往北划分成"低—高—低"3 个部分，北西西向重力高 G1 于研究区中部和北部大部分地区贯穿而过，桃园东部地区异常最大，达到 1mGal，沿北西方向异常逐渐减小。根据区域地质和物性特征分析，高值异常带为高密度辽河群地层的反映，且矿集区东部地区辽河群地层厚度较大，向西厚度逐渐减薄。区域重力高中叠加的局部等轴状重力低圈闭为辽河群地层中侵入的低密度岩浆岩反映。矿集区北部和南西部存在不完整的等轴状低重力异常为区内古元古

代和中生代侵入的低密度岩体的反映,异常最小值约－30mGal。研究区布格重力异常整体表现为高异常背景下叠加局部重力低异常,反映了辽吉裂谷经过古元古代和中生代燕山期—印支期强烈岩浆活动改造后的构造格局,两期强烈的岩浆活动和辽河群地层以及断裂构造为成矿创造了良好的条件。区内白云、小佟家堡子以及青城子等金、银、铅锌矿床均分布在中部高重力异常区域,说明矿床受辽河群地层控制特征明显。

2. 磁场特征

从1∶1万低飞航磁化极异常上可以看出(图29-14),青城子矿集区的磁异常比重力异常复杂,较强幅值的磁力高主要分布于南部、西部和北部,呈现大面积块状分布,南部块状磁异常与双顶沟岩体有很好的对应关系,西部块状磁异常与三家子镇岩体对应,北部块状磁异常则对应于地表出露的盖县组地层,而中部则为低磁或负磁背景上的异常快速起伏变化,呈北东和北西向交叉条带状展布,并且正磁异常主要位于盖县组地层之上,结合物性特征可以推断白云-小佟家堡子磁异常主要是盖县组地层、矿化蚀变以及中基性岩脉等因素引起的,大范围强幅值块状磁力高是有磁性的岩体反映,大范围的较低幅值的磁力高主要为盖县组地层的反映,较强幅值的带状、串珠状磁力高主要是中基性岩脉的反映,而低幅值跳跃的磁异常则主要是矿化蚀变的反映。

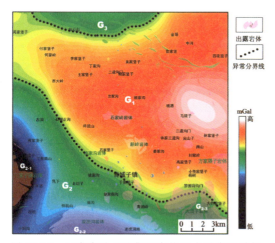 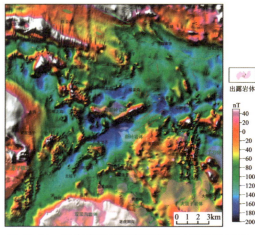

图29-13 辽东青城子矿集区布格重力异常区域场　　图29-14 辽东青城子矿集区航磁ΔT化极异常

(二)断裂构造分析

利用重磁资料共划分了1条一级深大断裂,5条二级大断裂以及40余条次级断裂(图29-15c),可以看出青城子矿集区的断裂构造十分复杂,北东向和北西向断裂尤为发育,区内北东向和北西向断裂尤为发育,3条北东向断裂(F1断裂、101断裂、F201断裂)和3条北西向断裂(青城子断裂、尖山子断裂、白云山断裂)控制着整个矿集区的构造格架。

F1断裂:区域一级隐伏深大断裂,走向北东,是深部岩浆活动主要通道之一,在重力小波4～6阶细节上表现为条带状或串珠状重力低(图29-16),在磁力小波6阶细节上表现为局部负磁异常走向由北东转向东西(图29-17)。从重力异常的小波4～6阶的细节上还不难发现,该断裂从双顶沟岩体北端往北到青城子镇、新岭岩体,再到顾家沟,在重力高背景上存在带状的幅值降低现象,某些部位还形成局部重力低,如新岭岩体局部重力低。该特征表明其深部可能存在一隐伏构造,从同为印支期的双顶沟岩体和新岭岩体的空间位置上看,推测该隐伏构造可能为岩浆活动通道,岩浆从双顶沟岩体的深部岩基沿着该构造通道向北侵入,新岭岩体为双顶沟岩体深部向北上侵形成的一个较大岩株,重力4阶细节上,该构造线上除了新岭岩体重力低外,在青城子镇、石家岭岩体北侧、顾家沟还存在3处幅值较小的局部重力异常,可能存在隐伏的同期隐伏岩体。

101断裂:矿集区深大断裂,走向北东,控矿断裂,北东向平稳负磁异常边界,局部重力异常梯度带(图29-15a),根据重磁异常该断裂往南可延伸至三家子镇岩体南侧的石沟,往北至尖山子断裂后被往南错段并可继续向北东方向延伸。101断裂与其东侧的平行断裂之间夹局部重力高和局部负磁异常,该重磁异常组合特征是地表出露大石桥组大理岩地层的反映。101断裂带附近有零星分布铅锌矿点和金矿点。

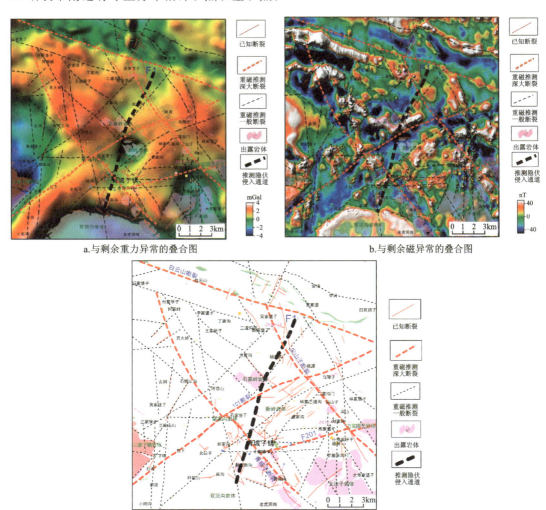

a.与剩余重力异常的叠合图　　b.与剩余磁异常的叠合图

c.推测的断裂分布

图29-15　青城子矿集区重磁联合解译的断裂分布

F201断裂：矿集区大断裂，走向北东，块状磁异常边界，条带状重力低带（图29-15a）。断裂南起于家堡子，过青城子铅锌矿、高家堡子银矿、小佟家堡子金矿，往北到尖山子断裂，被尖山子断裂向南错开一段距离后到方家隈子岩体北端。

青城子断裂：矿集区深大断裂，走向北西，重力异常梯级带，条带状正负异常转换部位（图29-16），南部始于双顶沟岩体和大顶子岩体之间的于上沟，往北穿过青城子镇到101断裂，重磁资料显示该断裂被101断裂错段后，从姚家沟岩体附近继续向北延伸至付家堡子，以101断裂为界，青城子断裂南段分布着大量的铅锌矿床（点），北段三家子镇岩体附近零星分布金矿床（点），青城子断裂为青城子铅锌矿的控矿断裂。

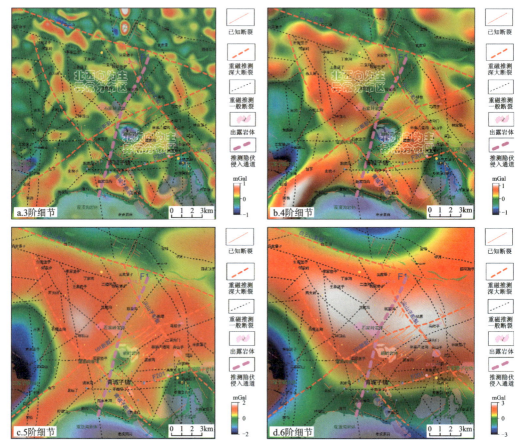

图29-16　青城子矿集区重力小波分解4~6阶细节

尖山子断裂：矿集区深大断裂，走向北西，区内金多金属矿的控矿断裂，南部始于大顶子岩体和方家隈子岩体之间，往北经过尖山子、桃源至吴家堡子，在局部重力异常上表现为狭窄条带状重力低（如重力小波4阶细节），在局部磁异常上为不连续且不规则磁力低（图29-15b）。小佟家堡子金矿、高家堡子银矿、林家三道沟金矿、白云金矿等均位于该断裂南侧，北侧仅分布桃源金矿。

白云山断裂：矿集区深大断裂，走向北西西，其北侧为宽大的低重负磁异常带（图29-15a），为断裂破碎、古元古代蚀变岩以及大石桥组地层的共同反映。其南侧为与断裂走向一致的磁力高带，可能是断裂内有岩浆活动，中基性岩脉侵入断裂内部的所致。

(三)褶皱与地层分析

由于地层密度总体上具有由新到老逐渐变大的趋势,并且辽河群盖县组地层还具有一定磁性,因此,地层褶皱必然会引起重磁异常的同步起伏变化和扭曲。从重力小波多尺度分解结果我们可以看出(图29-16),在3阶和4阶细节上,以101断裂为界,以北的白云地区局部重力异常主要以北西向正负相间展布为主,以南的小佟家堡子地区局部重力异常以北东向展布为主,在5阶和6阶细节上,局部重力异常则逐渐变为以近东西向展布为主;从航磁化极异常小波多尺度分解结果也能看到类似的特征(图29-17),即在3~5阶细节上,局部磁异常在白云地区呈现北西向展布特征,在小佟家堡子地区则呈现北东向展布特征,在6阶细节上则呈现近东西向展布特征。重磁异常的这些特征揭示了辽东青城子地区经历了3期的褶皱变形作用,应力作用方向分别为南北向、北东向和北西向。比较101断裂两侧局部重磁异常还可以看出,在白云地区异常的起伏变化比小佟家堡子大,可能反映白云地区受褶皱变形作用更加强烈。根据地层的物性特征可以得出,太古宙变质岩基底地层密度相对较高,可以造成大范围的重力高和磁力高,因此该重磁异常的组合特征可作为圈定太古宙变质岩群的一个地球物理标志,在辽东青城子地区古元古代辽河群地层剥蚀得少,盖县组地层具有一定的磁性,

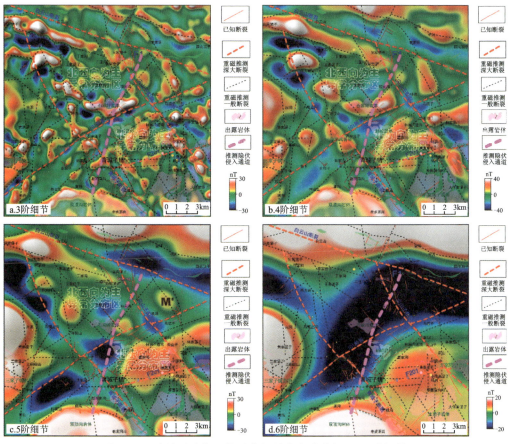

图29-17 青城子矿集区航磁化极异常小波分解3~6阶细节

对应于面积较大的低幅值磁力高异常区,辽河群中大理岩为无磁性,对应于较大面积的磁力低异常区或负磁异常区,因此,排除重力低所反映的岩体以及条带状的各种岩脉外,重力高、磁力低区域组合主要为大理岩分布区,重力高和磁力高组合区域主要为盖县组分布区。

从小波多尺度分解结果上可以看出,重力 5 阶细节(图 29-16c)和航磁 5 阶细节(图 29-17c)与地质图上的已知地层分布对应关系最好,因此,可以通过上述的重磁异常组合特征来对盖县组地层、大石桥组地层分布进行分区。分析结果得出(图 29-18a),青城子地区中部布格重力异常(图 29-13)北西西向高值异常区主要为高密度辽河群地层的反映,异常区内东部幅值大,西部幅值小,可能是地层由东向西厚度逐渐减薄的反映,在桃源东北侧的低幅值正磁异常(图 29-16c 中的 M′),位于大石桥组地层上,其西侧地质图显示为倒转构造,推测大石桥地层下覆可能盖有盖县组地层。

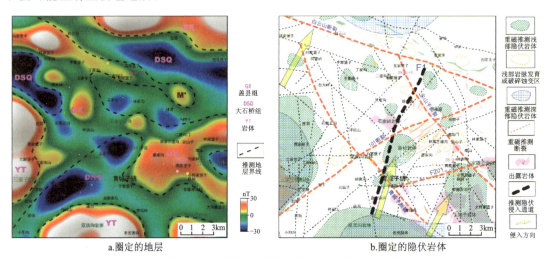

图 29-18　青城子矿集区利用重磁圈定的地层和低密度隐伏火成岩体

(岩体平均似深度:浅部 2000m,中部 4500m)

(四)隐伏岩体圈定

根据火成岩的物性特征以及出露岩体与重力异常的对应关系可以得出:范围较大且幅值较大的局部重力低则主要是由低密度中—酸性侵入岩体引起;范围较小且幅值也较小的局部重力低可能是由密度较低的中—酸性小岩体或破碎蚀变区(带)或岩脉发育区(带)等引起;范围较大且幅值较大的磁异常主要是由具有一定磁性的中—酸性的花岗闪长岩、石英闪长岩、闪长岩类侵入岩体引起(可能主要为燕山期侵入岩);中基性岩脉沿断裂(带)侵入可形成串珠状、长带状等线性磁异常特征;岩体及地层矿化或蚀变可引起跳跃、杂乱且尖锐的磁异常区(带)。因此,较大范围且较大幅值的局部重力低是圈定低密度中酸性侵入岩岩体的重磁异常标志之一;小范围低幅值的局部重力低且磁异常幅值低跳跃杂乱是矿化或蚀变的重磁异常标志之一。在青城子地区主要是采用小波多尺度分解的方法提取不同深度范围的局部重力低异常,并计算其垂向导数来提高分辨率和位置精度,根据异常特征进行不同深度岩体异常的筛选,并圈定岩体的分布。

图 29-18b 是重磁异常圈定的隐伏岩体,该区主要的侵入中心(岩基)有 3 处,即双顶沟岩

体、三家子镇岩体、兰花岭岩体，从隐伏岩体和断裂的空间位置关系看，除研究区西侧的付家堡子、王家堡子和白云三道沟隐伏岩体可能为三家子镇岩体向北东方向侵入形成的外，大多数岩体则可能是双顶沟岩体沿中部和东部两个通道向北东方向侵入形成的。从已知的矿床点可以看出，岩体与其的关系密切。

（五）矿化蚀变带分析及找矿靶区圈定

从岩石磁性特征可知，黄铁矿化蚀变后的围岩磁性变强，因此，平面上低幅值杂乱跳跃的磁异常可作为矿化蚀变的识别标志。通过小波多尺度分解得到低阶细节提取高频低幅值磁异常，由此来分析矿化蚀变带的分布，如图29-19是化极磁异常的小波多尺度分解1~3阶细节，可看到反映矿化蚀变的高频低幅值磁异常主要分布在2条北西向和3条北东向或近东西向条带上，研究区主要的铅锌金银矿床（点）均分布于这些北东向和北西向磁异常带的交会部位附近（图29-19），比较图29-18的断裂分布可以看出，这些异常的交会部位也是北东向和北西向主要断裂构造的交会部位，表明矿集区的铅锌金银矿床（点）除了受地层控制外，还受断裂构造的控制，北东向和北西向主要断裂构造的交会部位是矿集区内重要的找矿远景区，而且在矿床（矿点）上都有局部重力低和局部磁异常与之相伴，因此，可能反映破碎、矿化和蚀变的局部重力低和局部磁异常是研究区内重要的地球物理找矿标志。根据上述的断裂、构造、矿床、物探异常和化探异常等特征标志，圈定了8处找矿有利区，其中青城子铅锌矿床、小佟家堡子金矿床、桃源金矿床、林家三道沟矿床、白云金矿床为已知有利区，二道沟姚家岭岩体北侧、白云西部李家堡子、中河西部金场为本次新圈定的找矿有利区（图29-19）。

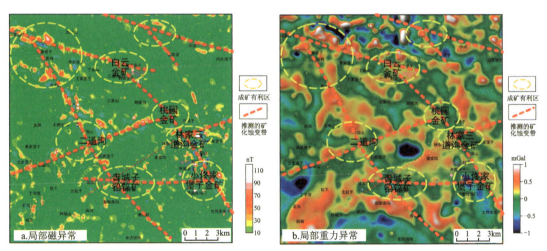

图29-19 矿化蚀变带（红色虚线）与找矿有利区（黄色虚线区域）

三、靶区精测剖面的处理与解释

在矿集区物探和地质成果的基础，在青城子地区共布置了7条1:5000和1:1万的重磁精测剖面（图29-20），目的是为靶区验证提供依据。下面选择X1线和Q2线进行处理与解释。

1. X1 线

X1 线位于小佟家堡子矿区附近,过圈定的小佟家堡子和林家堡子找矿有利区。可以看到,重力南低北高。南部重力低地表出露古元古代大顶子混合花岗岩,古元古代大顶子岩体无磁,密度与辽河群地层密度相当,重力异常连续复小波频谱分析结果显示(图 29-21),古元古代大顶子岩体厚度不大,最厚仅 1500m 左右,其下方存在上顶埋深为 1500~2000m 低密度隐伏岩体,弱磁性,并且该隐伏岩体在深部与双顶沟岩体相连,可能为双顶沟岩体向该处上侵形成的岩株。

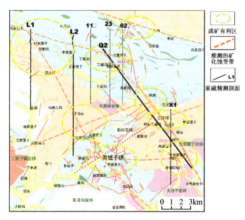

图 29-20　重磁精测剖面位置图

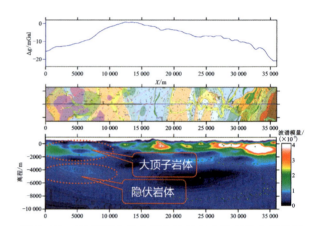

图 29-21　X1 线剩余重力异常连续复小波频谱分析结果

重磁综合反演结果(图 29-22)显示该线是一个宽缓的向斜构造,大顶子岩体底部可能还有辽河群地层(该结果得到了 ZK12-11 孔的证实,由此,打破了在该区古元古代花岗岩"兜底"的认识,大大拓展了深部找矿的空间),尖山子断裂附近磁异常强烈起伏跳跃,表明岩脉十分发育,是矿化和蚀变的有利区,小佟家堡子北边也具备很大的找矿空间。

2. Q2 线

Q2 线北起始于白云矿区,穿过桃园矿区,南至小佟家堡子矿区,剖面方向南东约 52°。Q2 剖面的反演结果可以看出,白云-小佟家堡子的岩体都受到 101 深部的隐伏深大断裂的控制,该断裂是该区岩浆活动的主要通道,该断裂在浅部形成许多的分支断裂,为中基性岩脉侵入、矿化作用提供了重要的场所和条件(图 29-23)。反演结果显示在白云矿区向斜构造往东南部变深,在齐家岭隐伏岩体西北侧 1500~2000m 深度推测有较好的矿化显示(该推测结果已得到了 ZK62-15 孔的验证,如图 29-24 所示),精测剖面的反演解释结果为钻孔验证提供了依据。

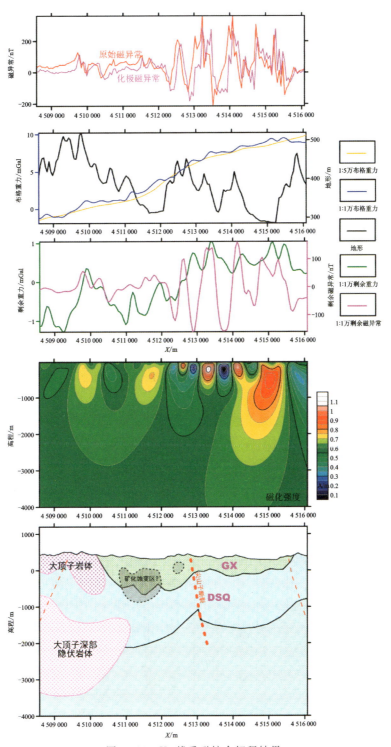

图 29-22　X1 线重磁综合解释结果

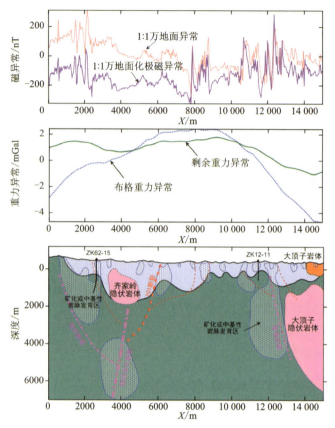

图 29-23　Q2 线重磁综合解释结果

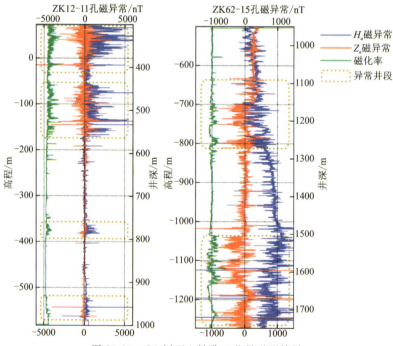

图 29-24　Q2 剖面上钻孔三分量磁测结果

四、结论

（1）通过专题的研究，总结了如表 29-6 所示的各成矿地质要素的重磁异常特征。

表 29-6　辽东/胶东各成矿地质要素的重磁异常特征

地质要素	重力异常特征	磁异常特征
断裂	重力梯级带；重力异常轴线的明显错动；重力异常的同形扭曲；串珠状或长带状重力异常低；展布特征不同的分界等	高值带状异常；串珠状异常；雁行状异常；轴线明显错位等。（在向上延拓较大高度后或小波高阶细节还有上述重磁异常特征为深大断裂的反映）
岩体	范围和幅值都较大的局部重力低（主要特征）	部分岩体有范围较大且幅值较大的局部磁异常（不是主要特征）
地层	范围较大的块状重力高异常区	范围较大的块状平稳低幅值磁异常区
矿化蚀变		高频低幅值（即跳跃、杂乱且尖锐）的磁异常区（带）

（2）总结了找矿的重磁异常特征标志：①金成矿受断裂控制，断裂交会、构造拐弯部位是成矿的有利部位。例如，在重力异常的线性梯度带上，尤其是梯度带的转折部位；在高频低幅值磁异常带上，尤其是不同展布方向的交会部位。②金成矿与岩浆活动关系比较密切，特别是二长花岗岩、花岗闪长岩组成的复式岩体的边部和周边地区为成矿有利部位。例如，在重力场上为重力低值区的边部（重力高与重力低的过渡带上）；在大范围的重力低与重力高的接触带上，小范围的块状、串珠带状正磁异常边部。

（3）对区域地球物理场特征所揭示的地层、断裂构造、岩体、矿床等成矿地质要素进行了对比，得出辽东浅部的成矿模式与胶东有较大差别，可能是莫霍面起伏引起剥蚀程度不同所造成的；但深部较相似，特别是在青城子地区的深部与胶东有更多的相似性（表 29-7）。通过对比分析，在胶东发现了一条北东东向隐伏成矿构造（S1），在青城子地区也同样发现了类似的北北东向隐伏成矿构造（S2）。

表 29-7　辽东/胶东区域重磁特征对比表

序号	成矿要素	特征	对比结果
1	引起异常的地质原因	重力高均主要是由变质岩地层及基底隆起引起，重力低均主要是由低密度中酸性侵入岩引起；胶东磁异常主要是由太古宙变质岩引起，而辽东除了太古宙变质岩地层外，辽河群的盖县组地层及印支期、燕山期二长花岗岩等也可引起磁异常	有相似也有区别，辽东更复杂
2	断裂构造	均以北东、北北东向为主，控制着整个区域断裂体系；胶东焦家断裂带往北延伸穿过渤海湾可与辽东瓦房店-盖县-海城市深大断裂带对应，胶东招平断裂带则可与辽东岫岩-三家子镇-青城子镇-连山关镇深大断裂带对应	相似，但辽东更复杂

续表 29-7

序号	成矿要素	特征	对比结果
3	地层剥蚀程度	重力反演的莫霍面五龙矿集区最浅,其次是胶东矿集区,青城子矿集区最深,揭示了莫霍面起伏是造成地层剥蚀程度差异的深部可能原因之一	有较大差异
4	岩体	均呈北东向展布。胶东岩体主要是燕山期,侵入中心位于玲珑岩体深部;辽东五龙地区岩体主要是燕山期,而青城子地区则浅部主要是印支期,深部可能有大规模燕山期岩体,辽东侵入中心在三家子镇-接文镇-隆昌镇岩体	深部相似,浅部有差异,辽东更复杂
5	矿床位置	胶东重要矿床均位于玲珑岩体重力低的北侧边缘异常走向转折以及宋家镇一带北东东的块状磁力高南缘所指示的隐伏构造上,北东、北北东方断裂的交会部位附近。 辽东青城子位于三家子镇岩体重力低异常东北部边缘以及青城子镇-草河口镇块状磁力高西南缘所指示的隐伏构造上,北东、北东东向和北西向断裂交会部位附近。 辽东五龙位于马家店镇隐伏岩体的东北侧,北东、北东东向以及北西向断裂交会部位	相似

(4)在白云-小佟家堡子重点工作区通过三维空-地-井重磁联合解释发现了 101 断裂东侧深部的隐伏深大断裂,该断裂可能为该区印支期到燕山期岩浆活动的主要通道,它控制着该区岩体和岩脉的分布以及浅部断裂发育。

(5)在白云-小佟家堡子重点工作区通过三维空-地-井重磁联合反演发现了大顶子岩体为漂浮在地表的薄层岩体,其下还可能有辽河群地层,打破了原有古元古代花岗岩为找矿下边界的认识,拓展了深部找矿空间,大顶子岩体深部约 2000m 存在隐伏岩体,其密度和磁性与出露的古元古代大顶子岩体有较大差异,它可能为小佟家堡子金矿的成矿地质体。

(6)根据矿化体的重磁异常特征在白云-小佟家堡子重点工作区解译了 3 条近东西向矿化带,2 条北西向矿化带,结合已知矿床的位置,圈出了 8 处对成矿有利的交会部位。

第三十章　加拿大世纪 DSO 项目重力航磁解译及资源潜力评估

"加拿大世纪 DSO 项目重力物探解译及资源潜力评估"是加拿大世纪铁矿有限公司委托中国地质大学(武汉)承担的项目,矿区范围为乔伊斯湖南区(Joyce Lake South)、海耶特北区(Hayt North)和铁湖矿区(Lac Le Fer)。主要的研究内容有:总结和研究了铁矿湖-铁臂山铁矿成矿带中富铁矿床成矿的特点,并在此基础上建立乔伊斯湖区富铁矿体的地质地球物理模型和找矿模式;研究乔伊斯湖南区、海耶特北区和铁湖矿区一带的地质、航磁和地面重力资料,并根据乔伊斯湖富铁矿床的地质物探模型与找矿规律,提出找矿靶区并进行资源潜力评价,为各靶区提出工作部署意见和方案,为野外勘查验证提供基础地质资料和靶区。

本案例受篇幅限制,仅以乔伊斯湖区(Joyce Lake)为例,重点介绍根据重磁位场关系的泊松公式从苏克曼组地层中找富矿(DSO 是直运矿石 direct shipping ore 的缩写,这里富矿即指 DSO)。

本案例看点

本案例是在加拿大魁北克省拉布拉多地槽成矿带西部苏克曼组地层贫矿中找富矿的实例。根据富铁矿体与苏克曼组地层重磁异常同源性分析,得出富铁矿体高重低磁,重磁不同源;而苏克曼组地层高磁高重,重磁同源的特征。实测磁异常是由苏克曼组地层与富铁矿体共同引起,运用重磁位场关系的泊松公式,将实测磁异常换算为磁源重力异常,再将磁源重力异常与实测重力异常相减,得到仅由富铁矿体产生的剩余重力异常,反演该剩余重力异常得到富铁矿体的埋深、产状及形态等参数。解释结果在黑鸟湖工区钻探中得到证实。

一、地质地球物理概况

(一)地质概况

乔伊斯湖区矿区位于拉布拉多地槽成矿带西部,拉布拉多地槽也称拉布拉多-魁北克褶皱带,沿苏必利尔克拉通(Superior Craton)东缘自从昂加瓦湾至普列蒂皮湖(Lake Pletipi),延长超过 1000km,成矿带中心位置宽约 100km,在北部和南部两端变窄(图 30-1)。这些地槽盆地在后来经历了 3 次造山运动,受到来自北东方向的应力作用,产生大规模逆冲推覆构造(图 30-1),地层一般倾斜,褶皱和逆断层紧密发育,有许多北西-南东向倒转折曲。区内地层北东-南西方向,主要沉积在向斜上面的元古宙地层,与下面太古宙花岗片麻岩呈不整合产出。

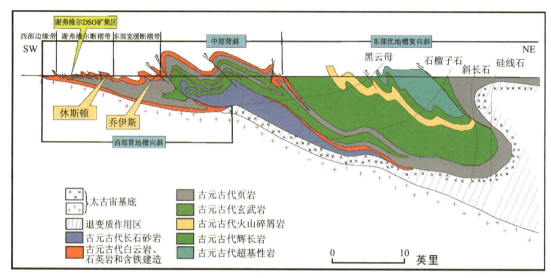

图 30-1　拉布拉多地槽逆冲推覆构造

(摘自 DSO Potentials and Geophysical Interpretation at LLF-IA range.ppt,after Dimroth,1970)

拉布拉多地区铁矿开采及勘探始于 1937 年,巨量的含铁矿硅质岩是勘探开发重要对象,在该地区进行了磁法、重力勘探剖面、航空地球物理测量工作(航放、航空电磁及航磁)。

近年,拉布拉多地区陆续探明了许多大型—超大型铁矿床,这些 DSO 矿床都赋存在苏克曼组含铁建造地层中。在拉布拉多地区 DSO 铁矿床的勘探中,重力勘探主要是用来寻找无磁性铁矿体,圈出控制铁矿床的区域构造和局部构造,定量评价磁性和无磁性矿体。磁法勘探主要用来圈定铁磁性建造。

DSO 是主要开采对象,它是地层中的含铁建造受白垩纪热带雨林气候风化的结果,DSO 包括经淋滤后的富含赤铁矿和针铁矿的碳酸岩和硅质矿物岩石,矿区内的低洼地带和植被覆盖区由于没有受到近代冰川作用的影响,具有寻找 DSO 矿石的潜力。

乔伊斯 DSO 矿床主要赋存于苏克曼组地层中,主要富集在向斜的核部;乔伊斯向斜受区内逆冲推覆作用影响,向西倒转,南翼地层较缓,北翼较陡,同时向东南方向倾斜。DSO 矿床矿石矿物有赤铁矿、褐铁矿及假象赤铁矿等。矿床规模以中、小型为主,但埋藏浅,矿石含铁量较高,易于开采。

2010 年世纪公司进行地面重力测量(使用 CG-5 重力仪),线距 250m,点距 50m。

表 30-1 为区内岩矿石密度和磁性参数统计表,磁铁矿属于高密度高磁性,DSO(如赤铁矿、褐铁矿)属于高密度低磁性。

乔伊斯湖的航磁测量是在 2007—2008 年完成的,在乔伊斯向斜北西部存在长约 7km 的弱磁异常,低磁异常表明下伏丰富的赤铁矿和氢氧化物,乔伊斯向斜显示出 10～300nT 的弱磁异常,异常在北西向轴部地带更宽缓,很可能是由深部或增厚的矿层引起,而在北翼和南翼矿化层似乎更薄更陡,从乔伊斯湖地区逐渐向外,苏克曼组地层单元更加明显,逐渐过渡到富含磁铁矿的单元中。

表 30-1　岩矿石密度和磁性参数

磁性参数	密度参数
磁铁矿≈0.213 8SI 赤铁矿和氢氧化铁 0.001～0.005SI 当地地磁场参数 西经 66°31′00″ 北纬 54°53′30″ 磁倾角 75.9°,磁偏角 23.5° 平均地磁场强度 56 400nT	含磁铁矿燧石岩:$d=3.35～3.4\text{g/cm}^3$ 蓝矿:$d=3.2\text{g/cm}^3$ 红矿:$d=2.8\text{g/cm}^3$ 黄矿:$d=2.6\text{g/cm}^3$ 围岩 石英岩(wishart):2.6g/cm^3 页岩(menihek):$2.1～2.4\text{g/cm}^3$

(二)岩矿石物性特征

由于淋滤与风化作用生成了富铁矿体,UMH(上部大量赤铁矿)和 LMH(下部大量赤铁矿)是主要的富铁矿体地层,它赋存于苏克曼组含铁建造。

首先分析岩矿石的密度与磁性,主要分析图 30-2 剖面 JOY-L0 地层中密度:UMH(上部致密块状赤铁矿层),RC(红色硅质岩),LMH(下部致密块状赤铁矿层),LRC(下部红色硅质岩),RS(露丝页岩)。

图 30-2　剖面 JOY-L0 地层

选取 Joy-13-156、Joy-13-157 等 13 个钻井的岩石密度测量结果进行了统计,包括 UMH、RC、LMH 和 LRC 四个地层以及 DSO。

统计结果如下:苏克曼组地层(以 UMH、RC、LMH 和 LRC 四个地层统计)平均密度为 3.19g/cm^3,DSO 平均密度为 3.67g/cm^3,而上覆沉积层与 RS 平均密度为 $2.2～2.6\text{g/cm}^3$。

由此可得:苏克曼组地层与富铁矿体密度差为 0.48g/cm^3,当富铁矿体有一定规模时,就会在苏克曼组地层的重力高背景上形成局部高重力异常。

苏克曼组地层与围岩密度差为 $0.59～0.99\text{g/cm}^3$,苏克曼组地层会形成高重力异常。

二、研究思路、采用的方法技术及有效性分析

苏克曼含铁建造由于其高密度、强磁性，在布格重力异常图与航磁异常图上为显著的北西向条带状异常，而受风化、淋滤作用形成的富铁矿体具有高密度、无磁性特征，它能够产生局部的高重力异常，但是富铁矿体赋存于苏克曼组地层中，其产生局部的高重力异常叠加到苏克曼含铁建造产生的重力高异常背景上，很难直接识别与提取富铁矿体的局部的高重力异常。对重磁异常进行处理解释能否识别、预测、或分离富铁矿体异常？能否定性、半定量解释富铁矿体的分布范围、产状与埋深？这些问题是本项目研究要解决的核心问题。

（一）建立的地质地球物理模型

为了回答上述问题，我们首先统计与分析该区岩矿石与地层的密度、磁性特征，通过正演建立苏克曼含铁建造与富铁矿体的地质地球物理模型；阐述不同情况下苏克曼含铁建造与富铁矿体产生的局部重磁异常的特征；分析采用重磁数据处理新方法技术识别、预测与分离苏克曼含铁建造与富铁矿体的局部重磁异常的有效性，其中采用的方法有小波分析、匹配滤波、重磁对应分析、磁异常换算磁源重力异常等方法。同时也运用地质资料与各种找矿标志识别富铁矿体，并对富铁矿体与苏克曼含铁建造进行视密度、视磁化强度成像，定性、半定量解释富铁矿体的分布范围、产状与埋深。

为了说明研究思路与采用的方法技术，首先我们把乔伊斯湖区的地层与富铁矿体简化为下面的3种模型。图30-3是苏克曼含铁建造与富铁矿体的不同组合，它们可以产生如下的重磁异常：

（1）当只有苏克曼组地层构成的向斜时，苏克曼组地层含铁燧石岩，具有高密度强磁性，它们会产生局部高重力异常与高磁异常，该类型如乔伊斯湖南5、7区，JYL16、17等剖面，如图30-3a所示。

（2）当向斜核部有厚层富铁矿体时，由于富铁矿体高密度无磁性，它们会产生单峰的局部高重力异常与中低磁异常，中低磁异常是未风化淋滤的苏克曼组地层产生，该类型如乔伊斯湖北3区2.0N剖面，如图30-3b所示。

（3）当向斜核部有较薄富铁矿体时，它们会产生双峰的局部高重力异常与中高磁异常，中高磁异常由未风化淋滤的苏克曼组地层产生，该类型如乔伊斯湖北3区4.0S剖面，如图30-3c所示。

（二）研究思路

根据富铁矿体与苏克曼组地层重磁异常同源性分析，富铁矿体高重低磁，重磁不同源，苏克曼组地层高磁高重，重磁同源。采用重磁数据处理方法，将磁异常换算为磁源重力异常，再与实测重力异常相减，得到仅由富铁矿体产生的剩余重力异常，反演该剩余重力异常得到富铁矿体的埋深、产状及形态等参数。识别、提取与反演解释富铁矿体流程如图30-4所示。

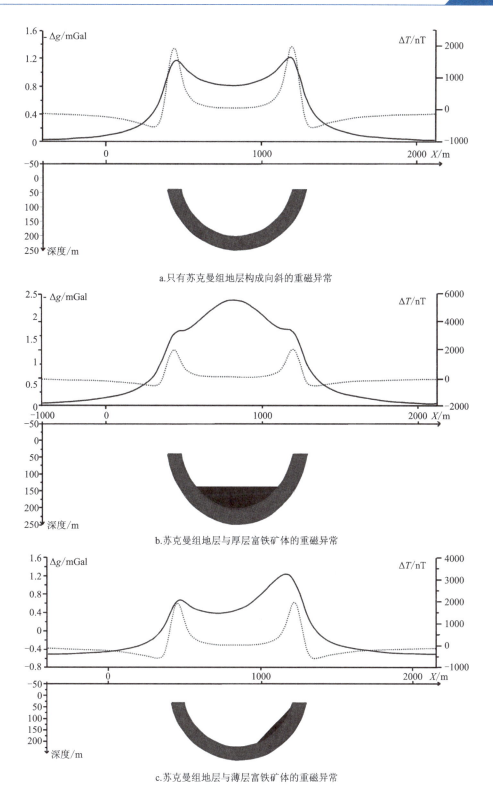

a.只有苏克曼组地层构成向斜的重磁异常

b.苏克曼组地层与厚层富铁矿体的重磁异常

c.苏克曼组地层与薄层富铁矿体的重磁异常

图 30-3　苏克曼含铁建造与富铁矿体的不同组合产生的重磁异常

（图中实线为重力异常，虚线为磁异常，下部灰色为高密度强磁性苏克曼组地层，黑色填充部分为 DSO）

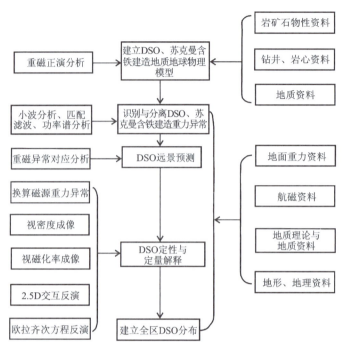

图 30-4　重磁资料解释富铁矿体（或 DSO）流程图

三、乔伊斯湖区重力、航磁异常

图 30-5 是乔伊斯湖区地面布格重力异常图，由图可以看出，3 个条带状高重力异常带近平行排列，走向北西，宽度为 300～400m，它们是高密度的苏克曼组含铁建造的反映。其中北带和南带条带异常幅值较大、形态较宽，中带异常幅值较小、形态较窄。

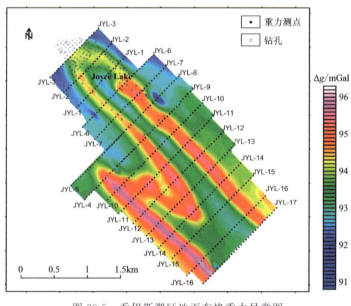

图 30-5　乔伊斯湖区地面布格重力异常图

图 30-6 是乔伊斯湖区航磁异常图,其特征与布格重力异常有一些相似,条带状磁异常呈北西向,与重力异常的位置相一致,只是在北部磁异常变弱或消失为背景场了。根据该区的物性资料,条带状航磁异常是由苏克曼组中含铁的地层产生。

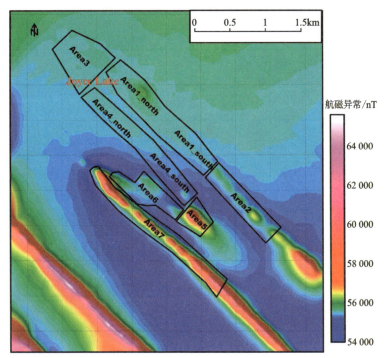

图 30-6 乔伊斯湖区航磁异常图

四、乔伊斯湖区剖面反演解释

(一)视磁化强度反演

对乔伊斯湖区 15 条重磁剖面进行 2D 视密度和视磁化强度反演,结果如图 30-7 所示。从反演的结果可以看出,向斜模式十分明显,向斜轴部埋深总体由北西往南东反向逐渐变深,测区北部 JYL-3 线～JYL-7 线为单个向斜,测区中部 JYL-8 线～JYL-13 线逐渐出现两个向斜,并且随着南北两个向斜总体往南东方向倾伏,测区南部 JYL-13 线～JYL-17 线南部向斜北翼重磁异常与北部向斜南翼重磁异常逐渐合并,形成一个较大的复向斜,且随着埋深的加大轴部异常变弱。从密度成像反演的结果可以看出,北部向斜的轴部在 JYL-3 线～JYL-10 线有隆起或地层增厚现象,JYL-3、2、1、6 线的隆起增厚部位分别是磁化强度成像结果的低值区(小于 1A/m)、推测的南北向断裂 F1 的西侧、向斜轴部抬升端、局部地形低洼部位,是 DSO 非常有利的区域。除此之外 JYL-9 线、11 线、12 线、13 线、14 线白色虚线框圈出了高密度、中弱磁性的区域,为核部有隆起或地层增厚,处于推测的 F2 断裂东南侧,根据乔伊斯湖区 DSO 的物性特征,高密度、中弱磁性的区域为 DSO 的有利区域。

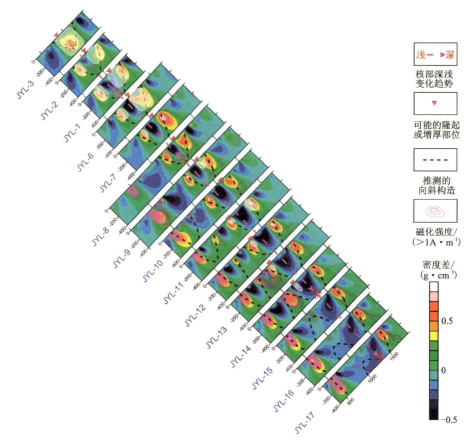

图 30-7　乔伊斯湖区重磁资料成像反演结果

(二) 3 号区重点剖面反演解释

3 号区原来已经有大量的钻孔揭露富铁矿体的分布情况,本次对已知区的解释是遵循物探解释从已知到未知的原则,通过对 3 条剖面的解释,验证我们所提出的磁源重力异常换算方法的有效性及摸索实际反演解释的经验。图 30-8 是 3 号区 3 条重点剖面的位置图。

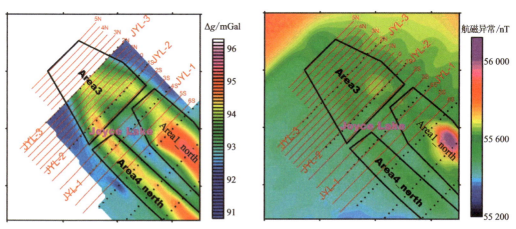

图 30-8　3 号区剖面位置

1. 剖面 JYL-3

图 30-9a 中玫红色实线是根据磁异常换算假重力异常,蓝色虚线是实测重力异常减去假重力异常所得的剩余异常,它由富铁矿体产生的,图 30-9c 是根据剩余重力异常,利用 2.5D 人机交互反演富铁矿体,图中红色是全铁含量高、密度高的 DSO,而浅红色是为全铁含量较低部分,黑线未充填颜色的区域为低品位。

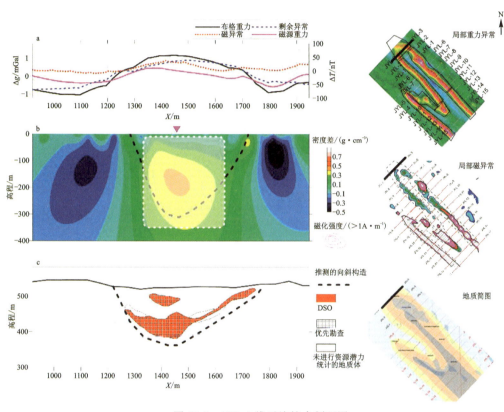

图 30-9 JYL-3 线反演综合剖面图

2. 剖面 JYL-2

该剖面与 JYL-3 相比,向斜的轴部偏向北翼,且南翼有少量的富铁矿体(图 30-10)。

3. 剖面 JYL-1

该剖面与 JYL-2 相比,向斜的轴部已完全落在北翼,且富铁矿体越来越少(图 30-11)。

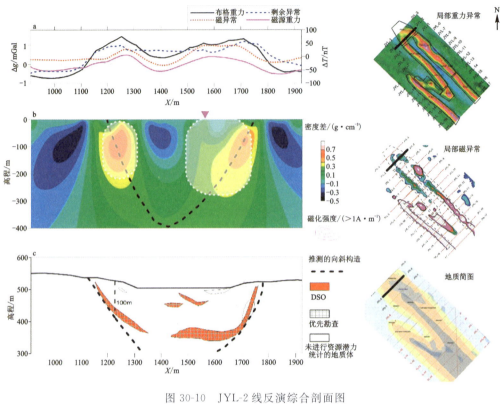

图 30-10　JYL-2 线反演综合剖面图

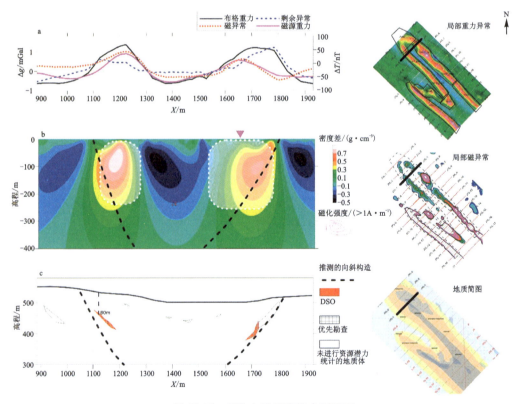

图 30-11　JYL-1 线反演综合剖面图

(三) 1号区北部重点剖面反演解释

1. 剖面 JYL-6

该剖面与 JYL-2 线相似,向斜的轴部偏向北翼(图 30-12)。

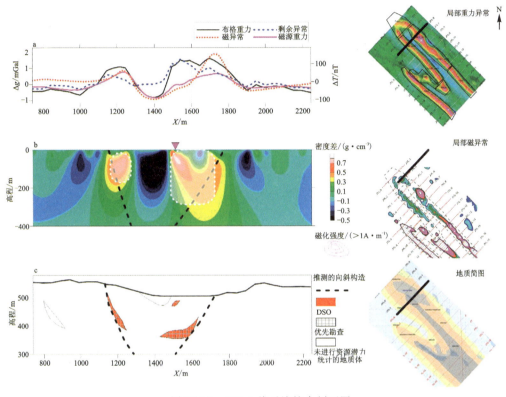

图 30-12 JYL-6 线反演综合剖面图

2. 剖面 JYL-7

该剖面向斜的轴部偏向北翼,富铁矿体也减少(图 30-13)。

3. 剖面 JYL-8

该剖面过 4N 区、1N 区,高重力低磁异常,重磁异常相关程度低,北翼 1N 区与 4N 区是富铁矿体有利区(图 30-14)。

对比 3 号区与 1 号区北部反演结果可以看出,2.5D 反演结果与对平面资料分析的结果是一致的(图 30-5、图 30-6),3 号区向斜轴部向北偏,过 JYL-1 线往南,有一近南北向断裂,JYL-6 线富铁矿体在北翼较大,而在南翼较小(图 30-15)。

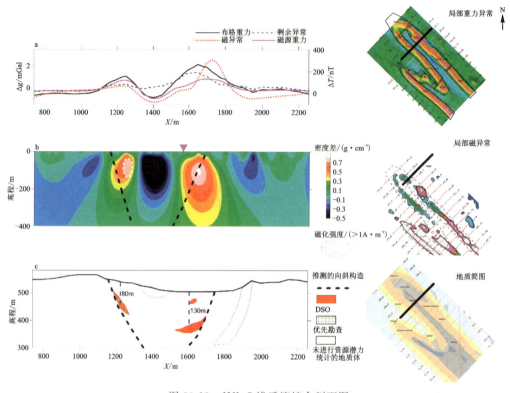

图 30-13 JYL-7 线反演综合剖面图

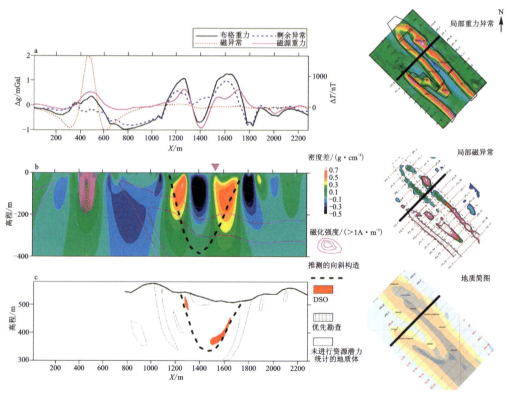

图 30-14 JYL-8 线反演综合剖面图

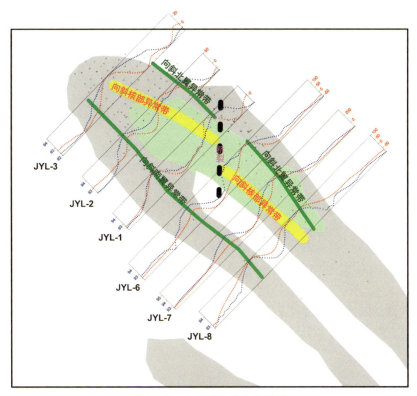

图 30-15 3 号区地质构造特征

五、结论

通过对乔伊斯湖区剖面的解释得出：

（1）向斜轴部为找矿有利部位，尤其是次级褶皱发育地区。受逆冲推覆作用，向斜轴部向北东偏移，DSO 主要富集于偏北翼重力高异常区，钻探资料也显示北翼 DSO 较厚而南翼较薄。

（2）地形低洼地带是寻找 DSO 的潜在靶区。勘探 3 区重力异常恰好落在了区内北西向低洼谷地，钻孔都有很好的见矿情况。

（3）重力高异常和低磁异常可定位 DSO 目标区，向斜构造的宽缓重力高异常是一种间接找矿标志。重磁相关系数最小的区域在北部的 3 区，该区 DSO 赋存情况最好；其后依次是 1、4 高重低磁异常区，属于 DSO 潜在赋存区。

（4）紧密褶皱与断层发育部位是寻找 DSO 的有利区，其重磁场特征是异常复杂，异常变化大，小异常丰富，其一阶导数或高通滤波结果有明显的高频跳跃变化的小异常，利用该特征可以预测 DSO 远景区。

由此可见，乔伊斯湖优先勘探区为勘探 3 区，次级勘探区为勘探 1 区北部（除去高磁区）。

第三十一章　根据重磁资料研究银川平原地热资源

我国地热资源主要分布于构造活动带和大型沉积盆地中，主要类型为沉积盆地型和隆起山地型。沉积盆地传导型中低温地热资源，主要分布于华北平原、汾渭盆地、松辽平原、淮河盆地、苏北盆地、江汉盆地、四川盆地、银川平原、河套平原、准噶尔盆地等地区。

银川平原研究区包括 3 处已见地热井，天山海世界、文化风情园、金沙湾。天山海世界 600m 见 67.5℃ 热水，文化风情园地热井 2940m 见 62℃ 热水。

本项目是 2018 年宁夏回族自治区地球物理地球化学勘查院承担自治区科技厅项目"吴忠—灵武地区活动断裂及地热资源研究应用示范"(宁夏回族自治区科学技术厅 2018 年重点研发计划项目，编号 2018BFG02012)的子项目，由中国地质大学(武汉)承担。

本案例看点

(1)利用重磁勘探方法研究沉积盆地传导型地热田的思路是识别与提取基底的局部隆起，这些"凹中隆"是"传导型"地热的储集区。利用小波分析提取了局部高重高磁异常并进行反演，其结果不仅与银川盆地内根据地震勘探发现的深部 13 个局部隆起构造完全一致(其中包括已知的深层地热田/地热井)，而且还预测了银川盆地边缘斜坡带地热远景，即具浅层地热远景的天山海地热田。

(2)查明与地热构造有关的沉积盆地中的局部隆起构造，通常要采用施工成本高昂的地震勘探方法，本案例指出成本低廉、施工快捷的重磁勘探也能够达到相似的效果。

一、地热地质背景

2016 年，宁夏回族自治区地质调查院与中国地质科学院完成的项目"宁夏地下水、地热资源评价与生态环境建设示范"中建立了地热田概念模型，该热储模型由盖层、储层、热源和热水来源组成(表 31-1，图 31-1)，同时还对地热资源远景进行预测，得出 3 个地热远景区：最有利区银川平原，有利区卫宁北山，较有利区固原—大罗山—牛首山区域。

银川平原盖层主要由第四系松散沉积物构成，厚度为 1600～2000m，沉积物为砾石、砂砾石、含砾砂、粗砂—细砂夹黏土，结构疏松，胶结程度差，密度小，导热性差，热阻大，是天然的热储盖层。

热储层主要有上新统热储层段、中新统热储层段和渐新统热储层段的砾状砂岩—粉砂质泥岩岩层及奥陶系中统热储层段的结晶灰岩、硅质白云岩岩层。各热储层之间由泥岩相隔。

表 31-1　银川平原热储层段特征(引自《宁夏地热远景调查及银川平原地热资源评价成果报告》,2006)

热储层段	平均厚度/m	砂岩平均厚度/m	砂厚比平均率/%	空隙平均值/%
上新统热储层段	472.8	372.6	82.74	31.00
中新统热储层段	1 094.5	608.9	55.51	20.25
渐新统热储层段	373.5	53.1	14.2	
奥陶系热储层段	300.0			5.68

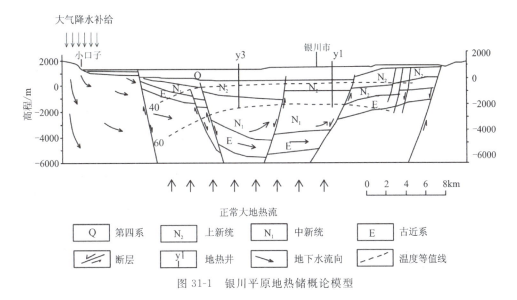

图 31-1　银川平原地热储概论模型

以上的结果是《宁夏地下水、地热资源评价与生态环境建设示范》项目根据地震勘探资料与地质解释得到的结论。重、磁勘探方法是诸多地球物理方法中覆盖面积最广、应用广泛、经济快速的两种地球物理方法,它们能否在地热勘探中发挥作用?能否根据重力与航磁资料预测地热远景区,为下一步部署电法与地震勘探提供依据?下面从银川平原深部热流、基底局部凹隆和断裂构造几方面进行分析。

二、根据航磁资料估算银川平原居里等温面

利用航磁资料(图 31-2a)计算磁性体下界面,即估算居里等温面深度可以得到银川平原深部地热分布。利用航磁资料估算居里等温面可以采用频率域矩谱法或空间域线性反演法,我们采用空间域线性反演方法。计算中取平均磁化强度 $3000×10^3$ A/m,居里等温面平均深度 30km,对银川平原航磁资料上延高度 20km,计算结果如图 31-2b、c 所示。

居里等温面隆起区以平罗为中心呈北西向展布,地温梯度最高约 4.4℃/100m(图 31-2d)。由平罗向南西方向,居里等温面变深,地温梯度降低。以上结果说明,银川平原为断陷盆地,深部居里等温面及莫霍面上隆,造成了银川平原东部较高的等温梯度。

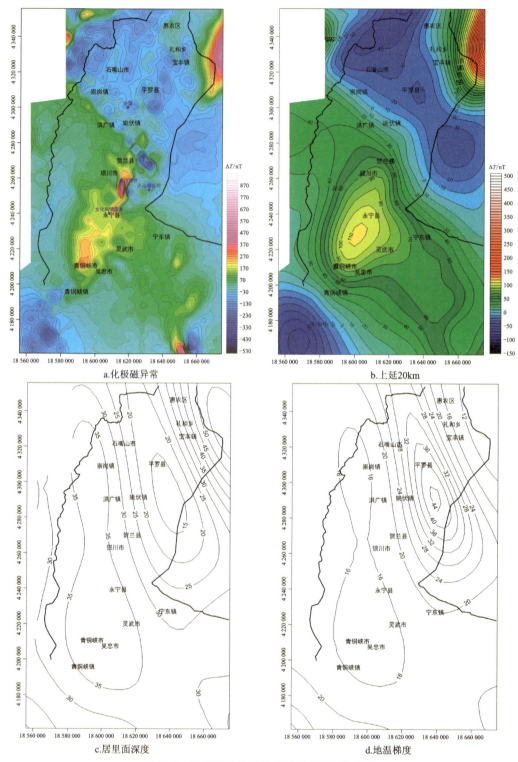

图 31-2 银川平原航磁估算居里等温面深度图

三、根据局部重磁异常特征及其对应关系识别基底局部隆起

能否形成沉积盆地型地热田必须要有 3 个条件:局部基底的隆起;存在断裂;隔热的地层。

利用重磁(及电法)等地球物理勘探方法研究沉积盆地型地热田的思路:①识别与提取基底的局部隆起;②解释断裂构造;③结合地质、钻探、测井、电法、地震等资料分析隔热的地层。

图 31-3 是银川平原局部高重力异常(局部高重力异常是重力异常小波 2 阶细节)与已知局部隆起的关系,图中暖色调部分为局部重力高。在银川平原,地震勘探已经发现的局部隆

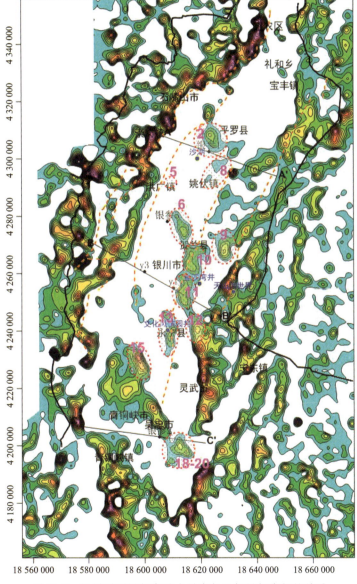

图 31-3 银川平原局部高重力异常与已知局部隆起的关系

(注:底图是重力异常 2 阶小波细节,暖色为局部重力高)

起构造有13个,即平罗南、暖泉、芦花台、永宁东、永宁西、通贵、沙湖桥、通吉桥、姚伏、莲湖、郝家桥、吴忠、巴浪湖隆起(图31-3上标出的序号),这些局部隆起构造对地热分布有一定的控制作用。深部热流向上运移过程中,在隆起的核部聚集并形成高地温异常区。浅层地温测量结果反映在永宁—黄羊滩一带,为高地温异常区,浅层地温梯度>4℃/100m,可见永宁西隆起构造对地热分布有一定的控制作用。根据地震勘探得出的这些局部隆起构造与局部重力高完全对应,由于地震勘探控制范围有限,得出的局部隆起比局部重力高的数量少。

由此可得,根据重力资料能够识别银川平原的局部隆起,它为我们寻找地热远景资源提供了重要的线索。

四、根据区域重磁资料的银川平原地热资源远景预测

2016年,宁夏地质调查院曾对银川平原地热资源做了预测,得出3个地热远景区为银川平原、卫宁北山和固原—大罗山—牛首山区域。

根据盆地基底局部隆起区与高地温异常区分布对应的规律,盆地型地热资源的远景区可以根据局部高重力异常与高磁异常来预测。由于银川盆地基底为奥陶系,其与上覆地层有明显密度差,当基底隆起或凹陷时就会产生局部高重力异常或低重力异常。如果奥陶系基底具磁性或下伏的变质岩基底与其有继承性,则与高重力异常相伴有高磁异常。

图31-4是银川平原局部高重力异常(重力小波2阶细节)图,图中局部高重异常为黄色区域。图31-5是银川平原局部高磁异常(磁异常小波1阶细节)图,图中局部高磁异常为红色区域。

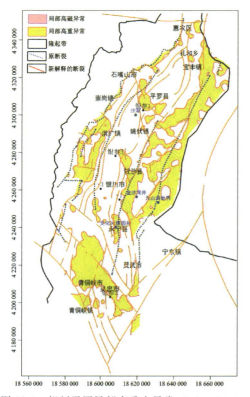
图31-4 银川平原局部高重力异常(小波2阶细节)

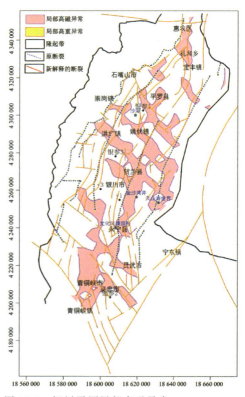
图31-5 银川平原局部高磁异常(小波1阶细节)

第三十一章 根据重磁资料研究银川平原地热资源

综合图 31-4 银川平原局部重力高异常与图 31-5 局部高磁异常,得出银川平原局部高磁高重的区域,银川平原局部高磁高重的区域对应基底的隆起区(橘红色区域),为重磁方法预测的地热远景区。图 31-6 是根据图 31-4、图 31-5 叠合得出的银川平原重磁方法预测的地热远景图。这些地热远景预测区主要分布在银川断陷盆地的东斜坡和南坡:①天山海世界北北东向局部高重高磁带;②永宁(文化风情园)-金沙湾-姚伏北北东向局部高重高磁带;③平罗-沙湖局部高重高磁带;④吴忠-青铜峡局部高重高磁带;⑤银川断陷盆地的西斜坡洪广-崇岗局部高重高磁带;⑥北部惠农-礼和乡局部高重高磁点。

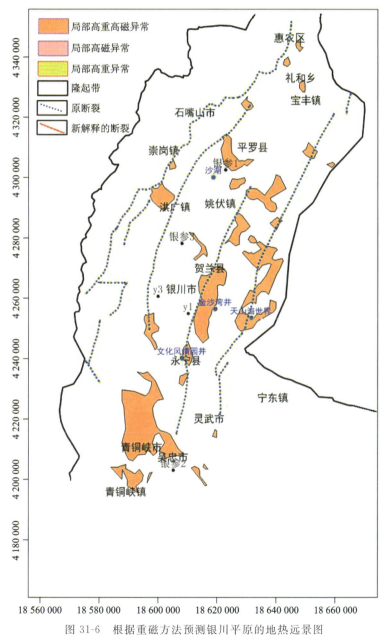

图 31-6　根据重磁方法预测银川平原的地热远景图

[注:根据局部高重力异常(重力小波 2 阶细节)与局部高磁异常(磁异常小波 1 阶细节)叠合而成]

1. 天山海世界地热井

由重磁局部异常分析的结果可知,文化风情园和天山海世界落在了重力异常小波二阶细节的局部高重异常上,且两处井位均位于断裂附近,金沙湾井偏离断裂较远,但也大致上处在局部高重异常附近。对于磁异常,3处已见地热井均位于局部高磁异常附近(图31-7)。

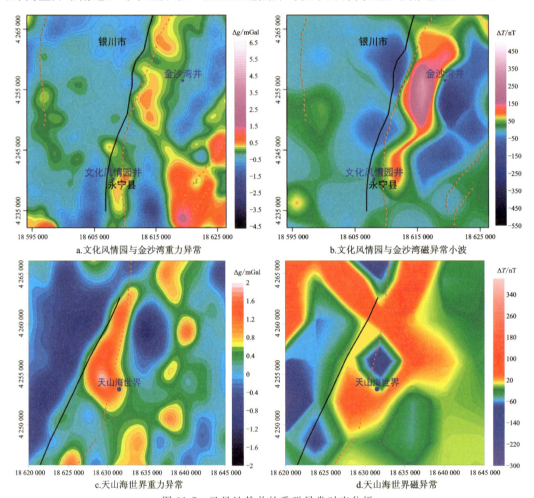

图 31-7 已见地热井的重磁异常对应分析

(重力小波2阶细节和磁异常小波1阶细节,红色虚线据长庆石油局断裂,黑线为本文划分的结果)

如图31-8所示,天山海世界地热井的钻井测温曲线很好地显示了其储热构造特征,测井温度随深度的增加而增大。

2016年,天津地热勘查开发设计院由北向南设计了2条MT测线L1、L2。L1和L2测线方向垂直构造走向;L3测线垂直L1和L2测线(图31-9)。其中L1线设计测点16个,L2线设计测点18个,L3线设计测点16个。

工作区内有厚1000~1300m的石炭系—第四系地层,岩性以砂岩、粉砂岩、泥岩为主,构成了良好的盖层及储热层。其下覆地层为奥陶系,奥陶系在垂向上出现灰岩、白云岩、页岩互层或夹层的反复变化,造就了地热水形成和赋存较为有利的热储条件。天山海世界地热井600多米打到热水可能是打在上新统(N_2)地层上,N_2地层抬升(图31-10)。

第三十一章 根据重磁资料研究银川平原地热资源

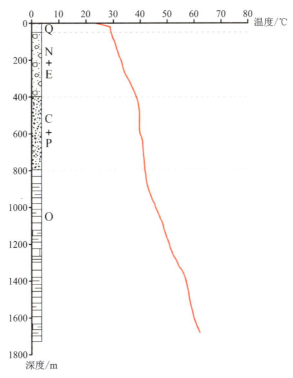

图 31-8 天山海世界测温曲线图

（0～100m 区域为第四系的隔热盖层；100～400m 温度随深度平稳升高，地温梯度约 0.012℃/m，为古近系和新近系的储热层；500～900m 一段测温曲线相对平缓变化不大；900m 以下地温梯度与 0～500m 一段相近）

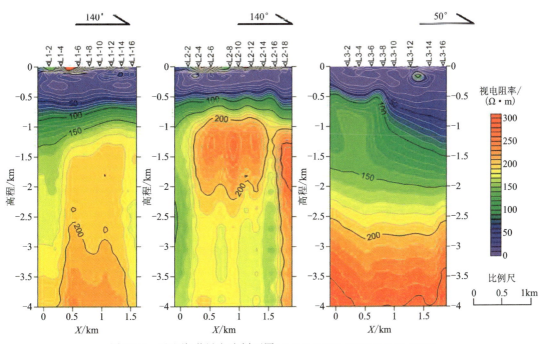

图 31-9 天山海世界电法剖面图（据天津地热勘查开发设计院，2016）

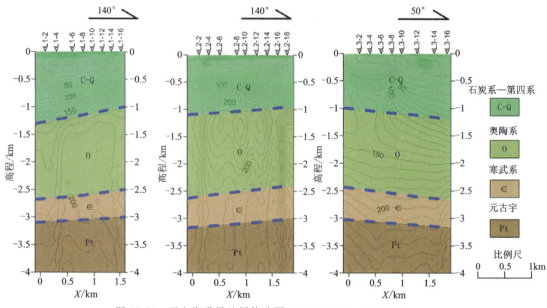

图 31-10　天山海世界地层构造图（天津地热勘查开发设计院，2016）

2. 灵武-吴忠凹陷

灵武-吴忠凹陷位于银川平原南部，2018 年完成了 1∶5 万重力，精度较全区 1∶20 万重力高，将它单独列出解释（图 31-11）。

将图 31-12 重力小波 2 阶细节垂向一次导数结果作为地热预测远景，再把重力帕克法反演的基底面作为底图，把重力小波 2 阶细节垂向一次导数结果投到基底面上，由此可以看到，

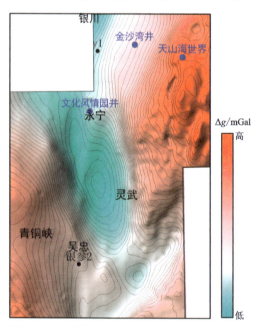

图 31-11　灵武—吴忠地区 1∶5 万重力异常图

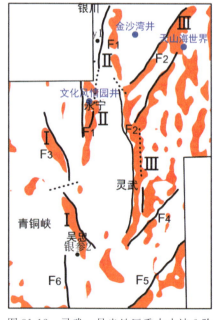

图 31-12　灵武—吴忠地区重力小波 2 阶细节垂向一次导数

地热预测远景（红色部分）均落在基底局部隆起之上，天山海世界、文化风情园地热井也位于在基底局部隆起之上（图31-13，表31-2）。

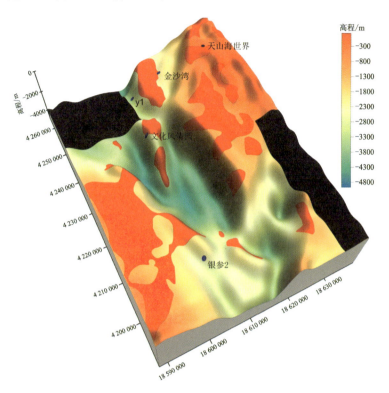

图31-13　灵武—吴忠地区基底面与地热远景区

表31-2　灵武—吴忠地区地热远景区评价表

地热远景区	盖层	储热层	基底深度	参考钻井	断裂构造
Ⅰ区	第四系	新近系 渐新系	2 285.9m （银参2）	YC2	新华桥隐伏断裂
Ⅱ区	第四系	新近系 渐新系	2300m （金沙湾）、 3000m （文化风情园）	Y6、Y7、NHR-1	银川断裂
Ⅲ区	第四系 新近系 古近系	奥陶系	800m （天山海世界）	DRT-03、 DRT-04、 DRT-05	黄河断裂

地热远景区Ⅰ由新华桥隐伏断裂控制，该区域第四系隔热盖层很薄，且这些隆起构造区域同样位于局部高磁异常上，该远景区的局部高磁高重特征显示其具备良好的热源，根据反演的结果来看，该地区的新生界地层完整，奥陶系基底地层埋深较浅，具备较好的储热构造。

地热远景区Ⅱ由银川断裂控制，北部以金沙湾地热井为典型，该远景区位于东部斜坡区，埋深相对较浅,约2300m;南部以宁夏文化风情园地热井为代表,位于银川断陷盆地中央坳陷区的永宁凸起北段,具有典型的"凹中隆"构造特征,基底界面深度较深,约3000m,导热通道以银川断裂为主。

地热远景区Ⅲ由黄河断裂控制,主要位于灵盐台地区域,其基底深度较浅,新生界地层较薄。该远景区的天山海世界600m即见地热水,其热储模式是典型的盆缘"隆起断裂型"地热,以隔热性良好的第四系、新近系、古近系泥岩、砂泥岩作为浅地表盖层,以石炭系—二叠系的煤系地层为中部隔热层,以深部的奥陶系灰岩为热储层,该热储构造对于黄河以东地区地热资源研究有着重要的意义。

五、结 论

(1)根据银川平原重磁异常,预测的地热远景区主要分布在银川断陷盆地的东斜坡和南坡:①天山海世界北北东向局部高重高磁带;②永宁(文化风情园)-金沙湾-姚伏北北东向局部高重高磁带;③平罗-沙湖局部高重高磁带;④吴忠-青铜峡局部高重高磁带;⑤银川断陷盆地的西斜坡洪广-崇岗局部高重高磁带;⑥北部惠农-礼和乡局部高重高磁点。

(2)天山海世界地热井位于黄河断裂带东,对应局部高重高磁异常。其中,高重力异常是由基底上隆引起;局部磁异常则可能是由深部具磁性的变质岩基底隆起引起。天山海地热井靠近黄河断裂,有冷热水补给的通道。

(3)地热远景应综合盖层、储热层、断裂地质条件与物探根据局部高重高磁的结果分析。局部高重高磁异常仅说明存在热源聚集的基底隆起,是否有热水还要有储热层及冷热水交换与导出的通道为条件,因此必须在有利地段采用人工源电磁法查明低阻带与隔热层,才能够最终确定是否有热水。

第三十二章 南澳 Eyre 半岛高分辨低空航磁资料解释 BIF 与资源量估计

2008 年,我们承担武汉钢铁(集团)公司与澳大利亚 CXM 公司的项目"南澳 Eyre 半岛高分辨低空航磁资料解释 BIF 与资源量估计",项目的任务是根据高分辨低空航磁与重力资料解释形成于早前寒武纪条带状含铁建造 BIF(banded iron formations)并用重磁解释结果直接估计铁矿的资源量(334)。

本案例看点

低空高分辨航磁资料精度高,可以直接用它来进行 BIF 资源量快速初步评价,缩短了勘探与评价周期。这种工作方式与流程在国外使用得很普遍,虽然与我国现行的资源量估计方法不一样,但有一定的参考意义,特别是对于境外勘探。

一、地质背景

南澳大利亚东 Eyre 半岛地区位于 Gawler 克拉通南缘,Gawler 克拉通由太古宙—中元古代片麻岩和花岗岩组成。目前勘查的条带状铁矿建造(BIF, banded iron formation)是古元古代 Hutchison 群的一部分。Hutchison 群受晚元古代的花岗岩侵入,形成了林肯杂岩(Lincoln complex)。条带状铁矿建造(BIF)作为含磁铁矿岩层,普遍受变形作用和重结晶作用的影响。它的主要成分有石英、磁铁矿、含铁丰富的硅酸盐矿物(角闪石,直闪石,铁闪石,铝直闪石,透辉石和透闪石)、白云质碳酸盐岩和局部地段有副矿物包括磷灰石、石榴石和黄铁矿。大套的、条带状的磁铁矿层与含铁硅酸盐层、碳酸盐岩层和石英岩形成互层,受断层与褶皱作用而强烈变形(图 32-1),形成独特的条带状高幅值的磁异常。

Eyre 半岛东南部矿区包括 Bald Hill,Greenpatch,Brennand,Koppio,Iron Mount 和 Oolant 6 个矿区,

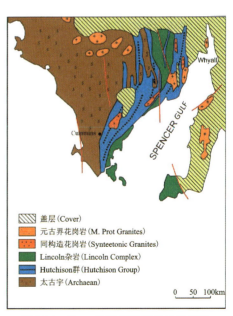

图 32-1 Eyre 半岛前寒武纪地质概况
(据南澳大利亚矿产能源部,1985 修改)

已经完成高分辨率低空航磁调查(线距40m,探头高度20m)和少量金刚石取心钻探。

二、根据低空高分辨航磁解释估算铁矿资源量流程

我国铁矿磁法勘探工作通常分为普查、详查与勘探3个不同阶段,根据勘探与钻探结果再进行资源量的估计,工作过程缜密、周期长。而国外采用低空高分辨航磁获得的资料精度高,可以直接用它来进行资源量快速初步评价,缩短了勘探与评价周期。这种工作方式与流程在国外使用很普遍,虽然与我国现行的资源量估计方法不一样,但有一定的参考意义,特别是对于境外勘探。

图32-2是我们进行地球物理反演解释与资源量计算的流程,首先对平面资料定性分析,然后采用欧拉齐次方程、物性反演等方法进行剖面定性、半定量反演解释,在此基础上利用2.5D人机交互反演方法进行剖面的定量反演,再以剖面的定量反演结果为初始模型,利用3D人机交互反演进行平面的定量反演来获得磁性体较准确的形态与体积。根据地球物理反演解释的结果,在南澳还可以采用Hanneson方法由磁化率、密度求磁铁矿物和赤铁矿物含量,再由DTS分析计算磁铁矿石和赤铁矿石矿量得到资源量初步评价。初步评价的资源量相当于我国固体矿产资源量分类中的"预测资源量"(334,"预测资源量"其地质可靠程度为"潜在矿产资源",是矿产资源16种分类中可靠程度最低的一类),其步骤如下:

(1)由高分辨低空航磁与部分地面重力资料按2.5D、3D人机交互反演方法计算BIF的体积、磁化率κ,密度σ。

(2)由反演得到的磁化率κ、密度σ,查南澳磁化率-密度-矿物含量关系图(图32-9),得到磁铁矿物(Fe_3O_4)与赤铁矿物(Fe_2O_3)含量百分比。

(3)由BIF的体积、密度计算BIF中纯磁铁矿矿物的质量(或纯赤铁矿矿物的质量)。

(4)根据Fe_3O_4分子式得到纯Fe占Fe_3O_4比例为72%,将纯磁铁矿矿物质量乘以72%,得到磁铁矿中纯铁Fe的质量。

(5)DTR测试(Davis tube recovery)是一种化学分析方法,通过对铁精矿和赤铁矿进行DTR测试,可测量铁精矿或赤铁矿石的品位。根据DTR测试结果得到的铁矿石的平均品位与纯Fe的质量可以求得磁铁精矿或赤铁矿的资源量:

$$磁铁精矿量 = \frac{纯铁量}{磁铁精矿的品位} \tag{32-1}$$

$$赤铁矿量 = \frac{纯铁量}{赤铁矿的品位} \tag{32-2}$$

(6)对磁铁矿采用DTS magnetic concentration(磁选),测得的百分比是指原矿中能够回收的铁精矿量,称之为产率:

$$产率 = \frac{铁精矿量}{原矿资源量} \times 100\% \tag{32-3}$$

将磁铁矿精矿资源量除以产率,即可得到磁铁矿石原矿的资源量。

在本案例中,根据前人工作成果对该区的认识(特别是地表地质及钻孔),在南澳Eyre半岛,引起磁异常的因素单一,完全由形成于早前寒武纪BIF引起,在此不详述,解释流程参考图32-2。

第三十二章 南澳 Eyre 半岛高分辨低空航磁资料解释 BIF 与资源量估计

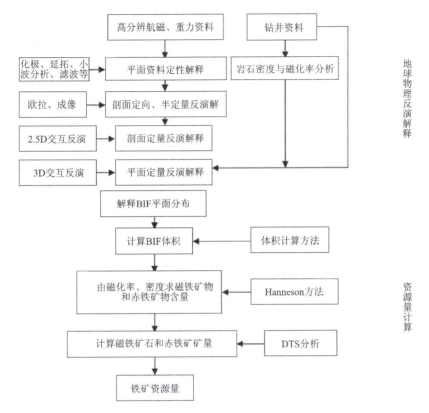

图 32-2 根据低空高分辨航磁解释估算铁矿资源量流程图

三、Bald Hill 矿区资料处理解释

(一)航磁异常特征

我们以南澳大利亚 6 个矿区中的 Bald Hill 矿区为例说明精细解释的过程。图 32-3 为 Bald Hill 矿区航磁异常平面图,由图可以看出,Bald Hill 矿区内主体磁异常为两个南北向条形状磁异常带,大致可以分为东西两部分,其中西部磁异常带长约 9.3km,东部磁异常带长约 10.9km。受东西向断裂切割和褶皱构造发育,航磁异常在南北方向上不连续。

(二)2.5D、3D 人机交互反演解释

在 Bald Hill 矿区截取 28 条剖面(线距 400m,南部加密为 200m)用带校正系数的经验切线法、欧拉齐次方程快速反演初步确定磁性体的上顶埋深,用磁化强度反演方法获得磁性体的大致形态、产状等信息。

在上述定性、半定量解释的基础上,再逐条剖面作 2.5D 人机交互反演。图 32-4 是剖面 2.5D 人机交互反演结果 BIF 在地面的投影,可以看出,BIF 为南北走向的两条狭长条带状的磁性体。我们以过钻孔 BADD001 和 BADD002 的 P15 和 P16 剖面说明 2.5D 人机交互反演

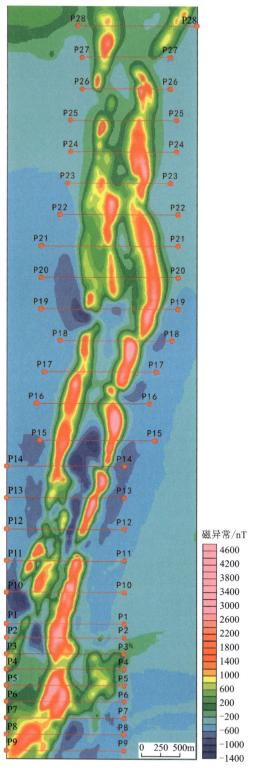

图 32-3 南澳 Eyre 半岛东南航磁异常图

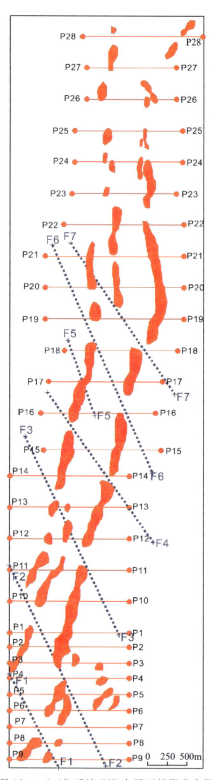

图 32-4 2.5D 反演 BIF 在平面投影分布图

第三十二章 南澳 Eyre 半岛高分辨低空航磁资料解释 BIF 与资源量估计

的结果。由图 32-5 可以看出，两个板状磁性体分别向西和向东倾构成一走向南北的狭长的向斜带。这一解释结果得到钻探结果的验证（图 32-6），过 P16 线 BADD001 钻孔由西向东打，钻遇向西倾的 BIF，过 P15 线 BADD002 钻孔由东向西打，钻遇向东倾的 BIF。

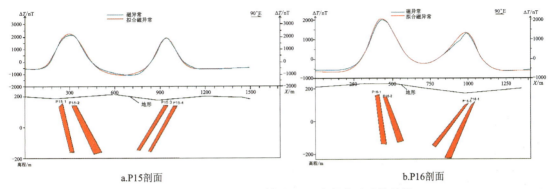

a.P15 剖面　　　　　　　　　　　　　　　b.P16 剖面

图 32-5　Bald Hill 矿区剖面 2.5D 人机交互反演结果

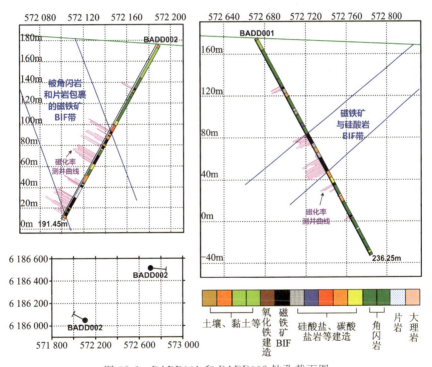

图 32-6　BADD001 和 BADD002 钻孔截面图

（三）Bald Hill 矿区 3D 人机交互反演

由于 2.5D 反演模型沿走向是水平的，与实际的地质体不完全一致。我们利用任意形状三度体人机交互反演方法，根据 2.5D 人机交互反演的结果，将每一条剖面的磁性体按截面形态的对应关系把它们连成一个 3D 初始模型，再用任意形状三度体人机交互反演方法逐条剖面进行调整，直到调整后的模型正演计算结果拟合实测的磁异常为止，结果如图 32-7 所示。

图 32-8 是实测的航磁异常和根据 3D 交互反演结果再作正演的磁异常的对比。由图可以看出,根据 3D 交互反演结果再作正演的磁异常与实测的航磁异常比较相似,说明反演得出的磁性体较真实反映地下矿体的三维分布,该结果可以进一步用来初步估算磁铁矿的资源量。

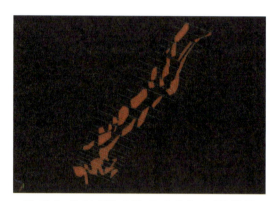

图 32-7 Bald Hill 矿区 3D 人机交互反演结果
(图中红色为反演的 BIF)

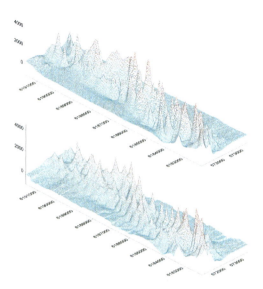

图 32-8 实测航磁异常和 3D 模型正演的磁异常图
(上图为实测磁异常,下图为正演计算结果)

四、资源量初步估计

(一) Hanneson 关于岩石物性与矿物含量的计算方法

Hanneson(2003)通过对南澳大利亚的标本采样和分析,总结出了南澳大利亚铁矿石中磁铁矿含量、赤铁矿和铁的硫化物含量、围岩杂质的含量、矿石平均密度、矿石平均磁化率之间的相互关系,得到磁化率-密度-矿物含量关系图(图 32-9),利用该图由磁化率、密度换算磁铁矿等矿物含量。

图 32-9 中右侧纵坐标为磁化率,最大值 5.0SI 表示磁性最强的磁铁矿,最小值 0.0SI 表示无磁性的赤铁矿和铁的硫化物;图下侧的横坐标为密度,最大值 5.0g/cm³ 表示密度最大的磁铁矿、赤铁矿和铁的硫化物等,最小值 2.67g/cm³ 表示密度较低的围岩;图中左侧纵坐标为磁铁矿含量的百分比,上侧的横坐标为围岩的含量。根据图 32-9 磁化率-密度-矿物含量关系图就可以查找不同密度、磁化率的磁铁矿在岩石中的含量,继而可以进一步计算磁铁矿的资源量。

例如,设地质体的体积为 V,平均密度为 σ,磁铁矿(矿物)的含量为 p_1,则该地质体中磁铁矿的质量 m 满足:

$$m = V \cdot \sigma \cdot p_1 \tag{32-4}$$

采用上述方法,计算地质体的磁铁矿(矿物)含量。

第三十二章 南澳 Eyre 半岛高分辨低空航磁资料解释 BIF 与资源量估计

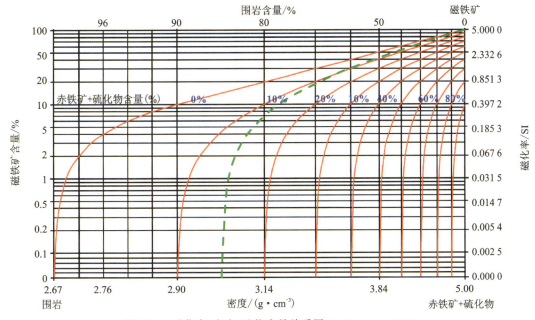

图 32-9 磁化率-密度-矿物含量关系图（据 Hanneson，2003）

（二）Bald Hill 矿区铁矿资源量初步计算

（1）根据 28 条剖面的航磁资料，采用 2.5D、3D 人机交互反演，得到各地质体模型。同时由部分地面重力剖面 2.5D 人机交互反演或岩石密度标本得出 BIF 的密度值 σ。

（2）计算反演得到的地质体模型的体积和质量，采用 Hanneson（2003）方法，计算地质体模型的磁铁矿矿物和赤铁矿矿物的含量，将各矿体的计算结果累加，得到矿区各矿体的磁铁矿矿物和赤铁矿矿物的总量。

（3）磁铁矿的 DTR 测试是在对磁铁原矿进行 DTS 磁选得到磁铁精矿后进行的，而赤铁矿由于磁性弱不做磁选，直接进行 DTR 测试。磁铁矿 DTS 磁选结果表明，磁铁精矿在原矿中的平均含量为 28%DTS；DTR 测试结果表明磁铁精矿中铁的平均品位为 66%Fe，赤铁矿石中铁的平均品位为 35.6%Fe。采用下述公式，可以算出磁铁精矿、磁铁矿矿石和赤铁矿矿石的资源量。

$$M'_{磁铁精矿} = M_{磁铁矿矿物} \times 72.30\% \div 66\%$$
$$M_{磁铁精矿} = M'_{磁铁精矿} \times 90\%$$
$$M_{磁铁矿矿石} = M_{磁铁精矿} \div 28\%$$
$$M_{赤铁矿矿石} = M_{赤铁矿矿物} \times 69.9\% \div 35.6\%$$

式中：72.3% 为 Fe_3O_4 中铁元素的百分含量；69.9% 为 Fe_2O_3 中铁元素的百分含量；90% 为 Bald Hill 边界品位以上的铁精矿含量。

计算得出的资源量初步估算如表 32-1 所示。

表 32-1　Bald Hill 矿区铁矿资源量初步估算结果

资源		磁性体西翼	磁性体东翼
磁铁矿石		96～116Mt	124～173Mt
赤铁矿石		81～98Mt	105～147Mt
合计	磁铁矿石	220～289Mt[28％ DTS(66％Fe)]	
	赤铁矿石	186～245Mt(35.6％Fe)	
资源量初步估算		406～534Mt	

注：Mt 为百万吨。

五、结 论

（1）磁测资料精细反演解释的流程为：首先对平面资料有针对性地选用几种处理方法，如化极、延拓、小波分析等，对磁异常进行处理和定性分析；然后再采用欧拉齐次方程、磁化强度成像、带校正系数的经验切线法等对剖面定性、半定量反演解释；在此基础上用 2.5D 人机交互反演进行剖面的定量反演；以剖面的定量反演结果为初始模型，利用起伏地形 3D 任意形状地质体人机交互反演进行平面的定量反演来获得磁性体较准确的形态与体积。

（2）采用低空高分辨航磁获得高精度资料，直接用它来进行资源量初步快速评价，缩短了勘探与评价周期，有一定的参考意义。

结束语

地质黄金十年已渐行渐远,但地质调查工作并没有停步。2022年初,中国地质调查局印发《全国地质调查"十四五"规划》(以下简称《规划》),明确了"十四五"时期我国地质调查的主要目标和任务。在《规划》明确的11个方面的主要任务中,第2个任务是加强清洁能源和战略性矿产资源调查评价,全力实施新一轮找矿突破战略行动。为了确保国家能源资源安全,地质找矿仍然摆在重要地位。

在大力推进地质调查服务方向、指导理论和发展动力三大战略性转变中,发展动力由主要依靠承担项目养队伍向主要依靠科技创新和信息化建设转变。可见,科技创新、地球物理方法技术的不断进步是实现"十四五"规划的重要保证。

中国地质大学(武汉)重磁勘探科研团队秉承习近平主席2016年5月30日在全国科技创新大会、中国科学院第十八次院士大会和中国工程院第十三次院士大会、中国科学技术协会第九次全国代表大会上的讲话精神:科学研究既要追求知识和真理,也要服务于经济社会发展和广大人民群众;广大科技工作者要把论文写在祖国的大地上,把科技成果应用在实现现代化的伟大事业中。十多年来,我们践行习近平主席的讲话,面向国民经济主战场,完成了中国地调局等大量的科研、生产项目。编写本书的目的是想把十几年来我们工作积累的经验、研究思路、方法技术和找矿成果与读者分享。

感谢刘士毅先生,他的敬业精神和对工作精益求精的态度一直是鼓励与鞭策我们去努力工作的动力;刘士毅先生的科学思想、全局思维和严格管理作风使我国地质黄金十年物探工作形成了一套严格的、科学的"以效果为中心的质量管理制度";刘士毅先生平易近人,事无巨细、身体力行关怀与指导物探工作者,使我们受益匪浅,再次表示衷心的感谢!

感谢参加以上工作的历届博士、硕士研究生吴招才、魏伟、吴小羊、冯杰、张恒磊、习宇飞、曾琴琴、孙劲松、张念、刘鹏飞、朱丹、肖国强、周黎明、乔计花、李曼、刘双、张大连、欧洋、徐志萍、陈国雄、赵亚博、王赛昕、张文雨、代小强、朱建刚、袁雄飞、黄思雷、马龙、付强、甄慧翔、徐航宇、秦熠、刘城、郭楚枫、李风茂、刘豹、邵才金、张永恒、裴霜及外国留学博士生Tondozi-Keto(刚果)、Muna Ghaboush El Dawi(苏丹)、S. Morris Cooper(利比里亚)等。你们的血气方刚、才华横溢,对工作的满腔热情、对科学的求知渴望、一丝不苟的工作作风、一届届的薪火相传,在中国地质大学(武汉)物探楼312工作室留下永不磨灭的印记,老师永远铭记在心。在此向你们表示诚挚感谢!

刘天佑

2022年5月

中国地质大学(武汉)物探楼312工作室

主要参考文献

巴登珠,2006.西藏自治区曲松县罗布莎超基性岩体铬铁矿资源潜力综合预测报告[R].

白文吉,方青松,张仲明,等,1999.西藏雅鲁藏布江蛇绿岩带罗布莎地幔橄榄岩的成因[J].岩石矿物学杂志(3):193-206+216.

贝庚,1972.在拉布拉多地槽中部用物探方法找富铁矿[J].地质与勘探(2):41-47.

蔡柏林,1986.钻孔地球物理勘探[M].北京:地质出版社.

蔡柏林,王作勤,杨坤彪,等,1989.井中磁测物理-地质模型及其应用[M].北京:地质出版社.

曹绪宏,1999.祁连山地区铬铁矿和超基性岩体的地球物理特征及物探找矿方法[J].地质与勘探,26(2):40-44.

柴源,2016.丹东地区辽吉裂谷的深部地质结构及三维地质模型[D].长春:吉林大学.

长春地质学院磁法教研室,1979.磁法勘探[M].北京:地质出版社.

陈龙辉,张辉,郑志强,等,2007.水下地磁辅助导航中的地磁场延拓方法[J].中国惯性技术学报,15(6):693-697.

陈龙伟,徐世浙,胡小平,等,2011.位场向下延拓的迭代最小二乘法[J].地球物理学进展,26(3):894-901.

陈墨香,汪集旸,1994.中国地热研究的回顾和展望[J].地球物理学报,37(1):320-338.

陈荣度,1990.辽东裂谷的地质构造演化[J].中国区域地质(4):306-315.

陈善,1987.重力勘探[M].北京:地质出版社.

陈生昌,肖鹏飞,2007.位场向下延拓的波数域广义逆算法[J].地球物理学报,50(6):1816-1822.

成曦晖,2017.辽东中生代岩浆活动及金铀成矿作用[D].北京:北京科技大学.

程乾生,1979.信号数字处理的数学原理[M].北京:石油工业出版社.

代军治,2005.辽宁青城子地区金、银矿床成矿流体特征及成因探讨[D].长春:吉林大学.

迪姆罗斯 E,肖佛尔 J-J,1978.拉布拉多地槽铁矿的岩石学研究[J].地质地球化学(6):40-45.

地质矿产部第一综合物探大队,1985.井中磁测[M].北京:地质出版社.

丁文祥,2019.基于多源地学信息约束的繁昌盆地[D].合肥:合肥工业大学.

董存杰,2012.青城子铅锌金银多金属矿田矿床地质特征及成矿系统分析[D].北京:中国地质大学(北京).

董焕成,1993.磁法勘探教程[M].北京:地质出版社.

范高功,王利.银川盆地地下热水形成的地质条件分析[J].西安工程学院学报,24(3):28-31.

范海洋,李铁刚,武文恒,等,2018.内蒙古兴和县曹四夭超大型斑岩钼铅锌金成矿系统年代学及其地质意义[J].矿床地质,37(2):355-370.

冯杰,刘天佑,杨宇山,2010.3D井地磁测联合反演技术及其在危机矿山找矿中的应用[J].武汉大学(信息科学版),35(12):1436-1439.

高亮,陈海波,李向宝,等,2013.综合电磁法在银川盆地地热资源勘察中的应用[J].山东理工大学学报(自然科学版),27(3):63-66.

葛藤菲,黄旭钊,2020.一种基于重磁数据智能融合的深部地质建模方法[J].地球物理学进展,35(6):2323-2331.

管志宁,2005.地磁场与磁力勘探[M].北京:地质出版社.

管志宁,2005.地磁场与磁力勘探[M].北京:地质出版社.

管志宁,姚长利,1997.倾斜板体磁异常总梯度模反演方法[J].地球科学——中国地质大学学报,22(1):81-85.

管志宁.安玉林,1991.区域磁异常定量解释[M].北京:地质出版社.

贵州省地质矿产勘查开发局一〇五地质大队,2013.贞丰-普安金矿整装勘查区综合研究立项申请书[R].

郭志宏,管志宁,熊盛青,2003.航磁异常总梯度模的实用化改进方法[C].中国地球物理学会第十九届年会,南京.

韩振新,徐衍强,郑庆道,等,2004.黑龙江省重要金属和非金属矿产的成矿系列及其演化[M].哈尔滨:黑龙江人民出版社.

何财,李少云,高贺祥,等,2010.黑龙江省翠宏山矽卡岩型铁多金属矿床的成矿地质条件[J].吉林地质,29(3):56-58.

赫尔曼 G T,图伊 H K,兰振伯格 K J,等,1997.层析成像和反演问题的基本方法[M].北京:石油工业出版社.

黑龙江省地球物理勘察院,2013.黑龙江省逊克县翠宏山铜铅锌铁多金属矿深部和外围整装勘查可控源音频大地电磁测深工作报告[R].

黑龙江省第六地质勘察院,2013.黑龙江省逊克县翠中铁多金属矿详查报告[R].

黑龙江省第六地质勘察院,2008.黑龙江省逊克县翠宏山铁多金属矿床Ⅰ号富磁铁矿体勘探报告[R].

黑龙江省矿业集团有限责任公司,2012.黑龙江省逊克县翠宏山铜铅锌铁多金属矿深部和外围整装勘查地面高磁测量工作总结[R].

侯恩科,吴立新,2002.面向地质建模的三维体元拓扑数据模型研究[J].武汉大学学报(信息科学版)(5):467-472.

侯重初,1979.一种压制干扰的频率域滤波方法[J].物探与化探(5):50-54.

侯重初,1981.补偿圆滑滤波方法[J].石油物探(2):2-9.

侯重初,1982.位场的频率域向下延拓方法[J].物探与化探(1):33-40.

侯遵泽,杨文采,1997.中国重力异常的小波变换与多尺度分析[J].地球物理学报,40

(1):85-95.

胡中栋,余钦范,楼海,1995.三维解析信号法[J].物探化探计算技术,17(3):36-42.

湖北省地球物理勘察技术研究院,2008.湖北省大冶市鸡冠咀铜金矿接替资源勘查物探工作总结[R].

湖北省地质调查院,2012.湖北省大冶市铜山口地区铜多金属矿整装勘查设计书[R].

湖北省地质局地球物理勘探大队,2010.湖北省大冶市鸡冠咀—桃花咀工区深部详查及外围普查物探项目报告[R].

湖北省地质局地球物理勘探大队,2013.湖北省大冶市阳新岩体西北段深部铜铁金多金属矿战略性勘查物探成果报告[R].

湖北省地质局第一地质大队,2014.湖北省大冶市阳新岩体西北段铜铁金多金属矿整装勘查(续作)2014年设计书[R].

黄临平,管志宁,1998.利用磁异常总梯度模确定磁源边界位置[J].华东地质学院学报,21(2):143-150.

黄树棠,顾学新,1964.斜磁化条件下磁测资料的解释推断[M].北京:中国工业出版社.

吉洪诺夫,阿尔先宁,1974.不适定问题的解法[M].北京:地质出版社.

吉林省第四地质调查所,2013.吉林省白山市板石沟地区铁及金矿整装勘查区综合研究项目立项申请[R].

吉林省第四地质调查所,2014.吉林省白山市板石沟铁矿接替资源勘查项目总体设计[R].

纪晓琳,王万银,邱之云,2015.最小曲率位场分离方法研究[J].地球物理学报,58(3):1042-1058.

江苏省地质调查研究院,安徽省勘查技术院,2009.江苏省镇江市韦岗铁矿接替资源勘查物探工作总结[R].

江西省地质矿产勘查开发局九一二大队,2013.江西省浮梁县铜坞-乐平市柏树坞铜多金属矿普查项目总体设计和2013年勘查工作设计[R].

焦新华,吴燕冈,2009.重力与磁法勘探[M].北京:地质出版社.

靳宝福,1996.重磁法在西藏铬铁矿勘查中的应用效果[J].西藏地质(1):94-106.

兰学毅,杜建国,严加永,等,2015.基于先验信息约束的重磁三维交互反演建模技术——以铜陵矿集区为例[J].地球物理学报,58(12):4436-4449.

黎益仕,姚长利,管志宁,1994.重磁资料的实时正演拟合[J].物探化探计算技术,16(3):192-196.

李春芳,2011.空间域位场分离方法研究[D].西安:长安大学.

李大心,顾汉明,潘和平,2003.地球物理综合应用与解释[M].武汉:中国地质大学出版社.

李基宏,2005.辽宁青城子铅锌银金矿集区成矿条件与成矿预测[D].长春:吉林大学.

李曼,2007.支持向量机方法及其在鲁西金刚石预测中的应用[D].武汉:中国地质大学(武汉).

李青元,贾慧玲,王宝龙,等,2015.三维地质建模的用途、现状、存在问题与建议[J].中国煤炭地质,27(11):74-78.

李兴伟,2017.辽东地区青城子晚三叠世双顶沟-新岭岩体的深部地质特征及三维建模[D].长春:吉林大学.

李媛媛,杨宇山,2009.位场梯度的归一化标准差方法在地质体边界定位问题中的应用[J].地质科技情报,28(5):138-142.

李媛媛,杨宇山,刘天佑,2010.考虑自退磁影响的三维复杂形体磁场正反演研究进展与展望[J].地球物理学进展,25(2):627-634.

李振林,2012.拉布拉多地槽铁矿项目投资要点研究[J].中国矿业,21(8):4.

李正汉,2018.鄂东南矿集区控矿构造及其抬升剥蚀的裂变径迹热年代学约束[D].武汉:中国地质大学(武汉).

李志红,2014.银川平原浅层地温场和水化学特征及其影响因素研究[D].北京:中国地质大学(北京).

梁锦文,1989.位场向下延拓的正则化方法[J].地球物理学报,32(3):600-608.

林振民,陈少强,1994.三维可视化技术在固体矿产中的应用[J].物探化探计算技术,16(4):338-344.

林振民,陈少强,1996.计算机上的橡皮膜技术[J].物化探计算技术,18(1):7-17.

刘城,杨宇山,刘天佑,等,2019.根据重力资料定性与定量解释银川平原断裂体系[J].物探与化探,43(1):28-35.

刘东甲,洪天求,贾志海,等,2009.位场向下延拓的波数域迭代法及其收敛性[J].地球物理学报,52(6):1599-1605.

刘君,1995.青城子矿田构造变形结构及其控矿特征[J].辽宁地质(2):148-157.

刘琳,2017.复杂地质体三维建模参数化的研究[D].武汉:中国地质大学(武汉).

刘鹏飞,刘天佑,2017.重力场Tilt-depth方法及其高阶推广[J].武汉大学学报(信息科学版),42(9):1236-1242.

刘鹏飞,刘天佑,杨宇山,等,2015.Tilt梯度算法的改进与应用:以江苏韦岗铁矿为例[J].地球科学(中国地质大学学报),40(12):2091-2102.

刘鹏飞,刘天佑,朱培民,等,2016.吉林板石沟铁矿磁异常的精细解释[J].物探与化探,40(2):290-295.

刘士毅,2004.我国物探化探找矿思路与经验初析[J].物探与化探,28(1):1-9.

刘士毅,2007.重磁异常解释中的一些复杂因素与对策[J].物探与化探,31(5):386-390.

刘士毅,2016.物探技术的第三根支柱[M].北京:地质出版社.

刘士毅,颜廷杰,2013.资源危机矿山接替资源勘查物探找矿百例[M].北京:地质出版社.

刘双,刘天佑,冯杰,等,2013.蚁群算法在磁测资料反演解释中的应用[J].物探与化探,37(1):150-154.

刘双,刘天佑,冯杰,等,2013.预优共轭梯度法及井资料约束的磁化强度成像[J].地质科技情报,32(6):207-212.

刘双,刘天佑,高文利,等,2012.退磁作用对磁测资料解释的影响[J].物探与化探,36

(4):602-606.

刘双,刘天佑,高文利,等,2013.基于 FlexPDE 考虑退磁作用的有限元法磁场正演[J].物探化探计算技术,35(2):134-141+117.

刘双,张大莲,刘天佑,等,2008.井地磁测资料联合反演及应用[J].地质与勘探,44(6):69-72.

刘天佑,1992.重磁异常反演理论与方法[M].武汉:中国地质大学出版社.

刘天佑,2004.应用地球物理数据采集与处理[M].武汉:中国地质大学出版社.

刘天佑,2007.地球物理勘探概论[M].北京:地质出版社.

刘天佑,2007.位场勘探数据处理新方法[M].北京:科学出版社.

刘天佑,2013.磁法勘探[M].北京:地质出版社.

刘天佑,2013.地球物理勘探概论(修订本)[M].武汉:中国地质大学出版社.

刘天佑,高文利,冯杰,等,2013.井中三分量磁测的梯度张量欧拉反褶积及应用[J].物探与化探,37(4):633-639.

刘天佑,梁运基,杨宇山,等,2006.利用小波压缩算法实现重力资料曲化平[J].石油地球物理勘探(4):458-461.

刘天佑,刘大为,詹应林,等,2006.磁测资料处理新方法及在危机矿山挖潜中的应用[J].物探与化探,30(5):377-390.

刘天佑,盛秋红,杨宇山,等,2007.复小波频谱分析在地震数据处理中的应用[J].石油地球物理勘探(S1):72-75.

刘天佑,师学明,潘玉玲,1998.人工神经网络方法与鲁西金伯利岩物化探异常筛选[J].现代地质,12(4):598-602.

刘天佑,吴招才,詹应林,等,2007.磁异常小波多尺度分解及危机矿山的深部找矿:以大冶铁矿为例[J].地球科学——中国地质大学学报,32(1):135-140.

刘天佑,杨宇山,李媛媛,等,2007.大型积分方程降阶解法与重力资料曲面延拓[J].地球物理学报,50(1):290-296.

刘天佑,杨宇山,刘建雄,等,2012.西藏朗县秀沟铬铁矿高精度重磁勘探效果[J].物探与化探,36(3):325-331.

刘文玉,2015.本溪—集安地区三维地质综合地球物理研究[D].长春:吉林大学.

刘小杨,薛林福,刘正宏,等,2014.辽吉古裂谷部分地区深部地质结构特征[J].地震地质,36(2):489-500.

刘志远,徐学纯,2007.辽东青城子金银多金属成矿区综合信息找矿模型及找矿远景分析[J].吉林大学学报(地球科学版)(3):437-443.

栾文贵,1989.地球物理中的反问题[M].北京:科学出版社.

罗孝宽,郭绍雍,1991.应用地球物理教程——重力 磁法[M].北京:地质出版社.

骆地伟,2015.黔西南卡林型金矿成矿系统及成矿预测[D].武汉:中国地质大学(武汉).

骆遥,2011.位场迭代法向下延拓的地球物理含义——以可下延异常逐次分离过程为例[J].地球物理学进展,26(4):1197-1200.

骆遥,姚长利,薛典军,等,2009.2.5D 地质体重磁异常无解析奇点正演计算研究[J].石油地球物理勘探,44(4):487-493+528+385.

马燕妮,2017.辽东地区隆昌-青城子-刘家河三维地质结构特征[D].长春:吉林大学.

马玉波,杜晓慧,张增杰,等,2013.青城子层状/脉状铅锌矿床稀土元素地球化学特征及地质意义[J].矿床地质,32(6):1236-1248.

穆石敏,申宁华,孙运生,1990.区域地球物理数据处理方法及其应用[M].长春:吉林科学技术出版社.

欧洋,刘天佑,冯杰,等,2013.磁异常总梯度模量反演[J].地球物理学进展,28(5):2680-2687.

乔计花,2004.同伦神经网络方法在矿产资源预测中的应用[D].武汉:中国地质大学(武汉).

青海省有色地质矿产勘查局地质矿产勘查院,2007.青海省格尔木市尕林格铁矿区2006年Ⅱ矿群富铁矿勘查总结及2007年勘查设计[R].

青海省有色地质矿产勘查局地质矿产勘查院,2009.青海省格尔木市尕林格地区铁矿普查2009年度工作方案[R].

曲亚军,2006.辽宁省金矿成矿作用与成矿预测研究[D].长春:吉林大学.

冉祥金,2020.区域三维地质建模方法与建模系统研究[D].长春:吉林大学.

芮宗瑶,1994.华北陆块北缘及邻区有色金属矿床地质[M].北京:地质出版社.

山东正元地质资源勘查有限责任公司,2008.山东省淄博市金岭铁矿接替资源勘查物探工作总结[R].

陕西地矿局第二物探队,1974.井中三分量磁异常理论图册[M].北京:地质出版社.

陕西省地质矿产勘查开发局第二综合物探大队,2014.罗布莎铬铁矿区南部重磁测量数据采集工作报告[R].

陕西省地质矿产勘查开发局第二综合物探大队,2014.西藏自治区曲松县罗布莎铬铁矿找矿预测研究重磁勘探外业工作总结报告[R].

申宁华,管志宁,1985.磁法勘探问题[M].北京:地质出版社.

师学明,1996.模式识别及人工神经网络方法在鲁西金刚石预测中的应用[D].武汉:中国地质大学(武汉).

史辉,刘天佑,2005.利用欧拉反褶积法估计二度磁性体深度与位置[J].物探与化探,29(3):230-233.

眭素文,于长春,姚长利,2004.起伏地形剖面重磁异常半智能处理解释软件及应用[J].物探与化探(1):65-68.

孙文珂,2001.中国固体矿产物探的回顾与展望[J].物探与化探,25(1):1-7.

孙文珂,乔计花,许德树,等,2019.重力勘查资料解释手册[M].北京:地质出版社.

孙月成,李永飞,孙守亮,2019.高精度三维地质建模新方法与关键技术研究[J].煤炭科学技术,47(9):241-248.

谭承泽,郭绍雍,等,1984.磁法勘探教程[M].北京:地质出版社.

田黔宁,吴文鹂,管志宁,2001.任意形状重磁异常三度体人机联作反演[J].物探化探计算技术(2):125-129.

汪琪,2015.宁夏地热范围圈定与资源量评价[D].北京:中国地质大学(北京).

王宝仁,陈超,1987.区分重力异常的方向滤波方法[J].物化探计算技术,9(3):211-220.

王德发,刘英才,熊盛青,等,2007.西藏铬铁矿接替资源航磁勘查及找矿方向探讨[J].地质通报,26(4):476-482.

王家林,王一新,王明浩,1991.石油重磁解释[M].北京:石油工业出版社.

王解先,连丽珍,沈云中,2013.奇异谱分析在GPS站坐标检测序列分析中的应用[J].同济大学学报(自然科学版),41(2):282-288.

王昆,吴安国,张玉清,1993.江西省区域地质概况[J].中国区域地质(3):200-210.

王清明,2000.我国实行新的矿产资源储量分类与新的矿产资源储量管理制度[J].中国井矿盐,31(3):3-7.

王赛昕,刘林静,2011.均值归一总水平导数边界识别方法[J].工程地球物理学报,8(6):699-704.

王赛昕,颜廷杰,左焕成,2017.高精度磁测在攀枝花外围寻找钒钛磁铁矿的效果[J].地质科技情报,36(3):255-261.

王书惠,1981.关于用有限元法作磁法勘探正演计算的理论问题[J].地球物理学报,24(1):207-217.

王书惠,1983.磁各向异性条件下的磁法勘探正问题及其解法[J].地球物理学报,26(1):58-69.

王万银,2001.中国近海及邻域重、磁数据处理报告[R].西安:西安工程学院.

王万银,邱之云,刘金兰,等,2009.位场数据处理中的最小曲率扩边和补空方法研究[J].地球物理学进展,24(4):1327-1338.

王亚军,2014.基于三维地质建模的银川平原地热资源储量评价[D].北京:中国地质大学(北京).

王彦国,张凤旭,王祝文,等,2011.位场向下延拓的泰勒级数迭代法[J].石油地球物理勘探,46(4):657-662.

王玉往,解洪晶,李德东,等,2017.矿集区找矿预测研究——以辽东青城子铅锌-金-银矿集区为例[J].矿床地质,36(1):1-24.

王振杰,2003.大地测量中不适定问题的正则化解法研究[D].武汉:中国科学院测量与地球物理研究所.

王正茂,2014.罗布莎矿区音频大地电磁测深成果汇报[R].北京:北京勘察技术工程有限公司.

魏伟,吴招才,刘天佑,2006.基于AutoCAD平台三维可视化规则几何形体磁场反演[J].工程地球物理学报,3(1):54-59.

文百红,程方道,1990.用于划分磁异常的新方法——插值切割法[J].中南大学学报(自然科学版)(3):229-235.

翁正平,2013.复杂地质体三维模型快速构建及更新技术研究[D].武汉:中国地质大学(武汉).

吴钦,1997.用物探方法在西藏找到隐伏铬铁矿[C]//地球物理与中国建设——庆祝中国地球物理学会成立50周年文集:119-120.

吴钦,2006.西藏铬铁矿找矿方向和找矿方法问题探讨——兼论铬矿物探效果[J].上海地质(4):58-63.

吴文鹏,1997.可视化技术及混合优化算法在重磁三维反演中的应用[D].北京:中国地质大学(北京).

吴文鹏,管志宁,1997.基于八叉树结构的可视化三维位场正反演[J].物探与化探,21(4):282-288.

吴小平,徐果明,1998.大地电磁数据的Occam反演改进[J].地球物理学报,41(4):547-554.

吴小平,徐果明,2000.利用共轭梯度法的电阻率三维反演研究[J].地球物理学报,43(3):420-427.

吴小平,徐果明,李时灿,1998.利用不完全Cholesky共轭梯度法求解电源三维地电场[J].地球物理学报,41(6):848-855.

武汉地质学院,成都地质学院,河北地质学院,等,1980.应用地球物理学—磁法教程[M].北京:地质出版社.

西藏矿业发展股份有限公司 2006.西藏自治区曲松县罗布莎Ⅲ矿群铬铁矿资源潜力调查报告[R].

习宇飞,刘天佑,2008.欧拉反褶积法用于井中磁测数据反演与解释[J].工程地球物理学报,5(2):181-186.

习宇飞,刘天佑,2011.任意形状三度体磁场可视化人机交互反演[J].吉林大学学报(地球科学版),41(1):252-257.

肖敦辉,董方灵,2009.三维重磁人机交互解释的剖面成体建模方法[J].地理与地理信息科学,25(5):26-29.

谢和平,苗鸿雁,周宏伟,2021.我国矿业学科"十四五"发展战略研究[J].中国科学基金,35(6):856-863.

新疆地质矿产科技开发公司,2013.新疆富蕴县喀拉通克铜镍矿区物探普详查工作总结[R].

新疆杰奥勘查技术有限责任公司,2008.新疆富蕴县喀拉通克铜镍矿接替资源勘查项目物探专项工作成果报告[R].

新疆喀拉通克矿业有限责任公司,2015.喀拉通克铜镍矿外围及已知矿床深部地质勘查工作报告[R].

熊光楚,1964.磁铁矿床上磁异常的解释推断[M].北京:中国工业出版社.

熊光楚,1981.金属矿区磁异常的解释推断(上、下册)[M].北京:地质出版社.

熊光楚,1990.位场的计算结果与实际观测结果的差别[J].物探化探计算技术(3):185-190.

熊光楚,1992.矿产预测中重磁异常变换的若干问题三:向上延拓高度与研究深度的关系[J].物探与化探,16(6):452-455.

熊祖强,2007.工程地质三维建模及可视化技术研究[D].北京:中国科学院.

徐宝慈,1982.均质非二次曲面磁体的不均匀磁化问题[J].长春地质学院学报:103-114.

徐航宇,杨宇山,李春芳,等,2019.黑龙江省逊克县翠巍重磁异常评价[J].地质与勘探,55(4):986-998.

徐进才,1997.西藏的铬铁矿[A]//地球物理与中国建设——庆祝中国地球物理学会成立50周年文集.

徐世浙,2006.位场延拓的积分-迭代法[J].地球物理学报,49(4):1176-1182.

徐世浙,2007.迭代法与FFT法位场向下延拓效果的比较[J].地球物理学报,50(1):285-289.

徐树方,1999.矩阵理论计算的理论与方法[M].北京:北京大学出版社.

徐义贤,罗银河,2015.噪声地震学方法及其应用[J].地球物理学报,58(8):2618-2636.

薛春纪,陈毓川,路远发,等,2003.辽东青城子矿集区金、银成矿时代及地质意义[J].矿床地质(2):177-184.

薛迪康,2013.鄂东南地质构造的三角形构式及其意义[J].资源环境与工程,27(S1):4-6.

严加永,滕吉文,吕庆田,2008.深部金属矿产资源地球物理勘查与应用[J].地球物理学进展,23(3):871-891.

严烈宏,王利,2002.银川盆地地热系统[M].银川:宁夏人民出版社.

杨高印,管志宁,1995.重磁异常的人机联作校正-迭代反演[J].现代地质(3):372-381.

杨建功,2001.我国矿产资源储量管理已与国际接轨[J].地质与勘探,37(2):9-11.

杨进辉,许蕾,孙金凤,等,2021.华北克拉通破坏与岩浆-成矿的深部动力学过程[J].中国科学:地球科学,51(9):1401-1419.

杨明桂,王昆,1994.江西省地质构造格架及地壳演化[J].江西地质(4):239-251.

杨文采,1986.用于位场数据处理的广义反演技术[J].地球物理学报,29(3):283-291.

杨文采,1989.地球物理反演和地震层析成像[M].北京:地质出版社.

杨文采,施志群,侯遵泽,2001.离散小波变换与重力异常多重分解[J].地球物理学报,44(4):534-541.

杨宇山,李媛媛,刘天佑,2005.高阶统计量在地震弱信号及"磁亮点"识别中的应用[J].石油地球物理勘探,40(1):103-107.

杨宇山,李媛媛,刘天佑,2009.Walkaway井地联合地震资料Q值波形反演方法[J].石油天然气学报,31(2):53-58.

杨宇山,刘天佑,李媛媛,2006.任意形状地质体数值积分法重磁场三维可视化[J].地质与勘探,42(5):79-83.

杨宇山,刘天佑,李媛媛,等,2006.山区资料曲化平参数研究[J].地球科学(中国地质大学学报),31(S):116-119.

姚长利,黎益仕,管志宁,1998.重磁异常正反演可视化实时方法技术改进[J].现代地质,12(1):115-122.

姚培慧,1993.中国铁矿志[M].北京:冶金工业出版社.

姚书振,王成相,骆地伟,等,2013.黔西南盆地相微细浸染型金矿成矿规律与成矿预测[R].武汉:中国地质大学资源学院.

姚姚,2002.地球物理反演基本理论与应用方法[M].武汉:中国地质大学出版社.

游荣义,徐慎初,2003.脑电信号的高阶奇异谱分析[J].生物物理学报,19(2):147-150.

于波,翟国君,刘燕春,等,2009.噪声对磁场向下延拓迭代法的计算误差影响分析[J].地球物理学报,52(8):2182-2188.

于从新,董国川,韩之敏,等,1984.黑龙江省逊克县翠宏山铁多金属矿床普查初勘地质报告[R].

余钦范,楼海,1994.水平梯度法提取重磁源边界位置[J].物探化探计算技术,16(4):363-367.

余中明,2006.高精度磁测技术在铬铁矿勘探中的应用效果[J].地质找矿论丛(S1):165-167.

袁晓雨,2016.强磁异常ΔT的计算误差及高精度处理转换分析研究[D].北京:中国地质大学(北京).

袁晓雨,姚长利,郑元满,等,2015.强磁性体ΔT异常计算的误差分析研究[J].地球物理学报,58(12):4756-4765.

云南省地质调查院物化探所,2006.云南省禄丰县鹅头厂铁矿接替资源勘查高精度磁测野外工作总结[R].

云南省地质调查院物化探所,2007.云南省禄丰县鹅头厂铁矿区接替资源勘查高精度磁测野外工作小结[R].

曾国平,2018.黔西南矿集区西段微细浸染型金矿构造控矿作用研究[D].武汉:中国地质大学(武汉).

曾华霖,2005.重力场与重力勘探[M].北京:地质出版社.

曾小牛,李夕海,韩绍卿,等,2011.位场向下延拓三种迭代方法之比较[J].地球物理学进展,26(3):908-915.

曾小牛,李夕海,刘代志,等,2011.积分迭代法的正则性分析及其最优步长的选择[J].地球物理学报,54(11):2943-2950.

张大莲,刘双,陶德益,等,2008.井中磁测与地面磁测资料联合反演[J].工程地球物理学报,5(1):60-64.

张恒磊,2011.现代信号处理的位场滤波方法[D].武汉:中国地质大学(武汉).

张恒磊,Marangoni Y R,左仁广,等,2014.改进的各向异性标准化方差探测斜磁化磁异常源边界[J].地球物理学报,57(8):2724-2731.

张恒磊,刘天佑,杨宇山,2011.各向异性标准化方差计算重磁源边界[J].地球物理学报,54(7):1921-1927.

张辉,陈龙伟,任治新,等,2009.位场向下延拓迭代法收敛性分析及稳健向下延拓方法研究[J].地球物理学报,52(4):1107-1113.

张季生,高锐,李秋生,等,2011.欧拉反褶积与解析信号相结合的位场反演方法[J].地球物理学报,54(6):1634-1641.

张秋生,1988.辽东半岛早期地壳与矿床[M].北京:地质出版社.

张森,2014.辽东林家三道沟—小佟家堡子地区金银矿床地质特征及成矿机制探讨[D].长春:吉林大学.

张胜业,潘玉玲,2004.应用地球物理原理[M].武汉:中国地质大学出版社.

张世晖,2003.海洋卫星测高重力数据处理方法研究及在冲绳海槽的应用[D].武汉:中国地质大学(武汉).

张先,赵丽,2007.北京地区基底磁性界面反演及断裂研究[J].中国地震,23(3):276-285.

张旭波,2018.鄂东南矿集区鸡冠咀铜金矿床地球化学及成矿流体特征研究[D].武汉:中国地质大学(武汉).

张洋洋,周万蓬,2013.三维地质建模技术发展现状及建模实例[J].东华理工大学学报(社会科学版),32(3):126-127.

张宇,刘峥,2009.综合方法圈定银川盆地地热田范围[J].宁夏工程技术,8(3):247-249.

赵亚博,刘天佑,2015.迭代Tikhonov正则化位场向下延拓方法及其在尕林格铁矿的应用[J].物探与化探,39(4):743-748.

甄慧翔,杨宇山,李媛媛,等,2019.基于L-BFGS反演算法的ΔT精确计算磁异常分量Tap方法[J].物探与化探,43(3):598-607.

中国地质调查局成都地质调查中心,2013.西藏自治区曲松县罗布莎矿区及外围铬铁矿勘查方法示范及预测研究立项申请书[R].

中国冶勘总局中南地质勘查院,2004.湖北省黄石市大冶铁矿高精度磁测阶段工作报告(内部报告)[R].

中南冶勘局六〇六队,1986.湖北省大冶县铁山矿区井中磁测报告[R].

中南冶勘局六〇六队,1986.湖北省大冶县铁山侵入体物化探工作总结报告[R].

中南冶勘局六〇六队,1986.湖北省大冶县铁山岩体重磁异常研究报告[R].

钟清,2006.区域重力资料在地质填图中的边界定位问题研究[D].北京:中国地质大学(北京).

钟清,孟小红,刘士毅,2007.重力资料定位地质体边界问题的探讨[J].物探化探计算技术,29(增刊):35-38.

重磁方法技术研究所,2011.新疆富蕴县喀拉通克铜镍矿区及外围勘查重、磁力测量成果报告[R].

周安保,张国胜,2013.鄂东南隐伏岩体的推断及其找矿前景[J].资源环境与工程,27(S1):81-85.

周平,施俊法,2008.金属矿地震勘查方法评述[J].地球科学进展(2):120-128.

周圣华,1999.国外固体矿产资源/储量分类情况简介[J].中国地质(10):30-32.

朱丹,刘天佑,李宏伟,2018.基于奇异谱分析的重磁位场分离方法[J].地球物理学报,61(9):3800-3811.

朱丹,刘天佑,杨宇山,2017.鄂东南地区岩体重磁异常场特征及找矿方向[J].物探与化探,41(4):587-593.

朱丹,刘天佑,杨宇山,等,2019.鄂东南地区控岩构造及隐伏岩体特征的地球物理解释[J].地球科学,44(2):640-651.

朱日祥,范宏瑞,李建威,等,2015.克拉通破坏型金矿[J].中国科学:地球科学,45(8):1153-1168.

主要参考文献

朱日祥,孙卫东,2021.大地幔楔与克拉通破坏型金矿[J].中国科学:地球科学,51(9):1444-1456.

朱日祥,徐义刚,朱光,等,2012.华北克拉通破坏[J].中国科学:地球科学,42(8):1135-1159.

《地面磁测资料解释推断手册》编写组,1979.地面磁测资料解释推断手册[M].北京:地质出版社.

《重磁资料数据处理问题》编写组,1977.重磁资料数据处理问题[M].北京:地质出版社.

《重力勘探资料解释手册》编写组,1983.重力勘探资料解释手册[M].北京:地质出版社.

AGARWAL B N P,SHAW R K,1996. Comment on "An analytic signal approach to the interpretation of total magnetic anomalies" by Shuang Qin[J]. Geophysical prospecting,44(5):911-914.

BARANOV,W A,1957. New method for interpretation of aeromagnetic maps:Pseudo-gravimetric anomalies[J]. Geophysics,22(2):359-383.

BENSEN G,RITZWOLLER M,BARMIN M,et al,2007. Processing seismic ambient noise data to obtain reliable broad-band surface wave dispersion measurements[J]. Geophysical Journal International,169(3):1239-1260.

BHATTACHARYYA B K,1965. Two-dimensional harmonic analysis as a tool for magnetic interpretation[J]. Geophysics,30(5):829-857.

BHATTACHARYYA,B K,1966. Continuous spectrum of the total magnetic anomalies field anomaly due to a rectangular prismatie body[J]. Geophysics(31):97-121.

BIGDELI A,MAGHSOUDI A,GHEZELBASH R,2022. Application of self-organizing map (SOM) and K-means clustering algorithms for portraying geochemical anomaly patterns in Moalleman District,NE Iran[J]. Journal of Geochemical Exploration,233:106923.

BOULANGER,CHOUTEAU M,2001. Constraints in 3D gravity inversion[J]. Geophysics Prospecting,49:265-280.

BROCHER T M,2005. Empirical relations between elastic wavespeeds and density in the Earth's crust[J]. Bulletin of the Seismological Society of America,95(6):2081-2092.

CASTAGNA J P,BATZLE M L,EASTWOOD R L,1985. Relationships between compressional-wave and shear-wave velocities in clastic silicate rocks[J]. Geophysics,50(4):571-581.

CHEN G,HUANG N,WU G,et al.,2022. Mineral prospectivity mapping based on wavelet neural network and Monte Carlo simulations in the Nanling W-Sn metallogenic province[J]. Ore Geology Reviews,143:104765.

CHIU K,2013. Coherent and random noise attenuation via multichannel singular spectrum analysis in the randomized domain[J]. Geophysical Prospecting,61(1):1-9.

CONSTABLE S C,PARKER R L,CONSTABLE C G,1987. Occam's inversion:A practical algorithm for generating smooth models from electromagnetic sounding data[J]. Geophysics,52(3):289-300.

CORDELL L,1979. Gravimetric expression of graben faulting in Santa Fe Country and the Espanola Basin[C]. New Mexico:New Mexico Geol. Soc. Guidebook,30th Field Conf,59-64.

CORDELL L,1985. Mapping basement magnetization zones from aeromagnetic data in the San Juan Basin,New Mexico[J]. Utility of regional gravity and magnetic anomaly maps:181-197.

DANNEMILLER N,LI Y,2004. A new method for determination of magnetization direction[C]. The 74th Annual International Meeting,SEG,Expanded Abstracts:758-761.

DEBEGLIA N,CORPEL J,1997. Automatic 3-D interpretation of potential field data using analytic signal derivatives[J]. Geophysics,62(1):87-96.

DEGROOT-HEDLIN C,CONSTABLE S,1987. Occam's inversion to generate smooth, two-dimensional models from magnetotelluric data[J]. Geophysics,55:1613-1624.

DONG C,LIU J N,1989. On the limited memory BFGS method for large scale optimization[J]. Mathematicial Programming,45(1-3):503-528.

FANG H,YAO H,ZHANG H,et al.,2015. Direct inversion of surface wave dispersion for three-dimensional shallow crustal structure based on ray tracing:methodology and application[J]. Geophysical Journal International,201(3):1251-1263.

FEDI M,FLORIO G,2001. Detection of potential fields source boundaries by enhanced horizontal derivative method [J]. Geophysical Prospecting,49(1):40-58.

FEDI M,QUARTA T,1998. Wavelet analysis for the regional-residual and local separation of potential field anomalies[J]. Geophysical Prospecting,46(5):507-525.

GAN S,CHEN Y,ZI S,et al.,2015. Structure-oriented singular value decomposition for random noise attenuation of seismic data[J]. Journal of Geophysics and Engineering,12(2):262-272.

GAO J,SACCHI M,CHEN X,2013. A fast reduced-rank interpolation method for prestack seismic volumes that depend on four spatial dimensions[J]. Geophysics,78(1):21-30.

GEROVSKA D,ARAÚZO-BRAVO M J,2006. Calculation of magnitude magnetic transforms with high centricity and low dependence on the magnetization vector direction [J]. Geophysics,71:121-130.

GEROVSKA D,ARAÚZO-BRAVO M J,STAVREV P,2004. Determination of the parameters of compact ferro-metallic objects with transforms of magnitude magnetic anomalies[J]. Journal of Applied Geophysics,55:173-186.

GEROVSKA D,EHARA S,2002. Calculation of modulus T of the anomalous magnetic vector over large areas[J]. Memoirs of the Faculty of Engineering Kyushu University,62(4):139-148.

GEROVSKA D,STAVREV P,2006. Magnetic data analysis at low latitudes using magnitude transforms[J]. Geophysical Prospecting,54:89-98.

主要参考文献

GOLYANDINA N E,USEVICH K D,FLORINSKY I V,2007. Filtering of digital terrain models by two-dimensional singular spectrum analysis[J]. International Journal of Ecology and Development,8(7):81-94.

GUO W,DENTITH M C,LI Z,et al.,1998. Self demagnetisation corrections in magnetic modelling:some examples[J]. Exploration Geophysics,29(4):396-401.

GUO W,DENTITH M C,BIRD R T,et al.,2001. Systematic error analysis of demagnetization and implications for magnetic interpretation[J]. Geophysics,66(2),562-570.

HANNESON J E,2003. On the use of magnetics and gravity to discriminate between gabbro and iron-rich ore-forming systems[J]. Exploration Geophysics,34(1-2):110-113.

HOOD P,MCCLURE D J,1965. Gradient measurements in ground magnetic prospecting[J],Geophysics,30(3):403-410.

HSU S K,SIBUET J C,SHYU C T,1996. High-resolution detection of geologic boundaries from potential-field anomalies:An enhanced analytic signal technique[J]. Geophysics,61(2):373-386.

HUANG W,WANG R,CHEN Y,et al.,2016. Damped multichannel singular spectrum analysis for 3D random noise attenuation[J]. Geophysics,81(4):V261-V270.

KRAHENBUHL R A,LI Y,2007. Influence of self-demagnetization effect on data interpretation in strongly magnetic environments[C]. ASEG Expanded Abstracts,26:713-717.

KREIMER N,SACCHI M,2012. A tensor higher-order singular value decomposition for prestack seismic data noise reduction and interpolation[J]. Geophysics,77(3):V113-V122.

LANDWEBER L,1951. An iteration formula for Fredholm integral equations of the first kind[J]. American Journal Mathematics,73(3):615-624.

LI T,ZUO R,XIONG Y,et al.,2021. Random-drop data augmentation of deep convolutional neural network for mineral prospectivity mapping[J]. Natural Resources Research,30(1):27-38.

LI T,ZUO R,ZHAO X,et al.,2002. Mapping prospectivity for regolith-hosted REE deposits via convolutional neural network with generative adversarial network augmented data[J]. Ore Geology Reviews,142:104693.

LI X,2006. Understanding 3D analytic signal amplitude[J]. Geophysics,71(2):L13-L16.

LI X,HUANG J,LIU Z,2020. Ambient-noise tomography of the Baiyun gold deposit in Liaoning,China[J]. Seismological Research Letters,91(5):2791-2802.

LI Y,BRAITENBERG C,YANG Y,2013. Interpretation of gravity data by the continuous wavelet transform:The case of the Chad lineament (North-Central Africa)[J]. Journal of Applied Geophysics,90:62-70.

LI Y,OLDENBURG D W,1998. 3-D inversion of gravity data[J]. Geophysics,63:109-119.

LI Y, OLDENBURG D W, 2000. Joint inversion of surface and three-component borehole magnetic data[J]. Geophysics,65(2):540-552.

LI Y, YANG Y, 2011. Gravity data inversion for the lithospheric density structure beneath North China Craton from EGM 2008 model[J]. Physics of the Earth and Planetary Interiors,189(1-2):9-26.

LI Y, YANG Y, 2020. Isostatic state and crustal structure of North China Craton derived from GOCE gravity data[J]. Tectonophysics,786:228475.

LI Y, YANG Y, LIU T, 2010. Derivative-based techniques for geological contacts mapping from gravity data[J]. Journal of China University of Geosciences,21(3):358-364.

LI Y,YANG Y,TIMOTHY K,2011. Lithospheric structure in the North China Craton constrained from gravity field model (EGM2008)[J]. Journal of China University of Geosciences,22(2):260-272.

LIBERTY E,WOOLFE F,MARTINSSON P G,et al. ,2007. Randomized algorithms for the low-rank approximation of matrices[J]. Proceedings of the National Academy of Sciences,104:20167-20172.

LIU P, LIU T, ZHU P, et al. ,2017. Depth estimation for magnetic/gravity anomaly using model correction[J]. Applied Geophysics,174:1729-1742.

LIU T, YANG Y, LI Y. et al. , 2007. The order-depression solution for large-scale integral equation and its application in the reduction of gravity data to a horizontal plane[J], Chinese Journal of Geophysics,50(1):290-296.

LOBKIS O I,WEAVER R L,2001. On the emergence of the Green's function in the correlations of a diffuse field[J]. The Journal of the Acoustical Society of America,110(6): 3011-3017.

LUO Z,XIONG Y,ZUO R,2020. Recognition of geochemical anomalies using a deep variational autoencoder network[J]. Applied Geochemistry,122:104710.

LUO Z,ZUO R,XIONG Y,et al. ,2021. Detection of geochemical anomalies related to mineralization using the GAN network[J]. Applied Geochemistry,131:105043.

MAEPA F, SMITH R S, TESSEMA A, 2021. Support vector machine and artificial neural network modelling of orogenic gold prospectivity mapping in the Swayze greenstone belt,Ontario,Canada[J]. Ore Geology Reviews,130:103968.

MALLAT S,HWANG,SINGULARITY W,1992. Singularity detection and processing with wavelets[J]. IEEE,38(2):617-643.

MAURICE K. SEGUIN,1971. Discovery of direct-shipping iron ore by geophysical methods in the central part of the Labrador Trough[J]. Geophysical Prospecting,15(9):459-486.

MCMILLAN M, HABER E, PETERS B, et al. ,2021. Mineral prospectivity mapping using a V-Net convolutional neural network[J]. The Leading Edge,40(2):99-105.

MILLER H G, SINGH V, 1994. Potential field tilt—a new concept for location of potential field sources[J]. Journal of Applied Geophysics,32:213-217.

MILLER H G,SINGH V,1994. Semiquantitative techniques for the removal of directional trends from potential field data [J]. Journal of Applied Geophysics,32:199-211.

NABIGHIAN M N,1972. The analytic signal of two-dimensional magnetic bodies with polygonal cross-section:it's properties and use for automated anomaly interpretation[J]. Geophysics,37(3):507-517.

NABIGHIAN M N, 1984. Toward a three-dimensional automatic interpretation of potential field data via generalized Hilbert transform:Fundamental relations[J]. Geophysics, 49(6):780-786.

NAGHIZADEH M,SACCHI M,2012. Multidimensional de-aliased cadzow reconstruction of seismic records[J]. Geophysics,78(1):A1-A5.

NIKIAS L,MENDEL M,1993. Signal processing with higher-order spectra[J]. IEEE Signal Processing Magazine,10(3):10-37.

NOCEDAL J,1980. Upgrading quasi-Newton matrices with limited storage [J]. Mathematics of Computation,35:773-778.

OROPEZA V,SACCHI M,2011. Simultaneous seismic data denoising and reconstruction via multichannel singular spectrum analysis[J]. Geophysics,76(3):V25-V32.

PAINE J,HAEDERLE M,FLIS M,2001. Using transformed TMI data to invert for remanently magnetized bodies[J]. Exploration Geophysics,32(4):238-242.

PETER G. LELIEVRE P G,OLDENBURG D W,2006. Magnetic forward modelling and inversion for high susceptibility[J]. Geophysical Journal International,166:76-90.

QIN S,1994. An analytic signal approach to the interpretation of total field magnetic anomalies[J]. Geophysical Propecting,42:655-675.

RASMUSSEN R,PEDERSEN L B,1979. End correction in potential field modeling[J]. Geophysical Prospecting,27(4):749-760.

READ P L,1993. Phase portrait reconstruction using multivariate singular systems analysis[J]. Physica D,69(3-4):353-365.

RODRIGUEZ-GALIANO V,SANCHEZ-CASTILLO M,CHICA-OLMO M,et al., 2015. Machine learning predictive models for mineral prospectivity:An evaluation of neural networks,random forest,regression trees and support vector machines[J]. Ore Geology Reviews,71:804-818.

ROEST W R,VERHOEF J,PILKINGTON M,1992. Magnetic interpretation using the 3-D analytic signal[J]. Geophysics,57(1):116-125.

SACCHI M,2009. FX singular spectrum analysis[C]. Cspg Cseg Cwls Convention.

Salem A,Ravat D,2003. A combined analytic signal and Euler method(AN-EUL) for automatic interpretation of magnetic data[J]. Geophysics(68):1952-1961.

SCHODDE R,2013. The impact of commodity prices and other factors on the level of exploration[J]. Perth,Australia:Centre for Exploration Targeting,University of Western

Australia.

SCHODDE R, 2019. Role of technology and innovation for identifying and growing economic resources[C]. Proceedings of the AMIRA international's 12th biennial exploration managers conference, Hunter Valley, Australia:26-29.

SETHIAN J A, 1996. A fast marching level set method for monotonically advancing fronts[J]. Proceedings of the National Academy of Sciences, 93(4):1591-1595.

SHAPIRO N M, Campillo M, Stehly L, et al., 2005. High-resolution surface-wave tomography from ambient seismic noise[J]. Science, 307(5715):1615-1618.

SHEARER S, LI Y, 2004. 3D inversion of magnetic total gradient data in the presence of remanent magnetization[C]. The 74th Annual International Meeting, SEG, Expanded Abstracts:774-777.

SHORTEN C, KHOSHGOFTAAR T M, 2019. A survey on image data augmentation for deep learning[J]. Journal of big data, 6(1):1-48.

SILLITOE R H, 2010. Porphyry copper systems[J]. Economic geology, 105(1):3-41.

SPECTOR A, GRANT F S, 1970. Statistical models for interpreting aeromagnetic data[J]. Geophysics, 35(2):293-302.

SUN T, LI H, WU K, et al., 2020. Data-driven predictive modelling of mineral prospectivity using machine learning and deep learning methods: a case study from southern Jiangxi Province, China[J]. Minerals, 10(2):102.

TALEBI H, PEETERS L J M, OTTO A, et al., 2022. A truly spatial random forests algorithm for geoscience data analysis and modelling[J]. Mathematical Geosciences, 54(1):1-22.

TALWANI M, HEIRTZLER J R, 1964. Computation of magnetic anomalies caused by two dimensional structures of arbitary shape[J]. Computers in the mineral industries, 1:464-480.

TIKHONOV A N, ARSENIN V Y, 1977. Solutions of ill-posed problems[M]. New York: John Wiley and Sons.

VARTAUD R, GHIL M, 1989. Singular spectrum analysis in nonlinear dynamics, with applications to paleoclimatic time series[J]. Physica D, 35(3):395-424.

VAUTARD R, YIOU P, GHIL M, 1992. Singular-spectrum analysis: A toolkit for short, noisy chaotic signals[J]. Physica D, 58(1-4):95-126.

VENTOSA S, SCHIMMEL M, STUTZMANN E, 2017. Extracting surface waves, hum and normal modes: time-scale phase weighted stack and beyond[J]. Geophysical Journal International, 211(1):30-44.

VENTOSA S, SCHIMMEL M, STUTZMANN E, 2019. Towards the processing of large data volumes with phase cross correlation[J]. Seismological Research Letters, 90(4):1663-1669.

VERDUZCO B, FAIRHEAD J D, GREEN C M, et al., 2004. The meter reader—new insights into magnetic derivatives for structural mapping[J]. The Leading Edge,23(2):116-119.

VOZOFF K,JUPP D L B,1977. Effective search for a buried layer:An approach to experimental designing geophysics[J]. Exploration Geophysics,8(1):6-15.

WALLACE Y,2007. 3D modelling of banded iron formation incorporating demagnetisation—a case study at the Musselwhite Mine, Ontario, Canada[J]. Exploration Geophysics, 38(4):254-259.

WEAVER R L, 2005. Information from seismic noise[J]. Science, 307(5715):1568-1569.

WENYONG P,KRISTOPHER A I,LIAO W Y,2017. Accelerating Hessian-free Gauss-Newton full-waveform inversion via l-BFGS preconditioned conjugate-gradient algorithm[J]. Geophysics,82(2),R49-R64.

WIJNS C, PEREZ C, KOWALCZYK P, 2005. Theta map: edge detection in magnetic data[J]. Geophysics,70(4):L39-L43.

WU X,LIU T,2009. Spectral decomposition of seismic data with reassigned smoothed pseudo Wigner-Ville distribution[J]. Journal of Applied Geophysics,68(3):386-393.

XIONG Y, ZUO R, 2018. GIS-based rare events logistic regression for mineral prospectivity mapping[J]. Computers & Geosciences,111:18-25.

XIONG Y,ZUO R,CARRANZA E J M,2018. Mapping mineral prospectivity through big data analytics and a deep learning algorithm[J]. Ore Geology Reviews,102:811-817.

XU H, LUO Y, CHEN C, et al., 2016. 3D shallow structures in the Baogutu Area, Karamay,determined by eikonal tomography of short-period ambient noise surface waves[J]. Journal of Applied Geophysics,129:101-110.

XU S,YANG J,YANG C,et al.,2007. The iteration method for downward continuation of a potential field from a horizontal plane[J]. Geophysical Prospecting,55:883-889.

YANG N, ZHANG Z, YANG J, et al., 2022. Applications of data augmentation in mineral prospectivity prediction based on convolutional neural networks[J]. Computers & Geosciences,161:105075.

YANG N, ZHANG Z, YANG J, et al., 2022. Mineral prospectivity prediction by integration of convolutional autoencoder network and random forest[J]. Natural Resources Research,31(3):1-17.

YANG Y, LI Y, 2014. Joint inversion of seismic traveltimes and gravity data on the Micang Foreland fold belt and its hydrocarbon potential[J]. Journal of seismic exploration,23(1):41-63.

YANG Y,LI Y,2018. Crustal structure of the Dabie Orogenic Belt (eastern China) inferred from gravity and magnetic data[J]. Tectonophysics,723(16):190-200.

YANG Y,LI Y,DENG X,et al.,2021. Structural controls on the gold mineralization at the eastern margin of the North China Craton:constraints from gravity and magnetic data from the Liaodong and Jiaodong Peninsulae[J]. Ore Geology Reviews,139:104522.

YANG Y, LI Y, LIU T, 2008. Application of continuous wavelet transform on aeromagnetic data to identify volcanic rocks[C]. Eos Trans. AGU,89(53),Fall Meet. Suppl.

YANG Y,LI Y,LIU T,2009. 1-D viscoelastic waveform inversion for Q structures from the surface seismic and zero-offset VSP data[J]. Geophysics,74(6):WCC141-WCC148.

YANG Y,LI Y,LIU T,2010. Continuous wavelet transform, theoretical aspects and application to aeromagnetic data at the Huanghua Depression, Dagang Oilfield, China[J]. Geophysical Prospecting,58(4):669-684.

YANG Y,LI Y,LIU T,2011. Interactive 3D forward modeling of total field surface and three-component borehole magnetic data for the Daye iron-ore deposit (Central China)[J]. Journal of Applied Geophysics,75(2):254-263.

YANG Y,LI Y,LIU T,2012. Gravity and magnetic investigation on the distribution of volcanic rocks in the Qinggelidi area, north-Eastern Junggar Basin (north-west China)[J]. Geophysical Prospecting,60(3):539-554.

YAO H,VAN DER HILST R D,DE HOOP M V,2006. Surface-wave array tomography in SE Tibet from ambient seismic noise and two-station analysis—Ⅰ. Phase vecocity map [J]. Geophysical Journal International,166(2):732-744.

ZHANG D,REN N,HOU X,2018. An improved logistic regression model based on a spatially weighted technique (ILRBSWT v1.0) and its application to mineral prospectivity mapping[J]. Geoscientific Model Development,11(6):2525-2539.

ZHANG S,CARRANZA E J M,WEI H,et al.,2021. Data-driven mineral prospectivity mapping by joint application of unsupervised convolutional auto-encoder network and supervised convolutional neural network[J]. Natural Resources Research,30(2):1011-1031.

ZHANG S,CARRANZA E J M,XIAO K,et al.,2021. Geochemically constrained prospectivity mapping aided by unsupervised cluster analysis [J]. Natural Resources Research,30(3):1955-1975.

ZHEN H X,LI Y Y,YANG Y S,2019. Transformation from total-field magnetic anomaly to the projection of the anomalous vector onto the normal geomagnetic field based on an optimization method[J]. Geophysics,84(5):J43-J55.